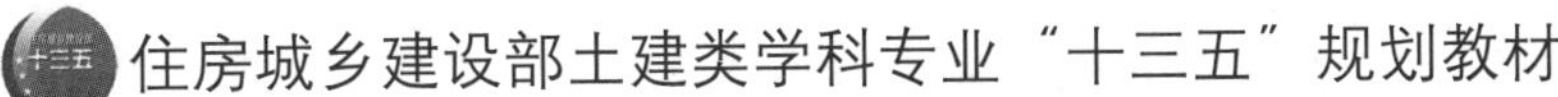
住房城乡建设部土建类学科专业“十三五”规划教材

普通高等教育“十一五”国家级规划教材

国家精品在线开放课程配套教材

U0225134

HOUSING FOR THE ELDERLY

老年住宅（第二版）

周燕珉 程晓青 林菊英 林婧怡 著

中国建筑工业出版社

图书在版编目（CIP）数据

老年住宅/周燕珉等著. —2版. —北京：中国建筑工业出版社，2018.4
住房城乡建设部土建类学科专业“十三五”规划教材. 普通高等教育“十一五”国家级规划教材. 国家精品在线开放课程配套教材
ISBN 978-7-112-21884-4

Ⅰ. ①老… Ⅱ. ①周… Ⅲ. ①老年人住宅-建筑设计-高等学校-教材
Ⅳ. ①TU241.93

中国版本图书馆CIP数据核字（2018）第039943号

本书基于我国居家养老的政策导向，对老年住宅的设计思路及方法进行了全面系统地阐述。全书从老年人居住环境需求及人体尺度入手，用深入浅出的文字和近500张直观的原创图片，细致、深入地讲解了老年住宅建筑室内外环境设计要点，同时辅以十余个设计实践案例作为参考。该书适合于建筑学专业学生、建筑设计师、室内设计师以及养老项目开发方及运营方等相关人士阅读，同时也可作为非专业人士对自宅进行适老化改造装修时的指导手册。为便于本课程教学，作者自制免费课件资源，请发送邮件至wanghui－gj@cabp.com.cn。

责任编辑：王　惠　陈　桦
责任校对：王　瑞

住房城乡建设部土建类学科专业“十三五”规划教材
普通高等教育“十一五”国家级规划教材
国家精品在线开放课程配套教材
老年住宅
（第二版）
周燕珉　程晓青　林菊英　林婧怡　著
*
中国建筑工业出版社出版、发行（北京海淀三里河路9号）
各地新华书店、建筑书店经销
北京嘉泰利德公司制版
北京京华铭诚工贸有限公司印刷
*
开本：880×1230毫米　1/16　印张：$23^3/_4$　字数：448千字
2018年5月第二版　2019年1月第六次印刷
定价：**98.00**元（赠课件）
ISBN 978-7-112-21884-4
（31803）

序

伴随着我国人口结构的变化，“老龄化”现象已引起了全社会的广泛关注，作为规划学人，理应对此进行更多的思考。尤其是伴随着自身年龄的增长，我对此问题更有了切身的体会。人到老年，身体各方面机能的衰退是自然规律，日常生活中年轻时轻而易举能够办到的事变得困难起来，有时甚至带有一定的危险性。普通住宅在设计时往往并不考虑老年人的特殊要求，会使老年人的居家生活不方便和不安全。同时，一个人从工作岗位上退休后（60 ~ 65 岁）到生活不能自理，往往还有 20 ~ 30 年的时间，这是人生很宝贵的阶段，可以集中精力，基于丰富的经验针对一些问题进行更多的研究和思考，甚至还可以完成另一番事业，是社会潜在的财富，而其工作地点往往都在家中，故老年人居家生活的质量应得到更多的关注。

对于老年住宅的研究，一方面要让新建的住宅满足适老化设计的要求，另一方面也必须涵盖既有普通住宅的适老化改造问题，从我国的现状来看，后者的任务更为繁重。同时，要提高老年人居家生活的质量，仅仅在一家一户的范围之内做文章还是不够的，还必须在社区的层面规划建设必要的服务设施，如医疗、康复、保健以及文化活动等，形成相对完整的服务体系，为老年人居家养老提供强有力的支撑。

关于老年住宅设计研究的重要性已不必赘言。我很高兴地看到周燕珉教授的这本《老年住宅》的问世。这是一本厚积薄发的成果，其中凝聚了她近二十年在这一领域悉心求索之所得。丰富而扎实的基础调研，翔实且周密的资料和数据，严谨却可读性强的叙述，图文并茂的表达，使本书堪称近年来建筑设计领域之佳作。特别值得称道的是，本书在写作上力求使读者群尽可能地广泛——从建筑学专业的师生、设计师、住宅开发商到普通居民。老年住宅的事业仅靠建筑师单方面的努力是不够的，需要有关各界人士的共同关注和努力才能做好。我相信，本书对于所有对老年住宅问题关心和感兴趣的读者都能有所裨益。

是为序。

吴良镛

2011 年春节于北京蓝旗营

第二版前言

《老年住宅》于2017年获评住房城乡建设部土建类学科专业“十三五”规划教材。第一版作为“十一五”国家级规划教材，是国内高校建筑学专业第一本系统阐述老年居住建筑设计理念及方法的专业教材。自2011年首次出版以来，本书已连续印刷4次，总印数达到8000余册。目前已有北京、江苏、浙江、上海、广东等地区近二十所高校建筑学专业使用本教材。使用教师反映本书内容编写质量优秀，深入浅出，便于教学，对于全国建筑院校的相关课程教学和学生学习有着重要的作用。同时，本教材内容也被应用于清华大学建筑学院的研究生专业课程“住宅精细化设计”的“老年居住建筑设计版块”中，收到了很好的教学效果。该课程于2009年和2012年连续两次被评为“清华大学研究生精品课程”，得到同学们的一致好评。

本书从第一次出版至今已逾6年。在此期间，我国的养老政策及老年建筑相关标准规范等发生了许多变化。一方面，新修订的《中华人民共和国老年人权益保障法》明确提出“老年人养老以居家为基础”，从法律层面强调了居家养老的重要地位。各地政府加强老年人家庭及居住区公共设施的无障碍改造工作，推动既有住宅及社区环境的适老化改造，部分城市还针对经济困难、失能、高龄老人提供家庭适老化评估及无障碍改造补贴。另一方面，社会的发展和技术的进步使我国的老年住宅建设标准和设计要求亦发生了变化，与老年人居住建筑、住宅设计及无障碍设计相关的多项涉老建筑规范及标准进行了修订或新编。

与此同时，国内老年住宅、养老社区项目的建设有了很大的发展。“十二五”期间，从国家到地方多项养老政策密集出台，鼓励社会资本介入养老产业。市场上针对老年住宅、养老社区的开发建设热情空前高涨，包括万科、保利、绿城、泰康人寿等知名企业在内的全国几十家房地产公司、保险公司等都针对养老项目展开了多元化的探索和实践，发展出了许多新的建设模式及产品类型，例如在大型居住区中配建老年住宅组团，建设综合型养老社区等。除了专门的老年住宅之外，普通住宅的适老化设计需求也不断涌现。

自本书六年前出版以来，笔者及研究团队针对老年人居住需求、养老居住模式及老年住宅设计的相关研究及实践工作从未间断。近年来持续开展了养老项目的实地调研、老年住户的入户访谈，参与了多项国家及地方规范标准的编制工作，完成了数十项养老项目策划及设计咨询工作等等。从中感受到各行各业对于老年人养老居住问题的关注度在不断升温，无论是专业人员还是社会大众，对于老年住宅设计知识、适老化家装知识的需求都是非常旺盛且强烈的。同时也能发现，大家在设计过程中仍会有一定困惑，许多住宅在设计方面还存在一定问题，需要更深入地了解老年人需求，系统化地学习相关设计知识。

综上所述，为了更好地适应社会的发展及技术的进步，使本书内容更贴合当前实际，笔者认为有必要对教材进行修改与完善。此次修订主要涉及以下几项内容：(1)根据当前最新的涉老建筑标准规范，调整了若干尺寸数据要求及具体技术要求；(2)在对于设计方法的表述方式上，更加强调了通用设计的思路，以适应普通住宅的适老化及既有住宅的改造需求。此外，还更新了老年人口相关统计数据，进一步修正了若干文字及图片上的细节问题，并增加了 2 个老年住宅套型设计案例。

除了针对本书内容的修订之外，笔者及团队这些年来开展了许多相关的工作。具体包括：出版《老人·家》（老年住宅改造集锦）、《漫画老年家装》等书籍，可作为本教材的配套参考书；在清华大学学堂在线（http://www.xuetangx.com/）开设“适老居住空间与环境设计”网络开放课程，使国内外学习者均能免费学习相关知识，该课程获评 2017 年“国家精品在线开放课程”；通过公开讲演、电视栏目、网络视频等方式，向社会大众普及宣传适老宜居环境设计理念。

课程二维码

最后，感谢各院校、设计单位及相关企业的各界人士对本书的认可与支持，感谢为我们提供宝贵调研机会的各类设施及老年住户，感谢中国建筑工业出版社长期以来的信任及在再版工作中给予的帮助。随着老龄化社会的演进，老年住宅设计的理念及需求还会不断地发展更新，我们也将在这一领域继续深耕，把更多的研究成果分享给大家。此次修订限于时间精力有限，尚存在许多不足，还望各位及时给予批评指正。

周燕珉

2017 年 9 月

第一版前言

我国正处于人口老龄化的快速发展阶段。根据人口专家的预测，从 2000 年到 2020 年，我国大约每年增加老年人口近 600 万，年均增长速度达到 3.28%，大大超过总人口年均 0.66% 的增长速度。到 2020 年，老年人口将达到 2.5 亿，老年人口比例达到 17.2%。

对于老龄化社会的到来，我们在许多方面都还没有做好准备。包括养老保险、老年医疗、老年照护等社会养老体系的必备要素，都还处于逐渐建立和完善的过程之中。而特别在老年住宅这一领域，我国无论从理论研究、专业人才培养到设计实践等各个方面，基本上还处在起步和探索的阶段。尽快填补老年住宅领域的这些短板，是本书写作的最大动机。

本书专门论述老年住宅而没有涉及老年公寓、养老院等养老居住建筑类型，是因为老年住宅在所有养老居住建筑类型中占有压倒性的比重（按照国家的“9073”政策构想 90% 的老人应实现居家养老），首先从老年住宅入手也就覆盖了最为量大面广的养老居住建筑类型。对于老年公寓、养老院等机构养老型建筑的研究和探讨，将是我们下一本专著的任务。本书针对老年人特殊需求，重点阐述了老年住宅有哪些专门的设计。此外针对老年住宅，设计者应具有怎样的设计视角和设计态度也是本书渗透全文希望读者理解的。

笔者涉足老年人居住建筑设计研究领域迄今已近二十年光阴。从深入调查老年人的居住需求入手，进而研究在住宅设计的各个环节如何最大限度地满足这些需求。也曾多次赴日、美、欧等发达国家和我国台湾、香港等地区考察其老年人居住设施，以求吸收和借鉴世界上的先进理念和经验。在为年逾古稀的双亲装修新居时，更是将其作为实践自己专业理念的第一现场，通过不遗余力的苦心琢磨和实战检验，收获了大量深刻的体验。所有这些，都成为本书扎实的写作基础。

老年住宅设计的核心理念是以人为本，本书的写作则力求做到以读者为本。再三斟酌的谋篇布局，反复推敲的文字表述，佐以大量直观的原创图片，使不同类型的读者都可以方便地各取所需。对于希望深入系统地学习掌握老年人居住建筑设计的理念和方法的专业人士而言，通读全书是最好的选择。对于那些为时间所迫而无暇细读，却又希望了解核心观点的读者，本书各章节起到点睛作用的小标题为其提供了快速把握要点的可能。本书力求直白平易的文字表达和丰富的案例图片等，则使那些希望对自己的住宅进行装修或适老化改造的非专业人士，也可以把本书作为实用的指导手册。对于一些偏好视觉形象表达方式的同仁来说，即使主要是浏览本书的图片，也能大致把握住本书的基本主旨。

本书的自身定位首先是一本教科书。从这个定位出发，笔者对于体系的完整性、脉络的清晰性、表述的平易性等教科书应当具备的要素做了最大限度的追求。

与此同时，对于知识的前沿性也给予了高度的重视，力求将最新的研究心得和案例在书中加以反映。笔者同时还希望本书成为对一般读者也能起到较好参考价值的实用读物，因此在重点突出、形象直观、朴素实用等方面也尽可能地加以注意。

本书各章节安排如下：

第 1 章　老年住宅与居家养老——本章从探讨世界对老龄问题的认识和解决经验出发，分析了我国的老龄化国情及养老居住政策。在总结当前居家养老问题的基础上，明确了老年住宅对构建居家养老体系的重要意义，并提出了科学认识老年住宅的思路和方法。

第 2 章　老年特征与居住环境需求——本章从老年人的生理特点、心理特点、生活习惯三个方面探讨了老年人对居住环境的特殊需求；并从老年人体工学角度，对住宅各空间内常见的人体尺度，用简明直观的图示进行了表述。

第 3 章　老年住宅通用设计——本章主要从通用设计的原则出发，分别从居住区及住宅内的通行无障碍设计、住宅内设施设备系统通用设计以及门窗选型和细部的共通设计三个方面，对老年住宅和一般住宅设计时都会遇到的共同问题进行了深入阐述。

第 4 章　老年住宅套内各空间设计——本章以老年特征及老年人对居住环境的特殊需求为出发点，分析得出老年住宅套内各个功能空间的适宜尺寸、设计原则、常用家具设备的布置要点，并给出每一功能空间的典型平面布局示例。

第 5 章　老年住宅套型组合设计——本章是对第 4 章内容的总结和延伸，提出老年住宅套型组合设计应遵循的四大原则；合理布置整套户型，深刻分析了老年住宅套型的设计规律，确保住宅套型整体功能符合老年人的居住需求，同时也为日后灵活改造留有余地。

第 6 章　老年住宅室内设计——本章着重从室内基础装修、软装设计以及收纳设计三方面论述室内设计的要点及其与建筑设计的密切关系，确保老人入住之后生活安全、便利、舒适，满足人性化的需求。

第 7 章　老年住宅套型设计案例——为便于广大读者参考，特设此章以丰富书中的套型示例。本章分为两部分，一部分套型改造案例选自笔者开设的研究生课程作业，是在实际调研的基础上对已有住宅套型进行的改造设计；另一部分设计实践案例选自笔者近期所做的老年建筑实际项目。

在此特别说明，本书各章节的示例图主要以华北地区住宅为例，个别情况也许不适用于国内其他地区（如东北、西北、华南地区等），请读者参考时灵活把握。

由于国内这一领域的研究积累较少，本书的素材主要是来自笔者所组织的大量实地调研，以及与国内外众多养老机构的负责人和专业人士的交流，同时也包括笔者所进行的一些设计实践。清华大学建筑学院二年级学生的寒假社会实践活动之一就是对老年人的居住实态进行调研，这项活动已经持续多年。北京市第五社会福利院、北京太阳城、北京汇晨老年公寓等多家养老机构及老年社区为笔者所率领的研究团队提供了持续的深入调研和交流的机会。北京市西城区、西藏拉萨市城关区、河北中捷、天津市武清区等地方政府通过养老设施设计项目的委托为笔者提供了将理念付诸实践的机会。万科企业股份有限公司、海尔地产集团有限公司、金融街控股股份有限公司、北京英才房地产开发有限公司、韩国汉森株式会社等房地产开发企业以及北京市西城区政府委托笔者所做的老年住宅方面的研究和咨询，也使笔者及团队有机会深入调研结合实际，整理思路获得经验。同时，在日本新泻大学访问期间，得到了新泻大学西村伸也教授以及竹中玲子建筑师在研究方面的很多帮助，在此一并表示感谢。

本书从开始动笔到最后完稿历时三年有余。虽经反复斟酌和推敲以力求精益求精，但错漏之处仍在所难免，敬请读者不吝批评指正。研究团队的全体成员都以极大的热忱参与了调研、成果分析和写作工作，通过这一过程的锤炼大家的专业素养都有了大幅度的提升，不少人成了这一领域可以独当一面的专业人才，也可算是本书写作的一个并非望外的重要成果。

在本书即将付梓之际，请允许我借此机会对那些给予我们帮助和指导的各界贤达表示衷心的感谢。

“老吾老，以及人之老”是中华民族的传统美德。更何况，对于每一个尚未进入老年的人而言，“吾亦终将老”，如果能够为今天的老年人创造良好的生活环境，也必将在未来惠及自身。能够让老年人舒适地安度晚年的家居生活，是和谐社会、宜居社区等概念中不可或缺的重要组成部分。如果本书能够为实现这样的目标做出些许贡献，笔者将感到由衷的欣慰。

周燕珉

2010 年 12 月

参与本书写作的主要人员及其完成的章节分列如下：

第 1 章　　老年住宅与居家养老………………周燕珉、王富青

第 2 章　　老年特征与居住环境需求…………周燕珉、程晓青

第 3 章　　老年住宅通用设计……………………周燕珉、林婧怡、林菊英

第 4 章　　老年住宅套内各空间设计…………周燕珉、林菊英、林婧怡

第 5 章　　老年住宅套型组合设计……………程晓青、周燕珉、乔会卿

第 6 章　　老年住宅室内设计……………………周燕珉、林菊英

第 7 章　　老年住宅套型设计案例……………周燕珉、李广龙

参与本书插图绘制的主要人员有：和鹏、罗鹏、李广龙

第 2 章漫画作者：李嫣

参与本书工作的其他人员有：杨洁、董元铮、王兆雄、曲直等

本书为国家自然科学基金支持项目，项目编号：51078219

目录

第1章 老年住宅与居家养老

老龄化社会是一个新的社会形态。数量众多且不断快速增长的老年人口将对社会的政治、经济、文化等的发展产生深远影响。重视并积极应对老龄化带来的各类问题，成了一项重要而紧迫的战略任务。

为老年人提供安全、舒适的居住环境是解决养老问题的重要方面，也是维护老年人权利的重要体现。随着老年人居住问题的凸显，构建一个符合中国国情的养老居住模式变得日益紧要。什么样的养老居住模式适合中国？老年人希望在哪里居住养老？如何为老年人构建一个安全、舒适的居住环境？这些问题都有待我们探讨和解决。

1.1 发达国家构建养老居住模式的经验

[1] 世界对老龄化社会的认识

按照世界卫生组织的标准，当一个国家或地区 60 岁以上的老人超过总人口数的 10%，或者 65 岁以上的老人占总人口数超过 7% 时，称为“老龄化国家”，当 65 岁以上的老年人口超过 14% 时，称为“老龄国家”。据联合国一项调查预测，到 21 世纪中叶，全球 60 岁以上的老龄人口总数将达到 20 亿，将占世界总人口的 22%❶。

很多发达国家在过去的 19 世纪和 20 世纪相继进入了老龄化社会，如法国、德国、英国、日本和美国等（图 1.1.1）。虽然法国在 19 世纪后半叶就成为世界上第一个步入老龄化的国家，但在此后的近百年时间里，人类尚未对老龄化形成系统和深刻的认识。直到 1948 年法国人口学家索维发表了《西欧人口老龄化的社会经济后果》一文后，才在学术上首次初步界定了人口老龄化现象，并为后续研究建立了一个基本架构。

对于老龄化社会，人类经历了从消极应付到积极面对的过程。在老龄化问题认识的初期，由于人口老龄化引起的劳动人口减少，贫困、病残老人问题突出等诸多社会矛盾，使人们普遍认为老年人是社会的负担。为了呼吁大家正视人口老龄化带来的挑战，1982 年联合国在维也纳召开了第一届世界老龄大会，并发表了《维也纳老龄问题国际行动计划》。此次会议号召所有国家必须重视人口老龄化对社会带来的影响，并为应对人口老龄化做好充分的准备。

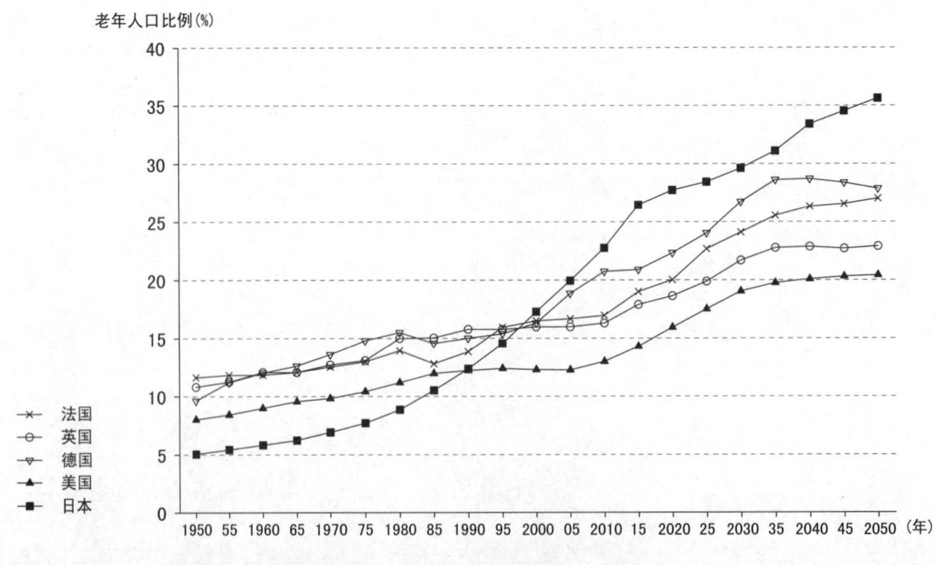
老年人口比例(%)
40
35
30
25
20
15
10
5
0
法国
英国
德国
美国
日本
1950 55 1960 65 1970 75 1980 85 1990 95 2000 05 2010 15 2020 25 2030 35 2040 45 2050 (年)

图1.1.1　部分发达国家的老龄化趋势❷（根据资料编绘）

❶ 世界卫生组织. 全球老年人宜居城市指南. 2007.
❷ 日本高龄社会白皮书. 平成18年（2006年）.

随着时间的推移和实践的发展，人类逐渐认识到人口老龄化既是挑战也是机遇。如为了应对劳动力紧缺问题，人类改进了各类生产技术以提高生产效率；同时老龄化社会也改变了消费群体的组成格局，创造了大量的老年型消费。第二届世界老龄大会在2002年召开，会议提出了积极老龄化的政策框架，倡导各国调整对策，尽可能发挥人口老龄化带来的机遇，发挥老龄化社会所蕴含的经济潜力。

随着对老龄化社会认识的深化，经历老龄化的发达国家在面对老年问题时，逐渐转变了以往仅以老年人的需求为出发点的思考模式，转而从维护老年人权利的角度重新审视老龄化问题。新的认识主要从"健康、保障和参与"三个层面，从更为宏大的社会背景下来考虑解决老年问题的政策和方法。

[2] 发达国家探索养老居住模式的历程

随着对老年问题认识的逐步深化，发达国家在构建养老居住模式的探索上也不断进行变革，主要反映在不同时期居住建筑法规针对老年人的居住要求而进行的变革，以及老年住宅建设方向的变化。

(1) 住宅相关法规的适老化变革

随着老龄人口比例的上升，发达国家针对老年人的住宅法规经历了起初的针对高龄、病残老人的住房改造和老年住宅建设，转为促进普通住宅的无障碍化，以及建设带有护理服务功能的老年住宅、老年公寓的历程。以下是部分发达国家政策的变化过程：

瑞典于1950年左右，65岁以上人口比例达到10%时开始大量建造养老院；在该比例达到15%时对建筑法进行了修订，开始推进普通住宅及公共建筑的无障碍化。美国在1956年，当65岁以上人口比例达到8%时修改了住宅法，并开始建设老年人住宅；当老龄人口比例达到13%时制定了《集合住宅服务法》，开始建造具备护理服务功能的集合住宅。日本于1964年，在65岁以上人口比例接近7%时，出台政策优先向老年人家庭提供租金低廉的公营住宅；当1987年达到11%时，开始实施"银发住宅"工程，提供具备护理服务功能的老年人专门住宅；当1991年该比例达到13%时开始要求普通住宅的无障碍化和适老化。

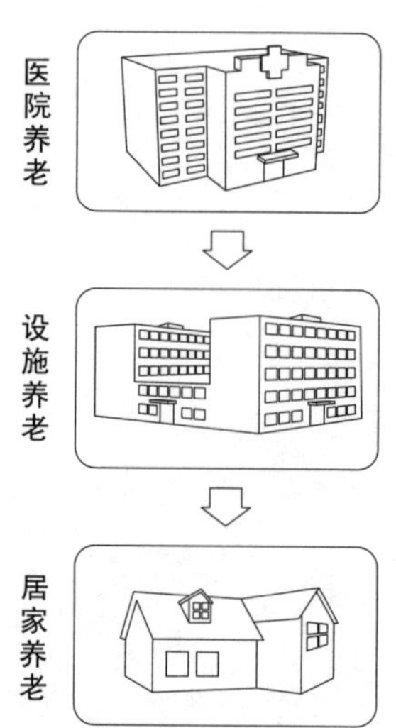
医院养老
设施养老
居家养老

图1.1.2 发达国家建设养老居住模式理念的变化过程

(2) 养老居住模式的转变

针对老年人的居住要求，发达国家不仅在相关的住宅法规上经历了从对专门供老年人居住的住宅的设计改造到要求所有住宅都进行适老化设计的普适化过程，在养老居住模式的发展上也经历了从“医院养老”，到“设施养老”再到“居家养老”的转变过程（图 1.1.2）。

在人口老龄化初期，社会普遍认为老人晚年的照料问题主要是医疗保障问题，所以政府用公共支出增加医院的建造。但随着老年人口的逐渐增加，医院入住了大量病情稳定，但又不易康复的慢性病老人，这致使医院床位流转率降低，政府医疗保障支出长期居高不下。于是政府尝试建设专门的养老机构及康复设施，以接收生活半自理或不能自理，主要是生活需要照料而不是医疗救治的老人，以改变大量老年人长期滞留医院的困境。但随之发现，在养老机构内生活并不是老人所期望的最佳养老方式，养老机构内的集中居住虽然可以给老人提供较好的照料，但是并不利于激发老人的生活热情。调研发现，老年人更希望居住在其长期生活的住宅中，希望继续作为社会的一员自由参与到社区生活中。研究表明，老年人自主生活，参与社会活动有利于维护老人的身心健康，有利于延长老人自立生活的时间。如图 1.1.3 所示，在社区中养老的老人有更多的选择自由，老人可以以住宅为中心，自主选择参加各类活动及享受不同的服务。虽然这些行动对于老人来说带有一定的风险和挑战，但这有利于提高老年人的生活自理能力和生活热情，增强他们的生活信心。在众多研究结论的支持下，政府开始转向重视建设老年住宅，并在普通社区内积极配建社区养老设施，如日间照料中心，多功能老年活动站等，为实现更好的居家养老提供了必要的硬件基础。

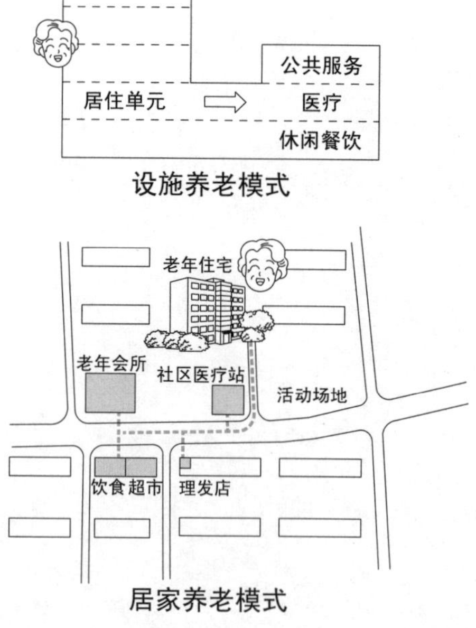
公共服务
居住单元
医疗
休闲餐饮
设施养老模式
老年住宅
老年会所
社区医疗站
活动场地
饮食超市
理发店
居家养老模式

图1.1.3 居家养老生活模式更加丰富和自由

发达国家探索养老居住模式的经验表明，解决养老居住问题不仅仅是为老人提供一个安全的居住空间，同时还要维护老年人自由选择居住方式的权利。经历了长期的探索和变革，多数发达国家最终走向回归社区、回归住宅，以居家为主的养老居住模式。

1.2 我国老龄化现状与养老居住问题

[1] 我国面临严峻的老龄化国情

我国将 60 岁及以上的人口定义为老年人。2000 年，我国 60 岁以上的老龄人口比例达到 10%，标志着我国正式步入老龄化国家行列。由于长期的人口政策以及各类历史原因，目前我国正面临严峻的老龄化过程。我国的老龄化主要表现出以下一些特点：

(1) 老龄人口多

据联合国预测，21 世纪上半叶，我国一直是世界上老年人口最多的国家。21 世纪下半叶，我国仍然是仅次于印度的第二老年人口大国。根据国家统计局发布的《2016 年国民经济和社会发展统计公报》数据，2016 年我国 60 周岁及以上的人口已达到 2.3 亿人，占总人口的 16.7%[1]。预计到 2020 年我国的老龄人口将达到 2.48 亿人，到 2050 年将达到 4.34 亿人[2]。图 1.2.1 反映了我国人口结构变化的趋势，从图中可以看到未来老年人口占总人口数量将越来越多。面对庞大的老年人群，我国需要建立一套普适化的养老居住模式。

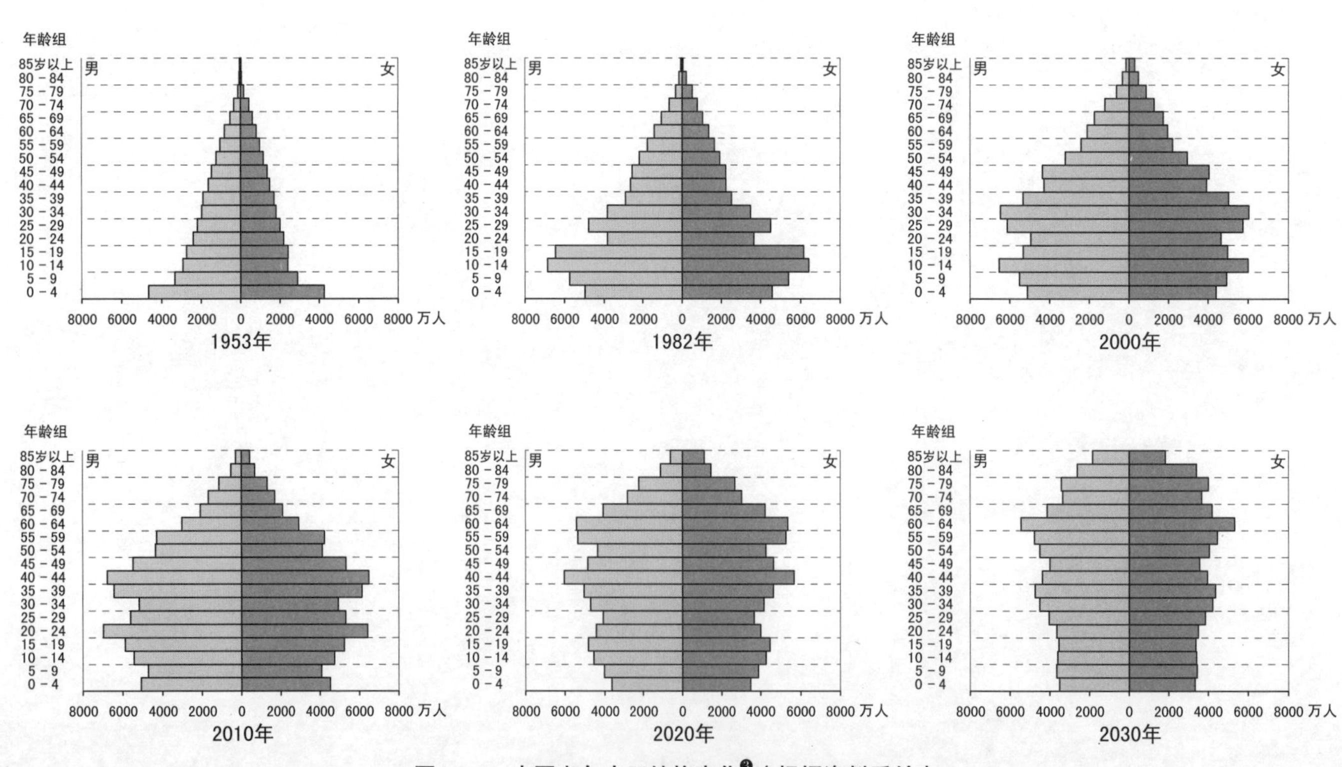

年龄组
85岁以上
80－84
75－79
70－74
65－69
60－64
55－59
50－54
45－49
40－44
35－39
30－34
25－29
20－24
15－19
10－14
5－9
0－4
男
女
8000 6000 4000 2000 0 2000 4000 6000 8000 万人
1953年
1982年
2000年
2010年
2020年
2030年

图1.2.1　中国老年人口结构变化[3]（根据资料重绘）

[1] 中华人民共和国国家统计局，2016年国民经济和社会发展统计公报.[2017-02-28]. http://www.stats.gov.cn/tjsj/zxfb/201702/t20170228_1467424.html.

[2] 李本公. 中国人口老龄化发展趋势百年预测. 北京：华龄出版社，2006.

[3] 张恺悌，郭平. 中国人口老龄化与老年人状况蓝皮书. 北京：中国社会出版社，2009.

(2) 老龄化增速快

我国属于世界上老龄化增速最快的国家之一。从步入“老龄化国家”到成为“老龄国家”，多数发达国家用了半个世纪或上百年时间，而我国预计这一过程只需 26 年（图 1.2.2）。从 2020 ~ 2050 年为我国人口老龄化最快的阶段，预计老年人的比重将从 17.17% 上升到 30.95%[1]。

(3) 高龄老人群体庞大

2015 年，我国 80 岁及以上的高龄老人约占老年人口总数的 11.8%[2]。预计到 2050 年，80 岁以上的高龄老人将占老年人口总数的 23%，约 9400 多万人[3]。高龄老人由于身体机能弱，往往需要更多的医疗服务和生活照料，这将对我国有限的医疗和养老服务力量提出巨大的挑战。

(4) 多数老人未富先老

发达国家基本上是在完成工业化、城市化的条件下进入老龄化社会的。工业化实现了社会生产力的突飞猛进，城市化完善了各类生活配套设施，使国民可以在较为富足的基础上享受较好的养老服务。然而我国目前尚属发展中国家，处在工业化和城市化的中期阶段，人均国内生产总值世界排名还很靠后，多数老年人及其家庭“未富先老”。这将在很大程度上决定我国解决各类养老问题的思路和方法。

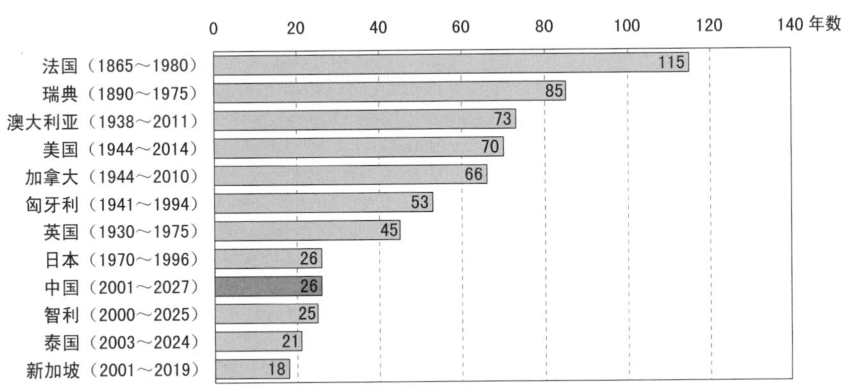

0
20
40
60
80
100
120
140 年数
法国（1865～1980）
115
瑞典（1890～1975）
85
澳大利亚（1938～2011）
73
美国（1944～2014）
70
加拿大（1944～2010）
66
匈牙利（1941～1994）
53
英国（1930～1975）
45
日本（1970～1996）
26
中国（2001～2027）
26
智利（2000～2025）
25
泰国（2003～2024）
21
新加坡（2001～2019）
18

图1.2.2　世界部分国家从老龄化社会跨入老龄社会需要的时间对比[4]

---

❶ 李本公. 中国人口老龄化发展趋势百年预测. 北京: 华龄出版社, 2006.
❷ 根据国家统计局2015年人口抽样调查数据计算得出。
❸ 全国老龄工作委员会. 2009年度中国老龄事业发展统计公报.
❹ 张恺悌, 郭平. 中国人口老龄化与老年人状况蓝皮书. 北京: 中国社会出版社, 2009.

(5) 地区分布不均

由于经济发展水平的差异和劳动人口的大量迁移，我国老龄化呈现出东部高于西部，农村高于城镇，部分大城市（如北京、上海、天津等）老龄化比例远远高于全国的格局。据调查，截至2014年底，部分大城市如上海老龄化已经达到28.8%[1]，北京已达到22.3%[2]，均高出全国平均水平。目前这些城市在养老政策的制定及养老设施的建设方面均走在了全国前列，可以为全国构建养老体系提供一定的经验。

[2] 我国当前的养老居住政策

老龄化社会、老年群体以及老年人个体是构成老年问题的三个重要层面。这三个方面的实际情况是国家制定养老居住政策的背景和依据。通过对我国当前经济发展水平、老龄化特点和老年人意愿的综合考虑，我国政府确定了“以居家养老为基础，社区养老为依托，机构养老为支撑”的养老居住政策,同时提出了“9073”的养老居住格局：即90%的老年人在社会化服务协助下通过家庭照顾养老，7%的老年人通过购买社区照顾服务养老，3%的老年人入住养老服务机构集中养老。

● **符合当前经济发展水平**

我国尚属发展中国家，综合国力还不强，大力促进经济社会发展还是当前政府的主要任务。在较短的时间内完善养老及医疗保障体系十分困难。同时我国当前人均收入水平还较低，多数老年人及其家庭较难有足够的经济实力进入养老机构长期养老。只有大力提倡和发展居家养老，才能满足多数老年人的养老需求。

❶ 2014年上海市老年人口和老龄事业监测统计信息.
❷ 北京市2014年老年人口信息和老龄事业发展状况报告.

● 符合我国老龄化特点

我国人口老龄化的一大特点是老年人口多、增速快。面对这个现实，国家在短时期内很难为大量老年人提供专门的养老居住场所，也难以快速建立较为完善的养老服务体系。我国当前的养老机构数量还十分有限。截至 2009 年末，全国各类老年福利机构共有 38060 个，床位总计 266.2 万张❶，仅占老人数量的 1.59%，与国际通常有 4%~6% 的老人入住老年机构的情况相比，我国的养老机构还有待大力发展。为了尽快满足迅速增加的养老需求，利用大量的住宅资源大力发展居家养老是必然的选择。

● 符合老年人的意愿

我国多数老人希望居家养老。我国的老人多将自身价值与家庭和谐，扶助后辈成长融合在一起，同时也与邻里交往和相互关照联系起来，在其中感受自身存在的价值。根据 2006 年我国老龄科研中心的资料显示，有 85.05% 的老人希望在家里养老（图 1.2.3）。多数老人希望居家养老是有其内在合理性的。因为在家里老人可以亲近家人和朋友，可以利用各类熟悉的社区设施，可以继续在原有的社会关系中交往和参加各类活动。研究表明，居家和社区养老有助于保持老年人的身心健康，可给予老人长期的精神支持，可以提高养老生活的质量。

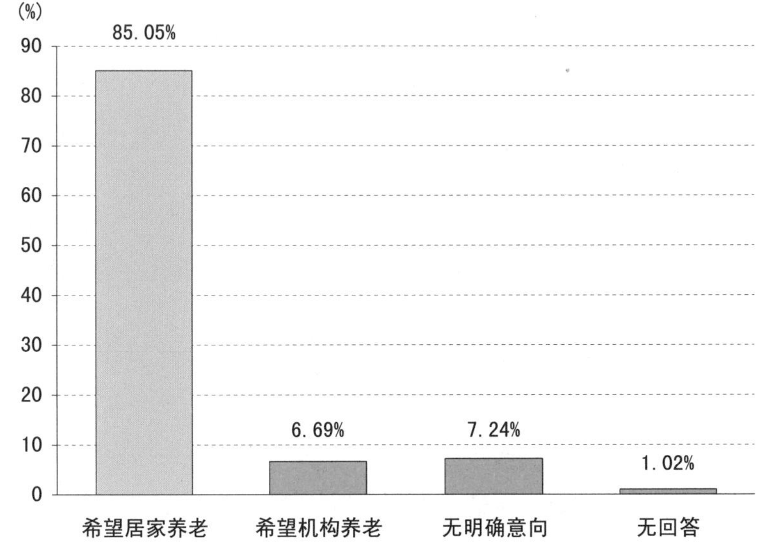
(%)
90
80
70
60
50
40
30
20
10
0
85.05%
6.69%
7.24%
1.02%
希望居家养老
希望机构养老
无明确意向
无回答

图1.2.3 老年人养老居住意愿调查（根据资料自绘）

❶ 全国老龄工作委员会. 2009年度中国老龄事业发展统计公报.

比较而言，居家养老是一种普适化的养老居住模式，其可以充分发挥现有住宅的居住功能，依托家庭、邻里以及社区管理组织的服务功能，尽可能满足绝大部分老人的居住要求。鼓励老人居家养老并尽可能延长居家养老的时间，既符合发达国家的经验，也符合我国经济发展水平，将有助于我国缓解养老保障、医疗保障及社会照料支出不断增加的压力。

[3] 当前居家养老存在的问题

虽然居家养老符合我国的基本国情，也符合老人的选择意愿，但是当前居家养老还面临着很多亟待解决的问题。

(1) 传统的养老照料模式正逐步瓦解

当前随着家庭少子化、空巢化以及居住观念的改变，依托子女的传统养老照料模式已经难以为继。老年人的居家养老生活将越来越需要自立。

20 世纪 80 年代实行计划生育以来，多数家庭尤其是城市家庭往往只有一个孩子，目前这些家庭已经出现了“4-2-1”的结构形式。一对中、青年夫妇需要照顾两方父母（共 4 位老人），同时还需要抚养后代，所以其生活负担很重，很难较好地照料每一位老人。这是未来必须面对的客观事实。同时随着我国城市化的发展，越来越多的年轻人因求学、就业等因素进入大城市或者走出国门，致使空巢家庭大量增加。据全国老龄委公布的数据显示，全国城市老年人空巢家庭的比例已达到 49.7%，大中城市已达到 56.1%。这些空巢家庭的老人将很难及时从子女处获得救助和生活的照料。

老人与子女居住观念的改变也在影响传统的居住关系。虽然老人和子女希望相互照顾，但多数年轻人同时还希望拥有独立的生活空间，因此“近邻分离式”的居住模式更受欢迎。根据对 80 后的调查，80.9% 的年轻人希望与父母就近分开居住[1]。同时 80 后的父母们也更倾向于独立居住，以享受自由的晚年生活。

随着传统照料模式的改变，老人多数时间将独立生活在家中。如何在硬件上对老人居家生活给予足够的支持，成了老年住宅设计的重要内容之一。

---

[1] 地产评论编辑部. 万人调查——80后与他的父母们. 地产评论, 2009（11）.

(2) 建成住宅适老化设计程度低

目前老人多居住在福利分房时代建造的住宅里，住宅普遍比较老旧，其设计与设施的配置很少考虑老年人的居住要求。如以前的厕所多为蹲便器，其安装往往会使卫生间内形成一个较大的高差，老人使用十分不便；此外住宅多为砖混结构，走道和门洞口较为狭窄，墙体无法拆改，后期很难进行无障碍改造；还有绝大多数住宅没有配备电梯，一些高龄及体弱老人上下五六层楼十分困难。

然而不仅旧住宅中存在这些问题，近年来新开发的住宅也很少重视适老化设计，甚至一些住宅项目在设计中为了追求新奇和差异化，在套内人为地制造出几步台阶，完全没有考虑这对老年人的居住会造成很大的危险，同时普通人居住也很不方便。由于我国正处于住宅建设的高峰时期，适老化设计如果不能被尽快引入，必将给未来带来庞大的住宅改造任务，将造成很大的资源浪费。

(3) 社区养老服务设施建设滞后

居家养老有赖于社区养老服务的支撑。根据对老人生活的调研，居家养老的老人多希望社区可以提供便利餐饮、协助洗澡、上门服务以及接收短期居住和照料等服务功能。然而目前我国社区养老服务的硬件设施还很不健全，相关的政策法规尚未完善，社会服务资源也有待培育和整合。这些现实因素决定了目前居家生活的老人很难获得较好的社区服务。

1.3 老年住宅对实现居家养老的重要意义

[1] 老年住宅在养老生活中的重要作用

一个设计合理的老年住宅对实现居家养老具有重要意义，可以发挥多方面的作用：

- **保障老人居住安全**

在养老生活中，居住的长期安全是保证老年人养老生活质量的重要因素。在老年住宅设计中，应充分考虑各类意外发生的可能性，并采取必要的设计措施，以降低老人居住中发生事故的概率。

- **支撑老人独立生活**

未来居家养老中，老年人将越来越需要独立生活。在住宅中通过适老化及无障碍设计，可以为老人的独立生活提供支持，可以帮助老人自理完成多数生活行为，从而延长自理生活时间，减少对子女及社区照料的依赖。

- **提高老人与外界的联系能力**

老人的居家生活往往需要社会力量的协助。通过在老年住宅中装设信息系统可有效联络外界力量，使老人在家中就享受到各类社会服务。在出现突发病情等紧急情况下也可以及时得到外界的救助。同时通过合理考虑老年住宅在社区内的规划位置，使其临近社区服务设施，可以使老人及时了解各类社区活动，促进老人参与集体活动，从而减少生活的孤独感。

[2] 正确认识老年住宅设计

构建安全、舒适、老少适宜的居住环境已经成为社会的共识，老年住宅的重要性也正在得到越来越广泛的认知。当前老年住宅的建设已经逐渐起步。然而社会对老年住宅设计的认识仍普遍存在一些误区，需要相关方面积极改变认识。

(1) 对老年住宅设计的若干认识误区

● 对适老化设计缺少深刻理解

很多设计师对老年住宅的认识仅限于满足相关设计规范的要求，认为仅是在普通住宅的基础上去除高差、设置坡道、保证轮椅回转和加装扶手而已。然而对老年人生理、心理，老人生活习惯，养老服务的要求等则知之甚少。这种情况下设计建造的结果与普通住宅并无差异，并未体现老年人的特点，也没有真正满足老年人的需求。

● 简单照搬国外的模式

我国老年住宅的开发和设计尚处于起步期，相关经验积累不足。很多设计师和开发商对我国的老年人需求不甚了解，只是简单模仿发达国家豪华、新颖的建筑形式。然而这类老年住宅在功能组成、空间模式、设施设备的配置，及服务管理等方面并不符合我国的国情，在实际建设和后期使用中往往会遇到很多需要改造的地方，造成很大的浪费。

● 住宅的适老化设计还未受到普遍重视

由于对老年人的生活缺乏切身体验，很多普通居民对住宅适老化设计的重要性还认识不足甚至毫无概念，在购房或者装修时，并未引起足够的重视。然而当与老人共同居住，或者有老人在住宅中发生事故需要卧床护理时，才意识到住宅的适老化设计是多么重要。但是在后期对住宅进行改造或加装设施将非常困难，难免生出“早知今日，何必当初”的感慨。

(2) 正确认识老年住宅设计

针对上述诸种认识误区，我们需要从以下几个方面更新认识。

● 建立“以人为本”的设计理念

老年住宅的设计并不能局限于机械地执行相关设计标准规范的规定，设计师必须将“以人为本”的设计理念贯彻始终。设计师需要深入研究老年人的生理特点和心理需求，充分考虑老年人的生活习惯，为可能出现的紧急情况做好准备，重视每一个细节的精细化设计，并为将来的适老化改造做好预留准备。只有从老人的特点及要求出发，才能设计出适宜老人居住生活的住宅。

● 提倡立足国情的思考和探索

设计师在借鉴发达国家先进经验的基础上，应深入研究中国老人的特点和需求，深入了解中国的养老服务管理模式，以及以宏观的视角来审视我国当前养老产业的发展阶段，避免简单照搬国外经验。只有通过对本土化的思考和探索，才能合理确定老年住宅的设计定位、设计模式以及相关的设施配置，设计出适宜中国国情的老年住宅。

● 促进社会对住宅适老化的重视

对于社会对老年住宅重要性的认识不足，需要政府及社会各界力量从现在起加大对老龄化知识的宣传和普及力度，使社会公众更多地了解老龄化社会将面临的挑战，了解居家养老的必然性和重要性，以及了解实现安全、健康居家养老的基本知识，以便大家及早开始行动，为未来居家养老做好准备。

综上所述，我国已经迎来了老龄化时代，构建一个符合中国国情的养老居住体系，是保障老年人居住权利，提高老年人生活质量的重要基础。我国确定了以“居家养老为基础”的养老居住政策，随着老年人口的快速增加，建设一个安全、舒适的养老居住环境成了当务之急。老年住宅的建设对实现居家养老具有重要意义。老年住宅的设计需要设计师深刻理解老年人的居住需求，同时也需要社会各界提高对建设老年住宅重要性的认识，才能更好地推动老年住宅的开发和建设。

第2章 老年特征与居住环境需求

老年人在生理、心理和行为等方面所表现出来的特殊状态称为老年特征。进入老年阶段，人体的生理机能会产生一定变化，如：体表外形改变、器官功能下降、机体调节作用降低等。同时，老年人退休后，随着生活范围从社会转为家庭，其生活重心亦从工作转为休闲、养老，接触的人从以同事为主转为以家人、社区居民为主。这些变化会使老年人的生活需要与其他年龄段的人有所不同，其行为习惯和心理状态也会有所改变。

在进行老年住宅设计之前，首先需要深入了解老年人特殊的生理、心理特征和行为特点。在此基础上，才能进行具有针对性的、合理的设计。

本章分为两大部分：第一部分从老年人的生理特点、心理特点、生活习惯特点三个方面探讨老年人对居住环境的特殊需求；第二部分从老年人体工学角度，对住宅各空间内常见的人体尺度要求进行分类说明。

2.1 老年人的生理特点与居住环境需求

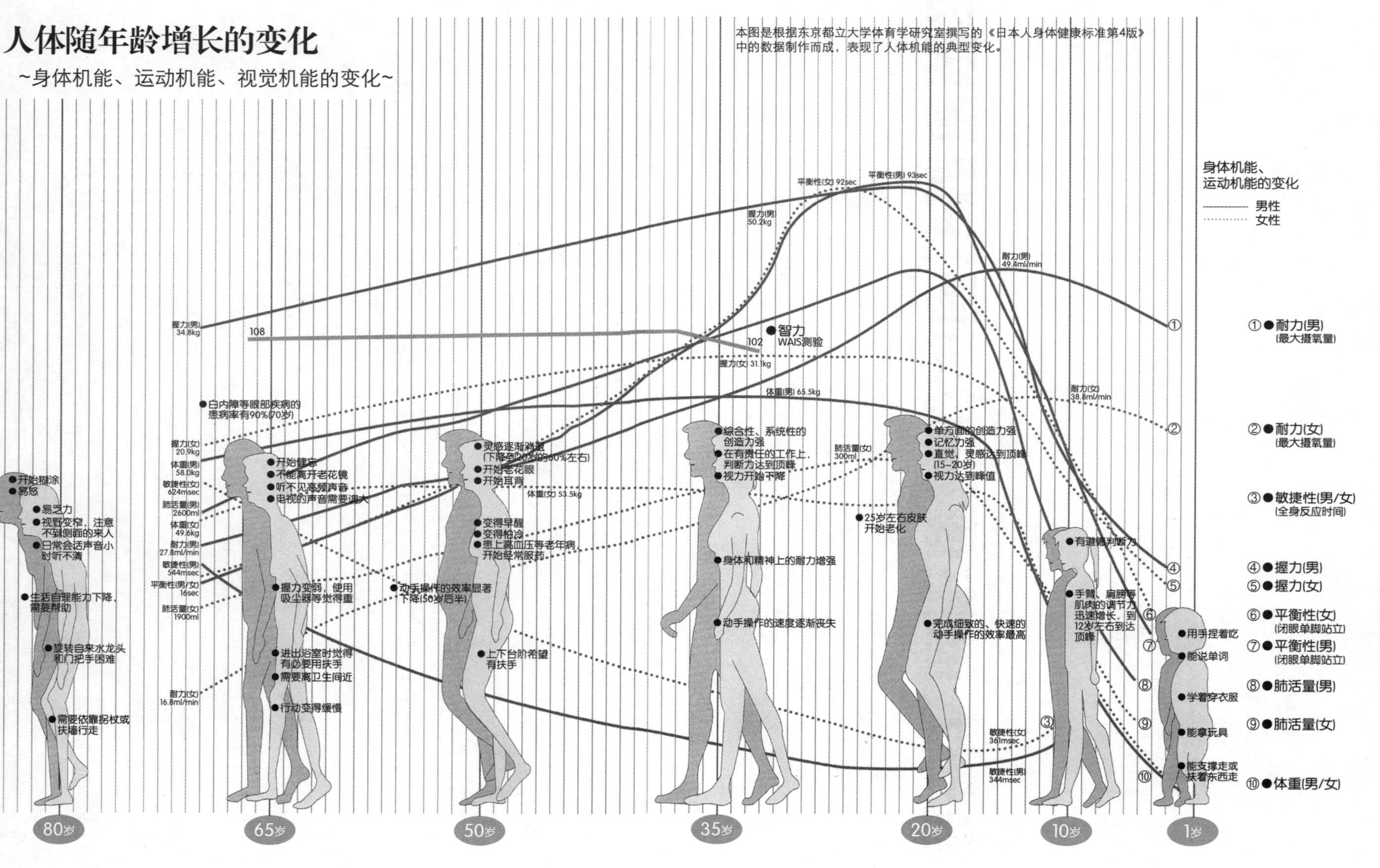

人体随年龄增长的变化
~身体机能、运动机能、视觉机能的变化~
本图是根据东京都立大学体育学研究室撰写的《日本人身体健康标准第4版》中的数据制作而成，表现了人体机能的典型变化。
身体机能、运动机能的变化
男性
女性
①●耐力(男)
(最大摄氧量)
②●耐力(女)
(最大摄氧量)
③●敏捷性(男/女)
(全身反应时间)
④●握力(男)
⑤●握力(女)
⑥●平衡性(女)
(闭眼单脚站立)
⑦●平衡性(男)
(闭眼单脚站立)
⑧●肺活量(男)
⑨●肺活量(女)
⑩●体重(男/女)
平衡性(女) 92sec
平衡性(男) 93sec
握力(男) 50.2kg
耐力(男) 49.4ml/min
耐力(女) 38.8ml/min
握力(女) 31.1kg
体重(男) 65.5kg
体重(女) 53.5kg
肺活量(女) 300ml
敏捷性(女) 361msec
敏捷性(男) 344msec
●智力
WAIS测验
108
102
握力(男) 34.8kg
握力(女) 20.9kg
体重(男) 58.0kg
敏捷性(女) 624msec
肺活量(男) 2600ml
体重(女) 49.6kg
耐力(男) 27.8ml/min
敏捷性(男) 544msec
平衡性(男/女) 16sec
肺活量(女) 1900ml
耐力(女) 16.8ml/min
●开始糊涂
●易怒
●易乏力
●视野变窄，注意不到侧面的来人
●日常会话声音小时听不清
●生活自理能力下降，需要帮助
●旋转自来水龙头和门把手困难
●需要依靠拐杖或扶墙行走
●白内障等眼部疾病的患病率有90%(70岁)
●开始健忘
●不能离开老花镜
●听不见高频声音
●电视的声音需要调大
●握力变弱，使用吸尘器等觉得重
●进出浴室时觉得有必要用扶手
●需要离卫生间近
●行动变得缓慢
●灵感逐渐消退(下降到20岁的90%左右)
●开始老花眼
●开始耳背
●变得早醒
●变得怕冷
●患上高血压等老年病，开始经常服药
●动手操作的效率显著下降(50岁后半)
●上下台阶希望有扶手
●综合性、系统性的创造力强
●在有责任的工作上，判断力达到顶峰
●视力开始下降
●身体和精神上的耐力增强
●动手操作的速度逐渐丧失
●单方面的创造力强
●记忆力强
●直觉、灵感达到顶峰(15~20岁)
●视力达到峰值
●25岁左右皮肤开始老化
●完成细致的、快速的动手操作的效率最高
●有道德判断力
●手臂、肩膀等肌肉的调节力迅速增长，到12岁左右到达顶峰
●用手捏着吃
●能说单词
●学着穿衣服
●能拿玩具
●能支撑走或扶着东西走
80岁
65岁
50岁
35岁
20岁
10岁
1岁

图2.1.1 人体生理机能随年龄的变化图[1]

[1] 社団法人インテリア産業協会. 高齢者のための照明・色彩設計. 東京: 産能大学出版部, 2000

进入老年阶段，人的身体各部位机能均开始出现不同程度的退行性变化，对内外环境适应能力也随之逐渐减退，医学上称之为生理衰老。一般来说，女性 60 岁以上、男性 65 岁以上开始出现生理衰老的现象，随着老年人年龄的增长，其生理机能和形态上的退化逐渐加剧（图 2.1.1）。

首先，人体结构成分发生变化。老年人人体水分减少、脂肪增多、细胞数量减少、器官重量减轻，由此导致器官功能下降，出现动作缓慢、反应迟钝、适应能力降低和抵抗能力减退等现象。其中，脑重减轻还会带来一系列神经系统的退化症状。

其次，人体代谢平衡失调。老年人肝、肾功能降低，罹患糖尿病、高血压、高血脂、动脉粥样硬化等慢性疾病的比例增高，便秘和尿频也十分常见。同时，人体骨密度降低，骨骼的弹性和韧性减低，脆性增加，易出现骨质疏松症，极易发生骨折。

第三，对内外环境变化的适应能力下降。老年人进行体力活动时易心慌气短，活动后恢复时间延长。特别是由于免疫系统衰退，对冷、热适应能力减弱，内环境稳定性较年轻人低。

老年人的生理衰老对其生活需求和行为特点会产生重要影响，其中感觉机能、神经系统、运动系统和免疫机能等方面的退化与居住环境的设计息息相关。

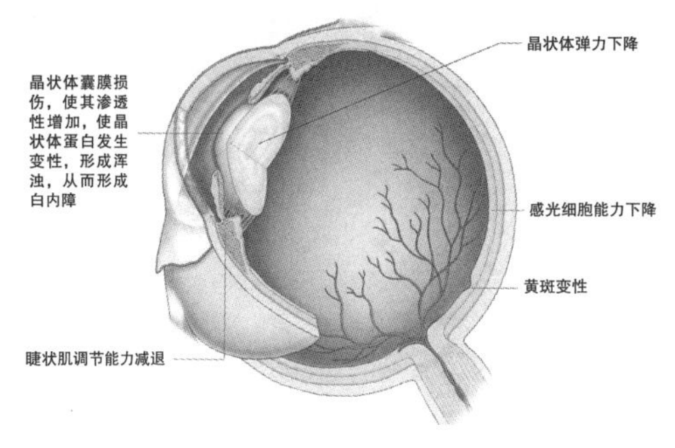
晶状体弹力下降
晶状体囊膜损伤，使其渗透性增加，使晶状体蛋白发生变性，形成浑浊，从而形成白内障
感光细胞能力下降
黄斑变性
睫状肌调节能力减退

图2.1.2　老年人眼部退化图[1]

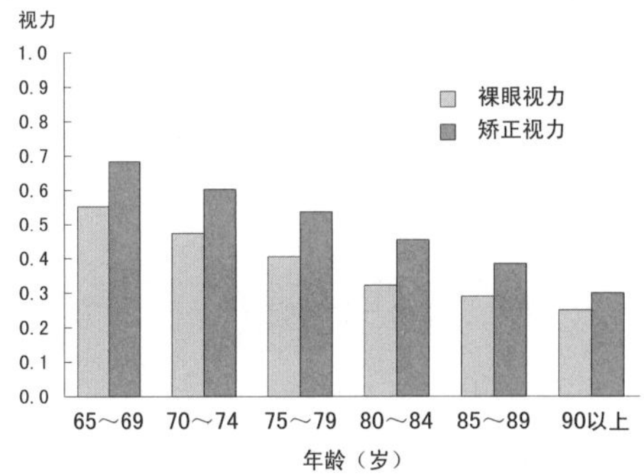
视力
1.0
0.9
0.8
0.7
0.6
0.5
0.4
0.3
0.2
0.1
0.0
裸眼视力
矫正视力
65～69
70～74
75～79
80～84
85～89
90以上
年龄（岁）

老年人的视力会随年龄的增长逐渐下降

图2.1.3　老年人视力衰退图[2]

[1] 感觉机能退化

人体的感觉机能包含视觉、听觉、触觉、味觉和嗅觉等，是人体接收外界环境信息的主要方式。进入老年阶段后，往往最先从视觉和听觉开始衰退，随后其他感觉机能也会逐渐衰退。感觉机能衰退会影响老年人对周围环境信息的收集，进而使其对环境的反应能力变差。

看不清啊…

图2.1.4　老年人难以看清细小文字

(1) 视觉衰退

老年阶段人眼晶状体弹力下降，睫状肌调节能力减退，视网膜细胞数逐渐减少，会出现视觉模糊、视力下降等视觉衰退现象，尤其是近距离视物模糊，俗称老花眼（图 2.1.2，图 2.1.3）。同时老年人眼部疾病的发生概率也会明显增加，青光眼、白内障、黄斑变性等是老年人常见的视觉疾病，严重者还会出现夜盲或失明。视觉衰退会导致老年人对形象、颜色的辨识能力下降，对于细小物体分辨困难（图 2.1.4，图 2.1.5）。

哪个按钮?

图2.1.5　老年人对相似形象和颜色的辨识力下降

❶ 亚伯拉罕斯·彼得著. 沙悦译. 大英人体自查彩色图谱. 北京: 团结出版社, 2005
❷ 参考相关日本文献

视觉衰退所带来的障碍应通过对老人居住空间进行针对性的设计加以改善，例如通过合理布置光源、增加夜间照明灯具等方式提高室内照度；采用大按键开关，加大标识牌的图案、文字，提高背景与文字的色彩对比度使其更容易辨认，从而帮助老年人在居住环境中获得更加舒适的视觉感受，提高安全度和方便性（图 2.1.6）。老年人视觉特征与常见居住环境障碍见表 2.1.1。

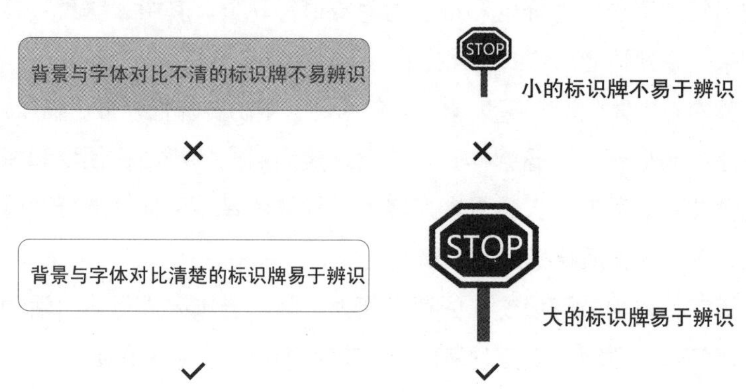
背景与字体对比不清的标识牌不易辨识
STOP
小的标识牌不易于辨识
×
×
背景与字体对比清楚的标识牌易于辨识
STOP
大的标识牌易于辨识
✓
✓

图2.1.6　通过加强色彩及明度对比、加大标识图案等方法方便老人识别

老年人视觉特征与常见居住环境障碍　　表2.1.1

视觉特征		居住环境中的常见问题与障碍
低视觉能力	形象分辨能力降低	难以分辨小的物体，如：文字、图案较小的标识，较小的按钮、按键等； 难以分辨与背景色彩无明显反差的物体，如：与墙面颜色接近的开关插座、扶手、栏杆等； 对大面积玻璃难以识别。
	色彩分辨能力降低	难以分辨深色和微弱色差的环境； 对某些色彩如红色、绿色的分辨相对困难。
	弱光下识别物体能力降低	在低光照条件下辨物困难，如：灯具照度较低、光线角度不佳等情况； 夜间视物较为困难。
	对强光敏感	对频闪的灯光和直射眼睛的光线会感到不适； 反光较强的地面或墙面等易引起视觉错觉。
	对光亮突变的适应力减弱	视觉明适应与暗适应能力下降，对光线明暗突变的适应时间增长。
无视觉能力	眼盲	失去对周围环境的辨认能力，容易发生磕碰、绊倒等问题； 丧失方向感，在路线曲折的环境中容易迷路； 使用无声音提示的设备较为困难。

(2) 听觉衰退

老年人由于听觉器官退化而引发的听不清或听不到的现象极为普遍。同时，老年性耳聋发病比例也较高，临床表现除了低频分辨困难、快语频分辨困难、响度重振、言语识别率与纯音分辨困难等，往往还伴有眩晕、嗜睡、耳鸣和脾气较偏执等表现（图 2.1.7，图 2.1.8，表 2.1.2）。

听不清或听不到会对老年人的起居生活带来一定的影响，严重者甚至会造成危险。如：听不到电话或门铃声，一般只会影响老年人的对外交流（图 2.1.9，图 2.1.10）；而听不到煮饭、烧水的声音，甚至报警的铃声，则可能使老年人发生危险。对于独居老年人而言，听觉衰退所带来的危险性会更大。

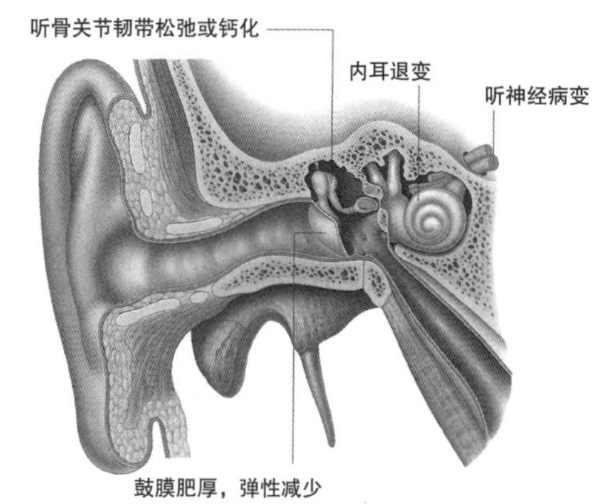
听骨关节韧带松弛或钙化
内耳退变
听神经病变
鼓膜肥厚，弹性减少

图2.1.7　老年人耳部退化图[1]

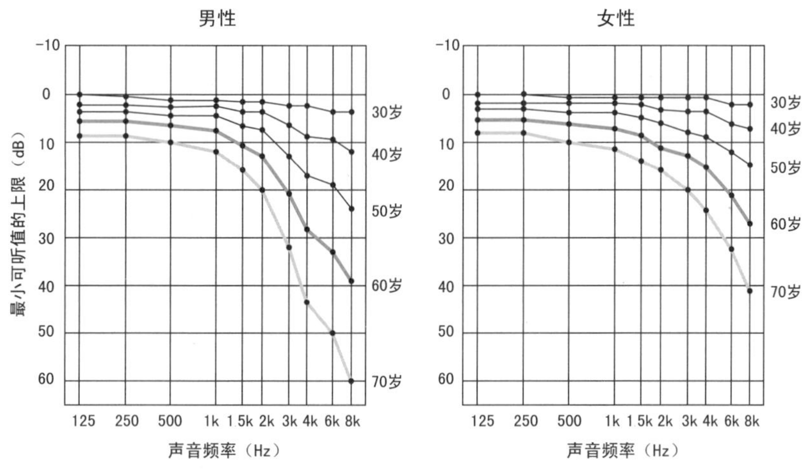
男性
女性
最小可听值的上限（dB）
-10
0
10
20
30
40
50
60
30岁
40岁
50岁
60岁
70岁
125 250 500 1k 1.5k 2k 3k 4k 6k 8k
声音频率（Hz）

老年人的听力会随年龄逐渐衰退，其中高频段声音衰退更为显著

图2.1.8　老年人听力衰退图[2]

你说什么？

图2.1.9　老年人听不清声音，对交流造成不便

老年人听觉特征与常见居住环境障碍　　表2.1.2

听觉特征	居住环境中的常见问题与障碍
听不清或听不见	门铃声、报警声音量太小时听不见； 发声位置距离较远或有阻隔时听不清，如：与谈话人距离较远，与电视距离较远时。
对声音较为敏感	休息和睡眠时易受噪声干扰。

图2.1.10　老年人听觉衰退，常常听不到电话铃、门铃等声音

❶ 亚伯拉罕斯·彼得著. 沙悦译. 大英人体自查彩色图谱. 北京：团结出版社, 2005
❷ 参考相关日本资料

针对老年人听觉衰退的特征，在设计老年住宅时，可通过增加灯光或振动提示、采用有视觉信号的报警装置等方式，利用其他感官来弥补听觉障碍。此外，确保住宅室内视线的畅通也可以辅助老人了解周围环境的状况，从而保障其安全。

(3) 触觉、味觉和嗅觉衰退

进入老年阶段，人的触觉、味觉和嗅觉也会出现不同程度的衰退。触觉功能退化，会导致老年人对冷热变得不敏感，被擦伤、烫伤时不能及时察觉到（图 2.1.11）；味觉功能退化，会导致老年人吃东西没有什么味道，影响食欲进而影响健康状况；嗅觉功能退化，会导致老年人对空气中的异味或有害气体不敏感，严重的会造成煤气中毒等危险发生（图 2.1.12，表 2.1.3）。

针对老年人的触觉、味觉和嗅觉衰退，在空间布局、家具形式和设备选型等方面均应当进行考虑，例如：加强室内通风设计、采用具有自动熄灭保护装置的灶具或无明火的电磁炉等，避免由于居住环境中的不当设置而产生对老人的潜在伤害。

在哪儿
碰伤的?

图2.1.11 老年人的触觉变得不敏感，对身体擦伤不易察觉

图2.1.12 老年人嗅觉退化，闻不到异味，易造成危险事故

老年人触觉、味觉和嗅觉特征与常见居住环境障碍　表2.1.3

触觉、味觉和嗅觉特征		居住环境中的常见问题与障碍
触觉退化	对温度变化的感知能力减弱	对烫物瞬间感知慢，端送食物和热水时容易烫伤。
	对疼痛的感知能力减弱	容易磕碰受伤，且受伤后常不能及时察觉，耽误医治。
味觉退化	对食物味道的辨别能力减弱	易误食变质食品或不良食品。
嗅觉退化	对气味的感知能力减弱	难以察觉有害气体的异味，如：在使用煤气时出现熄火、泄漏等情况，会因闻不到而发生煤气中毒等安全事故。

[2] 神经系统退化

神经系统退化的主要生理原因是神经细胞数量减少，脑重减轻。人脑细胞自 30 岁以后开始呈递减趋势，至 60 岁以上减少量尤其显著，到 75 岁以上时可降至年轻时的 60% 左右。同时，脑血管逐渐发生硬化，脑血流阻力加大引起脑供血不足，氧及营养素的利用率下降，脑功能逐渐衰退。神经系统退化会带来一定的神经系统症状、情绪变化及某些精神症状，主要表现如下（表 2.1.4）：

(1) 记忆力减退

老年人神经系统退化的突出表现是健忘，特别是对于近期的事情记忆力较差。由于记忆力减退，老年人常常忘记物品的存放位置（图 2.1.13），或者忘记正在烧水做饭，并可能由此引发失火等事故。

放在
哪儿了?

图2.1.13　老年人由于记忆力减退常常忘记东西存放在何处

针对老年人记忆力下降的问题，在住宅设计中应提供明显的提示。例如：适当采用开敞化的储物形式或多设置台面，以便放置老年人的常用物品，使其能方便地看到；选择定时熄火的灶具，避免因忘记熄火而发生危险。

(2) 适应能力下降

老年人适应新环境的能力较弱，往往倾向于生活在比较熟悉的环境中，其生理原因也在于神经系统的退化，对事物反应迟钝，认知能力下降。这些变化会导致老年人的心理安全感和自信心降低，对新的事物不敢去尝试，此外对突发情况的反应速度慢，出现危险情况时不能有效处理。

(3) 出现失智症状

随着人类平均寿命的增长，近年来老年人口中罹患阿兹海默症及其他类型失智症的比率逐渐升高。这些疾病多为脑部神经退行性病变，以老年期发生的慢性进行性认知及行为能力衰退为主要表现。

老年人患失智症的早期症状多为近事遗忘、性格改变、多疑、睡眠昼夜节律紊乱，进一步发展为远近记忆均受损，出现计算力、定向力和判断力障碍。除此之外，受到环境的影响，患失智症的老人还可能继发一定的精神行为症状，亦称 BPSD❶。例如在生活中往往会表现为主动性减少、情感淡漠或失控，出现抑郁、不安、兴奋、失眠、幻觉、妄想、徘徊、无意义多动、自言自语或大声说话、不洁行为和攻击倾向等。

失智症对老年人的生活影响极大，患者往往连自己非常熟悉的环境也难以辨别，容易发生走失。同时，患者丧失了空间判断能力，难以区分室内外空间、地平变化和色彩变化，心理非常恐慌。此外，昼夜颠倒和生活节奏的变化使患者常常与家人的生活规律不同，夜间起来活动，严重干扰他人生活，也容易因为无人照料发生危险。因此，中重度失智老人往往对护理有较高的需求。

随着病程发展，很多失智老人逐渐丧失了生活自理能力，需要专人看护。因此，在住宅设计中需要加强各空间之间的联系，通过增加开敞空间、增设观察窗等方法，方便看护人员与老年人的随时沟通，既可以提高老年人的心理安全感，保证老年人的安全，又可以方便看护人员的照料，减轻其工作强度。

老年人神经系统特征与常见居住环境障碍　　表2.1.4

神经系统特征		居住环境中的常见问题与障碍
记忆力减退		易忘记常用物品的位置，想找的物品难以发现； 对相似的物品识别困难。
适应能力下降		害怕环境改变和物品移位； 难以适应陌生的环境。
出现失智症状	判断力变差	对相似的、缺乏明显特征的环境难以判断，如：相似的楼栋、房间、房门等； 对方向、位置和空间缺乏判断能力，如：无法辨别多条路线，容易忽视存在的高差或障碍物等； 遇到尽端路、分叉路时难以选择。
	丧失时间、地点概念	昼夜节律紊乱，夜间会起来活动； 对室内外空间关系缺乏判断能力； 无法正确认知当前的日期、年月和所处地点等。
	行为能力下降	行走困难，须借助轮椅行动，甚至卧床不起； 失去生活自理能力，需要专人看护。

❶ BPSD（behavioral and psychological symptoms of dementia），指失智老人知觉、思维、心境与行为等方面的症候群。

针对老年人认知能力下降的问题，住宅室内外环境的设计应易于识别，避免出现过于复杂和曲折的路径，以免造成老年人的认知困难。

[3] 运动系统退化

老年人运动系统退化的生理原因是运动神经退化、肌肉细胞减少、关节磨损、骨骼老化和骨钙流失等，一般表现如下（表 2.1.5）：

(1) 肢体灵活度降低

随着运动神经的退化和肌腱、韧带发生萎缩僵硬，老年人肢体灵活程度以及控制能力减退，容易患上肩周炎、关节炎。老年人行动反应速度变慢，在生活中常常出现动作迟缓、反应迟钝的现象。同时，由于肢体活动幅度减小，在做抬腿、下蹲、弯腰和手臂伸展等常规动作时会产生困难（图 2.1.14，图 2.1.15）。此外，老年人普遍身长缩短，对其动作幅度也带来一定影响。

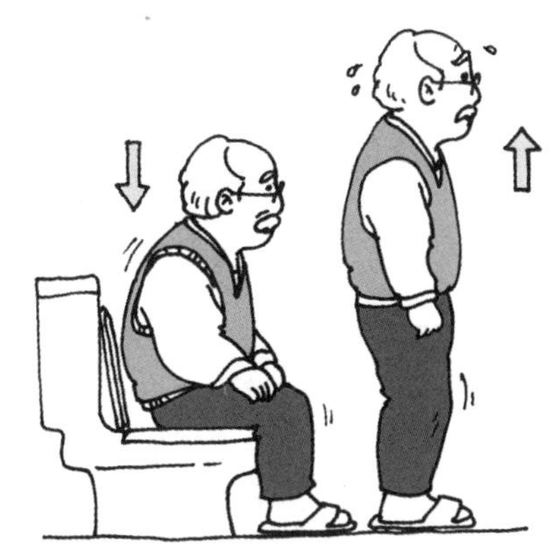

图2.1.14　老年人肢体灵活性降低，起身下蹲等动作变得较为费力

图2.1.15　老年人动作幅度减小，伸手够高较为困难

(2) 肌肉力量下降

蛋白代谢失衡导致老年人肌肉细胞减少、活力降低，出现肌肉萎缩、强度下降、弹性降低的现象（图 2.1.16）。老年人肌肉力量下降（图 2.1.17）、耐力降低、易疲劳，因此在从事重体力劳动、长时间运动、上下楼梯、拿取重物等活动时均会出现困难。

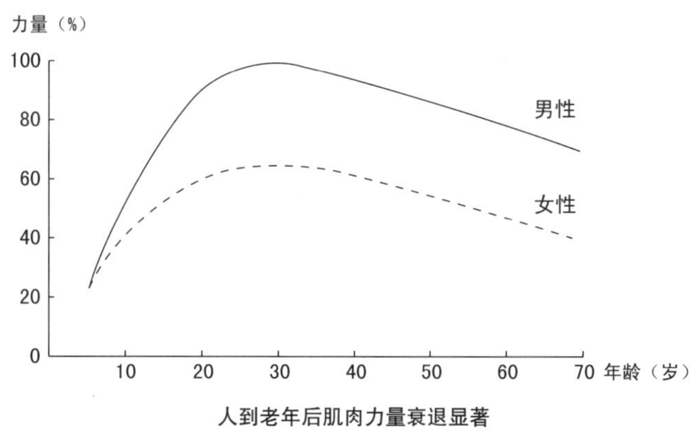
力量（%）
100
80
60
40
20
0
10
20
30
40
50
60
70
年龄（岁）
男性
女性
人到老年后肌肉力量衰退显著

图2.1.17　人体肌肉力量随年龄的变化图[1]

图2.1.16　老人会因对地面高差反应不及而跌倒

[1] www.jyu.edu.cn/tiyu/b3jxkc/jxkc/ydslx/bisdjxzy/di21−22 jiang/22/new_page_1.htm

(3) 骨骼变脆，易骨折

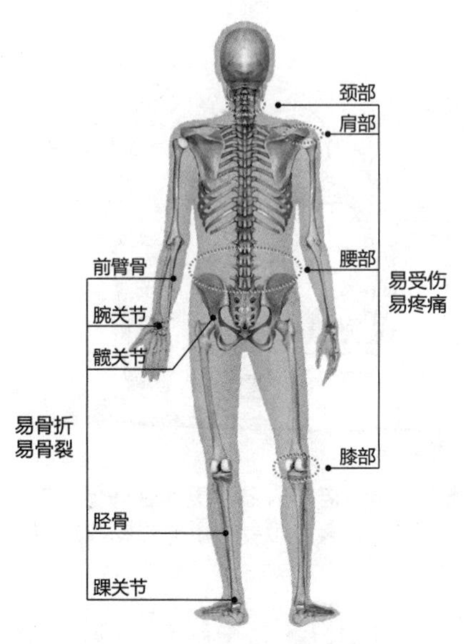

颈部
肩部
前臂骨
腰部
易受伤
易疼痛
腕关节
髋关节
易骨折
易骨裂
膝部
胫骨
踝关节

图2.1.18　老年人身体易骨折受伤的位置图

由于骨密度降低，老年人骨骼逐渐变脆，骨骼弹性、韧性和再生能力降低，易患上骨质增生和骨质疏松症等疾病，不能剧烈运动和负重。骨质疏松症患者易出现驼背，极易发生骨折且不易恢复，甚至导致行走能力丧失（图 2.1.18，图 2.1.19）。

针对老年人运动系统的退化，在老年住宅设计时，不仅应重点做好地面的防滑处理、避免细小高差、在重点部位安装扶手等无障碍设计，保证老年人的起居安全。同时，还需要在家具形式、尺度和放置方式以及设施选型等方面进行针对性的考虑，如：适当降低厨房操作台面的高度、选用较硬的沙发或床具、采用压杆式水龙头和门把手、选用小巧轻盈的分体式家具，增加中部高度的储藏空间的利用等，以方便老年人的使用。

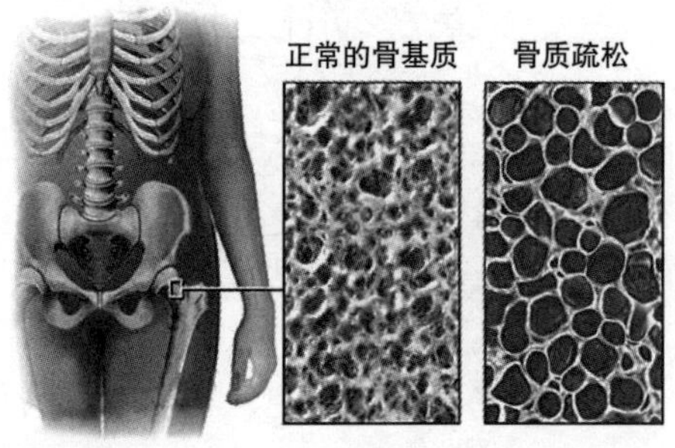

正常的骨基质
骨质疏松

图2.1.19　老年人骨质疏松示意图

老年人运动系统特征与常见居住环境障碍　　表2.1.5

运动系统特征		居住环境中的常见问题与障碍
肢体灵活性降低，动作幅度减小	抬腿、弯腰、下蹲等动作困难	上下楼梯费力； 易被低矮高差绊倒； 如厕、穿鞋等动作困难； 使用蹲式便器时下蹲、起身吃力。
	肢体伸展困难	够取位置过高或过低的物品困难； 使用过高的台面或设备时易疲劳。
肌肉力量下降	握力、旋转力、拉力减弱	使用沉重的推拉门窗时较为困难； 难于抓握球形的把手。
	上肢、下肢肌肉力量下降	上肢抬举重物时易发生危险； 下肢支撑能力降低，在大空间中无处扶靠时，行走较为困难。
	关节灵活性下降	搬动大而重的器具易出现扭伤。
骨骼弹性和韧性降低	踝部、腕部、髋部易骨折	跌倒后极易发生骨折，且恢复慢，需长时间卧床并要有他人照料。
	腰椎、颈椎易受伤、疼痛	使用过软的床或沙发起身困难，腰部、颈部不易扭转，取物、够物困难。

[4] 免疫机能退化

图2.1.20　温湿度的剧烈变化易引发老年人的慢性疾病发作

图2.1.21　老年人的主要活动空间应争取较好的采光通风

免疫机能退化是人体多种系统退化的综合表现，老年人对环境的适应能力减弱，健康状况容易受到环境影响，对于温度、湿度等气候变化的抵抗力下降，抵御流感等传染病的能力下降，往往是流行性疾病的易感人群（表 2.1.6）。此外，老年人患有风湿病、高血压、心脑血管等慢性疾病的比例较高，常常会因为一些感冒着凉等不起眼的小病，导致慢性疾病的复发和加重（图 2.1.20）。

由于老年人免疫机能的退化，其生活方式也会有相应的改变，老年人应当更加注意生活的规律性和健康性，居住环境也需要对其提供相应的保障。

通常老年人在家中生活的时间较长，对于日照的要求较之年轻人更高，因此住宅的采光设计非常重要，主要生活空间应该尽量争取好的朝向（图 2.1.21）。

老年人身体冷热调节能力降低，汗液排放功能差，长时间生活在闷热不通风或潮湿的空间易引发心脑血管疾病、呼吸系统疾病和关节炎等的急性发作；而长时间使用空调又容易发生感冒，因此住宅中应该尽量争取自然通风，通过合理的风路组织，改善室内的空气环境，为老年人营造健康舒适的物理环境。

此外，住宅设计中还可考虑在户内安排适宜的空间，以便把一些户外活动移入室内进行，如：在老年住宅中设置阳光室，老年人在这里活动可享有与室外相近的日照条件，还可避免刮风、雨雪、雾霾等恶劣天气对其生活的影响，防止因温度和湿度变化而引起的感冒等疾病。

老年人免疫机能特征与常见居住环境障碍　表2.1.6

免疫机能特征	居住环境中的常见问题与障碍
对温度、湿度变化敏感	害怕没有阳光和自然通风； 不能忍受空调冷风直吹； 不能适应冷热突变的环境
易生病或患慢性疾病，且不易好转	长时间处于病痛中，会产生低落情绪，对护理者和周边环境挑剔、要求高； 使用一般住宅设施会感到不便、不舒适

老年人的生理变化虽然细微，但其对生活的影响却不容忽视。除上述主要表现以外，老年人呼吸系统、消化系统、泌尿系统和内分泌系统的退化也对其起居生活带来一定的影响。例如：老年人常患有消化系统疾病和痔疮，因此洁具最好选择白色，方便其随时发现出血和病情变化。此外，尿频尿急也是老年人常患病，因此住宅中的卫生间宜与老人卧室就近设置，方便其使用。同时，老年人的生理特点常常引发其心理的变化，生理健康、生活自理亦会使其对生活充满信心，保持良好的心理状态。

2.2 老年人的心理特点与居住环境需求

老年人的心理变化及所表现出来的行为特征，是由其自身的生理因素及外部社会环境共同引起的，主要呈现以下特点：

其一，心理安全感下降。老年人生理机能的退化会对其心理活动造成一定影响，产生衰老感，主要表现为心理安全感下降。老年人对于居住环境中的不安全因素较为敏感，总是担心会发生磕碰、滑倒，又担心突发急病无人救助。

其二，适应能力减弱。老年人往往因为害怕得病、害怕适应新环境而不愿出门，不愿与人接触，时间久了则会加剧“与世隔绝”之感，更使其适应能力减弱。

其三，出现失落感和自卑感。老年人从工作岗位退休实际上是一次与社会剥离的过程，退休后的老年人社会交往大大减少，主要活动范围也从社会转移到家庭，这种社会角色的变换导致其生活方式发生变化（图 2.2.1），破坏了老人已有的心理平衡，会出现失落感和自卑感。同时，随着老年人身体状况的衰退，自理能力的降低进一步使老年人产生“没用了”的自卑感。

其四，出现孤独感和空虚感。由于中国当代家庭结构的变化，老年人与子女交流的机会大大减少，独居老年人的比例上升，老年人常常感到孤独与空虚。从前热闹的家庭突然变得冷清，如果再发生丧偶，则生活变得更加孤独和无助。

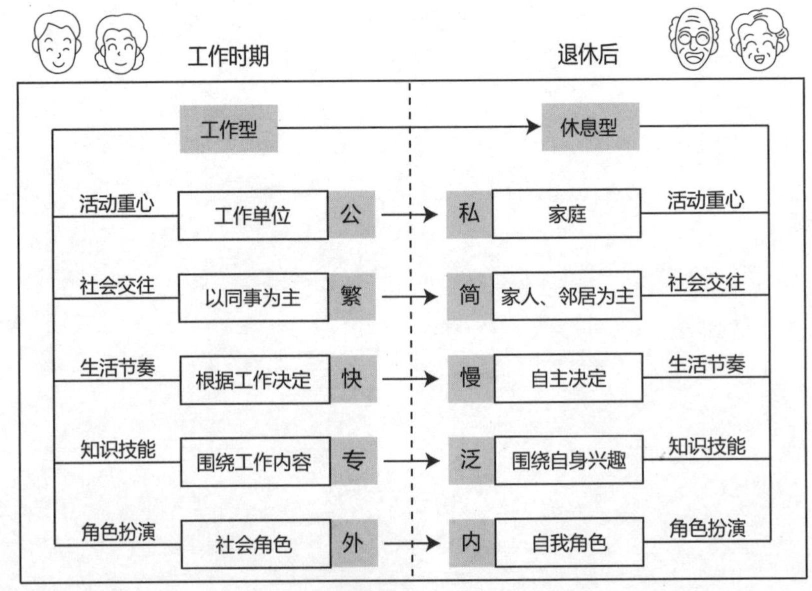

工作时期
退休后
工作型
休息型
活动重心
工作单位
公
私
家庭
活动重心
社会交往
以同事为主
繁
简
家人、邻居为主
社会交往
生活节奏
根据工作决定
快
慢
自主决定
生活节奏
知识技能
围绕工作内容
专
泛
围绕自身兴趣
知识技能
角色扮演
社会角色
外
内
自我角色
角色扮演

图2.2.1　老年人从工作状态转为退休状态的生活模式变化图

针对老年人心理特点，住宅设计中应重点从以下几个方面予以关注：

[1] 提高安全感

随着生理机能的退化，老年人对居住环境的适应能力逐渐降低，心理安全感逐渐下降。在老年住宅设计中应当通过强化无障碍设计、安装防火防盗和报警设备、改善空间设计、合理选择采用暖色调和质地温和的建筑材料等手段，为老年人提供更具安全感的居住环境。同时，在规划中对老年住宅就近布置医疗和服务设施，亦有利于提高老年人的安全感。

[2] 增强归属感

老年人怕寂寞，喜欢把自我融合于群体和社会之中，希望在群体和社会中得到认可，获得归属感。在老年住宅设计中，应注重创造家庭团聚空间，使老人能够融入家庭群体当中。尤其对于轮椅老人，可在起居室的座席区及餐厅的餐桌旁留出可供轮椅停放的空间，以便老人能够较为舒适地参加家庭集体活动。同时，老年住宅设计中，还应考虑设置老人与外界交流的空间，如：面向室外公共场地的阳台和窗边空间就非常适合老年人使用，使老年人可以看到室外人们的活动，增强其与外界生活的联系，获得归属感。

[3] 创造邻里感

对于经常赋闲在家的老年人来说，社会交往对象往往以同一小区的老年人为主。因此，在老年人居住环境中创造适于他们交流的空间对保证其心理健康非常重要。为了方便老年人之间的社会交往，住宅设计中除了应在户外设置适宜老年人活动交流的场地和社区用房以外，住宅楼栋内部还应努力创造适合老年人邻里之间交流的空间，如利用公共走廊、设置一定的交往空间，相邻两户阳台之间的隔墙设计成半通透的效果等，有利于创造邻里交流的机会，促进邻里互助环境的形成。

[4] 营造舒适感

由于老年人的生活主要围绕住宅开展，其对住宅室内外空间的舒适感要求较高。室外要有丰富的庭院绿化景观、宜人的交往空间、便利的医疗及服务等；室内则不仅要有合理的空间布局、适宜的居室尺度与形状、良好的朝向关系，还应提供空气清新、没有污染及异味、阳光充足、安静少噪声、适宜的温度与湿度等物理条件，为老年人的居住营造舒适感。

[5] 保障私密感

在综合考虑老年人与家中其他成员间有适当的声音、视线联系，以保证老人在有需要时可及时得到帮助和照顾的前提下，仍然要考虑老年人对私密性的心理需求，尽量为其提供安静、稳定、少噪声、少干扰的休息空间。

从某种意义上来说，老年人心理与生理是相互影响的，心理健康与否会影响其生理机能的退化进程，老年人的心理变化如果疏导不当，会对其身体健康不利，焦虑、猜疑、嫉妒和情绪不稳定是老年人常见的负面心理现象，严重的还会患上老年抑郁症。作为老年人最主要的生活空间，良好的居住环境设计对改善其心理感受、提高其心理健康具有重要的意义。

2.3 老年人的生活习惯与居住环境需求

老年人的日常生活特点与其身体条件、经济条件、文化背景、生活环境和兴趣爱好等密切相关。目前，越来越多的中国老年人选择独立居住，家务劳动的简化、经济和文化水平的提高为其生活带来较大的变化。老年人生活自主性提高、自由时间增多、活动范围扩大、可从事的活动日益丰富，呈现出多元化的特点。一般来说，老年人的日常活动形式主要有以下几类：

其一，与健康养生有关的活动。如：晒太阳、散步、慢跑、爬山、打太极拳、打乒乓球、练剑、练操、跳舞、放风筝等。

其二，与休闲娱乐有关的活动。如：看书、看报、下棋、上网、打扑克、搓麻将、养花、养宠物、写书法、画画、唱歌、唱戏等。

其三，与家居生活有关的活动。如：买菜、做饭等家务劳动和带孩子等。

其四，与社会工作有关的活动。如：部分老年人退而不休，继续从事写作、学习、咨询等工作。

在上述活动中，除了部分与锻炼有关的活动主要集中在室外，其余活动则主要在住宅室内进行。因此，老年住宅设计需要为这些活动提供合适的空间环境。根据对中国老年人生活实态的调研，其日常生活可以概括出以下几个特点：

[1] 长期性与规律性

老年人每日的活动计划相对固定，有较强的规律性。由于老年人一般早睡早起，所以其外出活动的时间以早晨和上午居多，中国老年人习惯午睡，所以下午外出时间大多较晚。因此，住宅的朝向、方位应该根据老年人在家生活的时间进行确定，保证老年人在家也可以晒到太阳。

同时，老年人定时起居、定时外出有利于其身心健康，生活的规律性还可以使日常活动流程化，住宅中按照生活流程合理安排家具和设备位置，可以简化老年人的活动流线。此外，老年住宅设计还应该考虑长期性的使用需要，保证其物品有足够的收纳空间，维持老年人熟悉的物品摆设方式，方便其认知与使用。

[2] 私密性与集聚性

老年人的日常生活既需要保证一定的私密性，又需要扩展一定的集聚性。

首先，老年人退休在家，摆脱了以往熙熙攘攘的社会活动，很多人都希望有一定的独处空间，做一些自己想做的事。老年人性格各异、爱好多样，即使在同一个家庭中，夫妇二人也可能一个喜静、一个喜动。因此，有些老年人并不喜欢参加伴侣或家人的活动，住宅设计中应该针对这一特点注意做好内外、动静分区，为老年人提供一定的安静空间。

其次，为了保证老年人的身心健康，必要的社会活动是值得鼓励的。因此，可以结合老年人的爱好和各自的社会背景、文化层次、年龄高低及健康状况等因素，开展一些具有集聚性特点的活动，如：打扑克、打麻将、下棋等。老年人通过这些活动彼此交流、相互关照，形成相对紧密的集体，如：老龄棋友、牌友、遛鸟伙伴、戏曲票友等，增强其与社会的联系。在住宅设计中亦应提供一定的活动空间，方便老年人灵活使用。同时，还应注意其与家庭内部生活空间适当分开，以免干扰家人的日常生活。

[3] 个性化与共性化

老年人日常生活往往呈现出个性与共性并存的特点。上文提到老年人喜爱从事的活动具有较强的共性，对于住宅空间的要求也存在普遍意义。然而，老年人的家庭结构、性格特点和生活习惯又呈现出个性化的特点，是否与子女同住、是否喜欢集体活动以及不同地域的生活习惯差异等，均会对老年人的日常生活带来影响。因此，住宅设计应该具有一定的灵活性，方便老年人根据自己的生活特点进行布置和改造。

[4] 退行性与渐变性

老年人的日常生活与其身体条件密切相关。总体说来，随着年龄的进一步增长，老年人的自理能力逐渐下降，其日常生活也呈现出退行性和渐变性的特点。例如：行走能力往往从健步如飞逐渐变得动作迟缓；从独立行走转为需要借助拐棍、轮椅乃至卧床。针对这一特点，老年人居住空间应该具有一定的灵活性，以便根据老年人身体状况和生活需求的变化进行改造。

2.4 老年人体尺寸与人体工学

人体工学是研究人体多种行为状态所占空间的尺度，从而科学地确定人的活动空间尺度和环境的学科，是建筑设计普遍应用的依据。在老年住宅设计中，应结合老年人特有的人体尺寸数据进行设计。

[1] 老年人体尺寸测量图

老年人体尺度的测量是研究老年人体工学的基础。医学研究资料显示：人在 28 ~ 30 岁时身高最高，35 ~ 40 岁之后逐渐出现衰减，70 岁时身高比年轻时降低 2.5 ~ 3%，女性缩减有时最大可到 6%。根据身高的降低率可大致推算老年人身体各部位的标准尺寸，建立老年人体尺度模型。

目前，欧美和日本等国都制订了适合其各自国家的老年人人体尺度指标。而中国现有的老年人建筑设计的研究中，大多是以欧洲或日本老年人人体尺度指标为参照。鉴于各国老年人身材和体貌具有一定差异性，为了更为准确地研究中国老年人人体尺度的基础数据，清华大学建筑学院老年人建筑研究课题组对中国老年人人体尺度进行了一定的集中测量和采样，其中大部分结果与日本的老年人人体尺度指标相近（图 2.4.1）。

在本书中，我们综合了现有国内有关研究所采用的数据和本课题研究小组实地测量所得的中国老年人人体尺度数据，并参考国外的相关数据，推导出各种活动空间和建筑细部尺寸，并以此为依据指导老年住宅设计研究。

目前，中国在老年人人体尺度方面的研究还不完善，尚需建立适合我国老年人的人体尺度模型。只有在准确了解中国老年人人体尺度的基础上，才能更深入、细致地设计出适合中国老年人居住的住宅。

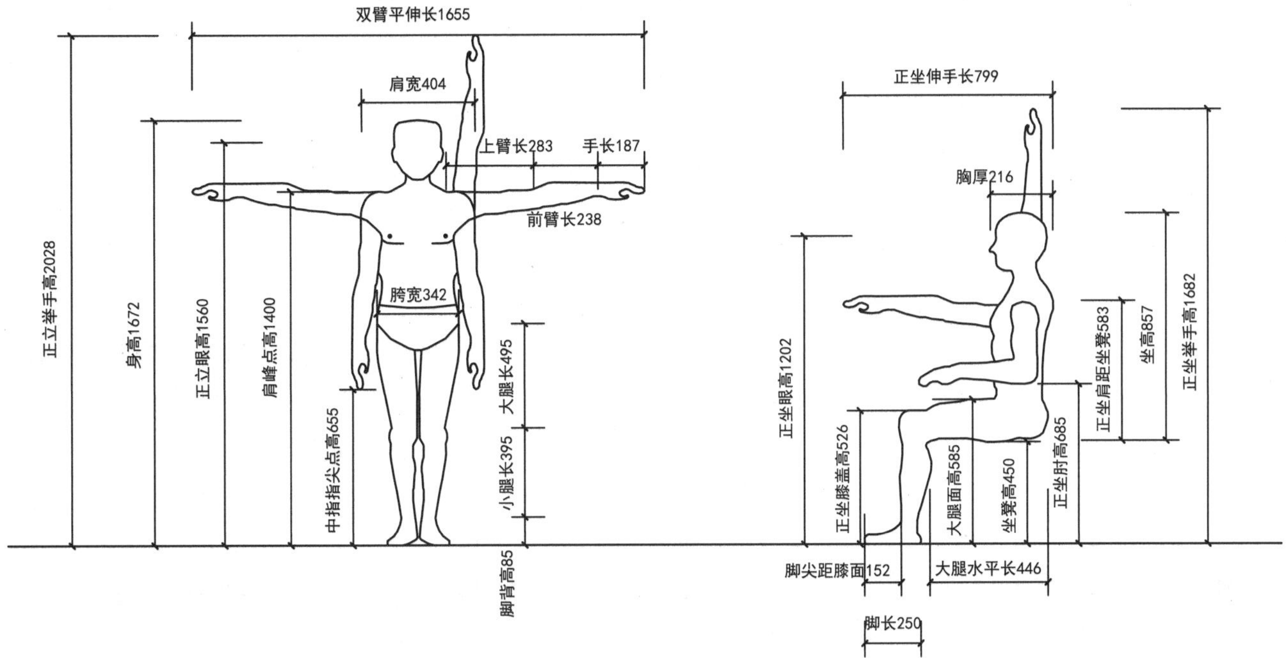
双臂平伸长1655
肩宽404
上臂长283
手长187
前臂长238
胯宽342
正立举手高2028
身高1672
正立眼高1560
肩峰点高1400
中指指尖点高655
大腿长495
小腿长395
脚背高85
正坐伸手长799
胸厚216
正坐眼高1202
正坐膝盖高526
大腿面高585
坐凳高450
正坐肘高685
正坐肩距坐凳583
坐高857
正坐举手高1682
脚尖距膝面152
大腿水平长446
脚长250

a.老年男性人体测量图（样本平均年龄：78.9岁，尺寸单位：mm）

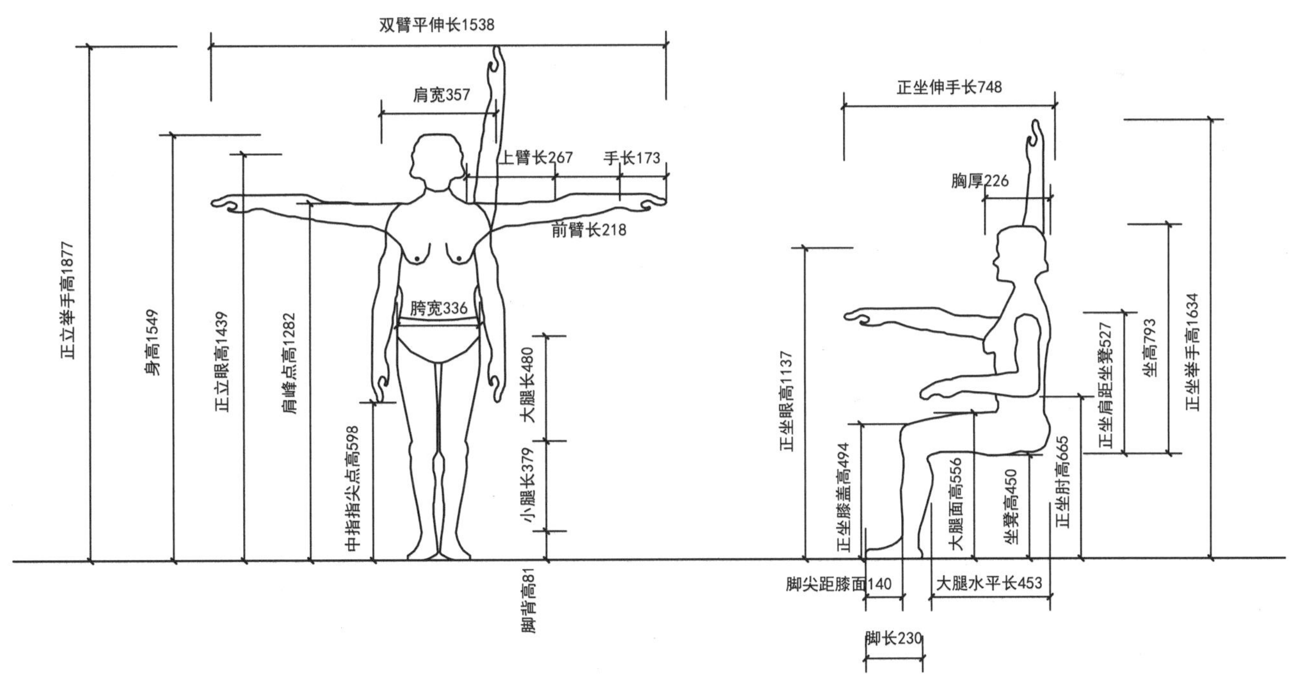
双臂平伸长1538
肩宽357
上臂长267
手长173
前臂长218
胯宽336
正立举手高1877
身高1549
正立眼高1439
肩峰点高1282
中指指尖点高598
大腿长480
小腿长379
脚背高81
正坐伸手长748
胸厚226
正坐眼高1137
正坐膝盖高494
大腿面高556
坐凳高450
正坐肘高665
正坐肩距坐凳527
坐高793
正坐举手高1634
脚尖距膝面140
大腿水平长453
脚长230

b.老年女性人体测量图（样本平均年龄：79.6岁，尺寸单位：mm）

图2.4.1　中国老年人人体尺寸测量图[1]（清华大学建筑学院老年人建筑研究课题组测量并绘制）

[1] 本次测量对象以北方地区老年人为主，其中含有部分南方人，共实际测量100人，测量和绘制时间为2003～2004年。实际测量尺寸包括鞋高与发高，其中平均鞋高为25mm。

[2] 老年人体尺度特征

从测量数据可以看出，站立老人在人体尺度上会相对于中青年人略小。尽管这种缩小比较轻微，但由于老人肢体伸展幅度下降、肌肉力量衰退，在居住环境中还是会产生一些障碍（表 2.4.1）。

对于轮椅老人，其人体尺度尤其是高度方面的变化十分明显，许多起居环境障碍由此产生。

由于站立老人与轮椅老人在人体尺度与起居环境障碍方面存在明显差异，因此老年人起居环境的设计要考虑到阶段性的需求，即具有一定的灵活和可改造性，方便根据老年人的身体变化，进行空间尺度调整和家具、设备更换。此外，对于独居老年家庭，还应当考虑到这样一种情况，即：夫妇双方一位为能自理的老年人，另一位为轮椅使用者，住宅设计应综合二者不同的尺度需求，具有一定的通用性。

老年人体尺度特征与常见居住环境障碍 **表2.4.1**

人体尺度特征		居住环境中的常见问题与障碍
站立老人	肢体伸展范围缩小	使用按成年人人体尺度标准设计的家具和设备时感觉困难和疲劳，特别是对支撑身体和操作类带台面的家具，如坐具、书桌、灶台的高度等变化敏感； 难以使用需要下蹲、弯腰或踮脚才可触及的家具与设备，如吊柜或低位的柜格等。
轮椅老人	水平视线高度降低	无法使用按成年人高度标准设置的家具与设备，如：户门观察孔、吸油烟机开关、大衣柜等。
	手臂活动范围缩小	够取高处物品困难，拿放低处物品时轮椅易倾翻，如：过高的窗把手、过低的电源插座等； 够不到凸窗或外开窗的窗把手。
	轮椅占用空间较大	走廊或门洞宽度不能满足轮椅通行； 操作轮椅时无法双手持物，故拿取热水、热饭菜或较沉重的物品时比较困难。

[3] 住宅中老年人日常活动人体尺度图

(1) 门厅中活动

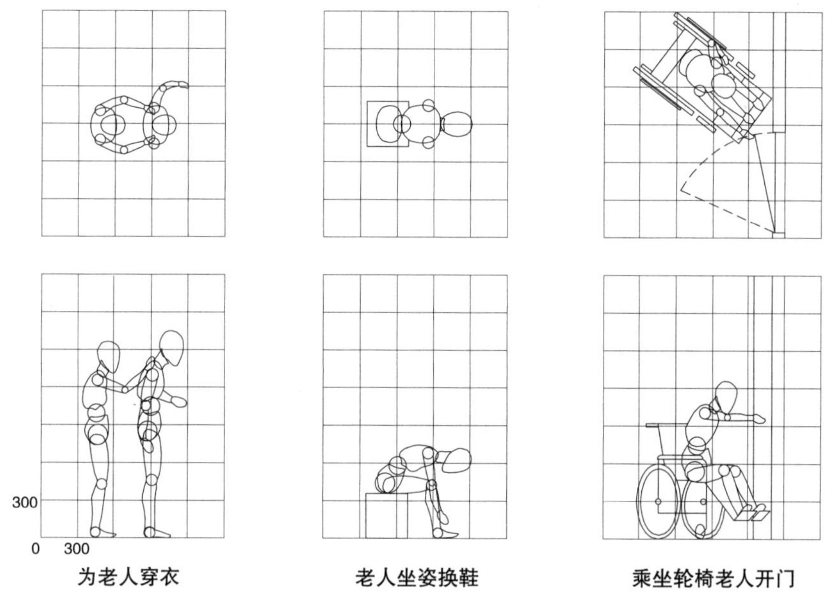

300
0 300
为老人穿衣
老人坐姿换鞋
乘坐轮椅老人开门

图2.4.2 门厅活动空间尺度要求（尺寸单位：mm）

(2) 起居室中活动

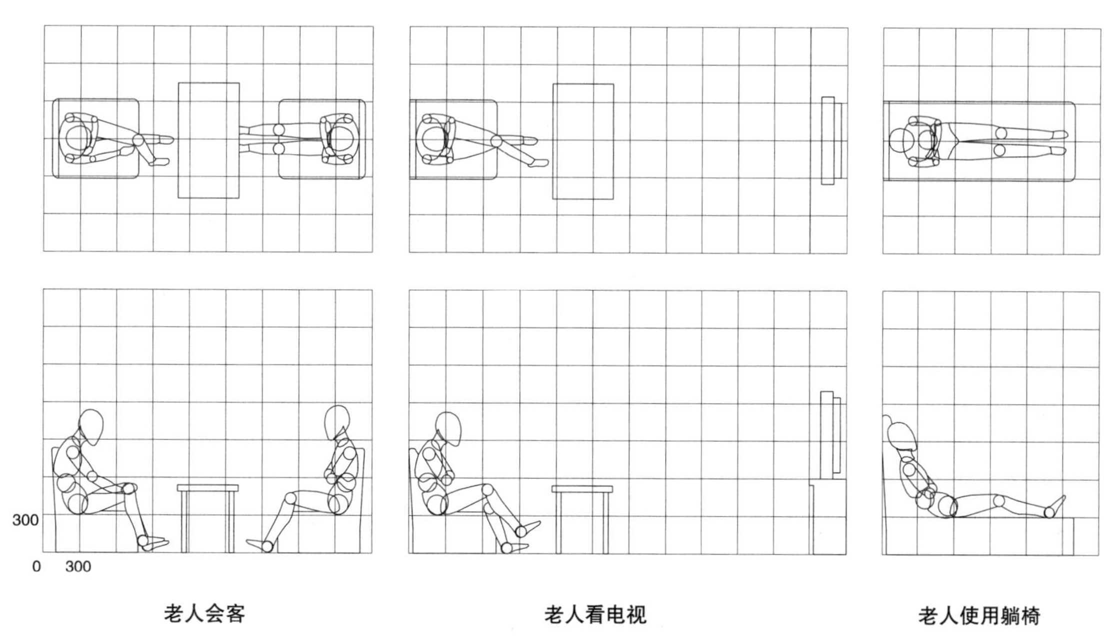

300
0 300
老人会客
老人看电视
老人使用躺椅

图2.4.3 起居室活动空间尺度要求（尺寸单位：mm）

(3) 餐厅中活动

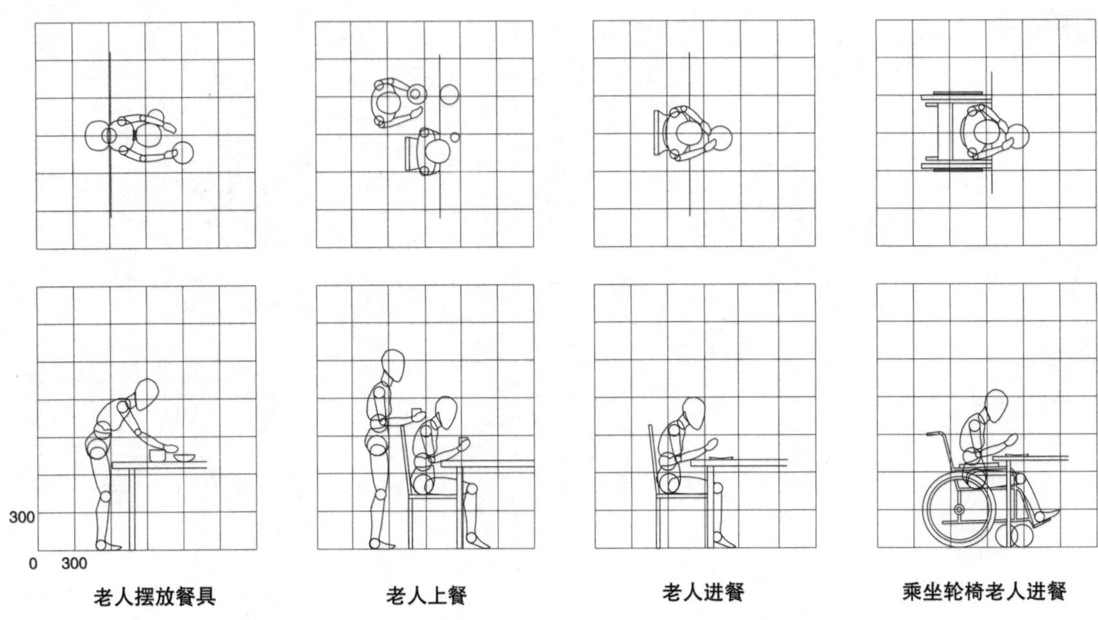

300
0
300
老人摆放餐具
老人上餐
老人进餐
乘坐轮椅老人进餐

图2.4.4　餐厅活动空间尺度要求（尺寸单位：mm）

(4) 卧室中活动

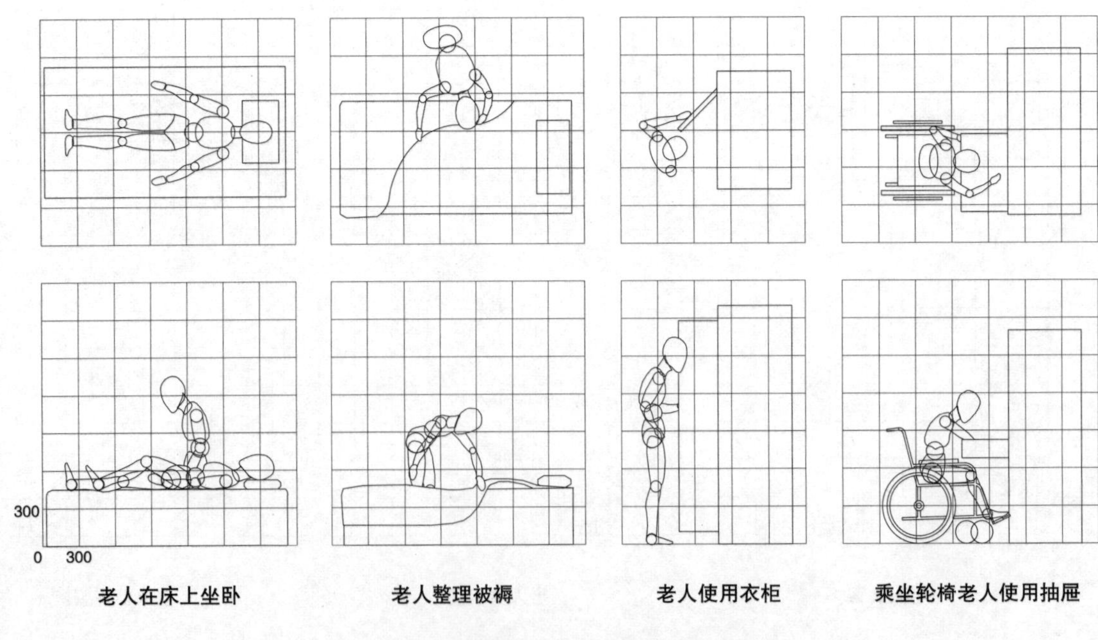

300
0
300
老人在床上坐卧
老人整理被褥
老人使用衣柜
乘坐轮椅老人使用抽屉

图2.4.5　卧室活动空间尺度要求1（尺寸单位：mm）

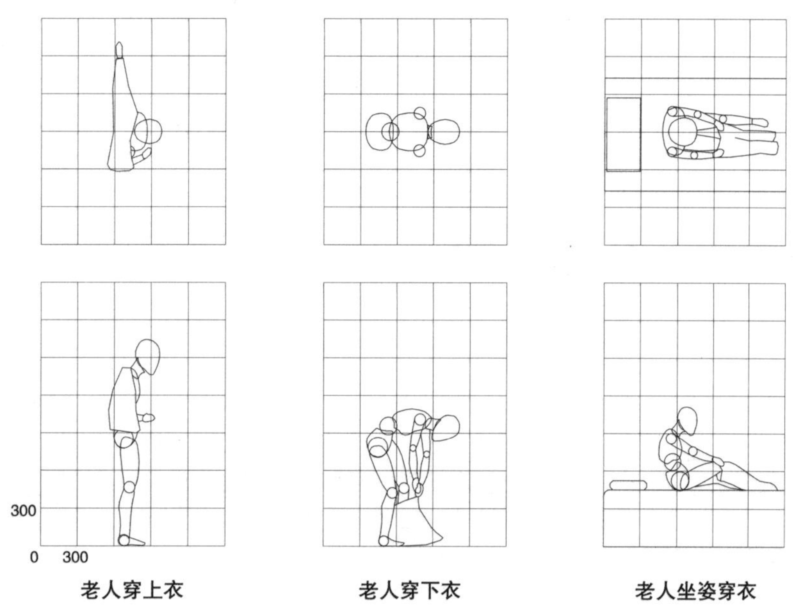
300
0
300
老人穿上衣
老人穿下衣
老人坐姿穿衣

图2.4.6　卧室活动空间尺度要求2（尺寸单位：mm）

(5) 书房中活动

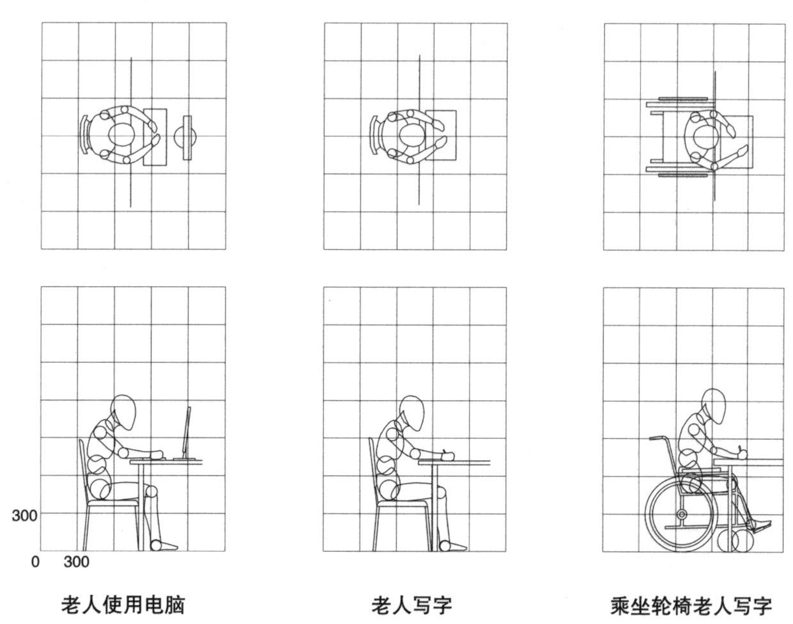
300
0
300
老人使用电脑
老人写字
乘坐轮椅老人写字

图2.4.7　书房活动空间尺度要求（尺寸单位：mm）

(6) 厨房中活动

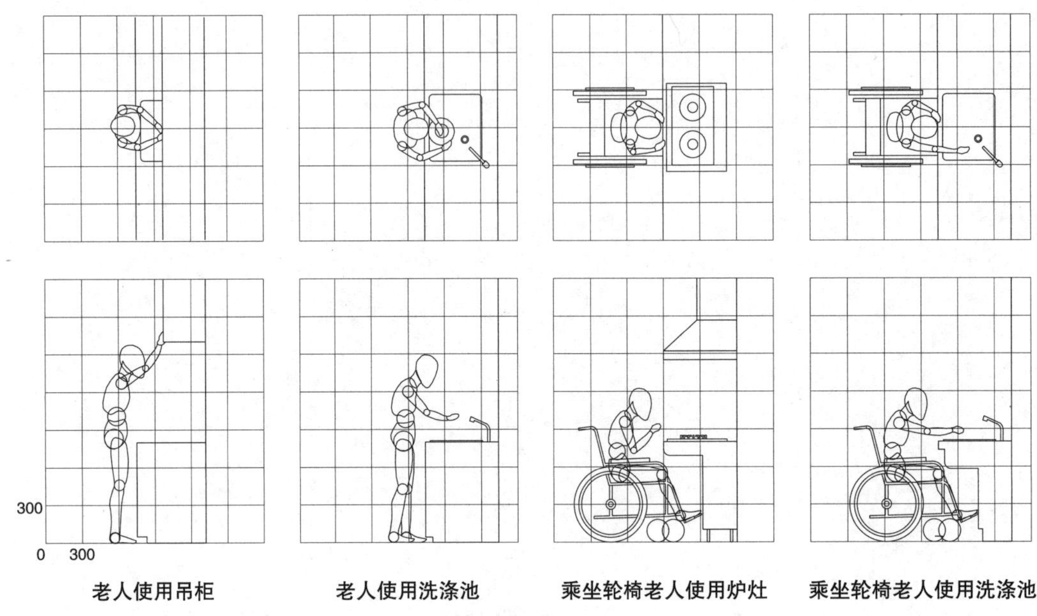

300
0 300
老人使用吊柜
老人使用洗涤池
乘坐轮椅老人使用炉灶
乘坐轮椅老人使用洗涤池

图2.4.8 厨房活动空间尺度要求（尺寸单位：mm）

(7) 卫生间中活动

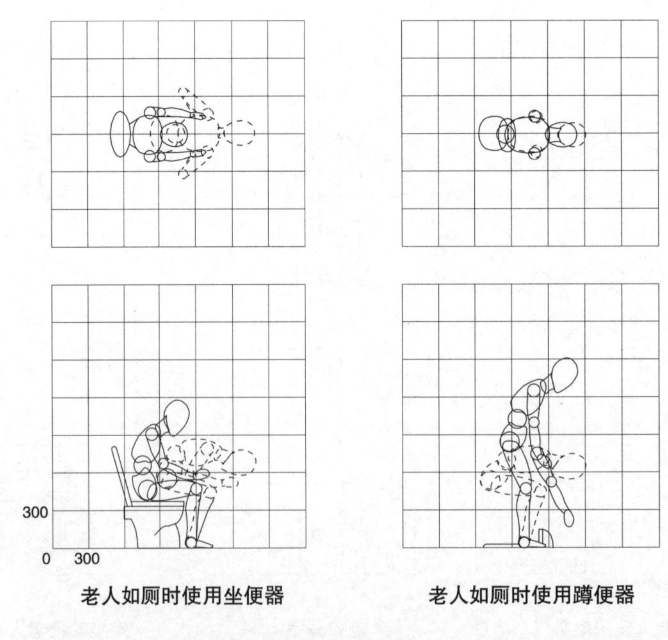

300
0 300
老人如厕时使用坐便器
老人如厕时使用蹲便器

图2.4.9 卫生间活动空间尺度要求1（尺寸单位：mm）

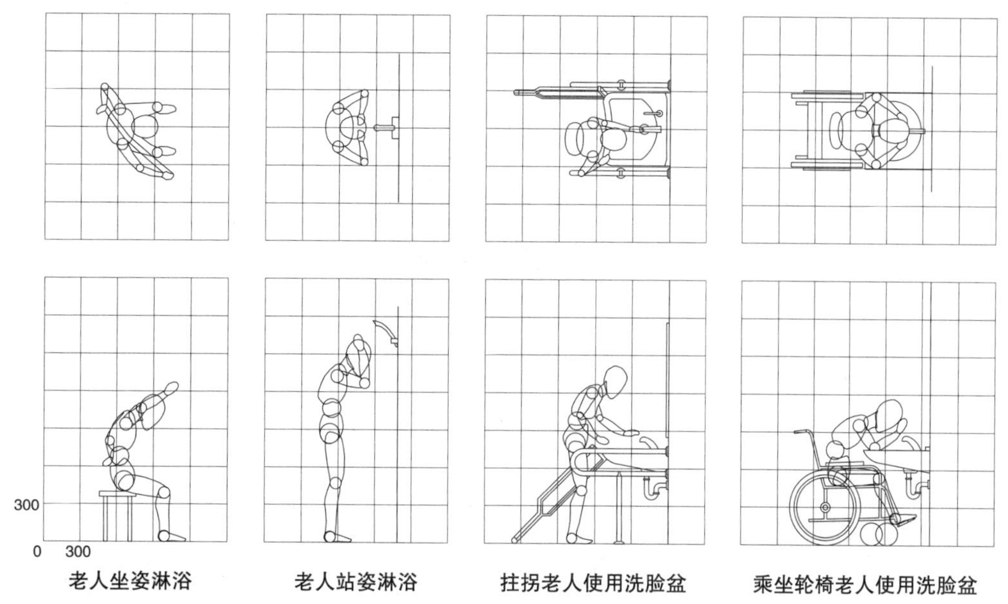
300
0
300
老人坐姿淋浴
老人站姿淋浴
拄拐老人使用洗脸盆
乘坐轮椅老人使用洗脸盆

图2.4.10　卫生间活动空间尺度要求2（尺寸单位：mm）

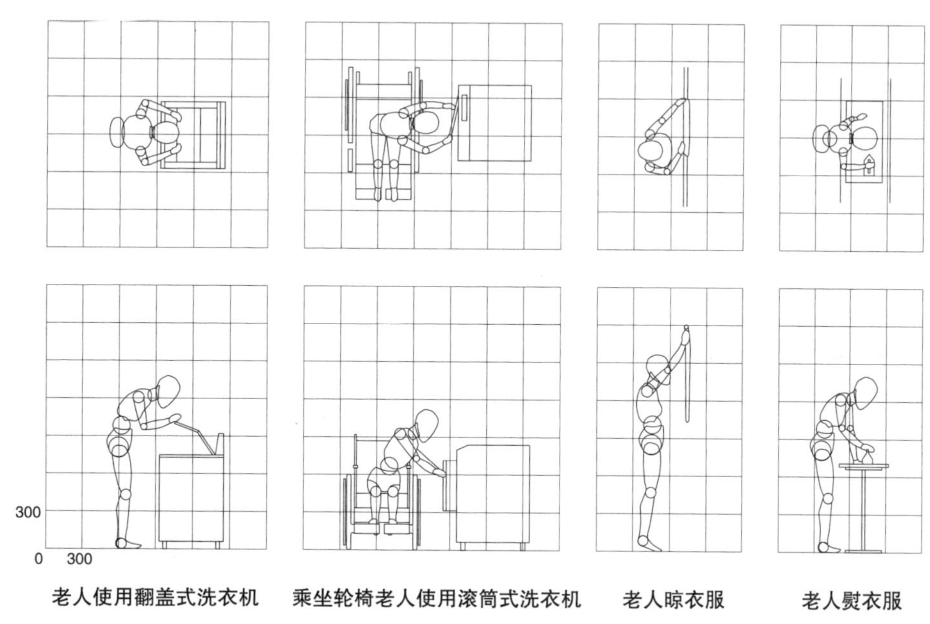
300
0
300
老人使用翻盖式洗衣机
乘坐轮椅老人使用滚筒式洗衣机
老人晾衣服
老人熨衣服

图2.4.11　卫生间活动空间尺度要求3（尺寸单位：mm）

[4] 住宅中老年人常用辅助器具尺寸图

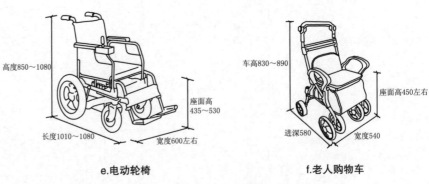

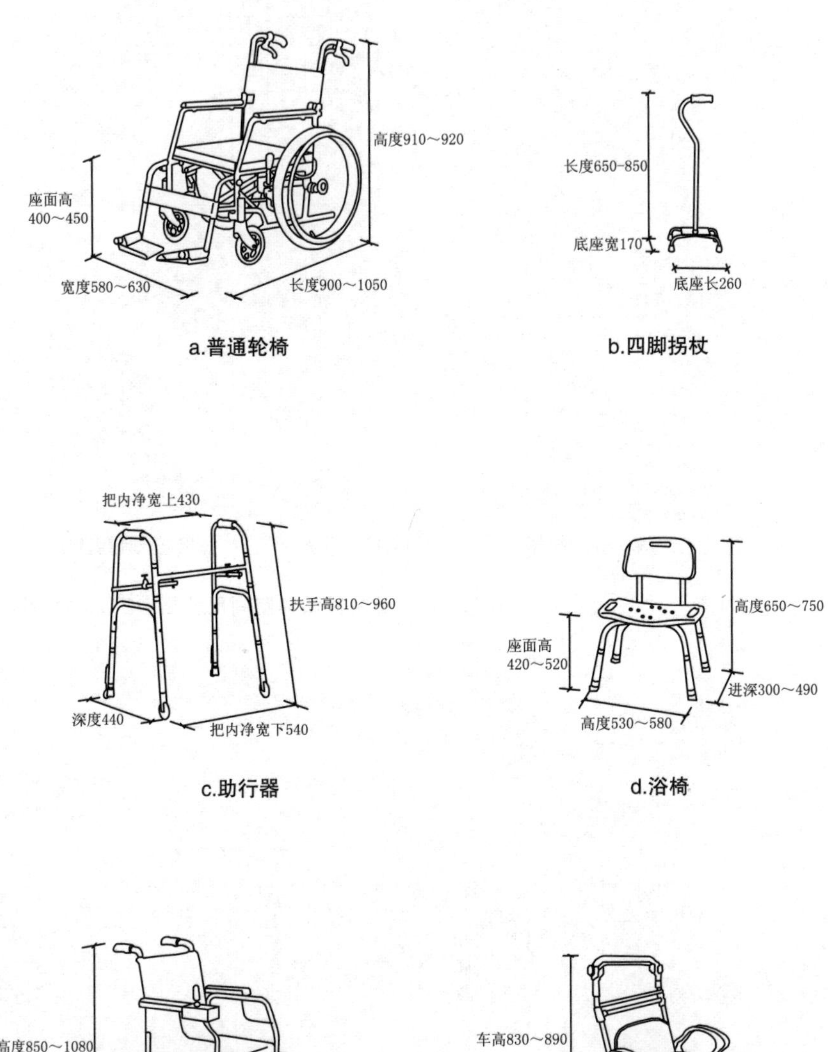

高度910～920
座面高
400～450
宽度580～630
长度900～1050
a.普通轮椅
长度650~850
底座宽170
底座长260
b.四脚拐杖
把内净宽上430
扶手高810～960
深度440
把内净宽下540
c.助行器
高度650～750
座面高
420～520
进深300～490
高度530～580
d.浴椅
高度850～1080
座面高
435～530
长度1010～1080
宽度600左右
e.电动轮椅
车高830～890
座面高450左右
进深580
宽度540
f.老人购物车

图2.4.12　老年人常用辅助器具尺寸图（尺寸单位：mm）

第3章 老年住宅通用设计

“通用设计”是指针对不同年龄、不同能力的人都能够方便使用的产品或建筑设计。其所包含的七项基本原则[1]是：①平等利用；②广泛适用；③操作简单、容易理解；④标识醒目、方便传达；⑤弥补疏忽；⑥减少身体负担；⑦容易接近和使用。

过去在进行无障碍设计时，错误地认为无障碍仅仅针对少数残障人和老年人，在设计时缺乏对所有使用者全面的考虑和平衡，导致有时会对一般使用者造成不便，因而常常把无障碍设计看成是“负担”。实际上，无障碍设计也是通用设计的一部分，不仅应照顾到老年人、残障人的特殊需求，同时也需切合各类人群的需要。因此，无论在普通住宅中还是老年住宅设计中，都应做到通用设计，使之对各类使用者均方便适用。

在本章中，通用设计具有两层含义：一是指对任何人都方便适用的设计，例如住宅区及住栋内的无障碍设计、住宅区标识系统设计等等；二是指在住宅各空间中共同需要注意的细节设计，包括住宅内的照明系统、强弱电系统以及各空间门窗等共通的人性化设计要点等等。为了不在各空间中重复说明，均在本章中作统一讲解。

❶ 通用设计的基本定义是由美国设计师Ron Mace在1988年提出的。1997年，美国北卡罗来纳州州立大学的通用设计中心制订了7项通用设计基本原则。

3.1 通行无障碍设计

1. 住宅楼栋单元出入口
2. 室外台阶
3. 室外坡道
4. 扶手
5. 公共楼梯
6. 户内楼梯
7. 电梯
8. 公共走廊
9. 停车场
10. 住宅区标识系统

No.2

1. 住宅楼栋单元出入口

住宅单元出入口是连接室内外空间的交通枢纽，起着组织和引导人流走向的作用，在危急时刻也是逃生出口。出入口的无障碍设计在老年住宅设计中尤为重要，是体现人性化设计的重点（图 3.1.1）。

[1] 单元出入口的设计原则

● 易识别性

老年住宅楼栋有多个单元出入口时，各出入口均应设置醒目、易于辨识的标识，如在出入口的造型或色彩上有所区别，增强识别性，避免因外观的重复导致老人感到混淆。

● 安全性

住宅单元出入口首先应确保居住建筑内部的安全，如防盗；其次，保证各种人流动线不混淆，例如当住宅底层作为商业用房、停车场等非居住使用时，其出入口应与住宅单元出入口分开设置，避免不同去向的人流相互交叉对老人造成冲撞。

此外，单元出入口必须设置坡道及扶手等无障碍设施，确保老人及轮椅使用者顺利通行。

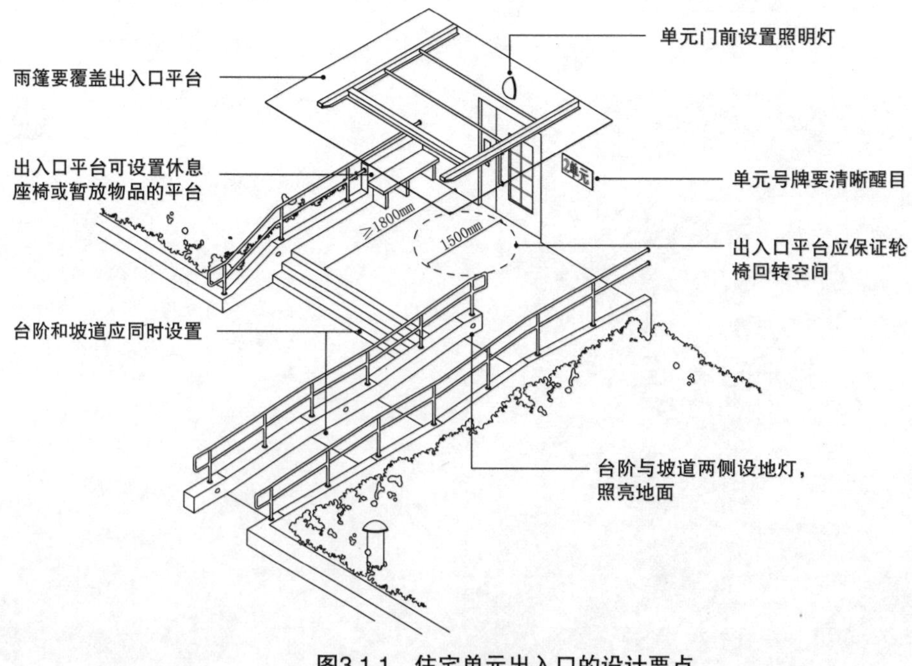
单元门前设置照明灯
雨篷要覆盖出入口平台
出入口平台可设置休息座椅或暂放物品的平台
单元号牌要清晰醒目
≥1800mm
1500mm
出入口平台应保证轮椅回转空间
台阶和坡道应同时设置
台阶与坡道两侧设地灯，照亮地面

图3.1.1　住宅单元出入口的设计要点

[2] 单元出入口的平台

老年住宅单元出入口平台要满足轮椅转圈、多人停留以及多人交叉通行的要求，还要考虑单元门开启时占用的空间。因此在保证轮椅回转所需的 1500mm 直径的基础上，还应适当扩大。建议出入口平台进深方向的尺寸不应小于 1800mm。

另外，为了方便老人们的使用，出入口平台周围还应配置信报箱、宣传栏、休息座椅等。

[3] 单元出入口的雨篷

单元出入口平台上方须设置雨篷。雨篷挑出长度宜覆盖整个平台，并宜超过台阶首级踏步 500mm 以上[1]。在有条件的情况下，雨篷最好能够覆盖到坡道，以免霜雪天气因坡道表面结冰变滑而导致老人跌倒。

考虑到老人在雨雪天气时上下车的方便，宜使雨篷能够覆盖到车门开启的范围（图 3.1.2）。

雨篷的排水管出水口应避开其下方的坡道、台阶或人流经过处，以免造成地面湿滑、积水，产生安全隐患。

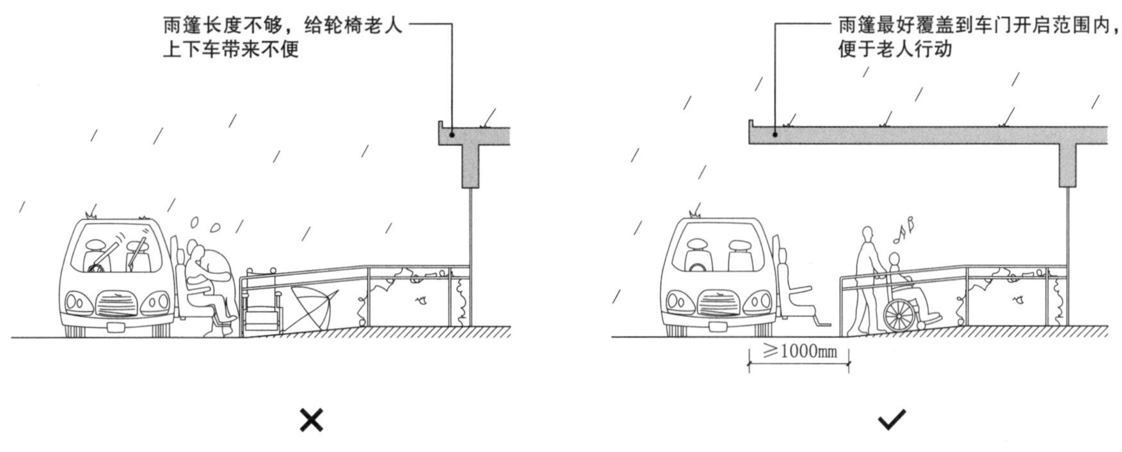
雨篷长度不够，给轮椅老人上下车带来不便
雨篷最好覆盖到车门开启范围内，便于老人行动
≥1000mm
×
✓

图3.1.2　单元出入口的雨篷应能覆盖到台阶、坡道和车门开启的范围

❶ 参见《老年人居住建筑设计规范》GB 50340-2016 第5.1.3条。

[4] 单元出入口的照明

单元出入口内外应设置照度足够的照明灯具，让老人能够清楚地分辨出台阶、坡道的轮廓。还宜在单元门旁设置局部照明，便于老人在夜晚自然光线较弱时也能看清门禁的操作按钮。

出入口处的照明灯具宜采用声控开关并选用节能灯具，既方便使用，又节能省电。由于需要频繁开关，照明灯泡宜耐久，并应便于更换。

在特别需要灯光的位置，应有备用照明，以便在一套灯具出现问题未及更换时，还有其他灯具支持照明，防止单元门口昏暗，给老人的活动造成不便和危险。

2. 室外台阶

[1] 台阶的位置与踏步数

台阶位置应明显，通常宜正对入口大门。台阶与坡道的起始处不宜距离过远，以方便使用者选择（参见图 3.1.9）。

每组台阶的踏步数不宜小于两级。当出入口平台与周围地面高差小于一步台阶高度时，可直接采用平缓的坡道相连而不设台阶，避免老人对一步台阶不敏感、因判断失误而造成踏空或被绊倒。

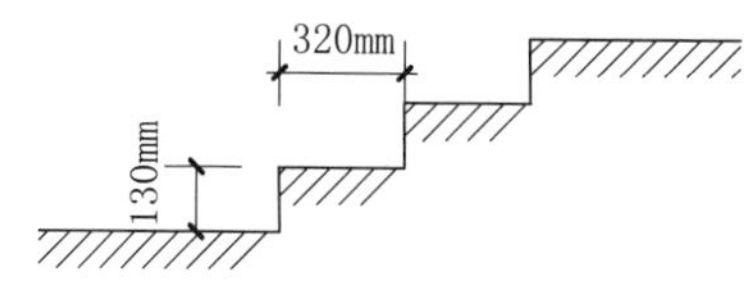
320mm
130mm

图3.1.3　室外台阶踏步的尺寸要求

[2] 台阶的尺寸要求

室外台阶的有效宽度不应小于 900mm❶。每级踏步应均匀设置，踏步边缘宜相互平行，方便老人蹬踏。

台阶的尺寸不宜过大也不宜过小，以免老人因步幅不适而摔倒。根据国家标准要求，台阶踏步宽度不宜小于 320mm，高度不宜大于 130mm❷（图 3.1.3）。

[3] 台阶的扶手和侧挡台

台阶两侧应设置连续的扶手。通常台阶总宽超过 3000mm 时，需要在中部增设扶手，以防老人身体不稳时无处扶靠（图 3.1.4）。

台阶侧面临空时可设置向上凸起的侧挡台，以免老人使用拐杖等助行器具时不慎将杖头端滑出台阶侧边，造成危险（图 3.1.5）。

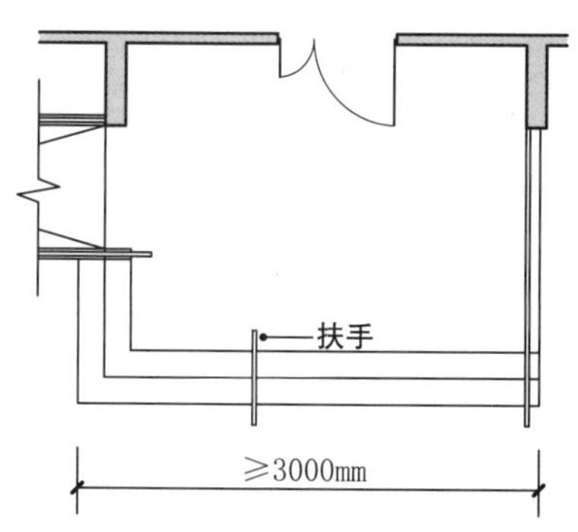
扶手
≥3000mm

图3.1.4　台阶踏步总宽超过3000mm时，需在中部增设扶手

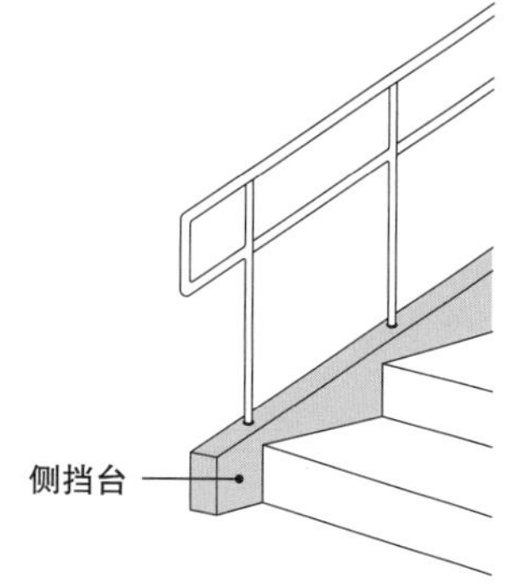
侧挡台

图3.1.5　台阶侧边临空时可设侧挡台，防止拐杖头滑出

❶ 参见《老年人居住建筑设计规范》GB 50340-2016 第4.5.2条。
❷ 同上。

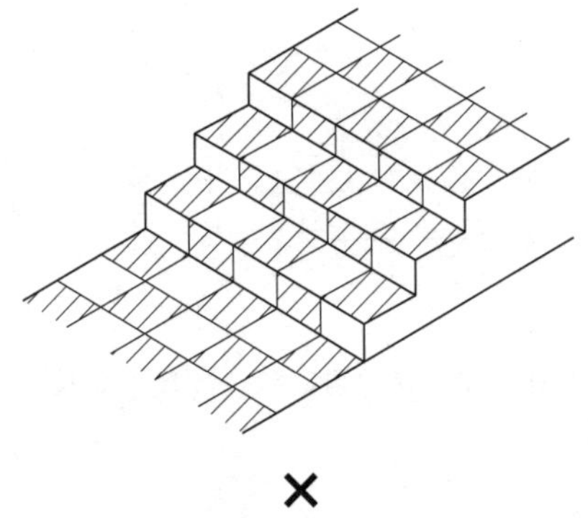

图3.1.6　踏步表面条格状铺装容易引起视觉错乱，不宜采用

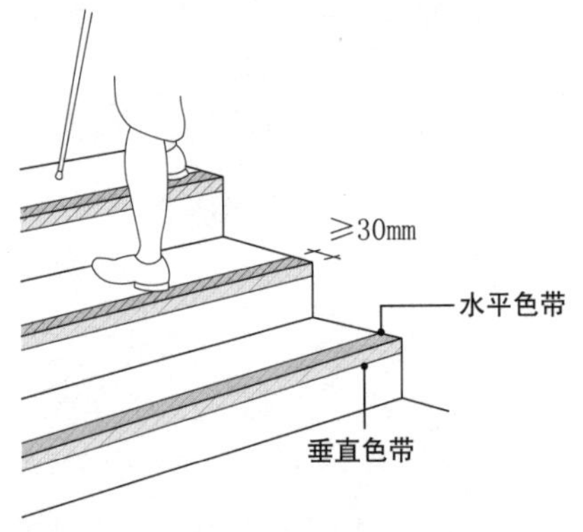
≥30mm
水平色带
垂直色带

图3.1.7　踏步前缘应加色带，方便老人识别踏步的转折变化

[4] 台阶踏步的表面铺装

台阶踏步的表面铺装应有助于老人辨识踏步轮廓。踏步表面不应形成容易引起视觉错乱的条格状图案，以免影响老人对踏步边缘的正确识别，妨碍正常上下（图 3.1.6）。

踏步顶面与前立面可以用对比度较大的两种颜色来区分，或在踏面前缘加设不小于 30mm 的色带。色带应在踏步顶面和前立面上各有一部分，确保上行和下行方向均能看到（图 3.1.7）。

此外，台阶踏步边缘也可利用防滑条作为高差提示。防滑条应使用与踏面色彩反差较大的颜色，鲜明地勾勒出踏步转角的轮廓，以方便老人识别踏步的转折变化。

[5] 台阶与坡道的关系

住宅单元出入口平台与室外地面往往会通过台阶、坡道相连。建议同时设置台阶和坡道，不应认为由于老人需要使用坡道，就只设坡道不设台阶。因为一些脚部受伤的使用者无法上下转动脚踝，不便于在坡道上行走（图 3.1.8）。

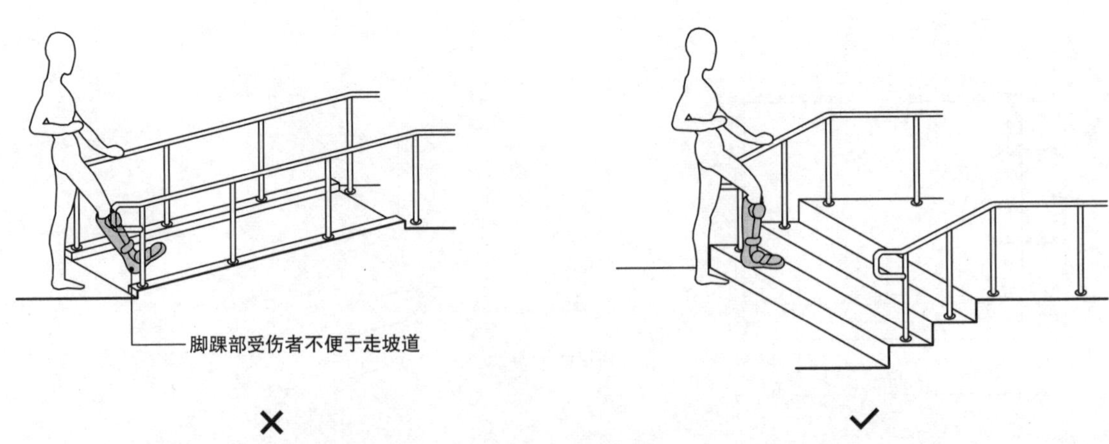
脚踝部受伤者不便于走坡道

图3.1.8　住宅单元出入口应同时设置台阶和坡道，以方便不同的使用者顺利行走

3. 室外坡道

[1] 坡道的设置原则

● 节约用地

住宅单元出入口处往往空间有限，在设置坡道时，应将使用功能放在首位，以简洁、直接的形式满足使用需求，并尽量靠边设置，不能因为单纯地追求形式美而使坡道过于曲折或冗长，避免浪费空间或对正常的通行造成阻隔和不便。

● 顺应流线

坡道的位置应在从小区道路到单元出入口的步行流线上，避免因坡道设置不当而造成绕行。

如果同时设有坡道和台阶，二者通常宜邻近布置，且起止点相近，以方便使用者作出选择（图 3.1.9）。

Tips　螺旋曲面状坡道应慎用

普遍使用的手动轮椅四轮着地点在同一平面上，伸缩余量很小，遇到曲面会导致一轮悬空，对安全不利。所以供其通行的坡道应该是上下端线平行的矩形规整平面。

如果坡道投影上下端线不平行，等高线呈放射状，其表面为螺旋状曲面，不经过核算难以保证安全。尤其是在180° 转弯处设此种螺旋状曲面最易造成事故。

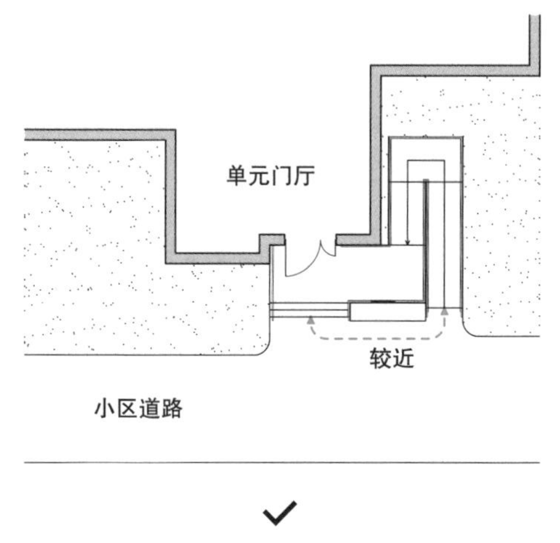

单元门厅
较近
小区道路

✓

a.台阶与坡道起点距离较近，便于使用者选择

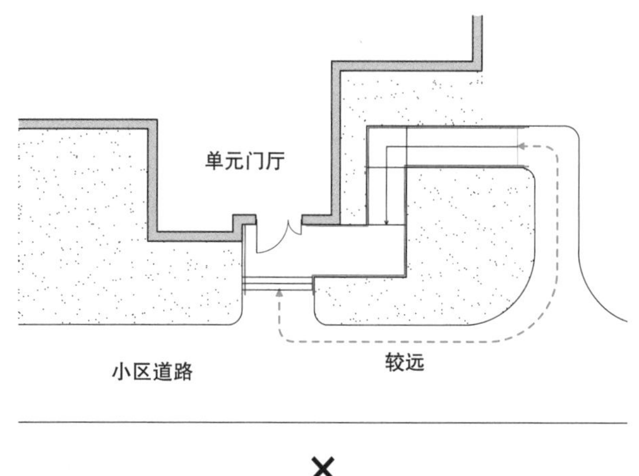

单元门厅
小区道路
较远

✕

b.台阶与坡道起点距离较远，不利于使用者选择

图3.1.9　台阶与坡道的起止点相对位置比较

● 减少对视

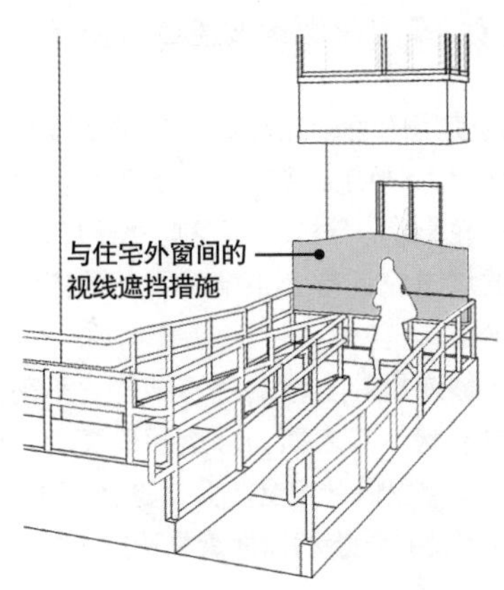
与住宅外窗间的
视线遮挡措施

图3.1.10 坡道与外墙窗间设遮挡物以隔断视线，保护底层住户隐私

由于坡道必须邻近住宅单元出入口设置，人们在坡道上行走时很容易与底层住户形成对视并产生噪声，这样会对住户的私密性造成影响。在设置坡道时，应尽量避免正对卧室等私密房间的外墙窗，或与其保持适当距离，或采取一定的遮挡措施。例如：在坡道和底层住户的外墙窗间用绿篱、矮墙或毛玻璃分隔，既可阻挡视线、减小噪声，又不会遮挡进入底层住户的光线（图 3.1.10）。

● 有胜于无

有时因用地条件限制，难以有足够的场地设置坡度适宜的坡道（例如在一些改造项目中）。此时应遵循“有胜于无”的原则，即便因空间所限无法采用适宜的坡度，也不应放弃设置坡道，因为至少可以为一般人搬运重物减轻负担和为有人推行的轮椅者提供方便。

当采用坡度 >1 ∶ 12 的坡道时，须在坡道旁同时设置醒目的指示牌，以告知轮椅使用者坡道的特殊性，并提示他人在轮椅使用者上下坡道时提供帮助。

[2] 坡道的形式

坡道的形式受多种因素的影响，如单元出入口周边的环境、室内外高差的大小、入口道路的方向以及楼栋外墙及窗的位置等。常见的坡道形式有以下三种：折返式、L 形式和直线式（图 3.1.11）。

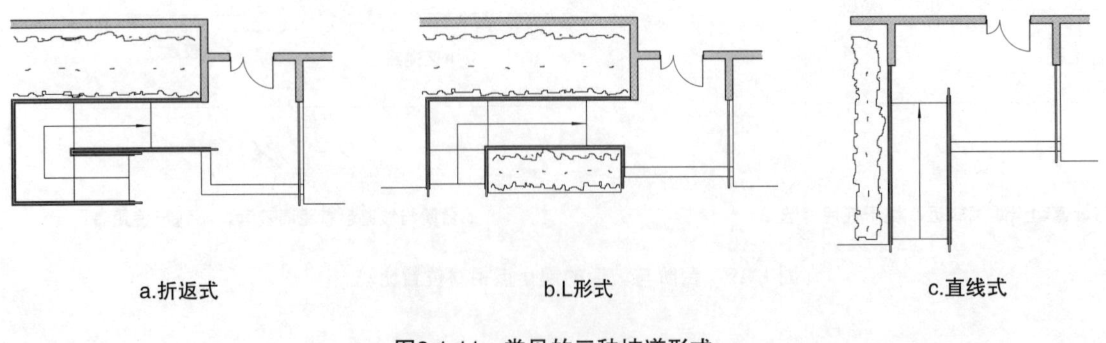
a.折返式
b.L形式
c.直线式

图3.1.11 常见的三种坡道形式

[3] 坡道的尺寸要求

老年人使用的坡道坡度应尽可能平缓，长度不宜过长，并应对坡道总高度有所限制。因此，住宅建筑入口层室内外高差不宜过大，否则容易造成坡度过陡或坡道长度过长的弊端。例如当老年住宅楼栋底层带有地下室、地下车库时，宜采用采光井的形式，避免为了半地下室的采光而导致地上一层地坪抬高，从而增加坡道的长度。

(1) 坡道的宽度

坡道与台阶并用时，坡道净宽应保证在 1200mm 以上❶，从而能保证一人搀扶另一人行走，或轮椅通行时他人在旁协助的需求（图 3.1.12）。住宅单元出入口处人流量一般不会太大，因此坡道也无须过宽，以免占用过多场地。

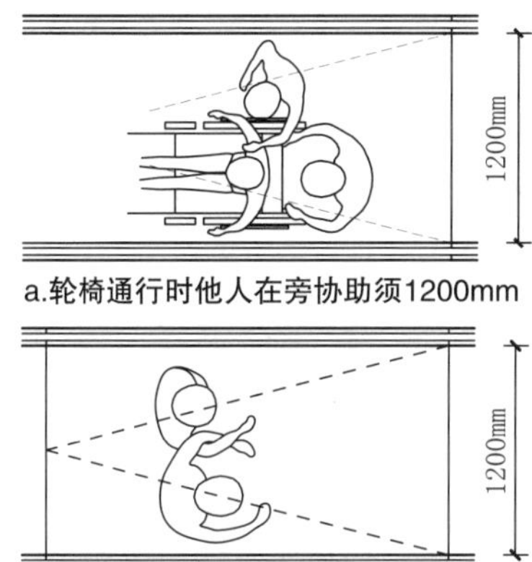
1200mm
a.轮椅通行时他人在旁协助须1200mm
1200mm
b.一人搀扶老人并行须1200mm
图3.1.12　坡道净宽的尺寸要求

(2) 坡道的坡度

室外坡道的坡度不应大于 1 ∶ 12❷（图 3.1.13）。过陡的坡道不仅使轮椅使用者体力消耗过大，也会增加危险性：上行时推力不足容易后翻；下行时冲力过大，难以掌控速度，易向前倾翻。当受场地条件所限而不得不采用较陡坡度时，应设置指示牌提醒使用者注意。

当采用平坡出入口时，其坡度不应大于 1 ∶ 20❸，以便轮椅使用者能够较为省力地通行。

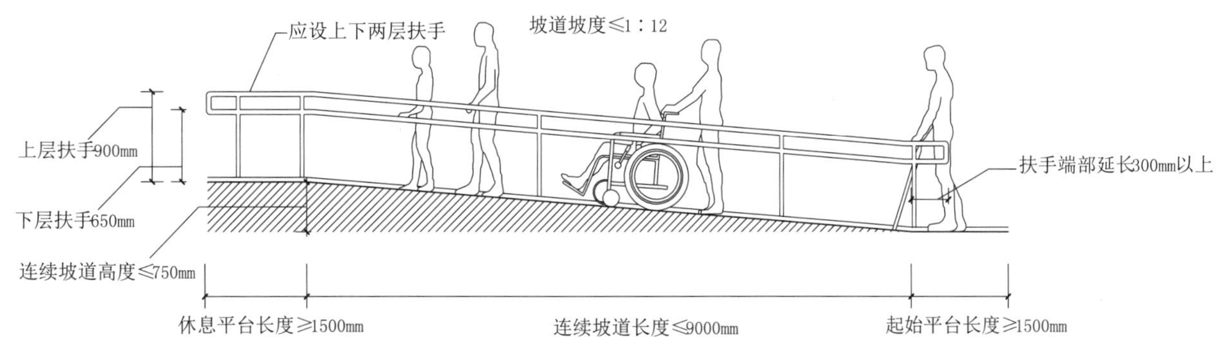
应设上下两层扶手
坡道坡度≤1：12
上层扶手900mm
下层扶手650mm
扶手端部延长300mm以上
连续坡道高度≤750mm
休息平台长度≥1500mm
连续坡道长度≤9000mm
起始平台长度≥1500mm
图3.1.13　坡道的基本尺寸要求

❶ 参见《老年人居住建筑设计规范》GB 50340-2016 第4.5.1条。
❷ 同上。
❸ 参见《无障碍设计规范》GB 50763-2012 第3.3.3条。

[4] 坡道的休息平台

坡道每升高 0.75m 时，应设休息平台❶。在上行时可为使用者提供短暂的休息，避免体力不支；下行时可作为缓冲，避免轮椅速度过快而发生危险。坡道休息平台的深度不应小于 1500mm。当平台与建筑出入口相连时，应再留出开启单元门的退让空间。

[5] 坡道的侧挡台

坡道两侧应设置连续的挡台，防止拐杖滑落以及助行器或手推车的前轮滑出坡道外，造成身体倾倒。

坡侧挡台的高度不宜小于 50mm。挡台往往与坡道扶手相接，混凝土侧挡台的宽度宜大于 150mm，才能保证扶手竖向栏杆底部与侧挡台连接的牢固性，否则在施工时混凝土易发生碎裂。

另外，适当加大扶手栏杆与坡道边缘之间的距离或加密栏杆也可以有效防止拐杖端头等滑出坡道（图 3.1.14）。

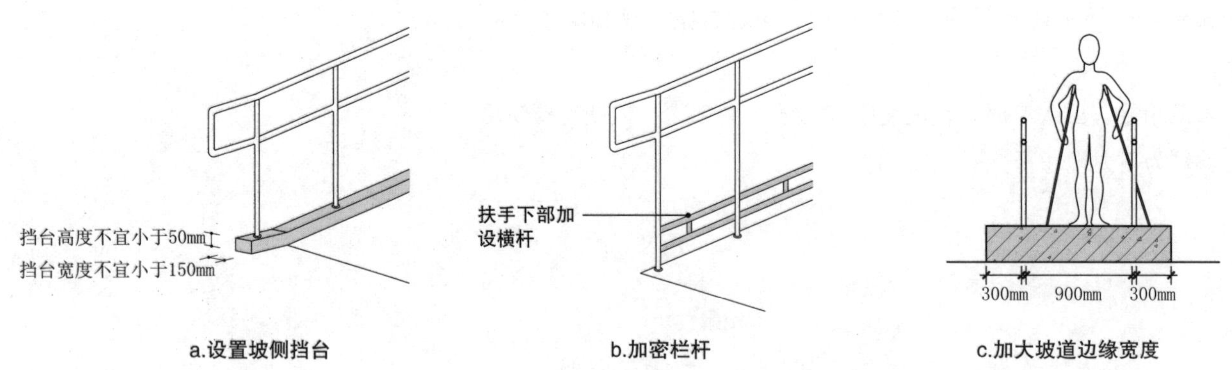
挡台高度不宜小于50mm
挡台宽度不宜小于150mm
a.设置坡侧挡台
扶手下部加设横杆
b.加密栏杆
300mm
900mm
300mm
c.加大坡道边缘宽度

图3.1.14　防止拐杖头等滑出坡道外的三种解决方式

❶ 参见《老年人居住建筑设计规范》GB 50340-2016 第4.5.1条。

[6] 坡道的表面材质

一般的坡道做法常会犯以下三种错误：

其一，为了达到耐磨、美观的要求，坡道表面采用质地坚硬的石材并抛光。这种做法无法达到坡道表面的防滑要求，老人容易滑倒。

其二，为了防滑或增大摩擦力，对坡道表面做出棱角或割槽处理。例如在石材表面切割较细的凹槽以防滑。这种做法在保证坡面干燥洁净的前提下，尚可达到一定的防滑要求。但坡道表面在着水、经霜或蒙覆沙尘后，凹槽易被填平，不能起到防滑的作用。

其三，在坡道表面割槽过大、过深，防滑处理过度，使轮椅及拐杖行进不便，并极易发生绊脚的危险（图 3.1.15）。

因此较好的做法是：选用吸水或渗水性较强的面材，如透水地砖等。另外，尽量使坡道处于雨篷遮挡之下，减少覆着冰、霜、雪、水的概率，也是有效的防滑措施之一。

坡道与出入口平台的转折连接处应通过地面材质的变化加以强调，或贴加色带，以起到警示的作用。

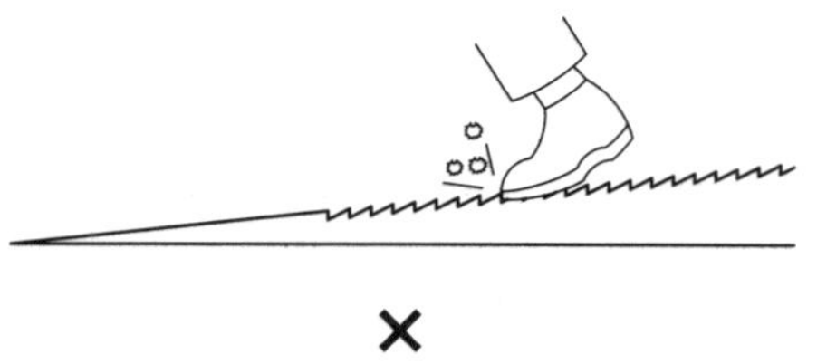

×

图3.1.15　坡道表面割槽过深时容易绊脚

4. 扶手

随着老年人身体机能的退化，生活中需要经常重复的一些简单动作，如行进、弯腰、下蹲、起身等，对他们来说也会变成困难，甚至可能引发危险。因此，需在一些必要位置上设置扶手，以辅助老人的行动。扶手的设置可以充分发挥手的握持、撑扶功能，帮助老人保持身体平衡，稳定重心。

[1] 扶手的分类

根据功能的不同，可将扶手分为动作辅助类扶手、步行辅助类扶手及防护栏杆类扶手。

● 动作辅助类扶手

住宅中的动作辅助类扶手通常设在卫生间、门厅等处。例如坐便器、浴缸旁的墙面上等。动作辅助类扶手可以起到支撑身体重心和维持平衡的作用，协助老人安全地完成起坐、下蹲或转身等动作。

● 步行辅助类扶手

步行辅助类扶手主要设于长距离的通行空间和存在高差变化的位置。例如候梯厅内或公共走廊、楼梯间及坡道的两侧。其中坡道和楼梯处是容易发生事故的位置，所以无论距离长短都需要同时在两侧设置扶手，为老人及行动不便者提供上下行走时的支持。

● 防护栏杆类扶手

防护栏杆类扶手主要设置在外廊的一侧临空面或阳台、露台等处，防止人失足跌落。可利用双层扶手，或在栏杆前加花池等方式缓解老人的恐高感（图 3.1.16）。

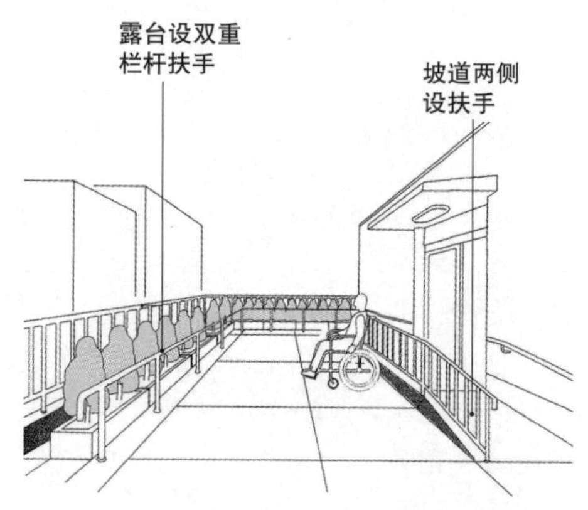
露台设双重
栏杆扶手
坡道两侧
设扶手

图3.1.16 露台、屋顶平台设置防护栏杆及扶手示意图

[2] 扶手设置原则

(1) 连续设置

一些老人只能借助支撑物行走。在专为老年人设计的住宅公共空间里，坡道、走廊两侧均须设置连续扶手（图 3.1.17）。扶手在墙面阳角转弯处尽量保持连续，可做成圆弧状（图 3.1.18）。

当扶手需经过门、消火栓、管井门、落地窗时，应结合具体情况补加扶手，减少间断（图 3.1.19）。

(2) 左右兼顾

考虑到反向行进和偏瘫患者只能有一侧肢体用力的情况，宜在楼梯间、公共走廊左右两侧均设置扶手。但设置双侧扶手会占用更多的通行宽度。因此在设计时，应预先留出安装两侧扶手所需的尺寸，保证楼梯间、走廊的通行净宽（图 3.1.20）。

(3) 牢固安装

扶手及其连接件应满足相应的强度要求，不仅要抗压，还应抗拉，保证在老人站立不稳或即将摔倒时，能够借助扶手保持身体平衡。

扶手和墙体的连接处必须坚固、耐强力、耐冲击。扶手安装在隔墙上时，须预先加强墙体内部构造，例如在墙内设置钢板、加强龙骨等。即便暂无安装扶手的需要，也应在墙体内预埋扶手固定件，以便日后需要时能及时安装。

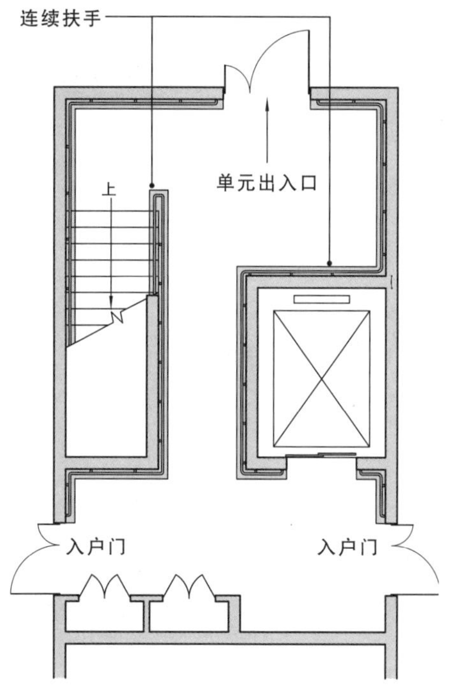
连续扶手
单元出入口
上
入户门
入户门

图3.1.17 住宅楼栋内公共空间的扶手须连续设置

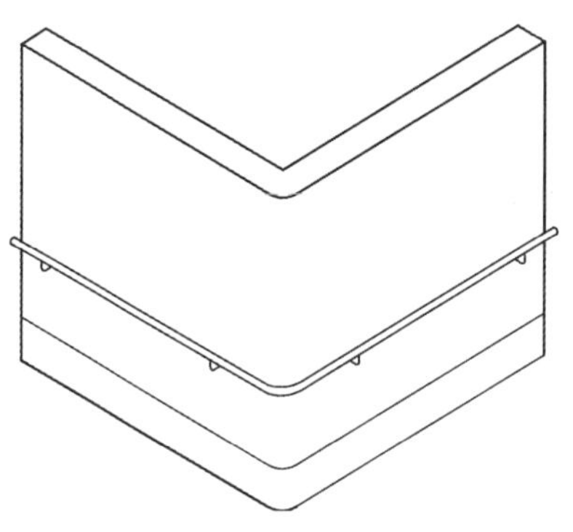

图3.1.18 扶手在墙面转角处需连续设置，并做成圆弧状

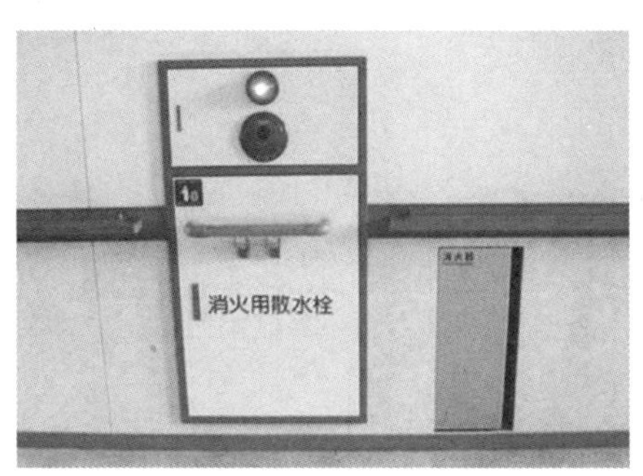
消火用散水栓

图3.1.19 可在消火栓等设备门上加设扶手，以保持扶手的连续性

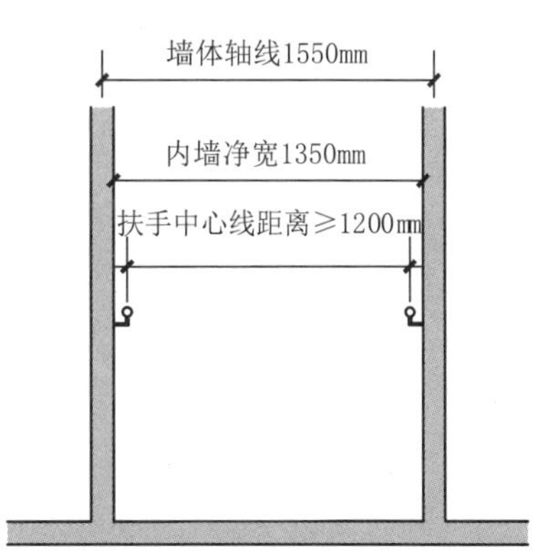
墙体轴线1550mm
内墙净宽1350mm
扶手中心线距离≥1200mm

图3.1.20 扶手会占据通道净宽，设计时应留出扶手的安装尺寸

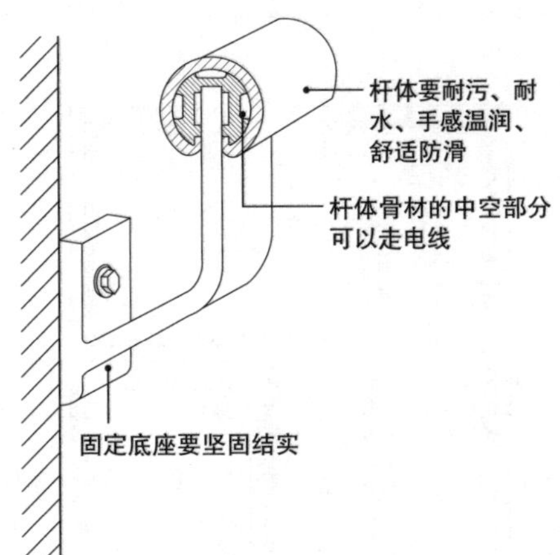
杆体要耐污、耐水、手感温润、舒适防滑
杆体骨材的中空部分可以走电线
固定底座要坚固结实

图3.1.21　扶手的构造和材质要点

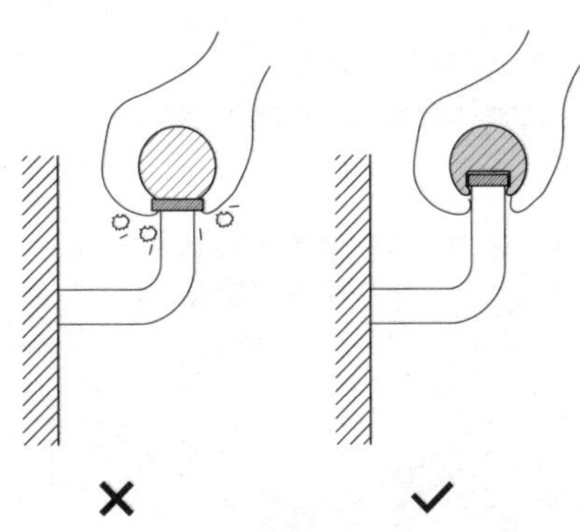
×
✓

图3.1.22　扶手杆体与连接固定件要平滑衔接，以免划伤老人手部

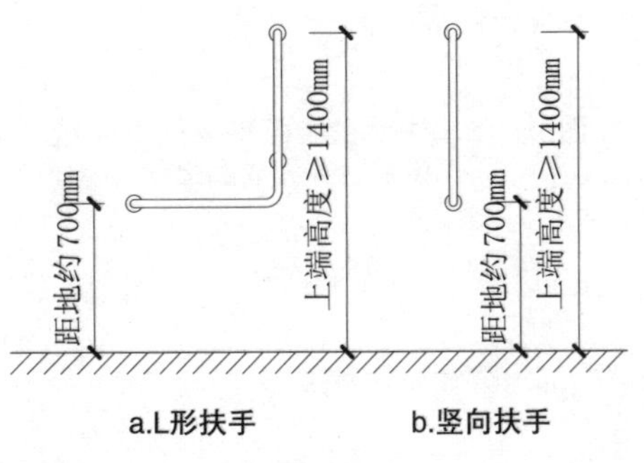
距地约700mm
上端高度≥1400mm
距地约700mm
上端高度≥1400mm
a.L形扶手
b.竖向扶手

图3.1.23　L形及竖向扶手的安装高度要求

[3] 扶手的构造和材质

扶手通常由杆体、连接固定件、固定底座构成。杆体为手握持的部分，其面材要耐污、耐水、手感温润、舒适防滑，不能过硬或粘手。常见的材质有实木、合成树脂等。杆体的骨材对刚度的要求较高，多为钢质或铝质等有一定厚度的中空型材，可利用中空部分走线，实现一些附加功能，例如在扶手起止端附加语音提示装置等（图 3.1.21）。

扶手的连接固定件及固定底座主要起支撑作用，对强度要求较高，多为金属材质。此外，还需注意扶手固定件与杆体的连接部分要平滑衔接，以免因固定件凸出而划伤人的手部（图 3.1.22）。

[4] 扶手的尺寸要求

扶手设置的长度、高度及角度，根据在不同空间进行的不同动作而有所差别，总的来说应当满足老人最易施力的原则。

(1) 扶手的安装高度

一般情况下，L 形及竖向扶手的下端距离地面约为 700mm，上端距离地面不宜低于 1400mm（图 3.1.23）。这一高度范围既能辅助老人完成从坐姿向站姿的动作转换，又可兼顾站立时拉扶的使用要求。

老年住宅公共走廊设置扶手时，其高度应为 850 ~ 900mm。公共楼梯间可设置上下层双层扶手，保证成年人和儿童都能方便地使用，下层扶手高度宜为 650 ~ 700mm。

住宅露台等处可设置内外双重栏杆，以起到更好的防护作用。内层栏杆距地高度为 900mm，外层栏杆距地面高度须大于 1100mm（图 3.1.24）。

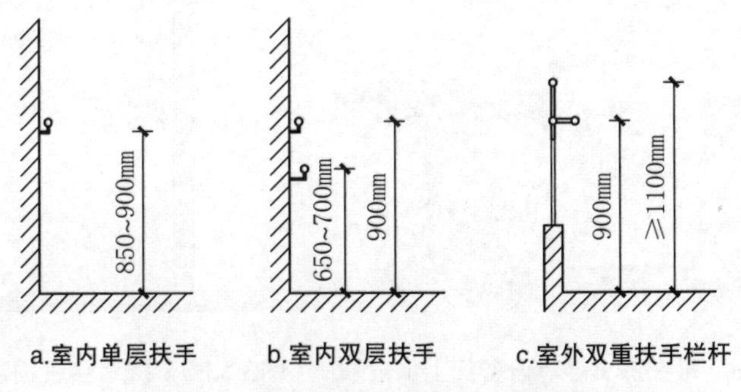
850~900mm
650~700mm
900mm
900mm
≥1100mm
a.室内单层扶手
b.室内双层扶手
c.室外双重扶手栏杆

图3.1.24　水平向扶手的安装高度要求

(2) 扶手的截面尺寸及形状

● 扶手的截面尺寸

室内扶手的截面尺寸应考虑便于手掌全握，所以截面直径不宜过大，一般为 35 ~ 45mm。室外扶手除了考虑正常抓握外，往往还兼有扶靠的作用，其直径可略大于室内扶手，但也不宜过粗，仍需保证抓握方便。

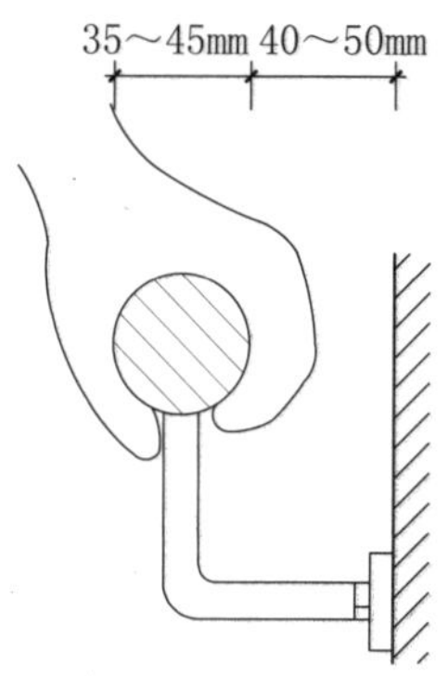
35～45mm 40～50mm

图3.1.25 室内扶手的截面尺寸与距墙间距

● 扶手距墙面的安装距离

扶手距墙面的尺寸应适中，过小有碍手的插握，过大则占用通行净宽。通常，扶手内侧距离墙面 40 ~ 50mm（图 3.1.25）。

● 扶手的截面形状

常见的扶手固定件截面形状有 I 形、L 形两种。I 形截面的扶手固定件横向安装时，抗拉性能较好，但会对老人行进时手部平移造成阻挡。L 形截面的扶手固定件则不会产生上述问题，更便于老人连续握持（图 3.1.26）。

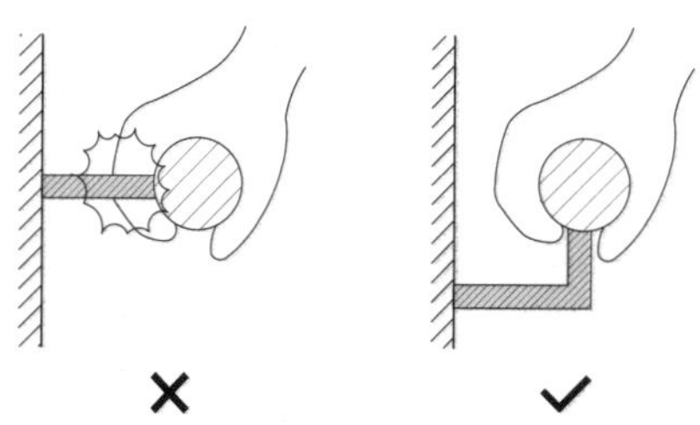
✕
✓
a.水平向扶手固定件对手平移造成阻挡
b.L形扶手固定件方便手的平移

图3.1.26 扶手固定件截面形状的比较

扶手杆体的截面形状以圆形、椭圆形较为常见，台、板状截面的扶手也有使用。还有考虑手握持的舒适度而制成与手形相符的类型。圆形截面的扶手易于握持，通常用于动作辅助类扶手和步行辅助类扶手；椭圆形截面的扶手由于上表面略大，比圆形扶手更便于俯靠，通常用于防护栏杆类扶手。台、板状截面的扶手可提供撑扶的台面，适合手部有残疾者利用手腕或前臂撑在扶手台面上支撑身体，同时也能作为置物台面（图 3.1.27）。

图3.1.27 板式扶手便于手部有残疾的老人撑扶，同时可作为置物台面

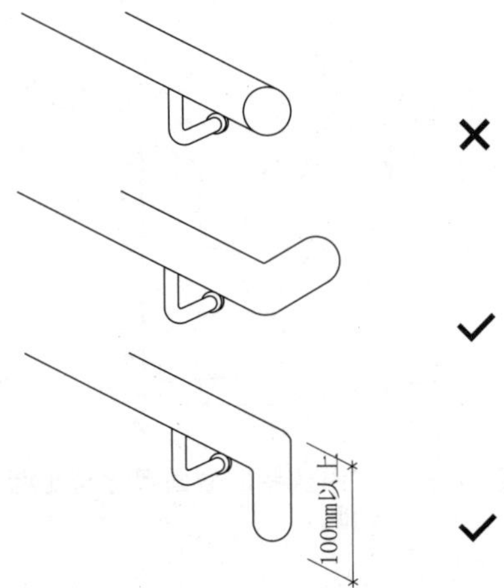

100mm以上

图3.1.28 扶手端部处理方式的优劣比较

(3) 扶手的端部处理

扶手端部应采取向墙壁或下方弯曲的设计，以防止老人使用时衣袖或提包带被勾住而挂倒。向下弯曲延伸的长度应为 100mm 以上（图 3.1.28）。

[5] 扶手的附加功能

当在住宅公共空间里会有视觉障碍使用者时，可在扶手的开始和结束端附加盲文，提示场所或房间名称（图 3.1.29）。有需要提示重要场所的部位，可以加语音提示。

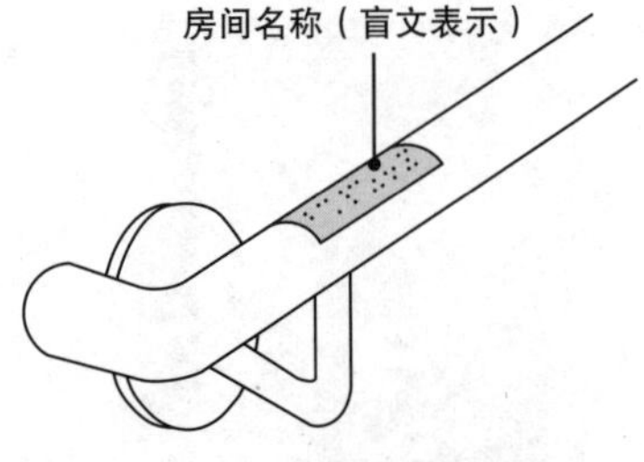

房间名称（盲文表示）

图3.1.29 扶手端部附加盲文，为视觉障碍者提示场所或房间名称

[6] 扶手的替代物

在住宅户内由于空间大小、家具摆放的限制，往往不能处处设置扶手，此时可用家具或适宜高度的台面作为替代物，保证老人在行动时有所扶靠。老人遇到摔倒、磕绊等突发事件时，一些家具台面、毛巾杆、门把手、门框等物件常可兼作扶手、抓杆来帮助保持平衡。因此在设计时，可将一些家具的台面、毛巾杆等设置在适合手撑扶的高度，并考虑其牢固度和扶握的舒适性，起到一物多用的作用。

调研中发现，在门厅等经常进出、起坐、更衣换鞋的地方，老人往往会顺手撑扶附近墙面以稳定身体，因而时间久了墙面会留下难看的手印。在设计时可对墙面进行处理，例如加设墙面装饰板，既能为老人提供一处可以撑扶的地方，又能起到墙面防污、装饰的作用。

5. 公共楼梯

住宅中公共楼梯的使用需求可分为安全疏散和常用通行两种情况。目前新建的老年住宅根据国家标准要求均需配置电梯，老人日常上下楼主要以乘坐电梯为主，公共楼梯通常仅作为紧急疏散使用，老人一般不走。因此其尺寸按照国家标准中的要求设置即可，不必刻意降低楼梯踏步高度或增加踏步宽度，以免造成空间浪费。在未配置电梯的低层和多层的普通住宅中配置老年住宅套型时，公共楼梯既是疏散楼梯也是通行楼梯，考虑到老人的使用要求，可以适当降低踏步高度，增加梯段宽度，为老年人上下楼梯减轻负担。

[1] 公共楼梯的梯段尺寸要求

住宅公共楼梯梯段的通行净宽须从扶手中心线算起，不应小于1100mm❶。考虑布置双侧扶手时，梯段宽度应适当加宽。

楼梯平台净宽不应小于楼梯梯段宽度，且不得小于 1200mm❷（图3.1.30）。对于老年住宅而言，适当加大休息平台深度，有利于救护担架的通行。

此外，楼梯两梯段之间不宜加实墙，老人上下楼梯转弯时不能看到对面的来人，容易发生冲撞等危险，同时也不利于担架转弯（图3.1.31）。

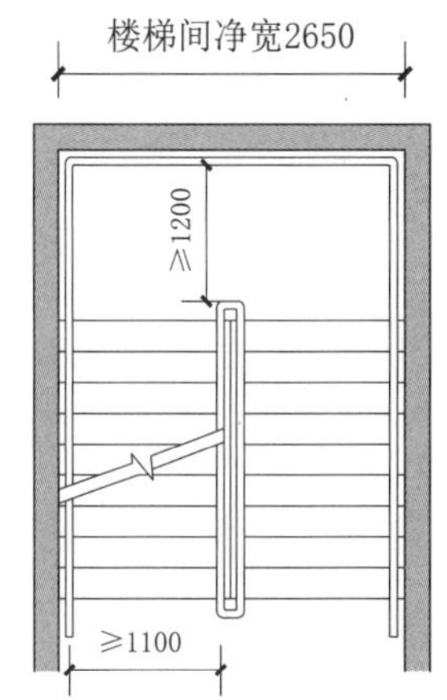
楼梯间净宽2650
≥1200
≥1100

图3.1.30 公共楼梯的梯段尺寸要求（尺寸单位：mm）

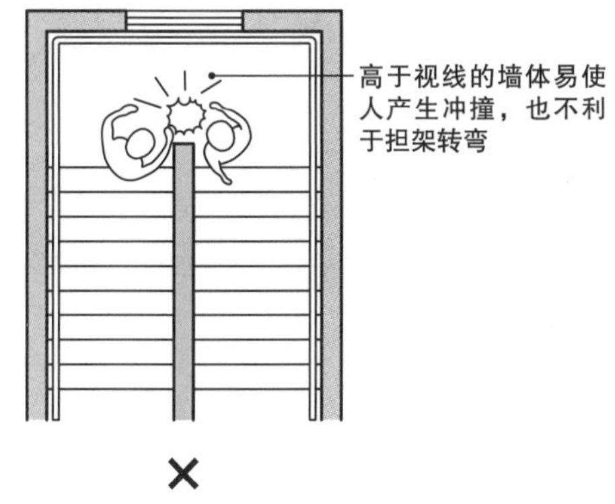
高于视线的墙体易使人产生冲撞，也不利于担架转弯
×

图3.1.31 楼梯两梯段间不宜加实墙

[2] 公共楼梯的踏步

(1) 楼梯的踏步数要求

按照《民用建筑设计通则》，一般楼梯的连续踏步不得超过 18 级，也不应小于 3 级。在老年住宅中，宜在此基础上适当再减少最大连续踏步数，使老人上下楼梯时能得到及时的休息。

❶ 参见《住宅设计规范》GB 50096-2011 第6.3.1条。
❷ 参见《住宅设计规范》GB 50096-2011 第6.3.3条。

(2) 楼梯的踏步高度

老年住宅的公共楼梯踏步宽度不应小于 280mm，高度不应大于 160mm[1]。当一般住宅中配置老年套型时，如已配备电梯，楼梯踏步高度采用住宅设计规范的要求即可，以便在保证交通顺畅的基础上，尽量节约楼梯间面积。如未配备电梯，则楼梯踏步尺寸应符合老年住宅相关规范标准要求，以便于老人上下楼。

同一梯段内的踏步高度应均匀。在施工时，一段楼梯的第一级和最后一级台阶往往需要与平台和楼板找平，其高度可能与其他踏步高度略有不同。因此在设计时要考虑两侧找平层和面层做法所需的厚度，以免踏步高度不均匀，导致老人对踏高变化反应不及时而发生危险。

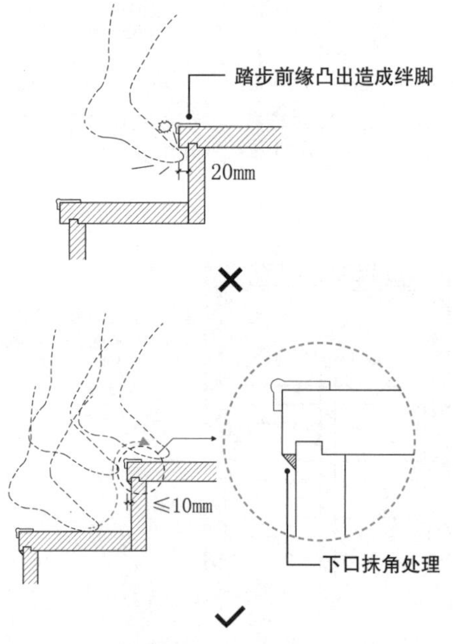

踏步前缘凸出造成绊脚
20mm
✕
≤10mm
下口抹角处理
✓

图3.1.32　楼梯踏步前缘前凸不宜大于10mm

(3) 楼梯的踏步前缘要求

楼梯踏步前缘应有防滑处理。踏步前缘和防滑条不宜凸出于踏步表面，如有凸出，其凸缘下口应抹斜角，以免绊脚（图 3.1.32）。

[3] 公共楼梯的扶手

公共楼梯两侧均应设置扶手。扶手在楼梯的起止端应水平延伸 300mm 以上[2]。以便手在身体前侧撑扶扶手，保证脚踏平稳后手再移开（图 3.1.33）。

靠楼梯井一侧的扶手应在转弯处保持连贯；靠墙一侧的扶手在墙凹角处可以中断，但中断距离不宜超过 400mm（图 3.1.34）。

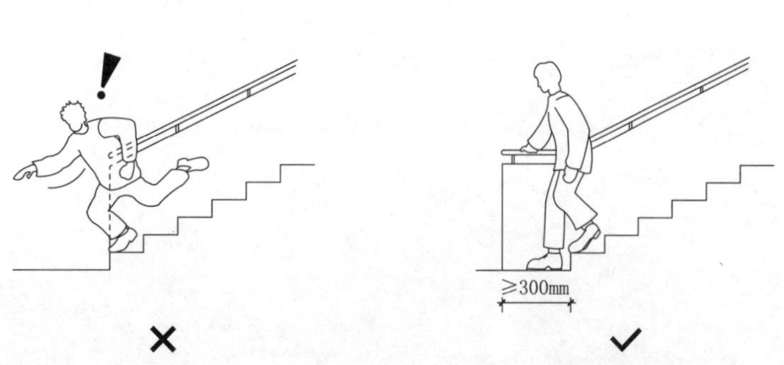

✕
≥300mm
✓

图3.1.33　楼梯扶手起止端延伸处理，起到提示和过渡的作用

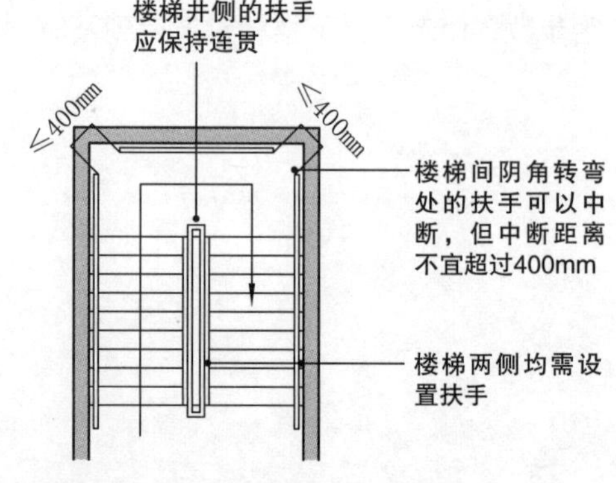

楼梯井侧的扶手
应保持连贯
≤400mm
≤400mm
楼梯间阴角转弯处的扶手可以中断，但中断距离不宜超过400mm
楼梯两侧均需设置扶手

图3.1.34　楼梯间扶手的设置要点

❶ 参见《老年人居住建筑设计规范》GB 50340—2016 第5.3.2条。
❷ 参见《老年人居住建筑设计规范》GB 50340—2016 第5.5.1条。

[4] 楼梯间的通风、采光和照明

住宅的楼梯间宜尽量争取对外开窗。一方面，可以保证楼梯间内有一定的亮度，对老人的行动安全有利；另一方面，可促进楼梯间的通风及与各户间的对流通风，提高卫生条件。

楼梯间照明灯具的布置应能形成充足照明。光源应采用多灯形式，以消除踏步或人体自身的投影，同时也保证在有灯损坏而未及时修理时仍有其他灯具提供照明(图 3.1.35)。注意灯具的位置不要直射人眼，以免形成眩光。

楼梯踏步及休息平台处还应设置低位照明，使梯段踏步轮廓分明、易于辨识。较理想的方式是设置脚灯。脚灯外形不可过于凸出，并要注意其设置高度以距地面 350 ~ 400mm 为宜，以免影响通行或打扫楼梯时被碰撞。可考虑将脚灯与楼梯扶手结合设计 (图 3.1.36)。

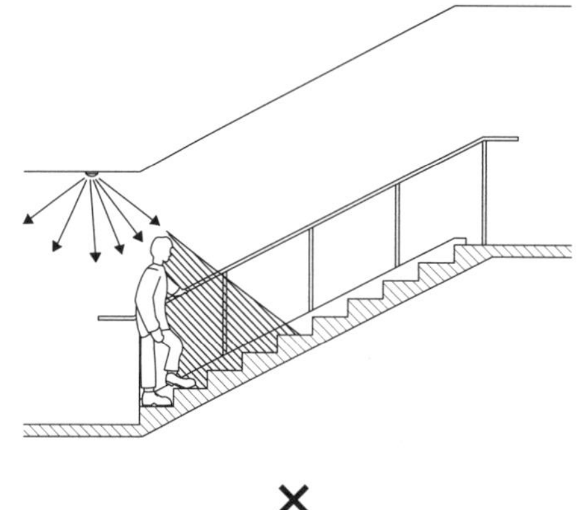

×

a.仅设一处灯光会被人体挡住形成阴影

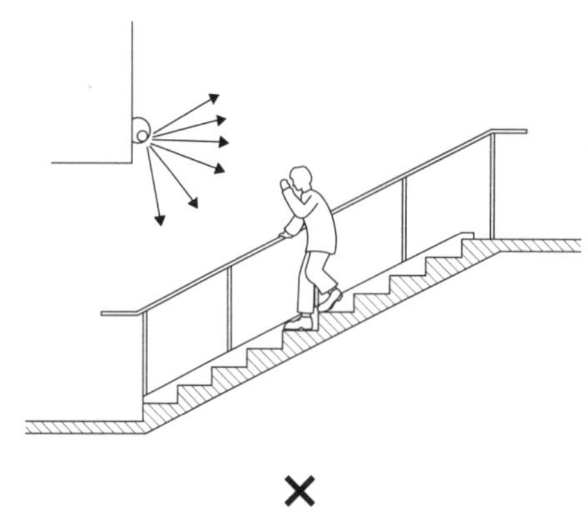

×

b.设在前方的灯光会对人眼产生眩光

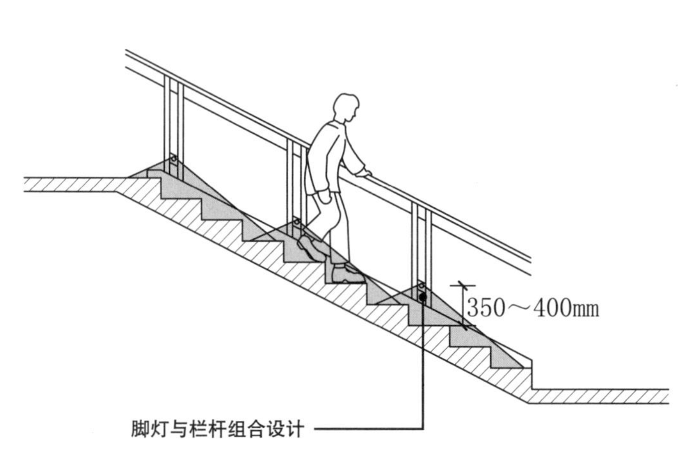
350～400mm
脚灯与栏杆组合设计

图3.1.36　楼梯踏步处应设低位照明

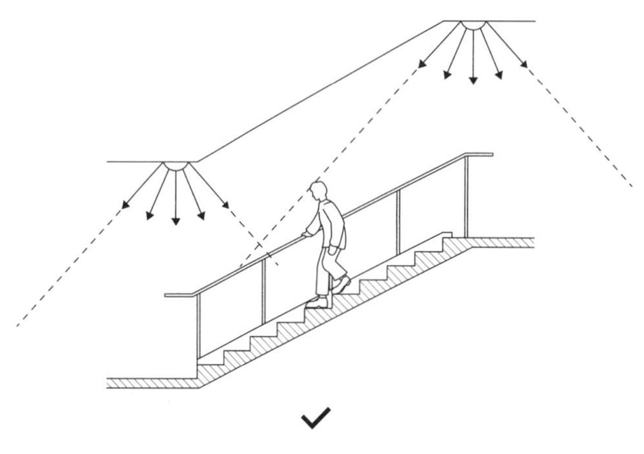

✓

c.上下两处设灯可以提供均匀的照明

图3.1.35　楼梯间照明灯具的布置要点

6. 户内楼梯

老年住宅户内不宜有高差。随着年龄的增长，老人腿脚活动愈发困难，室内存在高差会造成极大的安全隐患。为保证老人在家中的活动有更大的安全度和自由度，不宜在老年住宅中进行错层或跃层设计。

但目前年轻人在选择住宅时较为喜欢错层、跃层式住宅，当有老人来居住时，就会造成一定的不便。此时，必须处理好户内楼梯的位置、尺度、形式以及扶手等细节问题，减少老人使用时的安全隐患。

[1] 户内楼梯的位置

户内楼梯的位置不应凸出于主要动线上，以免造成绕行。特别是楼梯的前几级踏步不应过于凸出，以免由于位置较低不被注意，导致老人忽略其存在而被绊倒（图 3.1.37）。

户内楼梯的踏步特别是下行踏步的起始端不应离房间门太近，尤其是不能离老人的卧室门过近，以免开关门时没有足够的避让空间，易发生跌落和冲撞的危险（图 3.1.38）。

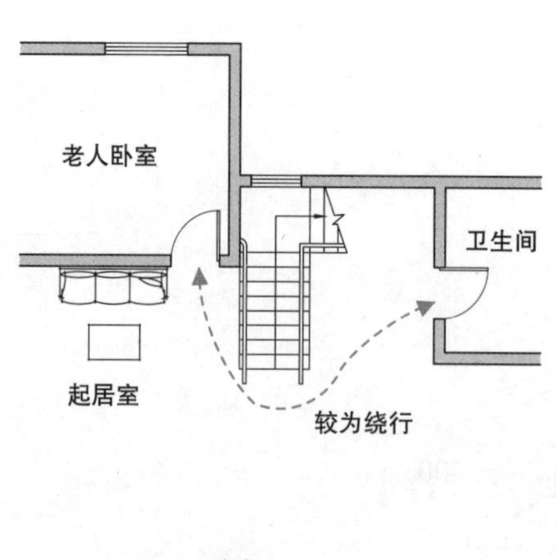

老人卧室
卫生间
起居室
较为绕行
×

图3.1.37 户内楼梯的位置不应对主要动线造成干扰

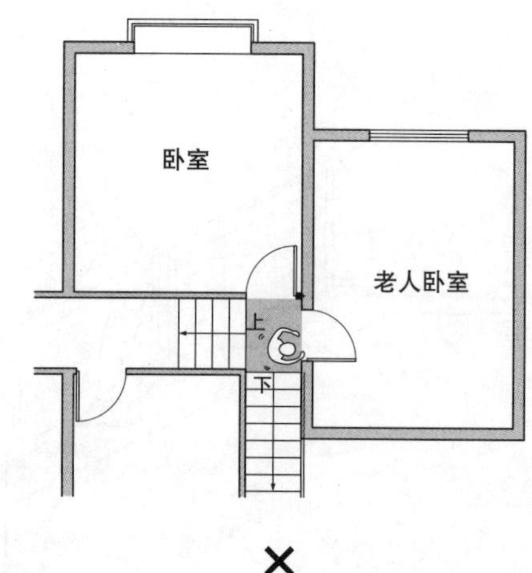

卧室
老人卧室
上
下
×

图3.1.38 楼梯的起止端不应离房间门过近，以免造成失足跌落

[2] 户内楼梯的形式

(1) 楼梯的踏步形式

户内楼梯的踏步应形状规则、宽度均匀，方便老人蹬踏，并应注意设置休息平台，避免老人摔倒后连续跌落，造成严重后果（图 3.1.39）。

一些住户愿意在户内使用螺旋楼梯，既节约空间又美观，但扇形踏步内侧过窄，老人踩踏时容易失足跌落。一般不能设在老年住宅中（图 3.1.40）。

图3.1.39　楼梯没有休息平台，老人摔倒后容易连续跌落

(2) 楼梯的梯段平台形式

有时由于空间所限，不得不在楼梯的转折平台上也设置踏步时，要注意踏步的变化应尽量均匀，转折轮廓应明显、清晰，并应尽量减少斜向踏步（图 3.1.41）。

(3) 楼梯的踏面形式

户内楼梯踏面下方不得透空，以免钩绊或影响老人的准确辨识（图 3.1.42）。楼梯踏步上铺设地毯等卷材面层时应防止移动和注意边缘接缝的平整，避免绊脚。

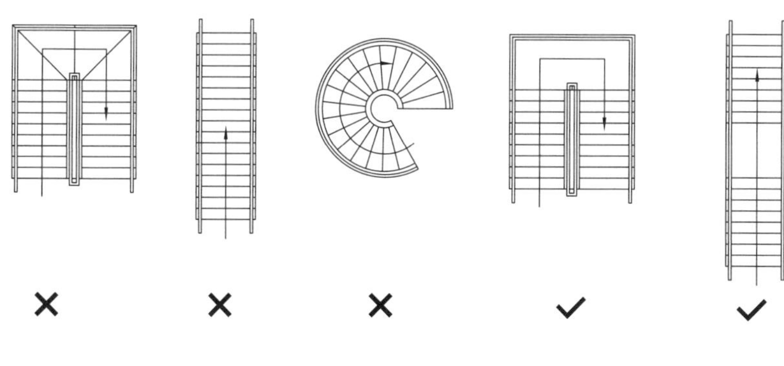

✕　✕　✕　✓　✓

a.不适合老人使用的楼梯形式　　b.适合老人使用的楼梯形式

图3.1.40　几种户内楼梯形式的优劣比较

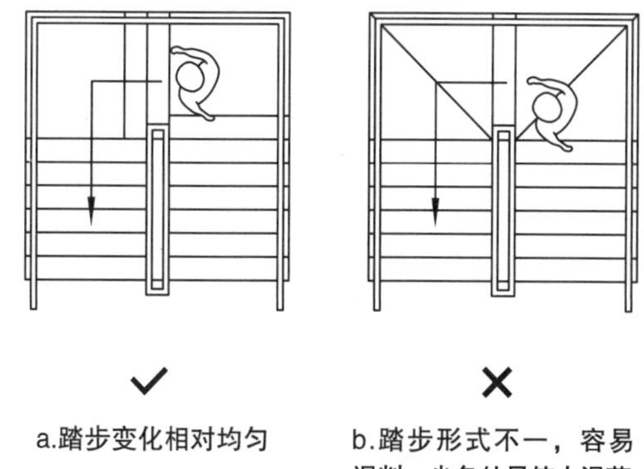

✓　✕

a.踏步变化相对均匀　　b.踏步形式不一，容易误判，尖角处易使人滑落

当住宅室内楼梯踏步设置十分困难，休息平台处不得不放置踏步时，a图的设置方法优于b图

图3.1.41　楼梯平台踏步形式的优劣比较

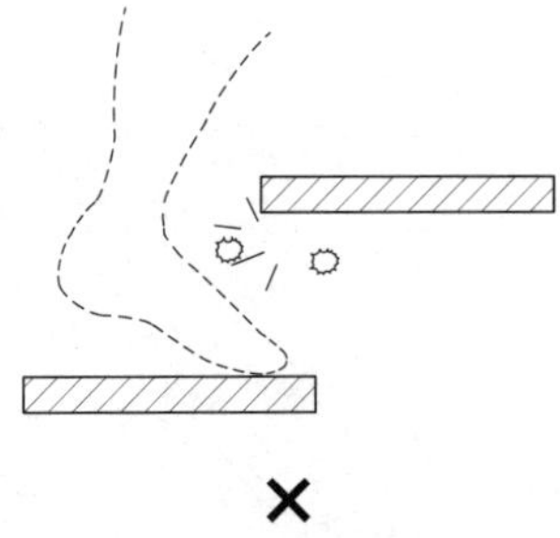

图3.1.42　楼梯踏面下方不得透空，以免钩绊或影响老人的准确辨识

[3] 户内楼梯的尺寸要求

一般住宅的户内楼梯为了节约空间，往往会将踏步尺寸控制在最低标准。但对老人需要频繁上下的楼梯，需降低踏步高度、增加踏面宽度，以保证使用时更加安全省力（图 3.1.43）。户内楼梯的踏步高度建议在 160 ~ 170mm，踏步宽度宜大于 220mm。

户内楼梯的梯段宽度也要适当增加，尽量争取净宽在 900mm 以上，以便辅助人员搀扶老人上下。

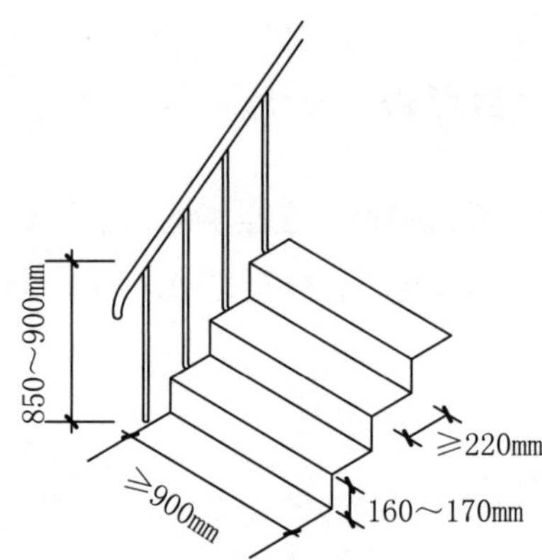
850～900mm
≥220mm
160～170mm
≥900mm

图3.1.43　户内楼梯的尺寸要求

7. 电梯

目前根据国家标准要求，二层及以上的老年人居住建筑应配置可容纳担架的电梯[1]。12 层及以上的老年人居住建筑，每单元应设置不少于两台电梯，其中应有一台可容纳担架的电梯[2]。

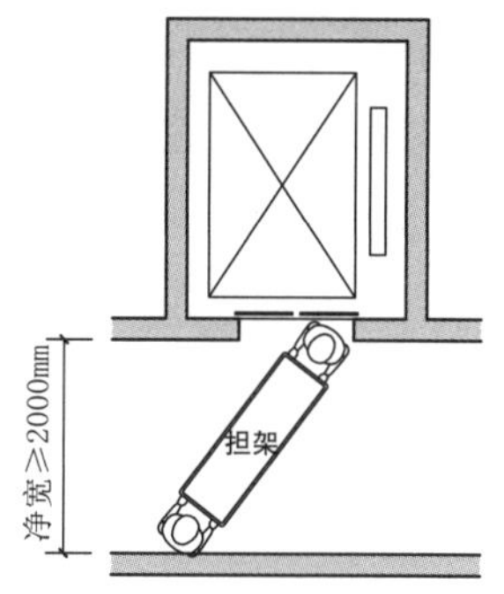

净宽≥2000mm
担架

图3.1.44　候梯厅进深要保证轮椅及担架顺利通过

[1] 候梯厅的设计要点

(1) 候梯厅的尺寸要求

候梯厅的深度不应小于多台电梯中最大轿厢的深度，且不应小于1800mm[3]。考虑到多人等候、多股人流进出电梯以及轮椅回转、运送救护担架等情况，候梯厅进深应适当放宽为 2000 ~ 2400mm（图 3.1.44）。候梯厅内有时会设置消火栓等设施，应避免其过于凸出，占用通行空间。

当电梯与楼梯相对布置时，要考虑轮椅以及推轮椅者的后退空间，因此有效进深应达到 1800 ~ 2000mm（图 3.1.45）。

电梯轿厢门前空间应较开敞、安定，不应形成瓶颈，以免对人流出入造成阻塞（图 3.1.46）。

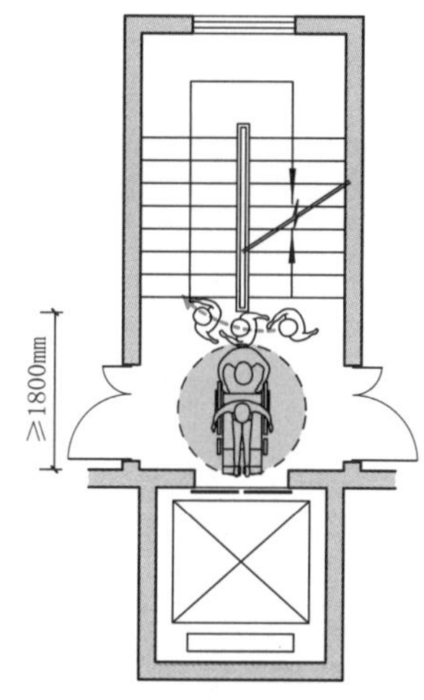

≥1800mm

图3.1.45　电梯前要留有轮椅转圈、人错位通行和退让的空间

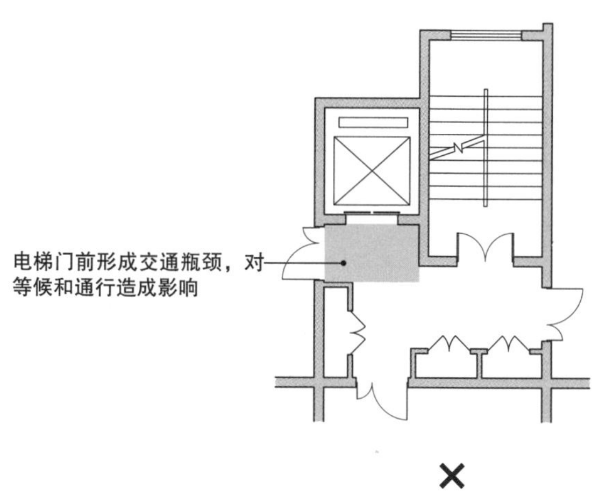

电梯门前形成交通瓶颈，对等候和通行造成影响
×

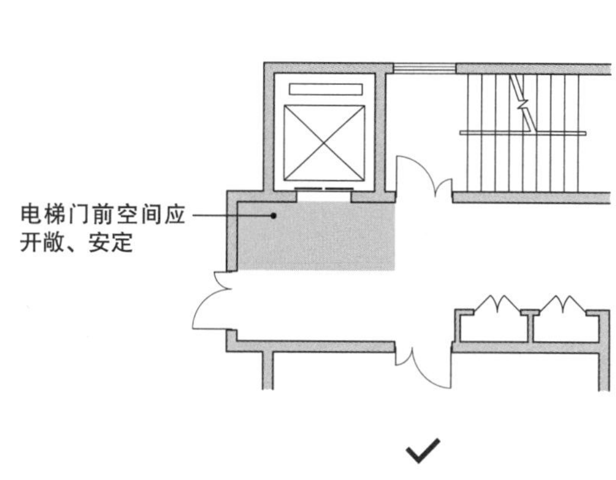

电梯门前空间应开敞、安定
✓

图3.1.46　电梯门前空间的优劣比较

❶ 参见《老年人居住建筑设计规范》GB 50340-2016 第5.4.1条。
❷ 参见《老年人居住建筑设计规范》GB 50340-2016 第5.4.2条。
❸ 参见《老年人居住建筑设计规范》GB 50340-2016 第5.4.3条。

(2) 候梯厅与周围门的位置关系

候梯厅内往往人流较多，容易拥挤，而周围通常还会开有消防前室门、入户门、楼梯间门等（图 3.1.47）。应注意候梯厅周围门的设置位置以及开启方向，以免影响通行或对人流造成阻挡。

例如：消防前室门开启后不应占用电梯前的等候空间；入户门外开时也不应与电梯门距离过近，避免门扇开启碰撞到正在等候电梯的人。另外，老人更愿意开门通风，设计时尽量不要将入户门与电梯门相对布置，以免形成对视，影响住户隐私。

(3) 候梯厅的通风采光

候梯厅的设计应注意自身的通风采光问题。特别是南方地区，通风好坏关系到楼梯间的卫生水平优劣。争取做到候梯厅直接对外开窗，使候梯空间舒适、明亮，对老年住宅而言是十分必要的（图 3.1.48）。

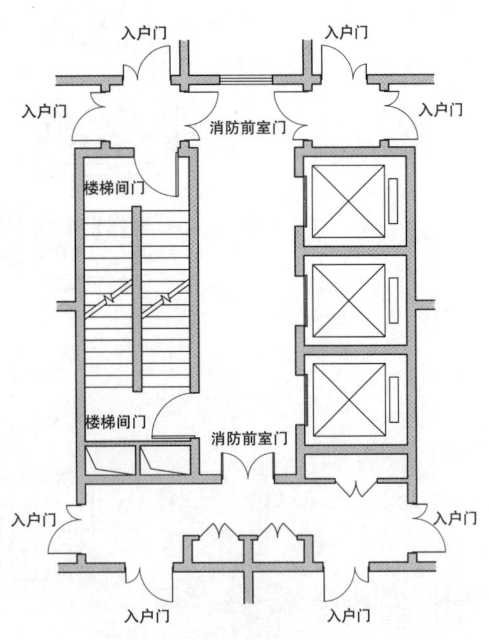
入户门
入户门
入户门
入户门
消防前室门
楼梯间门
楼梯间门
消防前室门
入户门
入户门
入户门
入户门

图3.1.47　候梯厅中常见的几种门

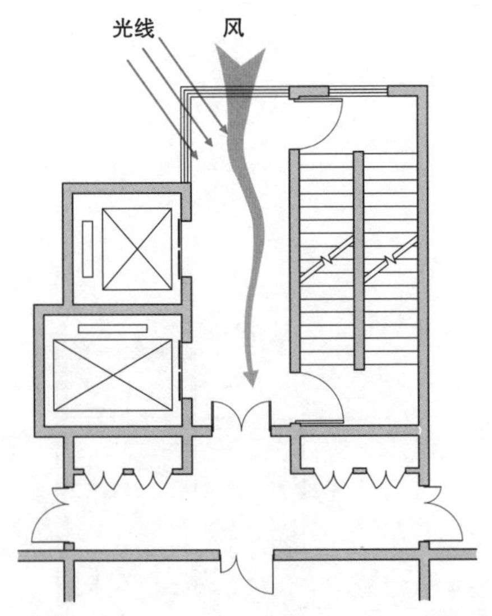
光线
风

图3.1.48　候梯厅要尽量争取自然采光和通风

[2] 电梯的布置方式

(1) 多部电梯应邻近设置

当设置两部以上的电梯时，应尽量使其邻近布置，以便老人在等候电梯时，能够兼顾多部电梯的运行状况，方便选择乘用。避免等候时间过长，或由于匆忙追赶电梯而摔倒（图 3.1.49）。

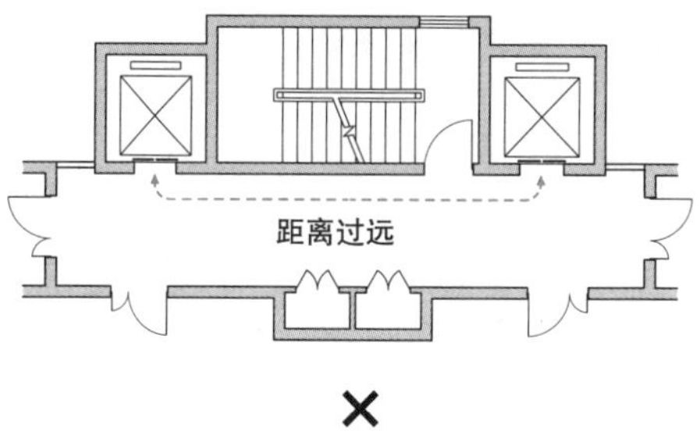

距离过远
×

图3.1.49　两部电梯的距离过远，不利于老人选择乘用

(2) 电梯不应布置在老人卧室旁

电梯井不应与老人卧室相邻布置。电梯运行时的振动、不定期产生的噪声会影响老人的休息。可将厨房、储藏间等辅助房间布置在靠近电梯井壁的位置。

[3] 电梯的尺寸要求

可容纳担架的电梯尺寸要求

在老年住宅中，电梯需满足容纳担架的需要，其轿厢最小尺寸为 1500mm × 1600mm，且开门净宽不小于 900mm[1]。这一尺寸能够利用对角线放置铲式担架。有条件时，可采用轿厢尺寸为 1100mm × 2100mm 的长轿厢电梯，以便容纳更多型号的担架，保证救助效率（图 3.1.50）。

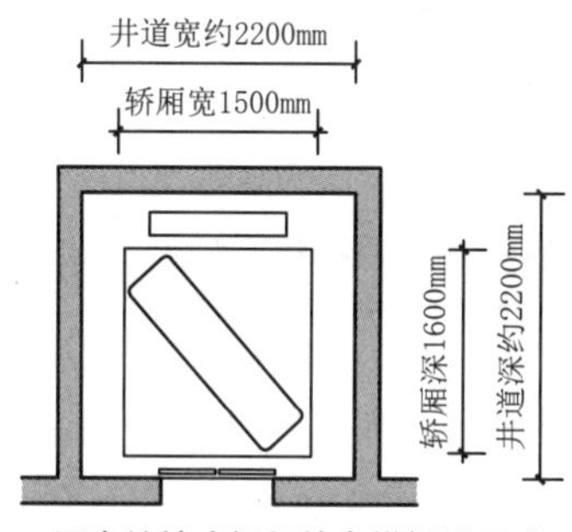

井道宽约2200mm
轿厢宽1500mm
轿厢深1600mm
井道深约2200mm

a.可容纳铲式担架的电梯轿厢尺寸

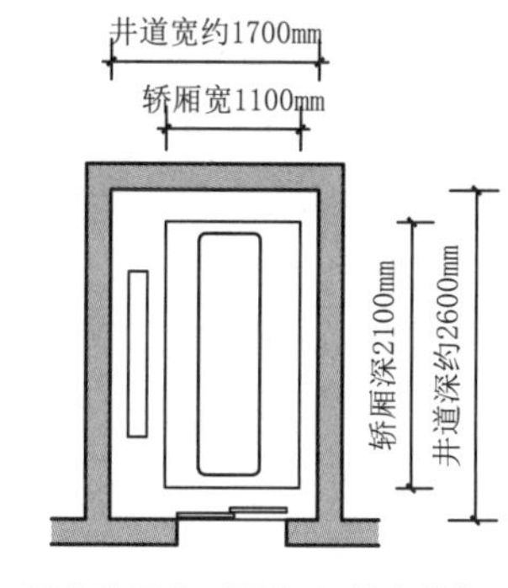

井道宽约1700mm
轿厢宽1100mm
轿厢深2100mm
井道深约2600mm

b.可容纳更多型号担架的电梯轿厢尺寸

图3.1.50　电梯井道和轿厢的尺寸要求

[1] 参见《老年人居住建筑设计规范》GB 50340-2016 第5.4.1的条文说明。

Tips　电梯的选择要点

1.操作板：
操作按钮应考虑视觉障碍者的使用，如在按钮内装暗藏灯，使其易于辨认。最好设有凸出按钮表面的标示或盲文，使视觉障碍者可以自行使用。

2.标识：
厅内应设电梯运行楼层显示和抵达音响装置，为老年人提供视觉和听觉的双重提示。

3.轿厢门：
轿厢门开闭的时间间隔不应小于15秒，以确保老人进出轿厢时较为从容，不必担心被轿厢门碰到或夹住。

4.报警系统：
轿厢内应设有电视监控系统、呼叫按钮、报警电话。报警呼叫按钮的位置要醒目，以便老人在突发紧急情况时可以快速找到；但也要注意减少误碰、误按的可能，以免造成不必要的紧张。

[4] 电梯的选择要点

电梯应选择适合残障人和老年人使用的类型，如在轿厢内设置安全扶手、安全镜、低位操作板和防撞板等（图 3.1.51）。

轿厢内的安全扶手高度应为 850 ~ 900mm。其形状应尽量少占轿厢内的空间。

为了方便轮椅做后退移动，最好在轿厢后壁设置安全镜，也可在轿厢内壁采用具有镜面反射效果的其他材料，以使轮椅者不用转身就能看到身后的情况。安全镜要防撞、防碎裂。

候梯厅和轿厢内的操作板除常用的一套外，还应各加设一套便于轮椅使用的低位操作板。电梯轿厢侧壁操作板的操作按钮宜横向布置。操作板中心线距地面高度约为 1000mm，左右距离电梯门或后壁的距离应不小于 400mm，为的是留出脚踏板的深度，方便轮椅侧向接近（图 3.1.52）。有条件时，可在轿厢两侧壁上都安装操作板。

电梯轿厢内壁应设置高度为 350 ~ 400mm 的防撞板，防止轿厢底部被轮椅脚踏板撞坏。

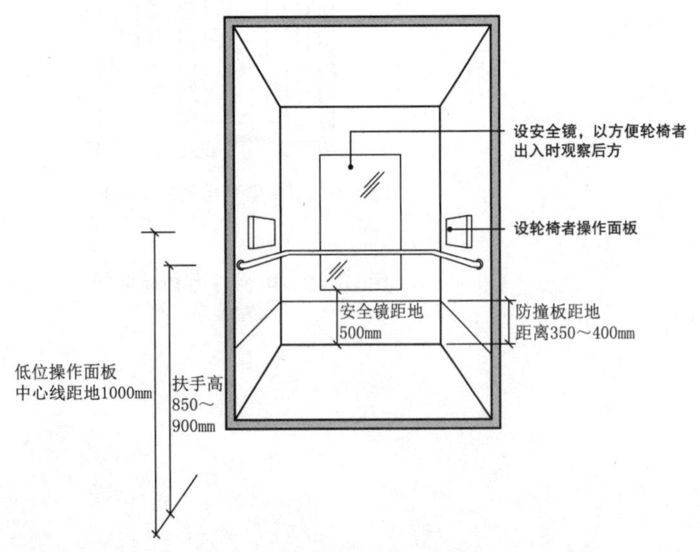
设安全镜，以方便轮椅者出入时观察后方
设轮椅者操作面板
安全镜距地500mm
防撞板距地距离350～400mm
低位操作面板中心线距地1000mm
扶手高850～900mm

图3.1.51　电梯轿厢的无障碍设计要点

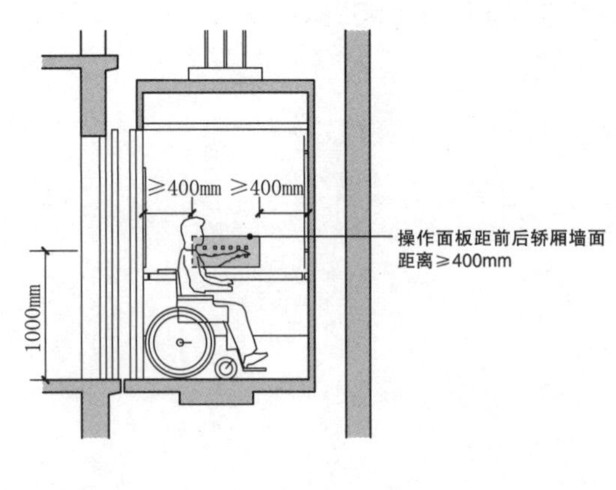
≥400mm ≥400mm
操作面板距前后轿厢墙面距离≥400mm
1000mm

图3.1.52　低位操作面板的位置示意图

8. 公共走廊

公共走廊、通道的设计要保证易达性和安全性。连接住户的走廊布局要一目了然，有明显的方向性。走廊中不宜出现阴暗的角落，入户门前的走廊也不应过于昏暗。

[1] 公共走廊的设计要点

(1) 走廊的形式

在老年住宅中，公共走廊的形式宜简短、直接。过于曲折的走廊既不利于担架的顺利通行和转弯，也容易让老人迷失方向、产生不安感（图 3.1.53）。

(2) 走廊的有效净宽要求

公共走廊的有效净宽应按照扶手等凸出物外沿之间的尺寸计算。在老年住宅中，由于要保证一辆轮椅和一人侧身通过，因此公共走廊的净宽不应小于 1200mm❶。当考虑两辆轮椅交错通行或多人并行的情况时，至少要保证走廊局部有效净宽在 1800mm 以上。在外廊式住宅中，如果走廊宽度为 1200mm，可将入户门前的走廊局部放大至 1500mm，以满足轮椅回转的要求（图 3.1.54）。

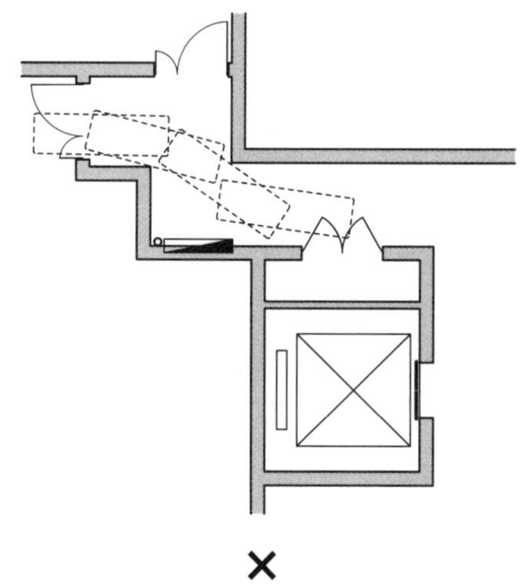
×

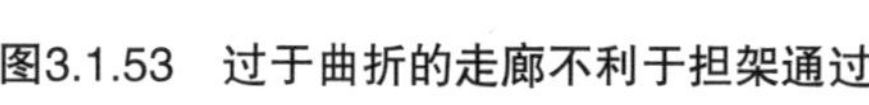

图3.1.53　过于曲折的走廊不利于担架通过

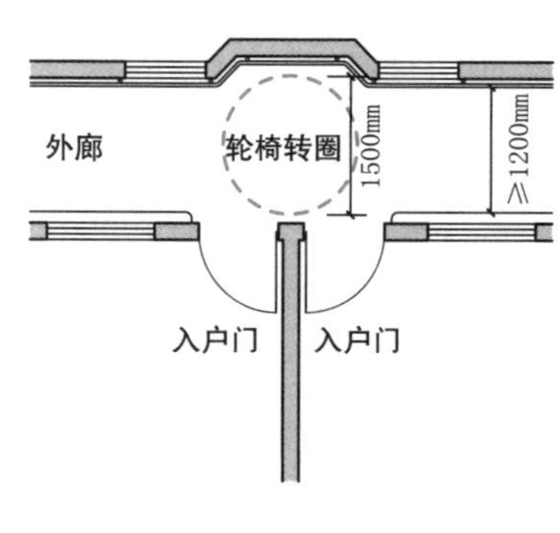
外廊
轮椅转圈
1500mm
≥1200mm
入户门
入户门

图3.1.54　外廊式住宅的走廊可在入户门前处局部放大，以满足轮椅转圈的要求

❶ 参见《老年人居住建筑设计规范》GB 50340−2016 第5.2.1条。

(3) 走廊内的设施布置要点

住宅公共走廊内通常设有配电箱、消火栓、暖气等设施。设置时须注意采用凹入墙面的暗装做法。或者选择放置在走廊相对宽敞的位置，减少对通行的干扰。

[2] 公共走廊的墙面、地面材质

为防止轮椅将墙面撞坏，走廊侧壁距地350mm范围内应设护墙板（图3.1.55）。走廊墙面的阳角转弯处宜做成圆弧或切角，有利于轮椅通过。同时通过对墙角进行加固及防撞处理，防止轮椅等助行器具碰撞造成的损坏（图3.1.56）。

走廊的地面材质宜防滑、便于清扫、耐污、耐磨且不易松动，不应使用抛光石材。当走廊地面铺有多种材质时，注意消除材质变化处产生的微小高差。外廊式住宅的走廊地面可能会设有沉降缝，应通过一定的构造处理实现平滑的衔接。

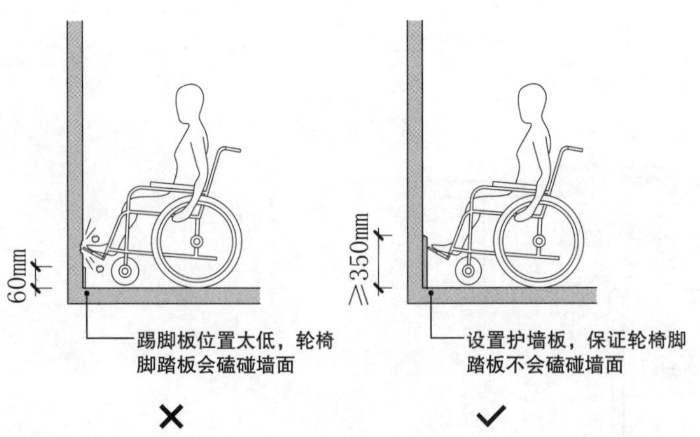
60mm
踢脚板位置太低，轮椅脚踏板会磕碰墙面
×
≥350mm
设置护墙板，保证轮椅脚踏板不会磕碰墙面
✓

图3.1.55 公共走廊两侧的墙面应设护墙板

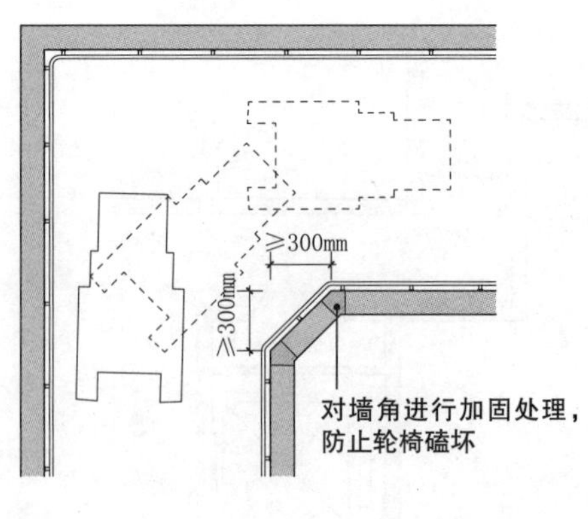
≥300mm
≥300mm
对墙角进行加固处理，防止轮椅磕坏

图3.1.56 走廊墙面转弯处做成切角，有利于轮椅通过

9. 停车场

[1] 机动车停车场的设计要点

随着社会经济的发展，人们观念的更新，老年人驾车出行的情况逐渐增多。在住宅小区的停车场中，应设置专供老年人使用的停车位。停车位的位置应靠近停车场出入口，便于老人寻找。

此外，考虑乘坐轮椅老人出行的便利，住宅小区中也应设置供轮椅使用者专用的无障碍停车位，并在停车场出入口及场内区域配以清晰的导向标识（图 3.1.57）。

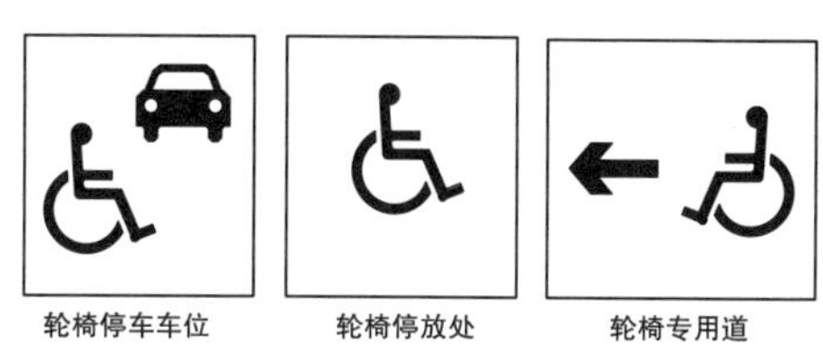

轮椅停车车位
轮椅停放处
轮椅专用道

图3.1.57 停车场内应设有清晰的导向标识

供轮椅使用者专用的无障碍停车位应设在安全、出入方便的位置，让使用轮椅的老人到达住宅单元或电梯厅较为近便，避免与其他车流交叉。

(1) 停车场的车位数与尺寸要求

对于集中建设的老年住宅，宜按不少于停车位数量的 5% 设置无障碍停车位❶。

无障碍停车位除保证车辆正常停放外，还应保证轮椅使用者从两侧上下车所需要的空间。因此，需在普通停车位一侧再留出 1200mm 的距离❷，保证足够的宽度便于有人搀扶轮椅使用者上下车（图 3.1.58）。

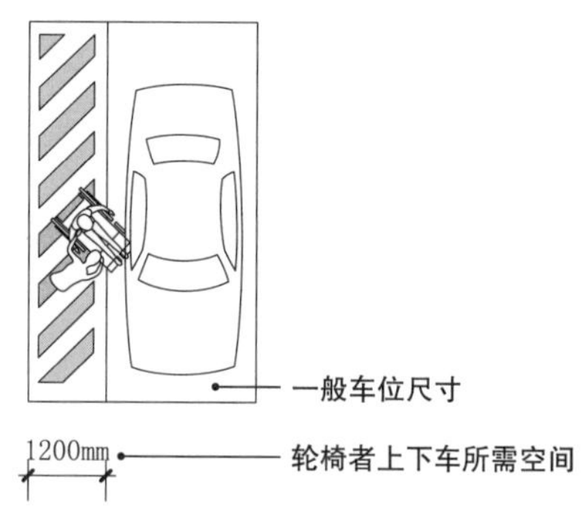

一般车位尺寸
1200mm
轮椅者上下车所需空间

图3.1.58 轮椅停车位的尺寸要求

(2) 停车场的安全步道

停车场内除正常车辆行驶的通道外，还应设置一条专用的人行步道，尽量不与车道交叉，保证老人、轮椅使用者能安全地到达住宅单元入口或地下车库的电梯处（图 3.1.59）。安全步道的宽度要保证一部轮椅与一人交错通行，因此不应小于 1200mm。

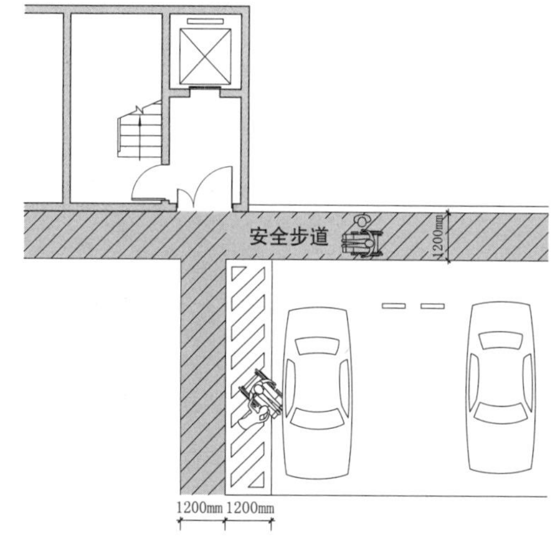

安全步道
1200mm
1200mm 1200mm

图3.1.59 停车场宜设计安全步道

❶ 参见《老年人居住建筑设计规范》GB 50340-2016 第4.2.5条。
❷ 参见《无障碍设计规范》GB 50763-2012 第3.14.3条。

[2] 非机动车停车场的设计要点

调研中发现，很多老人经常使用电动三轮车和自行车出行、购物，应为这些车辆设置专用停车场。由于老人会较为频繁地使用此类车辆，车辆本身又较重，所以停车场不宜设在地下，避免老人将车辆推上推下发生危险。

非机动车停车场设在地面上时，应尽可能靠近住宅单元出入口，并注意设置雨篷防止雨淋，方便老人进出停放（图 3.1.60）。有条件时，宜设置充电装置。

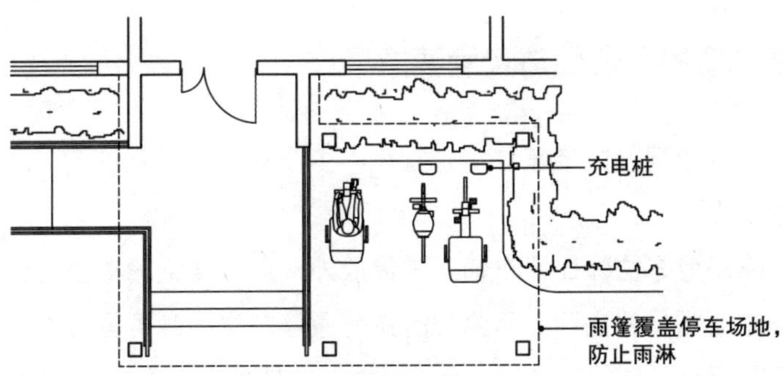

充电桩
雨篷覆盖停车场地，
防止雨淋

图3.1.60　单元出入口处非机动车停车场

10. 住宅区标识系统

标识系统是指通过明晰的图文形式传达重要信息、指导人们行动的指示系统。标识设计应在对应各类人群要求的基础上，着重考虑老人、残障人士等视力、听力及行动有障碍者的特殊要求。

[1] 住宅区标识系统的分类

住宅区的标识系统主要包含识别、警示、说明等几个方面的内容（图3.1.61）。

识别类标识主要起到增强地点识别性和引导人们行动路线的作用。例如小区楼栋位置牌、楼栋号牌、楼层号牌，停车场方向指引牌，消防疏散路线指示牌等。

警示类标识通常用于提示周围环境存在的不安全因素，达到预防危险事故发生的作用。例如小心滑倒警示牌、水边安全警示牌等，或针对机动车辆的禁鸣牌、限速牌等。

说明类标识主要指一些设施设备的使用说明或布告通知等，例如小区内的宣传栏、健身器械的使用说明牌等。

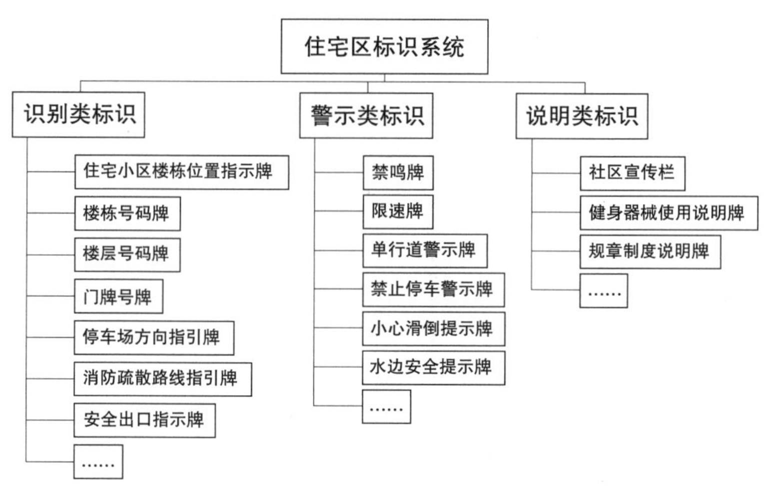
住宅区标识系统
识别类标识
警示类标识
说明类标识
住宅小区楼栋位置指示牌
楼栋号码牌
楼层号码牌
门牌号牌
停车场方向指引牌
消防疏散路线指引牌
安全出口指示牌
......
禁鸣牌
限速牌
单行道警示牌
禁止停车警示牌
小心滑倒提示牌
水边安全提示牌
......
社区宣传栏
健身器械使用说明牌
规章制度说明牌
......

图3.1.61　住宅区标识系统的分类图

[2] 住宅区标识的设置原则

(1) 保证标识系统的连贯性

住宅区中的标识设置应能形成一个完整的体系。小区内的标识牌应多层次设置，为使用者提供多重指示，保证标识的设置位置能对使用者有及时而连续的提示。

识别类标识牌的设置不宜间断或间距过大，致使使用者不能及时得到所需的提示。例如楼栋号牌的设置应确保老人从远、中、近距离都能通过标识准确找到目的地（图 3.1.62）。

警示类标识应做到提前预警，并在警告区前重复设置，确保不被忽视。

说明类标识应邻近被说明对象设置。

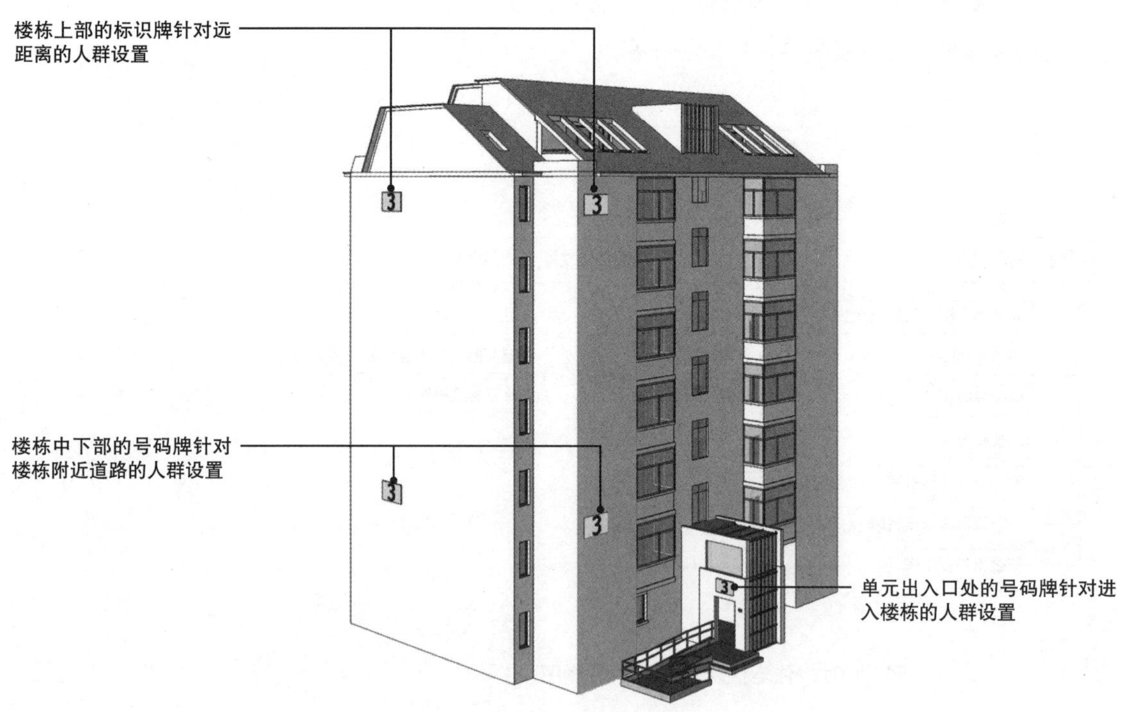
楼栋上部的标识牌针对远距离的人群设置
3
3
楼栋中下部的号码牌针对楼栋附近道路的人群设置
3
3
3
单元出入口处的号码牌针对进入楼栋的人群设置

图3.1.62　楼栋号码牌的设置要点

(2) 确保信息的有效传达

标识系统应能有效传达信息，便于老人识别和理解。除了要保证内容全面之外，还应着重考虑老年人的感知能力及行动范围所受的限制。

针对老年人的生理特点，标识内容一方面应能从视觉上清晰辨认，例如采用较大的文字；另一方面可适当增加声音及触觉感应，如语音提示、盲文、浮雕图案及箭头等，弥补老年人视力的不足。

标识内容应简明精炼便于识记，不宜用大段复杂文字。图底色彩及轮廓应有明显对比，保证老人轻松辨识。同时还要符合人们常用的习惯，避免引起歧义。设置含有方向性的图形标识时，应注意标识的方向与实际场景的方向要一致。

此外，标识设计应照顾不同文化差异老人的理解能力，可使用符号和图案作为文字标识的有效补充。对老人而言，形象活泼的图示通常比刻板的文字更容易识别。

(3) 注意对标识的定期维护

标识牌安装时应充分考虑风、雪等自然外力的作用，务必牢固稳妥，避免产生倾斜、卷翘、摆动、脱落等现象。

标识牌应选择持久耐用的材质和坚固稳妥的安装形式，并要做到定期维护、及时修理，确保标识的有效性，避免因损坏或难以辨认而给老人带来不便。

[3] 标识的安装形式与位置

标识的安装形式有立地式、壁面式、贴地式等。

立地式标识通常设置在室外，例如小区道路旁的道路指引牌、草坪中的警示牌等等（图 3.1.63）。立地式标识的位置应避免布置在不易被看到或容易被建筑、树木意外遮挡的位置。常用标识还应考虑加设夜间照明。

壁面式标识通常用于小区楼栋单元牌、楼层号码牌、安全出口指示牌等（图 3.1.64）。安装在人头部高度附近的标识须注意不宜凸出于墙壁表面过多，以防造成磕碰。标识牌的凸出边沿应采取适当的保护措施，以免刮伤、蹭伤老人。楼道中的安全出口灯箱牌还须注意防止轮椅冲撞。

另外，标识应尽量设置在环境亮度充足处，当处于采光条件不佳的位置时应考虑增设辅助光源。门牌号、楼层号等标志牌应设置专门的照明，或采用灯箱的形式。

贴地式标识往往通过涂料、胶带等方式标示在地面上，例如“小心台阶”提示语、行人斑马线、路面警示标识等（图 3.1.65）。应采用醒目的颜色，并注意抗污耐脏，与地面贴合平整。

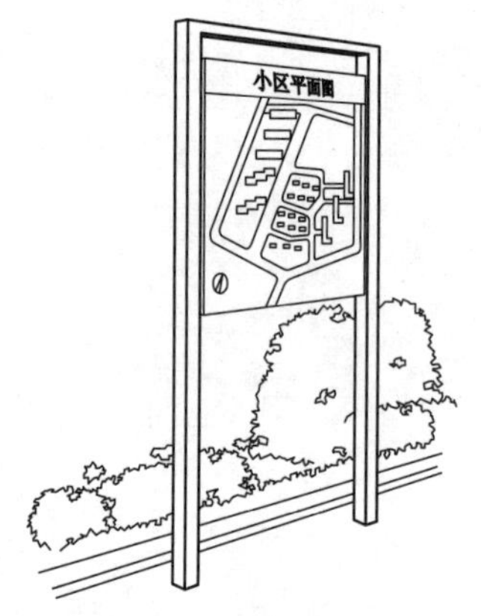
小区平面图

图3.1.63　立地式标识牌：小区楼栋位置指示牌

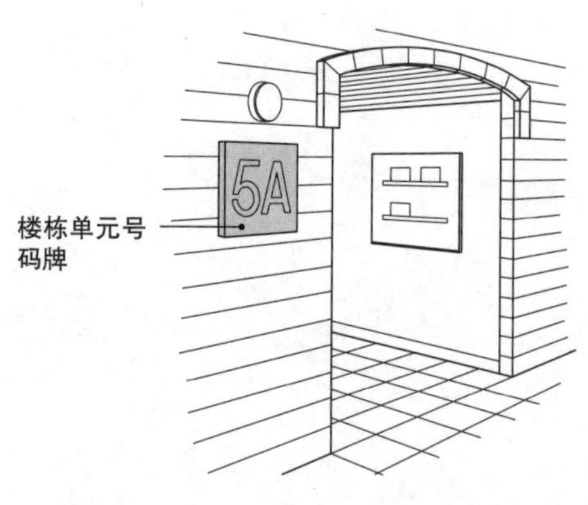
5A
楼栋单元号码牌

图3.1.64　壁面式标识牌：楼栋单元号码牌

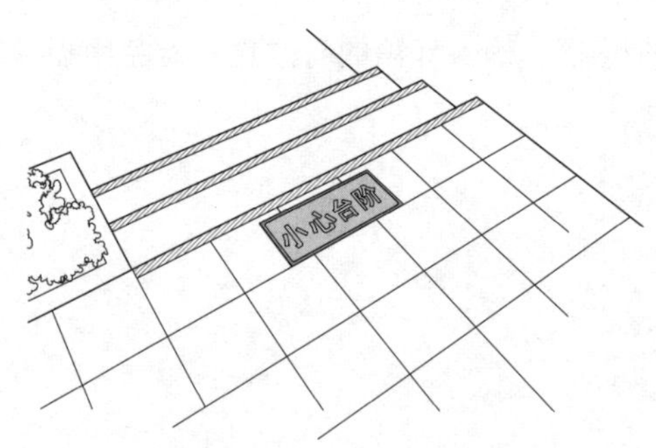
小心台阶

图3.1.65　贴地式标识：地面台阶警示标识

[4] 标识牌的材质选择要点

标识牌的表面宜采用漫反射材质，避免对人眼产生眩光刺激，玻璃镜面类材料由于反光过强，使老人无法辨识内容，不宜采用（图3.1.66）。

设置在室外的标识牌应考虑自然条件的不利影响，避免因阳光暴晒、雨水侵蚀或污染等因素造成材质老化、损坏等现象。标识牌的选材应做到耐寒、耐晒、耐高温。例如南方地区雨水较多，应防止材料生锈、腐朽；北方地区受到刮风、下雪等天气的影响，标识牌应注意防风抗压，避免形成积雪。

2F

图3.1.66　标识牌表面反光，难以辨识

Tips　标识牌可多角度设置

楼栋单元内的标识牌可多角度设置，以便人们从多方向看到。例如住宅的门牌号通常只设在分户门上；当门扇敞开时，门牌号会被挡住。因此可以在分户门外的墙面上补充设置门牌，以保证老人不会忽视。但须注意设置的高度宜高于头部，以免磕碰。

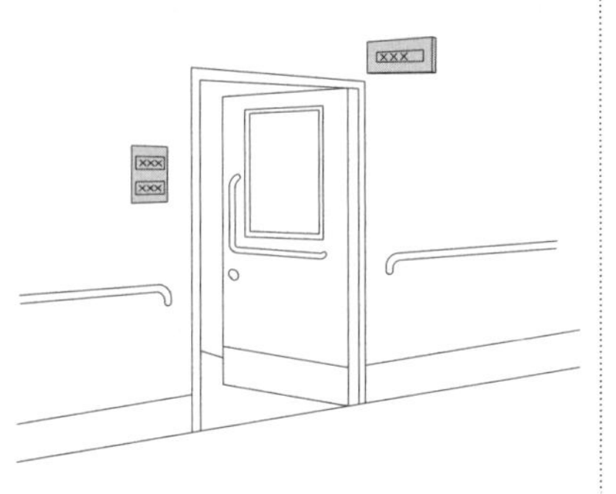

XXX
XXX
XXX

双向设置的门牌号，便于从各个角度看到

3.2 设备系统通用设计

1. 安全防卫设备
2. 采暖、制冷及通风设备
3. 照明灯具及开关
4. 插座及弱电接口

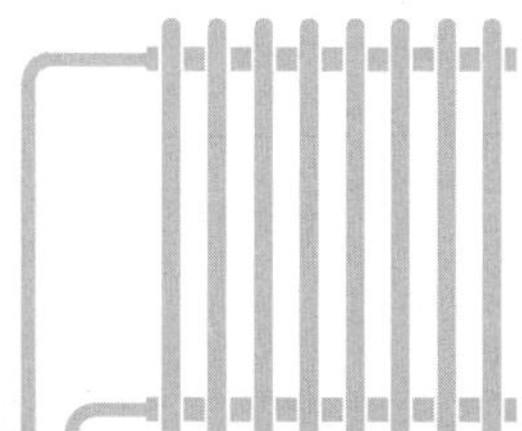

1. 安全防卫设备

住区安全防卫设备系统属于住宅小区智能化系统的重要组成部分，目前已经得到广泛应用。良好的安全防卫系统能够为老年人日常生活的安全提供重要的支持和保障。

老年人住宅安全防卫设备的配置应主要解决以下两个方面的问题：一是对入室盗窃等不法行为的防范；二是在老人突发危险、疾病时的及时报警与求助。

[1] 老年住宅中安全防卫设备的设计原则

老年住宅的安全防卫设备应依照以下几项原则设置：

● **系统性**

住宅内的报警系统应与居住区及更大范围内的相关部门形成联动系统。当老人发生意外情况时，通过住宅户内的报警设备，可及时将警情传达到住区的保卫部门或医疗站，以及附近的公安报警中心或社区医院等（图 3.2.1）。

● **主动性**

住宅内需要根据老人的行为特征增加一些监控功能，使该系统能够真正符合老年个体特殊的生理、心理特点。例如针对有需要的老人进行 24 小时活动位置跟踪，通过发现老人活动的异常，主动给予询问和救助。

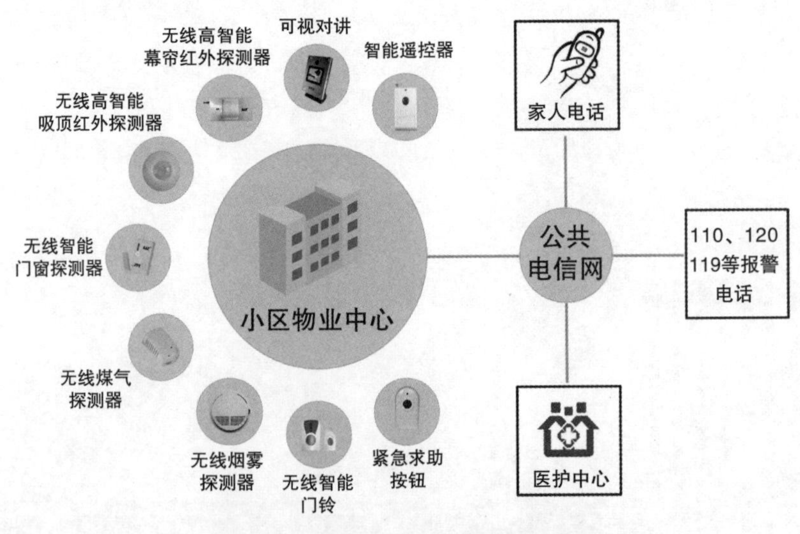
无线高智能
幕帘红外探测器
可视对讲
智能遥控器
无线高智能
吸顶红外探测器
无线智能
门窗探测器
无线煤气
探测器
无线烟雾
探测器
无线智能
门铃
紧急求助
按钮
小区物业中心
公共
电信网
家人电话
110、120
119等报警
电话
医护中心

图3.2.1　住宅小区的安防系统示意图

● **方便性**

考虑老年人肢体活动能力有限，应将设备的安装位置控制在老人力所能及的范围内，并使设备的操作简单易行。

● **可靠性**

安全防卫设备须定期检查和维护，确保功能、设备两方面的可靠性。

[2] 适宜老人的安全防卫设备的组成与设置要点

住区安防系统通常包括：家庭报警系统、可视对讲系统、出入口门禁控制系统、闭路电视监控系统、小区周界防范系统、电子巡更系统等。

在本小节中主要介绍与老年人日常生活关系最为密切的安防系统用户端：门禁系统、可视对讲系统和家庭报警系统。

(1) 门禁系统

门禁系统在住区中常用于住宅楼栋单元门，识别方式主要有以下三大类：密码识别、卡片识别、生物智能识别。其中生物智能识别技术可以有效避免老年人因密码遗忘或卡片丢失而带来的麻烦，今后将更适合用于老年住宅。

● **门禁系统的设置要点**

考虑老年人视力衰退，门禁操作面板的按键宜加大。门禁处应有亮度适当的照明，使老人能够看清操作面板。

门禁控制操作面板的适宜高度以中心线距地 1200mm 为宜，兼顾一般人和轮椅使用者的要求，也便于老人在操作时看清按键。

(2) 可视对讲系统

可视对讲系统通常配合住栋出入口的门禁系统设置，老人在家里可通过观察监视器上来访者的图像，判断是否应该允许其进入楼内，在一定程度上防止了可疑陌生人的闯入。

● 可视对讲系统设置要点

老年人使用的可视对讲屏幕宜比普通的更大，便于老人看清画面。考虑老人有可能乘坐轮椅，对讲机的安装高度建议距地 1300mm 左右，并应采用可进行调节俯仰角度的对讲屏幕，即可根据使用者的实际情况调节最佳视角。

为便于听力衰退的老人使用，对讲机的铃声音量可适当增大，听筒内最好有扩音装置。此外还可增设视觉提示，在对讲机启动时会有灯光闪烁，以引起老人注意（图 3.2.2）。对讲机前方不要有障碍物，以方便老人拿取听筒，还应考虑前方留出一定空余空间供使用轮椅的老人接近。

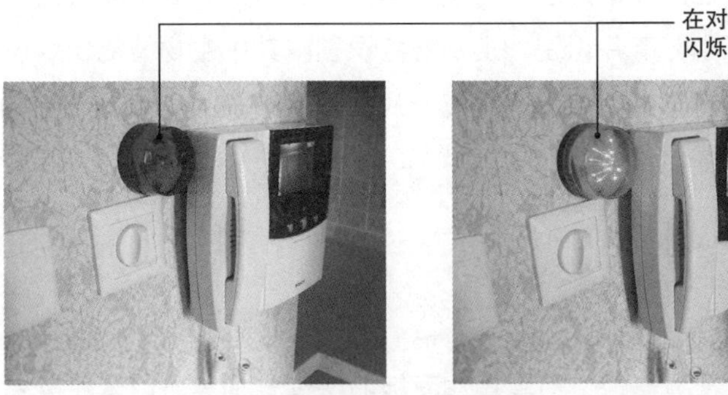
在对讲机启动时会有灯光
闪烁，以引起老人注意

图3.2.2　带有灯光提示的可视对讲机工作示意图

(3) 家庭报警系统

家庭报警系统采用综合布线技术和无线遥控技术，由计算机控制管理。其住宅终端形式通常有住宅墙壁固定按钮和随身携带的紧急呼叫器两种。老人发生或发现意外情况时，可以通过呼叫触动按钮，使其自动发出紧急讯号或拨打预设的紧急电话，确保老人得到及时救助。

家庭报警系统还具有对匪情、盗窃、火灾、煤气、医疗等意外事故的自动识别报警、现场监听和免提对讲功能，保证了在老人无法自主求助时也能得到及时救助。

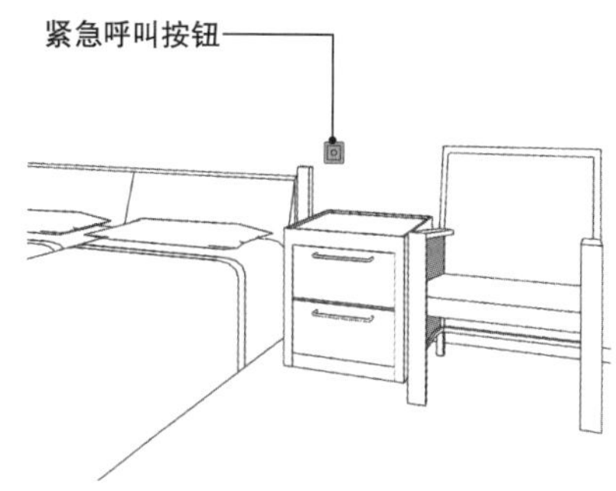
紧急呼叫按钮

图3.2.3　床头附近设置紧急呼叫按钮

● 家庭报警系统的设置要点

紧急呼叫按钮的位置，原则上应安装在老人活动频繁且较易发生意外的区域。通常老人在卫生间、卧室及厨房的活动会有较多的体位变化，比如在床上从平卧姿势到站起，如厕时坐下站起等动作，因动作幅度较大容易引起眩晕摔倒等危险，故宜在这些容易发生危险的地方安装紧急呼叫装置。

紧急呼叫按钮要设在既易于触摸又能避免误碰的地方，高度应在老人适宜操作的范围内。例如床头附近的呼叫按钮应保证老人以躺卧姿态也能方便地触摸到（图 3.2.3）。按钮可另加设拉绳，拉绳端头下垂端距地面 100mm，使老人倒地后拉拽、求救（图 3.2.4）。

携带型紧急呼叫器的灵活性更强，能使紧急救助更加及时有效（图 3.2.5）。

煤气泄漏检测器和火灾报警器等室内警报信号，应当尽量做到既有视觉信号又有听觉信号，促使老人及时察觉。

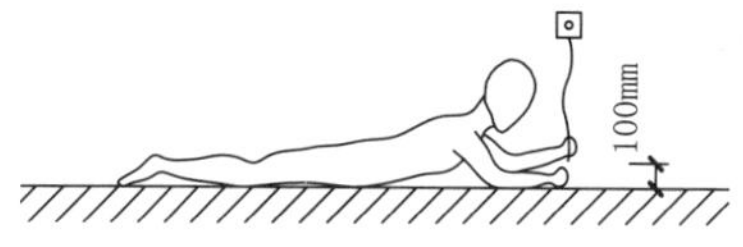
100mm

图3.2.4　紧急呼叫器带有拉绳，老人倒地后也能够到

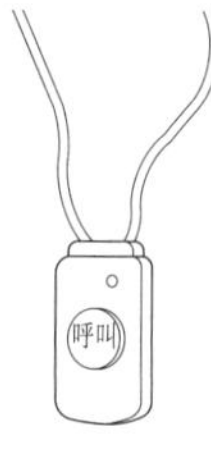
呼叫

图3.2.5　可随身携带的紧急呼叫器

2. 采暖、制冷及通风设备

采暖、制冷及通风设备是调节住宅内部空间舒适性的重要手段，也是保证住宅正常使用的基础。随着技术的发展和人们生活水平的提高，住宅室内所采用的采暖、制冷及通风设备的类型越来越多。在设计老年人住宅时，应在充分了解各类设备性能的基础上，结合不同类型住宅的具体要求进行综合判断，从而选择最适宜的设备形式。

[1] 针对老人的采暖、制冷及通风设备的设置原则

在老年住宅中，采暖、制冷及通风设备的选择与布置应着重注意以下原则：

● **舒适性**

老人对室内环境舒适性的要求很高，既要使室内温、湿度保持在一定的舒适范围内，又要保证温度分布的均匀性，还要有一定的通风换气量以净化空气、补充氧气。由于室内各空间的使用频率不同、功能不同，设备应具有可调节性，以便随时适应老人的需求。同时还要注意控制设备发出的噪声、震动等对老人可能产生的不良影响。

● **安全性**

要避免由于设备布置不当而对老人形成的安全隐患，发生磕碰、刮绊等危险。在设备的选择上，尽量使用操作简单、方便、安全系数高、不易发生故障或误操作的设备，并配以醒目的标识说明，提醒老人正确操作。

● **经济节能性**

老人的节约意识较强，往往会在使用设备时考虑经济因素，从而偏向于牺牲自身的舒适感，来减少设备的使用量。从这点出发，在选择设备时要注意设备成本、安装成本、运行效率特别是节能性。例如，选择各空间可分别控制温度调节的暖气。

● **耐久性**

老年住宅在选择设备时还要考虑维护管理的便利性及设备更新的周期。要尽量选择耐久性好、使用年限长、维护管理方便的设备，以免在使用、维修过程中给老人带来过多的麻烦。

[2] 采暖设备的选择布置要点

(1) 老年住宅中常见的采暖方式分类

采暖是指采用主动式设备系统提高室内温度。目前在我国住宅中常用的采暖方式可以分为空调制热、散热器散热和地暖辐射热三种。不同地区会根据其气候特征而选择不同的采暖方式。

● **空调制热**

空调制热是通过机械动力直接吹出热风，通过热空气的流动使房间的温度升高。空调大多吊装在墙壁高处，热风先从顶部吹出再靠强对流带动与下部冷空气交换。

● **散热器散热**

散热器（俗称暖气片）散热是在我国北方地区应用最多的采暖方式。住宅中主要是采用热水作为热媒，利用锅炉烧出蒸汽或热水，通过管道输送到房间内的散热器中，散出热量，使室温增高。

● **地暖辐射热**

地暖辐射热，即地板辐射采暖，是一种新型的采暖方式。根据热源不同，可分为水地暖和电地暖，以热水或发热电缆为热媒，通过埋设在地面内的加热管或发热电缆把地面加热，以整个地面作为散热面，均匀地向室内辐射热量。

(2) 常见采暖方式对老人的适宜性

老人因身体适宜性及生活习惯的差异，对采暖方式的接受程度有所不同。在老年住宅中，应充分考虑各类采暖方式的优缺点，从而进行选用（表 3.2.1）。

不同采暖方式的优缺点比较及注意事项　　表3.2.1

不同的采暖方式		优点	缺点	注意事项
空调制热		升温快，可以随用随开。 使用简单，安装、维护较为方便。 集热风取暖和冷风降温为一体。	有风感，舒适性较差。 室内空间温度分布不均匀，上部较高而下部较低，老人脚部仍会较冷。	出风口的位置不要正对老人的主要活动区域，避免有风直吹老人身体。
散热器散热		升温较快。 安装在明面，便于维修。 设备成本和安装、维护费用较低。	热度不均匀，供热效率低。 占用室内墙面空间，会对室内装修及家具摆放有影响。	应注意散热片的安装位置，不要影响家具的摆放和老人活动，尤其应避免老人不慎磕碰或烫伤。 装修时不宜将散热器包住，以免影响散热效果。
地暖辐射热		舒适度高、发热均匀度好。 热量自下向上散发，符合老年人“头要凉，脚要热”的舒适要求。 不占据室内墙面、空间，不妨碍家具布置。	预热时间长，升温速度较慢，适合长期持续供暖。 地热采暖铺设层有厚度，对于住宅层高有一定影响。	对出厂设备质量、铺设施工技术和质量要求高。 须考虑分集水器的布置位置。

[3] 制冷设备的布置要点

制冷设备是采用主动式设备系统降低室内温度。住宅中通常采用分体式空调或家用中央空调。二者在制冷性能、投资成本、安装维护等方面略有不同，住户可根据需要自行选用。目前在我国住宅中大部分仍以分体式空调为主。

两种空调系统虽有差别，但简言之均是由室内机系统和室外机构成。用于老年住宅时，需注意的问题较为相近。故在此作统一说明。

(1) 空调内机的位置和安装尺寸

空调内机位置的确定应考虑多种因素，例如空调出风方向、安装墙垛长度、小窗帘位置关系以及与室外机间的管线联系等。老年住宅中的空调内机出风方向不应正对老人长久坐卧处，例如卧室中的内机出风方向应避免直接正对床头（图 3.2.6）。

设计时应预先考虑壁挂式空调内机的安装尺寸，留出不小于 800mm 的墙垛长度，并要注意预留窗帘杆、盒的安装位置，避免发生冲突。

壁挂式内机的预留孔洞在满足内机安装尺寸的情况下，应尽量高一些，以免影响孔下摆放家具。通常大型家具高度不超过 2200mm，空调预留洞高为 2200 ~ 2300mm 即可。柜式空调内机的预留孔洞距地高度通常为 200mm。

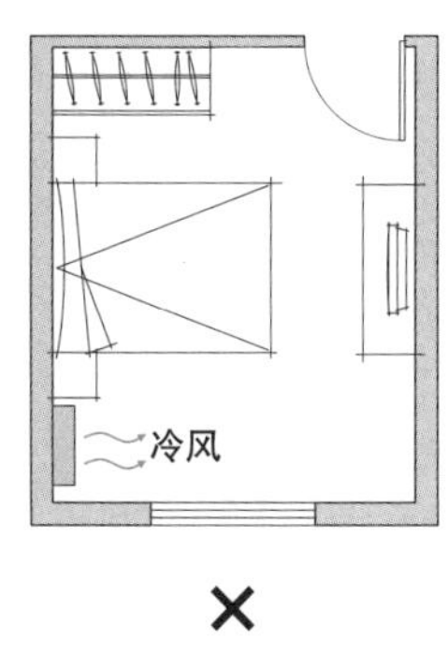
冷风

✕

a.空调位置离床头较近，风对老人有一定影响

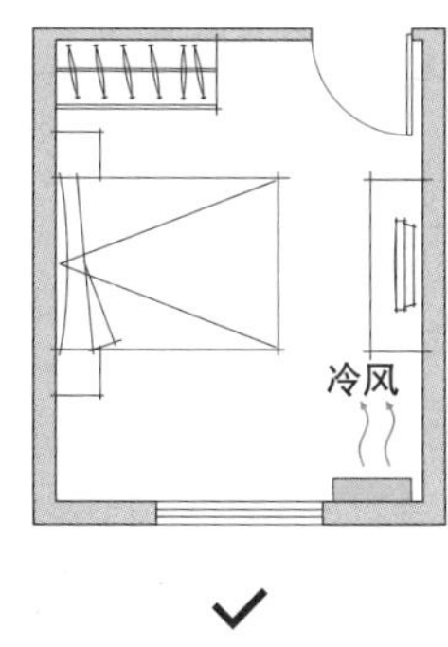
冷风

✓

b.空调位置较好，风不直吹床头，需注意预留好窗帘位置

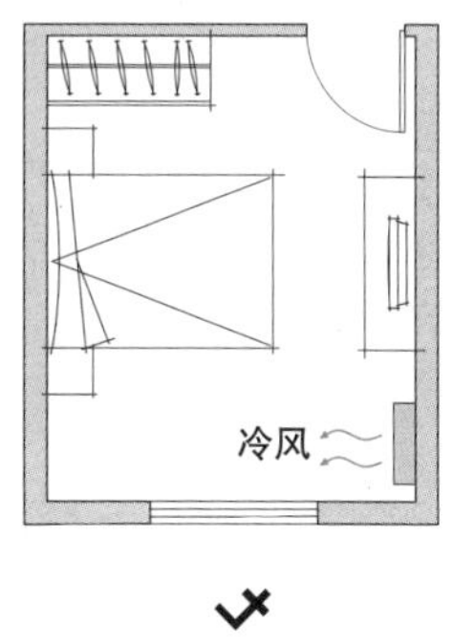
冷风

✓✕

c.空调的位置离床头较远，但风向仍会对床头有影响

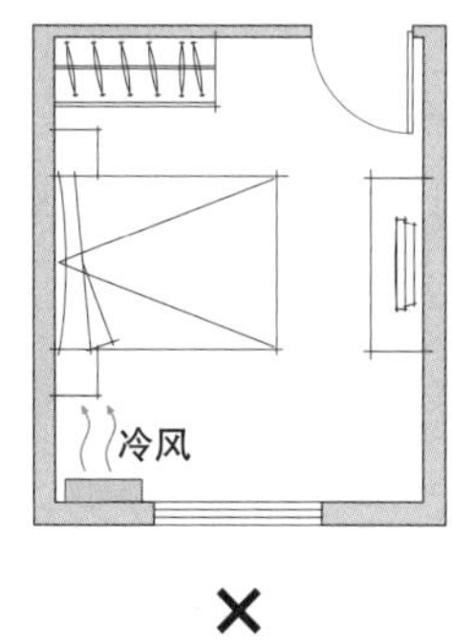
冷风

✕

d.空调风直吹床头，不宜采用

图3.2.6　老人卧室中空调内机位置的优劣比较

(2) 空调外机的位置和机位尺寸

空调外机机位首先应与内机尽量靠近，并要方便工人从屋内进行安装；其次应注意管线的隐藏，对外机及其连线进行遮挡，以免影响室内和住宅外立面的美观。同时还要考虑空调室外机的设置高度避免在室内能够直接看到，产生视觉堵塞感。此外应避免室外机换气风扇正对窗的开启扇设置，将热风吹入室内。

空调外机在运行时会产生较大噪声，应避免离老人的床头过近，以免影响老人休息，必要时可做适当的防噪声处理。

外机位的设计应注重通风的顺畅，单个机位的尺寸一般要满足长≥ 1000mm，宽≥ 600mm 的要求，以便工人安装和外机散热。过于封闭的机位设计会阻碍空气的流通，也会影响空调的使用寿命。

[4] 通风设备的选择布置要点

通风的目的是促进空气流通、补充氧气、排除室内污浊气体。住宅内保持良好的通风环境对于老人的健康十分重要，既可使老人及时吸入新鲜富含氧气的空气，又可有效避免有害气体、污浊气体对老人健康带来的威胁。

住宅的通风方式可分为自然通风和机械通风两类。常用的主动式机械通风设备包括新风系统、换气扇和动力通风器等。

- **新风系统**

新风系统是依靠机械动力通过专用设备由一侧向室内送新风，再从另一侧由专用设备向室外排出，从而满足室内新风换气的需要。

- **换气扇**

利用换气扇对建筑物进行换气，可对小范围的空间进行换气、排出污浊气体，例如厨房内的油烟和明火燃烧产生的有害气体、卫生间内的臭气和水蒸气等。

目前厨房中使用的吸油烟机可以实现烹饪时的排烟功能。但在老年住宅的厨房中，仍可考虑为其加设换气扇，加强对厨房内残留油烟气体的排出。

● 动力通风器

目前我国住宅中主要仍以自然通风为主。但在北方地区，冬季开窗换气与室内保温是一对矛盾：老人既需要开窗通风，又怕受到冷风刺激而引起身体不适。可考虑设置空气微调节装置来进行相应的调节，例如安装窗式通风器或墙式通风器（图 3.2.7）。

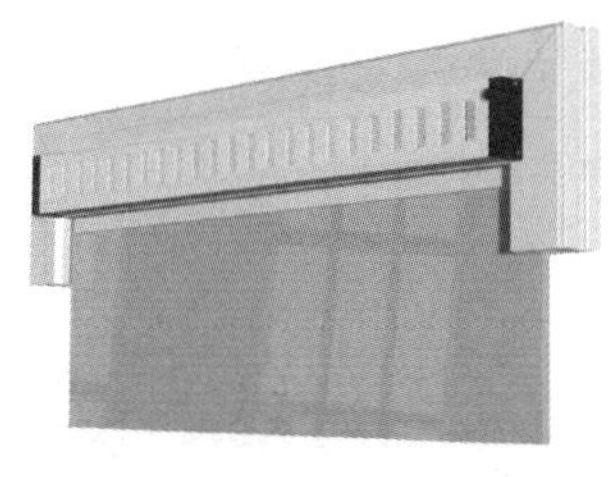

a.安装在住宅窗上的窗式通风器

b.安装在外墙洞口上的墙式通风器

图3.2.7　可进行空气微调节的动力通风器

3. 照明灯具及开关

常用开关及灯具图例表　　表3.2.2

图例	名称	图例	名称
	单联单控开关		吊灯
	单联双控开关		吸顶灯
	双联单控开关		筒灯
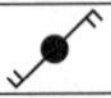	双联双控开关	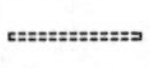	日光灯
	浴霸开关		浴霸

住宅中照明灯具的主要作用是营造室内适宜的亮度环境，同时能起到一定的装饰作用。老人因视觉衰退，对照明的要求比年轻人高很多，因此更加需要高亮度的照明。在老年住宅中，灯具的选择首先应注重安全、高效、方便，其次才是装饰性。

常见的灯具可分为吊灯、吸顶灯、嵌入式灯等多种形式，其特点及适用范围见下表，常用开关及灯具图例见表3.2.2和表3.2.3。

常见灯具类型的特点及适用范围　　表3.2.3

常见的灯具类型	典型立面图	特点	适用范围
吸顶灯		最常见的灯具安装方式，运用最广泛，是老年住宅照明的首选； 吸顶式荧光灯照度较高，适合做整体照明用； 实用性、节能性较好。	适于各类房间使用，特别是老人卧室、起居室的整体照明，以及厨房的顶部照明。
吊灯	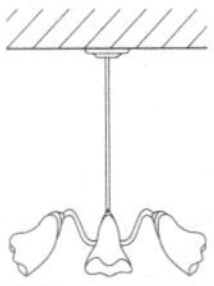	装饰性较强； 灯具造型较为复杂，不易清洁和维修； 要求住宅层高较高； 实用性没有吸顶灯好，多灯头造型灯不利于节能。	通常用于起居室、餐厅等大空间的顶部照明。
嵌入式灯 （筒灯、暗装灯带或灯槽等）	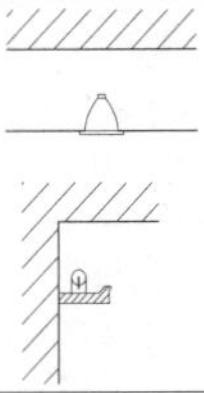	嵌入式暗装可起到隐藏灯具的效果，并能消除灯具光源对老人眼部形成的眩光； 嵌入式筒灯光线向下投射，其光色偏暖，可增加空间温馨柔和的气氛； 暗装灯带或灯槽可提供间接照明或背景照明，起到增加空间层次和烘托室内气氛的作用。	嵌入式筒灯可作为起居室的装饰照明； 嵌入式灯可结合厨房、阳台的吊柜安装，为老人操作时提供补充照明。
射灯	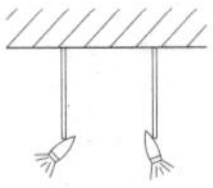	光线集中，可突出并强调被照物体； 装饰效果明显。	通常用于主题照明，照射装饰品、字画等。
地灯	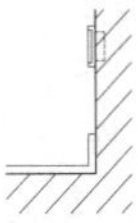	可对地面附近提供局部照明，帮助老人看清脚下； 安装位置低，能避免光线刺眼，适合作为夜间照明。	适用于走廊的地面照明以及卫生间、门厅鞋柜下方的低位照明。
壁灯	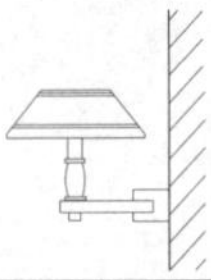	装在墙壁上，主要用于局部照明或装饰照明。	常用在楼梯、走廊侧墙面的照明； 可用于卧室床侧、阳台等空间的装饰照明。
台灯、落地灯		主要放在书桌、床头柜旁，为书写阅读提供补充照明。	落地灯通常置于起居室沙发两侧； 台灯常作为卧室床头柜、书桌附近的局部照明。

[1] 照明灯具及开关的设计原则

照明灯具的基本要求是要有足够的照度和自然的光色，有利于老人正确辨明物体轮廓及颜色，从而保证老人活动的安全。此外，还应注意以下几方面原则：

(1) 照明灯具应注重实用，减少装饰

老年住宅的灯具选择首先应考虑实用性和有效性。既要保证老人日常活动的区域能够获得足够的亮度照明，又要考虑节能和维护的简便性。因此宜选择造型简单、实用的灯具类型。造型过于复杂的灯具不便于清洁和更换灯泡，不宜采用（图 3.2.8）。

×

图3.2.8 灯具造型复杂，不便于清洁和更换灯泡、也不利于节能

老年人往往节约意识较强，可多采用节能灯具或可调光灯具等，使老人不致因担心费电而影响正常使用。

一些装饰性较强的射灯不宜用在老年住宅中。一方面射灯灯头容易损坏，另一方面其单个灯头的照度及照射范围有限，老人出于节电的心理，往往不舍得开太多灯头，使得灯具的有效利用率低。

(2) 设置局部照明和备用照明

住宅内各个空间根据使用功能的不同，对照明有不同的要求。通常每个空间都设有提供全局照明的主灯，满足一般活动的需要。对于某些特定活动的更高照度需求，例如读书看报、精细家务等，可为老人增设局部照明。

另外，在对照明依赖较高的长走廊或卫生间等处，应有意设置两组以上的灯具，保证当其中一灯故障未及修理时，还有其他照明可以弥补，确保老人活动时的安全。

(3) 灯具开关位置宜顺应流线，便于操作

灯具开关的位置以顺应活动流线、与相关功能靠近为宜。应在老人到达各个空间之前，就能找到开关打开电灯，照亮行进的路线，以免因光线昏暗、老人摸索前行而不慎被磕碰或摔倒。住宅内各个房间的开关应设置在门开启侧附近，以便老人看到。

为兼顾一般老人和轮椅使用者的要求，开关的高度通常距地面 1100 ~ 1200mm（图 3.2.9）。特殊位置的开关可按照具体需求进行安装。

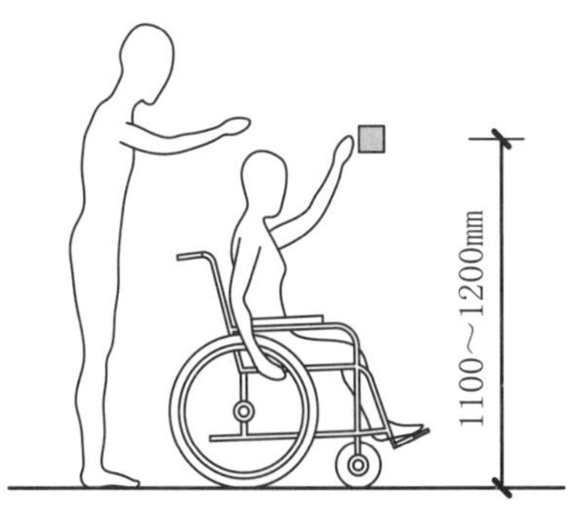
1100～1200mm

图3.2.9 开关距地高度应兼顾站立老人和轮椅老人的需求

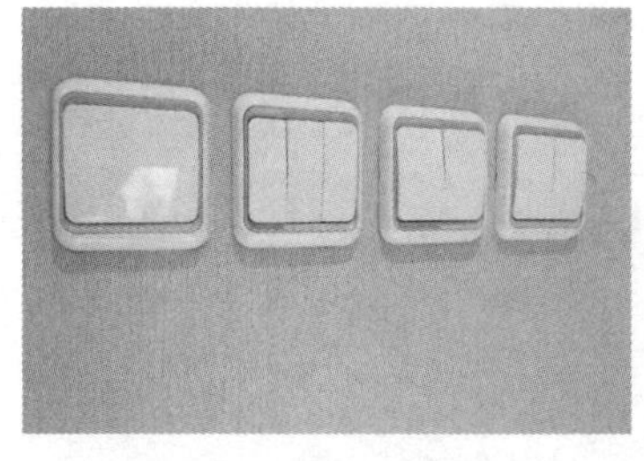

×

图3.2.10　多个开关设置在一起，没有标识说明，老人难以分辨和记忆

(4) 开关面板应标识清晰，方便触压

老年人使用的灯具控制开关应易于触按和记忆。多个开关可以按照不同的使用情况和功能进行分类、分组设置，并配有明晰的标识说明，方便老人识记和区别（图 3.2.10）。

老人手指做精细动作难度较大，因此宜使用大面板单联开关。大面板方便使用手掌操作，而单联开关可避免误按到其他按键。

开关面板在颜色上应与墙面背景形成一定反差，能让视力障碍者看到。开关面板上可加清晰的文字标识。

开关宜选择带有荧光提示或指示灯的类型，便于老人在光线较弱的环境下准确找到其位置。对于视力有障碍的使用者，还可选择有按键发声功能的开关。

[2] 老年住宅各空间照明灯具及开关的设计要点

(1) 门厅

● **照明灯具**

门厅作为室外与室内的分界和过渡区域，无论是自然采光还是人工照明，均应注意入户门内外空间的亮度变化不宜过大。一方面，进入门厅开灯后刹那间强烈的光线有可能对老人造成眩光；另一方面，从较亮的门厅突然进入较暗的走廊也会有短暂的眼前漆黑的感觉。因此门厅的主要照明不宜过亮，最好能够采用亮度可调节的灯具形式。

门厅近旁可以设置地灯、顶灯等多种照明方式，以便达到分梯度、分层次的照明效果。例如在鞋柜下方可增加足下照明，为老人换鞋、取鞋提供近距离的光照，也有助于老人看清楚地面，行走时更加安全（图 3.2.11）。

✓

图3.2.11　鞋柜下方增加照明，有助于老人看清脚下动作

● 开关

灯具开关宜设在入户后伸手可及的范围之内，避免老人在黑暗中摸索。开关位置应注意避免被挡在开启的门扇背后，开关面板宜带有提示灯（图 3.2.12）。

(2) 起居室

● 照明灯具

目前起居室照明设置常见的不当之处有：选用装饰性过于繁复的灯具而使照度损失较大；装饰灯具吊挂过低、过重，有安全隐患；设置过多射灯，仅仅用于照射一些装饰画，实用功能较弱。这些均不适宜在老年住宅中采用。

老年住宅起居室的主要照明灯具应选择造型相对简单、照明效率高、照度损失小的形式，为空间整体提供较高的照度，提升室内明亮的气氛。

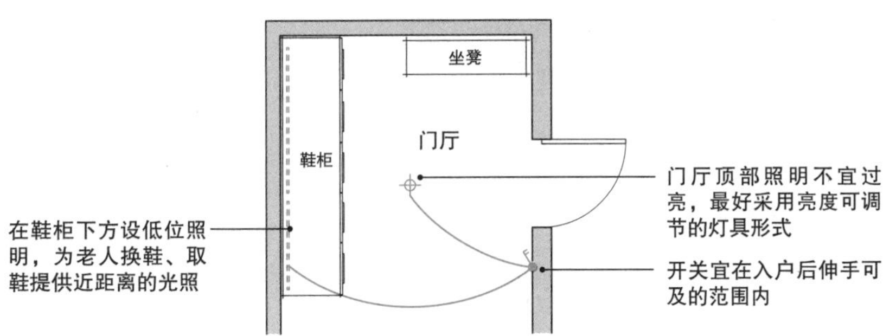
坐凳
门厅
鞋柜
门厅顶部照明不宜过亮，最好采用亮度可调节的灯具形式
在鞋柜下方设低位照明，为老人换鞋、取鞋提供近距离的光照
开关宜在入户后伸手可及的范围内

图3.2.12　门厅照明灯具和开关布置图

起居室照明除设置在顶棚的主要灯具外，还应在沙发附近设置落地灯、台灯等，为老人读书看报、接打电话以及做一些较为细致的家务等提供补充照明（图 3.2.13）。

起居室电视背后的墙面可设置柔和的背景照明，以减小电视机屏幕与周围环境的亮度反差，使老人视觉较为舒适。应注意的是，背景光的光源须避免直射人眼，或在电视屏幕上形成光斑。

● 开关

起居室灯具开关的位置宜设在靠起居室外侧的墙面，最好在老人日常的主要动线上，便于老人进入起居室或离开时顺手开闭灯具。

一般起居室附近灯具较多，为避免老人误操作，可多设置几个单联开关，并用图示、颜色或文字清晰标识，指导提示老人操作。

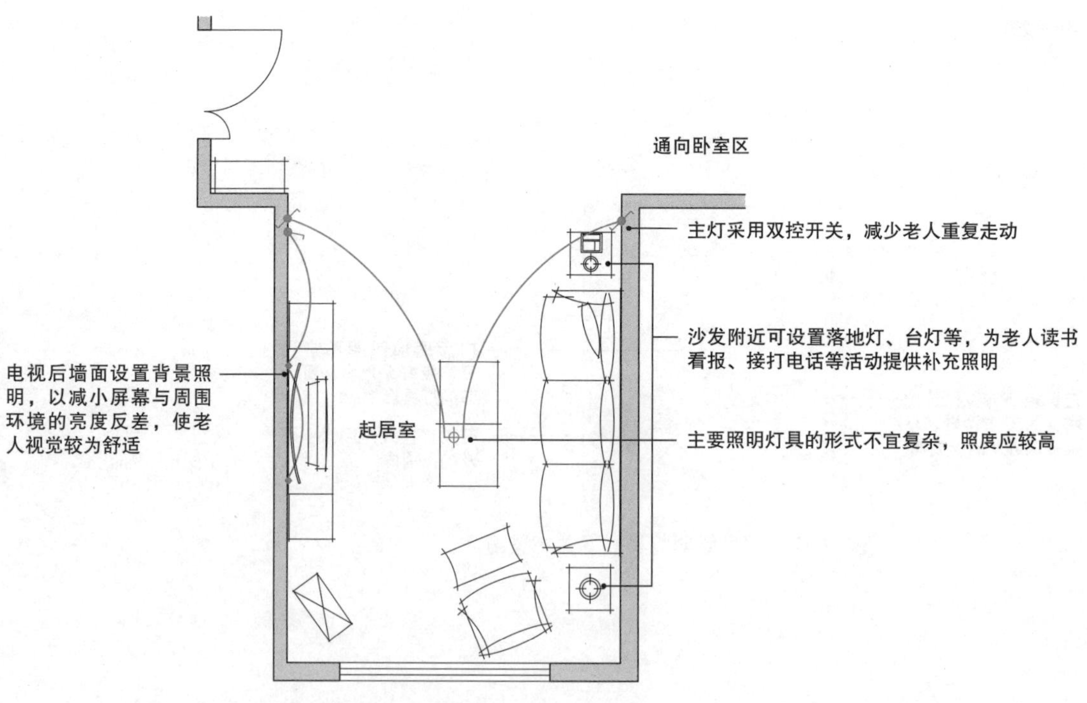
通向卧室区
主灯采用双控开关，减少老人重复走动
沙发附近可设置落地灯、台灯等，为老人读书看报、接打电话等活动提供补充照明
电视后墙面设置背景照明，以减小屏幕与周围环境的亮度反差，使老人视觉较为舒适
起居室
主要照明灯具的形式不宜复杂，照度应较高

图3.2.13　起居室照明灯具和开关布置图

(3) 卧室

● 照明灯具

老人卧室主灯的照度不宜过低。以往对老人卧室照明设置有一定误区，认为老人在卧室中以睡眠休息活动为主，宜安静幽暗，故将卧室的灯具亮度设置得较低。但实际上老人在卧室中的活动往往是多方面的，尤其当老人并非家庭主人时，更倾向于将卧室作为自己日常活动的主要空间，因而卧室内的照度反而宜适当增加，使老人的日常活动要求得到保障。

卧室内一般以顶部泛光灯作为主要照明灯具，位置多在卧室平面的几何中心。为保证足够且均匀的照度，顶灯以面光源或多个点光源均布为宜。通常不宜在床头上部有直接下射的光线（图 3.2.14）。灯罩宜作柔化处理，以免老人平卧时感觉光线刺眼（图 3.2.15）。

此外还可结合局部照明灯具，形成有过渡的多级照明，以满足老年人各种活动的亮度需求。例如在床头柜及书桌、梳妆台等处设置台灯、壁灯作为重要的补充光源，亮度及光照方向应均可调节，方便老人看书、写字时使用。

老人起夜较频繁，可在床与卫生间之间的行走路线范围内设置夜灯，以免开其他灯具过亮刺眼。夜灯的形式可以是壁灯、地灯等，光线不必过强，也不要直射人眼。

● 开关

卧室顶灯建议采用单联双控开关，一处设于卧室进门处，另一处设在老人床头附近，方便老人在床上控制灯的开闭，免去起身开关灯的麻烦。卧室夜灯的开关也应设在床头附近（图 3.2.16）。

✕

图3.2.14　老人卧室床头上方不宜采用向下的射灯，以免造成眩光

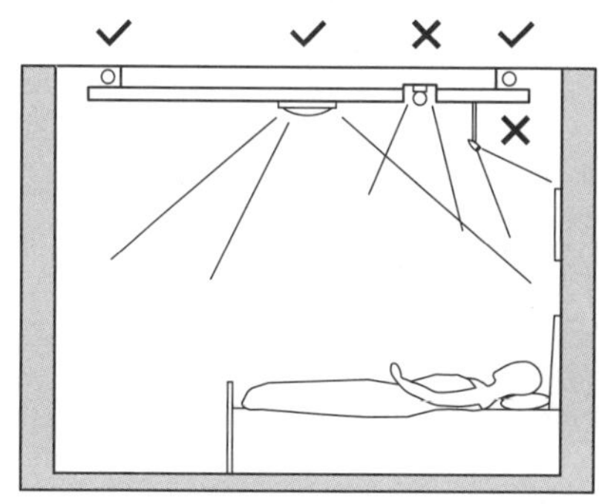
✓
✓
✕
✓
✕

图3.2.15　卧室灯具的位置和光线方向应避免老人平卧时感到刺眼

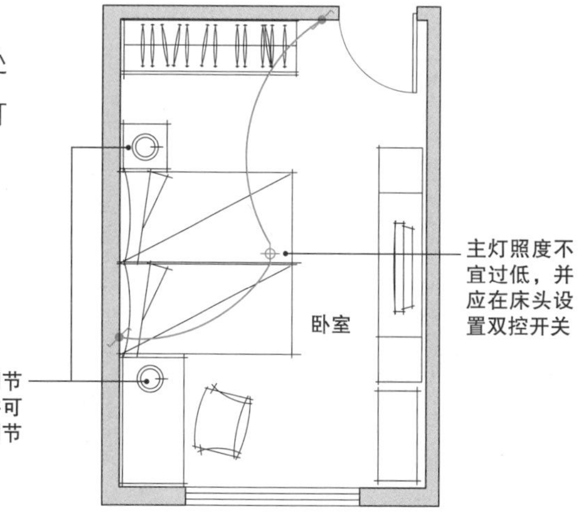
主灯照度不宜过低，并应在床头设置双控开关
卧室
床头灯应能调节光线亮度，并可转动、拉伸调节光照方向

图3.2.16　卧室照明灯具和开关布置图

(4) 餐厅

● 照明灯具

餐厅照明通常以悬挂在餐桌上方的吊灯作为主光源。要求灯具照度适宜，并注意灯具与餐桌位置的对应关系，应能使光线集中在餐桌上，使老人能够看清食物及就餐者的脸部。吊灯悬挂的高度应避免老人收拾桌子时碰头。对于老人而言，宜选用灯罩造型简洁，材质便于清洁和保养的灯具，以免增加维护的难度。

餐厅的灯光宜显色真实，以暖色光为佳，使餐桌上的菜肴更加诱人，有利于老人增加食欲。

餐桌位置调动的可能性较大，可视餐厅形状、面积大小在顶部预留 1 ~ 2 个照明接口，便于根据需要调整灯具位置。

● 开关

餐厅灯具开关不宜距离餐桌过远。其开关若与起居室、厨房开关设在一起时，应注意区分和标识。

(5) 厨房

● 照明灯具

厨房的整体照明灯具一般设在吊顶中心处，起到为厨房空间提供整体、均匀照度的作用。灯具的造型宜采用外形简洁、不易沾染油污的吸顶灯或嵌入式筒灯，而不宜使用易积油垢的伞罩灯具或下垂式灯具，避免影响吊柜柜门的开启。

筒灯、射灯的垂直光线容易在操作台上方产生操作者自身的投影，不便于老人看清手头操作。因此厨房内除整体照明外，还应在洗涤池及附近操作台的上方设置局部照明。灶台上方可不设，因为我国生产的吸油烟机本身都带有照明灯具，烹调操作的照度能基本保证。

针对洗涤池及操作台的局部照明灯具一般设在壁面或组合安装在吊柜下方（图 3.2.17）。光源宜采用暖色调的日光灯，其显色性较好、发光效率高而且散发的热量小，可避免因近距离操作而产生的灼热感。但要注意进行适当遮挡，不要使其照射到人眼。

餐厅、厨房照明灯具和开关布置见图 3.2.18。

✓

图3.2.17 厨房吊柜下方安装日光灯管，照亮台面

● **开关**

厨房整体照明灯具的开关通常设置在厨房门旁的墙壁上。洗涤池、操作台上方的灯具开关可就近设置。

(6) 卫生间

● **照明灯具**

卫生间的整体照明通常设在顶部，各功能分区宜根据各自的需要分别设置辅助灯具，保证没有照明死角。

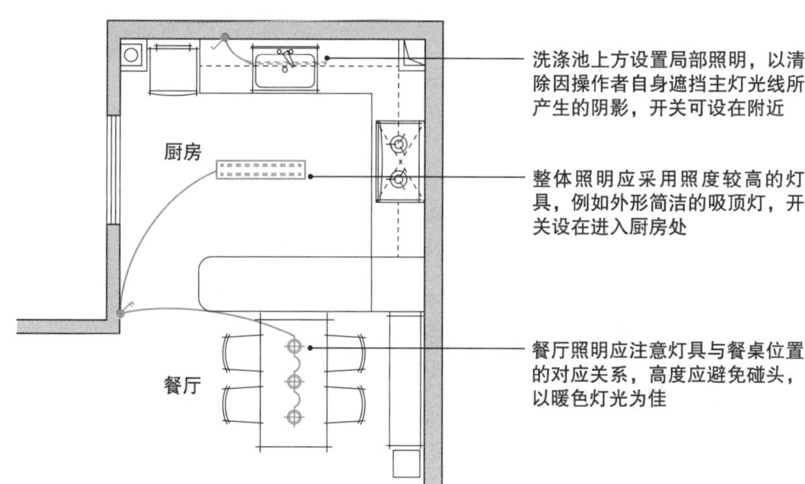
厨房
餐厅
洗涤池上方设置局部照明，以清除因操作者自身遮挡主灯光线所产生的阴影，开关可设在附近
整体照明应采用照度较高的灯具，例如外形简洁的吸顶灯，开关设在进入厨房处
餐厅照明应注意灯具与餐桌位置的对应关系，高度应避免碰头，以暖色灯光为佳

图3.2.18 餐厅、厨房照明灯具和开关布置图

盥洗区通常设置镜前灯，以消除顶光照明在面部形成的阴影。镜前灯一般设于镜子的上方或两侧的墙壁上。灯具的位置应保证在垂直于镜面的视线为轴的 60° 立体角以外。灯光应照向人的面部，而不应映于镜子中，以免产生眩光。常见的失误是用筒灯作为镜前灯，其垂直光线通常在人的头顶造成脸部阴影重；当近距离照镜时，灯光又在身后，使人看不清脸部细节（图 3.2.19）。

梳妆照明灯具应有较高照度，镜内所看到的人像距离约是脸至镜子距离的两倍，由于老年人视力的衰退，如要更好地观察面部的细节，照度需要比一般要求高一些。

洗浴区顶部通常会安装浴霸，其安装位置最好能兼顾更衣区的温度要求，使老人在穿脱衣服时，也能得到保暖而不致受凉。当采用壁挂式浴霸时，注意其光线不要直射人眼，并应与身体的活动范围保持适当距离，以免灼热或烫伤。

如厕区的坐便器上方可设置专门的照明灯具，便于老人正确观察排泄物的颜色、形状，及早发现健康隐患。注意灯具设置的位置不要造成自身挡光。

老人起夜较为频繁，如厕区域最好设置夜灯，位置应在灯光不易直射人眼的高度，通常设在接近地面的较低处。如未设置夜灯，卫生间主灯最好选用可以调光的灯具，以免夜间突然开灯，光线过于刺眼。

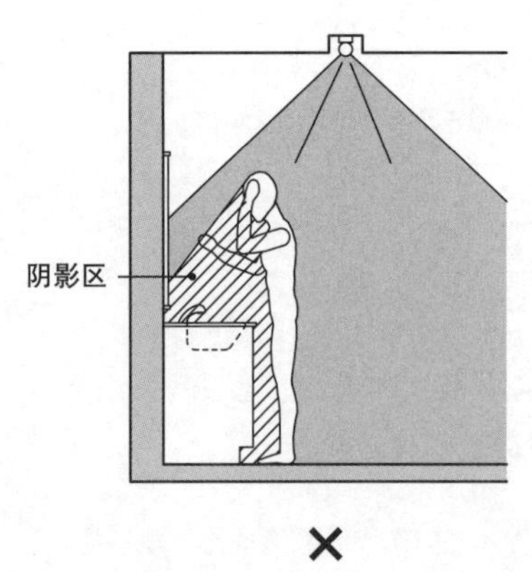
阴影区
×

a.仅设顶光灯会在人眼前形成阴影，看不清脸部细节

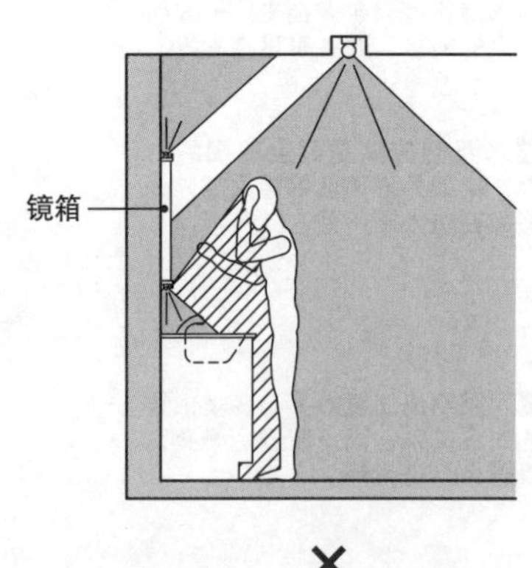
镜箱
×

b.镜箱上下设照明灯具，虽有装饰效果，但面部照明不足

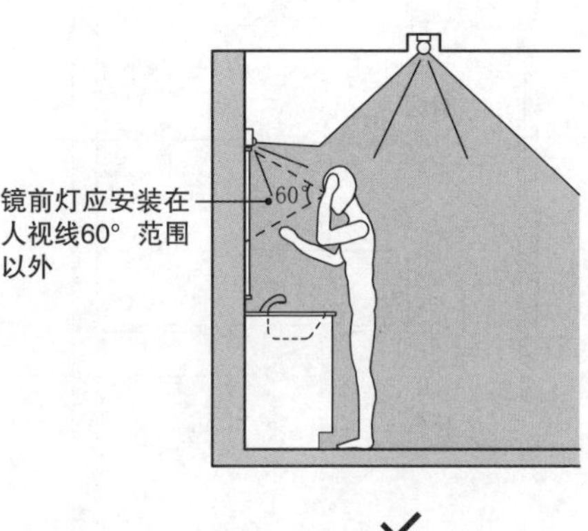
镜前灯应安装在人视线60° 范围以外
60°
✓

c.加设镜前灯照亮面部，使能够看清脸部细节

图3.2.19 卫生间灯具设置的优劣比较

卫生间灯具还须注意防水防潮，应加封闭型灯罩，防止因顶棚结露而对灯具有所损害，造成漏电等危险。

● 开关

卫生间电器开关较多，应合理标识，便于老人识别。开关的位置须注意不要与毛巾杆、镜子的安装位置冲突（图 3.2.20）。

顶灯开关可设置在卫生间门外侧，便于老人进入之前开灯照明，保证其始终在有光照的环境中活动。

浴霸开关应放在淋浴区附近，方便老人洗浴时根据需要就近操作。一些浴霸由于同时包含照明、加热、排风等功能，其开关面板的按键较多，应选择易操作的大按键，最好再有明晰的文字或图示标识。

卫生间排风扇的开关最好能分别设置在坐便器和洗浴区附近，便于老人如厕或洗浴时就近及时使用（图 3.2.21）。

×

图3.2.20 卫生间灯具开关和插座的位置与毛巾的挂放相互影响

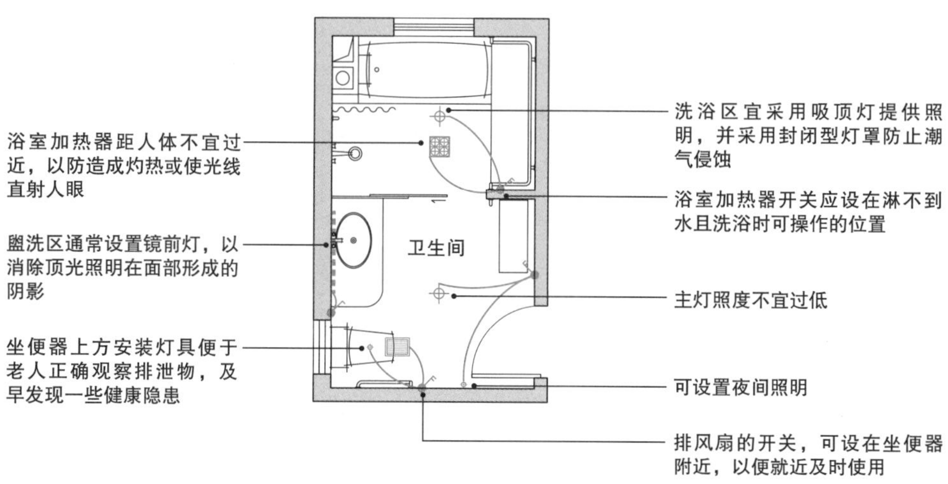
浴室加热器距人体不宜过近，以防造成灼热或使光线直射人眼
盥洗区通常设置镜前灯，以消除顶光照明在面部形成的阴影
坐便器上方安装灯具便于老人正确观察排泄物，及早发现一些健康隐患
卫生间
洗浴区宜采用吸顶灯提供照明，并采用封闭型灯罩防止潮气侵蚀
浴室加热器开关应设在淋不到水且洗浴时可操作的位置
主灯照度不宜过低
可设置夜间照明
排风扇的开关，可设在坐便器附近，以便就近及时使用

图3.2.21 卫生间照明灯具和开关布置图

(7) 阳台

● 照明灯具

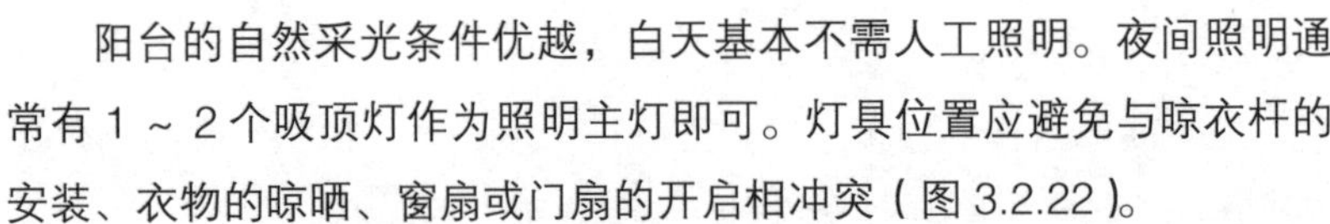

阳台的自然采光条件优越，白天基本不需人工照明。夜间照明通常有 1 ~ 2 个吸顶灯作为照明主灯即可。灯具位置应避免与晾衣杆的安装、衣物的晾晒、窗扇或门扇的开启相冲突（图 3.2.22）。

阳台上如设置洗衣机、洗涤池时，应在其上方增设局部照明灯具，保证老人做家务时有适宜的光照条件，避免被自身的阴影遮挡而影响操作。

×

图3.2.22　阳台吊灯与向内开启的窗扇相冲突，不得不另用钉子挂起来

● 开关

阳台主灯的开关宜设在通向阳台的室内墙面上，保证老人在步入阳台前就能打开灯具。洗衣机上方的灯具开关可就近设置（图 3.2.23）。

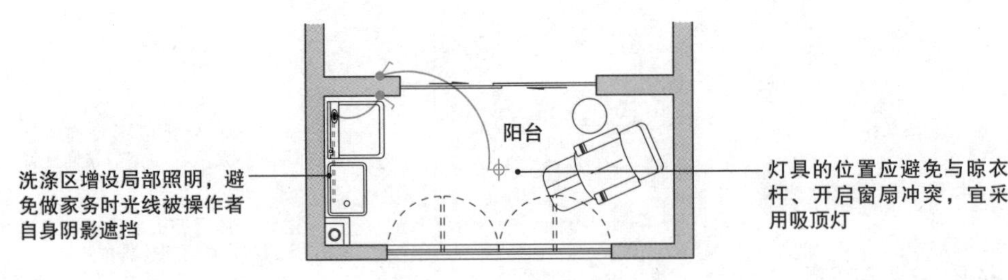
阳台
洗涤区增设局部照明，避免做家务时光线被操作者自身阴影遮挡
灯具的位置应避免与晾衣杆、开启窗扇冲突，宜采用吸顶灯

图3.2.23　阳台照明灯具和开关布置图

(8) 走道、过厅

● 照明灯具

一般住宅中 1 ~ 2m 的短走廊可不设专门照明，借用其他房间照明即可。但长走廊应设置专门照明，以保证老人行走时的安全。

走廊灯具应注重简洁实用，不必过于花哨。通常可采用筒灯、壁灯以及地灯等形式。顶部筒灯可作为全局照明，间隔 1 ~ 1.5m 设置一个，保证光线分布均匀，照度足够。壁灯及地灯可作补充照明或起夜时的照明。

● 开关

长走廊的灯具开关可采用双控形式，在老人卧室门的位置和起居室进入走廊的位置各设一个双控开关，保证老人行进过程中始终有较好的光线，避免因开关位置不当而造成老人摸黑行走，造成安全隐患 (图 3.2.24)。

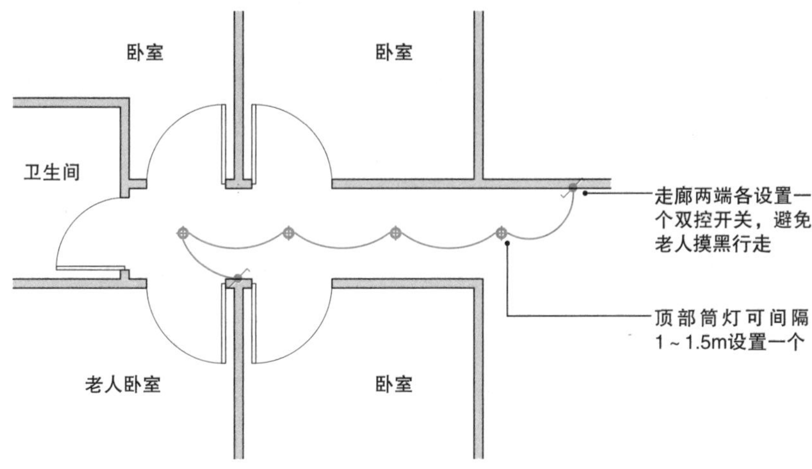
卧室
卧室
卫生间
走廊两端各设置一个双控开关，避免老人摸黑行走
顶部筒灯可间隔1 ~ 1.5m设置一个
老人卧室
卧室

图3.2.24　走廊照明灯具和开关布置图

4. 插座及弱电接口

电源插座和弱电接口是住宅强弱电系统中的重要组成部分，关系到住宅中各类设备使用的便捷程度。而插座、接口的设置往往在住宅施工阶段就已确定，后期改造变更难度较大。若布置不当，不仅会造成使用上的不便，也会限制家具、电器的摆放。因此在设计时应针对老人的身体条件和使用需求确定这些接口的位置、数量，还要有预见性地增加一些插座和接口，为住宅日后改动提供可能（参见本节末附表 3.2.5）。常见插座及接口图例见表 3.2.4。

[1] 老年住宅中插座及弱电接口的设置原则

(1) 考虑使用方便和安全

老年住宅中的插座、接口位置应设在较方便的高度，避免老人过多的够高或弯腰，也要便于轮椅使用者操作。插座接口的具体高度可视不同空间的使用需求而设定。

常用的插座接口可分为高、中、低位三种（图 3.2.25）。高位插座供壁挂式空调、吸油烟机使用，距地高度通常在 2000 ~ 2400mm；中位插座通常设在厨、卫台面、低柜及书桌台面以上，供小家电、台灯、电视电脑等设备使用，距地高度约 600 ~ 1200mm；低位插座提供给吸尘器、台灯、电风扇、加湿器以及柜式空调等使用，距地高度为 300mm。

老人使用的插座宜有安全防护措施，如采用安全插孔；用水区附近的插座应有防溅盖。

洗衣机、空调、电热水器等使用频率相对较低的电器可考虑安装带开关的插座，免去老人插拔插头的困难，也可以避免家用电器待机耗电。

常见插座及弱电接t图例表　表3.2.4

图例	名　称
	单相二、三孔插座
H	空调插座
C	单相二、三孔厨房用电设备插座
B	单相三孔电冰箱插座
Y	单相二、三孔吸油烟机插座
X	单相三孔洗衣机插座
	单相二、三孔防水型插座带防溅盖
TV	电视接口
TP	电话接口
TP TD	电话、网线接口
	紧急呼叫器接口

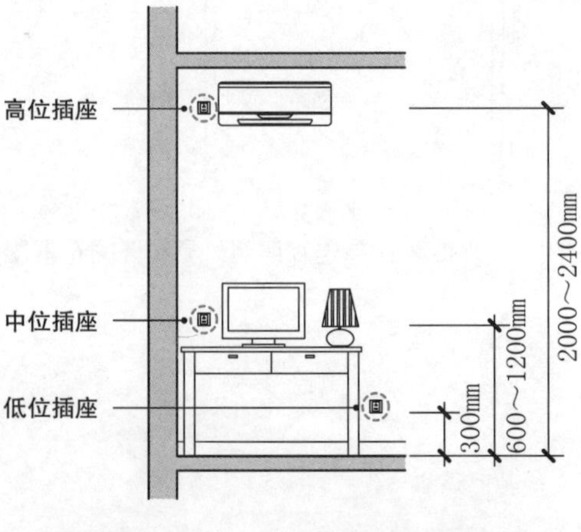

高位插座
中位插座
低位插座
2000~2400mm
600~1200mm
300mm

图3.2.25　高、中、低位插座的高度示意图

(2) 预留多个插座和接口

应充分考虑室内布局变动以及新设备的增加，预留足够的强弱电插座和接口。

[2] 老年住宅各空间插座及弱电接口的布置要点

(1) 门厅

门厅处应设全户电路的总控制开关，其高度宜适当降低，位置利于老人接近，方便老人根据需要控制室内各个房间中的电源，确保家中无人时的电路安全。总控开关各项按键须清晰标识，方便老人识别。

门厅鞋柜附近可预留两处插座，一处可在鞋柜台面以上，用于小电器的充电，另一处可留在鞋柜下方，用于安装地灯、小夜灯等（图3.2.26）。

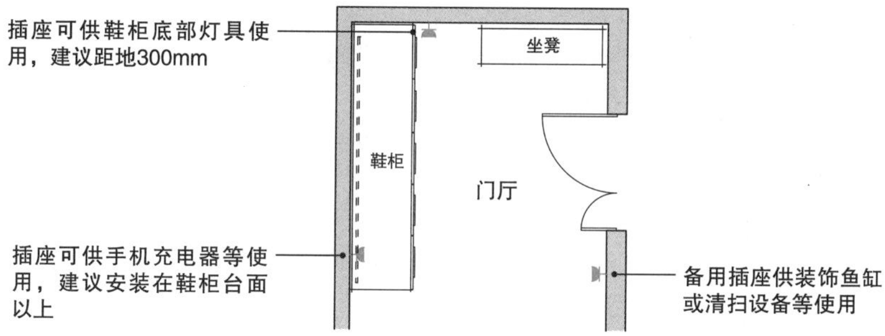
插座可供鞋柜底部灯具使用，建议距地300mm
坐凳
鞋柜
门厅
插座可供手机充电器等使用，建议安装在鞋柜台面以上
备用插座供装饰鱼缸或清扫设备等使用

图3.2.26　门厅插座和接口布置图

(2) 起居室

起居室除了设置电视、音响外，还可能需要摆放饮水机、加湿器、电油汀取暖器，以及老人常会用到的按摩椅、足浴盆等设备，因此至少需要留出 5 个以上电源插座：其中电视机后墙面预留 2 个供影音设备使用，座席区附近墙面宜预留 2 个插座供落地灯、台灯或电话使用，还应在自由墙面设置 1 ~ 2 个供其他设备使用（图 3.2.27）。

电视墙面一侧的电源插座的高度可以提至电视柜台面之上，并宜采用带开关的插座，以方便老人开关电源（图 3.2.28）。电话插座和接口一般预留在座席区靠外侧边沿处，便于老人从其他空间过来接打电话。

空调电源插座通常应靠近空调室内机，同时也要考虑室外机的摆放位置，使空调内外机尽量靠近。最好在高位和低位各预留一处，以便根据室内机的类型（柜式机或壁挂机）分别选用。

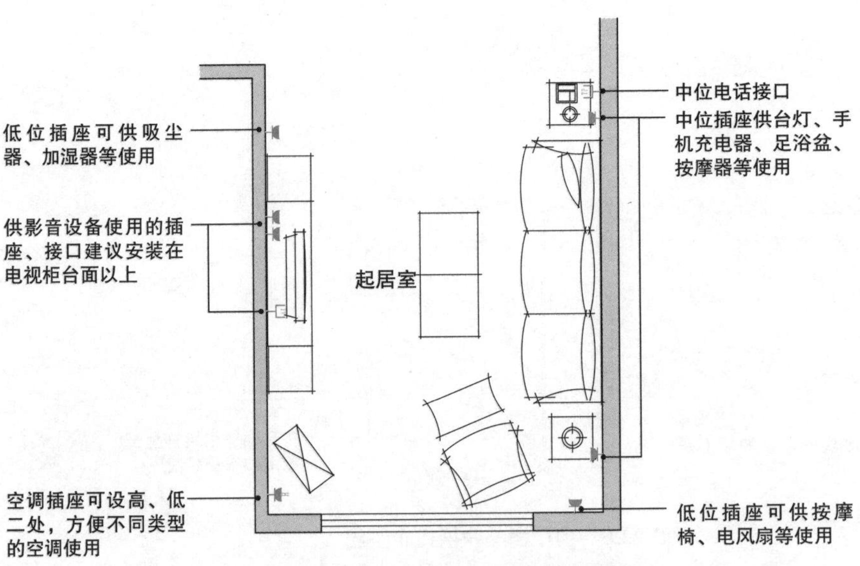

低位插座可供吸尘器、加湿器等使用
供影音设备使用的插座、接口建议安装在电视柜台面以上
起居室
空调插座可设高、低二处，方便不同类型的空调使用
中位电话接口
中位插座供台灯、手机充电器、足浴盆、按摩器等使用
低位插座可供按摩椅、电风扇等使用

图3.2.27　起居室插座和接口布置图

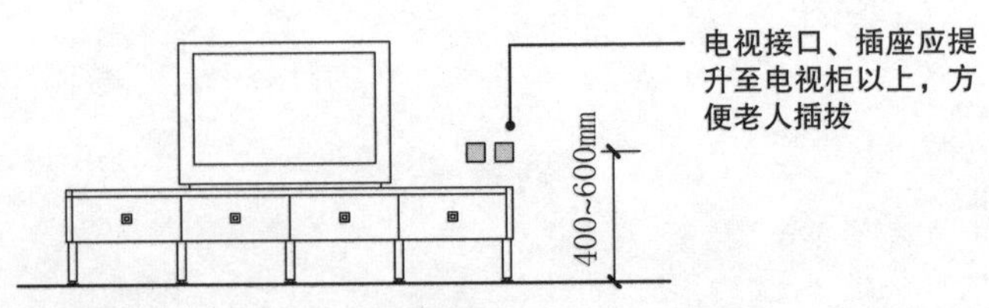

电视接口、插座应提升至电视柜以上，方便老人插拔
400~600mm

图3.2.28　起居室插座和电视接口高度位置图

(3) 卧室

卧室中通常在以下几处设置电源插座：

床侧预留 1 ~ 2 个，供老人接插小夜灯、台灯等补充照明灯具，以带开关的 5 孔插座为宜，可兼作灯具的开关；书桌台面上方预留 1 ~ 2 个插座，供台灯、电脑、音箱等电器使用；在可能摆放电视的墙面上预留 1 ~ 2 个插座，供电视机、机顶盒等电器使用，插座高度应提高至电视台面以上（图 3.2.29）。

空调电源插座宜考虑室内机与床的相对位置，避免空调安装后出风口直吹老人长时间坐、卧之处。

卧室中还需要预留电话接口和网线接口。电话接口通常预留在床侧，以便将电话机放置在床头柜或就近的书桌上。注意强弱电线路保持一定距离，以免弱电信号受到干扰。电脑网线接口宜预留在书桌台面之上。

紧急呼叫接口通常预留在床侧位置。

(4) 餐厅

老人在饭前饭后经常需要饮水、吃药，因此餐厅须预留电源插座，供电热水壶、饮水机等家电使用。

有线电视接口的设置应考虑餐厅的具体布局以及餐厅和起居室的位置关系。如果餐厅相对独立，或者距离起居室的电视较远，可以单独预留有线电视接口，以满足老人就餐时观看电视的需求；如果餐厅与起居室较近，可只需在起居室一处设置。

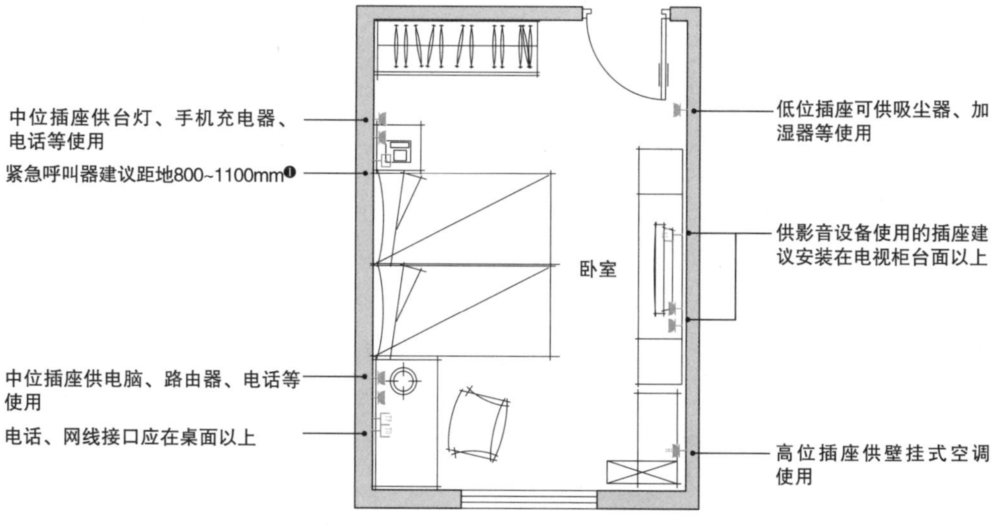

中位插座供台灯、手机充电器、电话等使用
紧急呼叫器建议距地800~1100mm❶
中位插座供电脑、路由器、电话等使用
电话、网线接口应在桌面以上
卧室
低位插座可供吸尘器、加湿器等使用
供影音设备使用的插座建议安装在电视柜台面以上
高位插座供壁挂式空调使用

图3.2.29　卧室插座和接口布置图

❶ 参见《老年人居住建筑设计规范》GB 50340-2016 第8.6.8条。

(5) 厨房

厨房用电设备较多，电源线应加大强电负荷量。通常宜根据使用要求在适当位置预设电源插座，并为日后增添新的设备留出余量。例如高部应预留 2 ~ 3 个电源插座，供吸油烟机、排风扇、热水器等设备使用；中部高度操作台面之上宜多设置电源插座，供摆放在台面上的微波炉、电饭煲及小型电器使用；低部和地柜内也应预留 2 ~ 3 个电源插座，供冰箱、洗碗机、电烤箱、垃圾处理器等电器使用（图 3.2.30，图 3.2.31）。

有线电视及电话接口可视住户需要而预留。

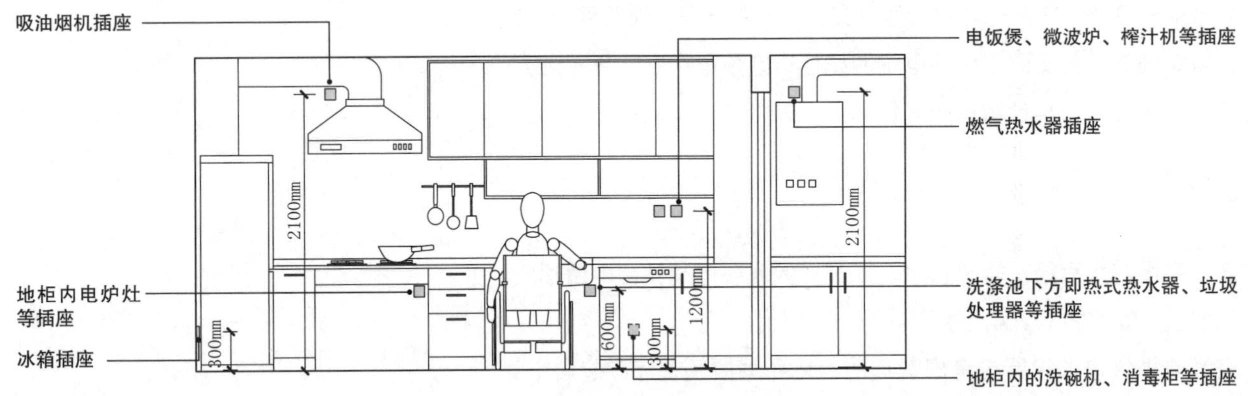
吸油烟机插座
电饭煲、微波炉、榨汁机等插座
燃气热水器插座
2100mm
2100mm
地柜内电炉灶等插座
冰箱插座
300mm
600mm
300mm
1200mm
洗涤池下方即热式热水器、垃圾处理器等插座
地柜内的洗碗机、消毒柜等插座

图3.2.30　厨房开关插座和接口高度位置图[1]

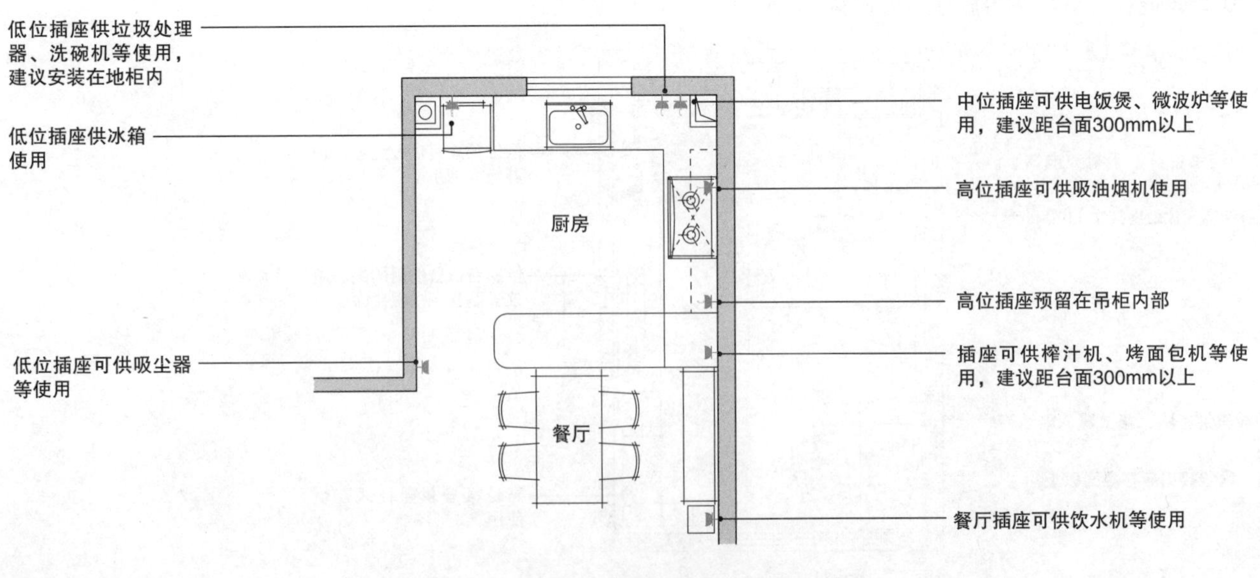
低位插座供垃圾处理器、洗碗机等使用，建议安装在地柜内
低位插座供冰箱使用
中位插座可供电饭煲、微波炉等使用，建议距台面300mm以上
高位插座可供吸油烟机使用
厨房
高位插座预留在吊柜内部
插座可供榨汁机、烤面包机等使用，建议距台面300mm以上
低位插座可供吸尘器等使用
餐厅
餐厅插座可供饮水机等使用

图3.2.31　厨房、餐厅插座和接口布置图

[1] 参见《住宅厨房及相关设备基本参数》GB/T 11228-2008。

(6) 卫生间

卫生间内电热水器、浴霸等设备较为集中，应加大电源线的强电负荷承载量。

卫生间洗浴区内的电热水器插座应避免被水喷溅到，一般设置在电热水器上侧或吊顶上较好。但考虑老年人不便登高，也可选用防水插座并将其位置降低到便于老人操作的高度。原则要安全第一，并远离洗澡喷淋范围。

洗面台上方应预留 1 ~ 2 个 5 孔插座，便于老人使用电吹风机、电动刮胡刀等。坐便器右侧宜预留电源接口，以备增设智能便座时使用（图 3.2.32，图 3.2.33）。

电话接口可以在相对干燥的地方预留一个，但考虑目前移动电话的使用逐渐普及，电话接口也不是必须设置的。

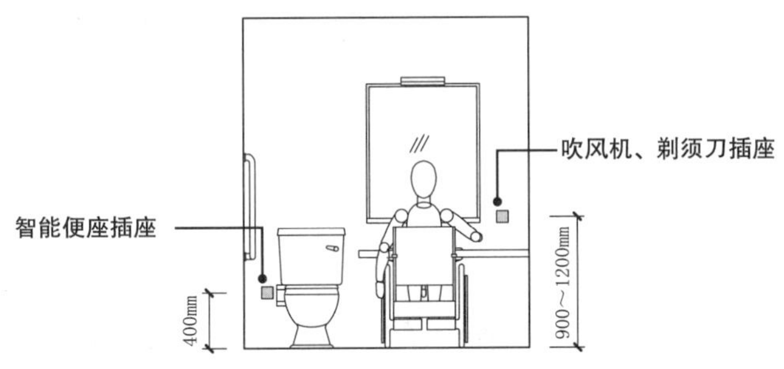
吹风机、剃须刀插座
智能便座插座
400mm
900～1200mm

图3.2.32　卫生间插座和接口布置图

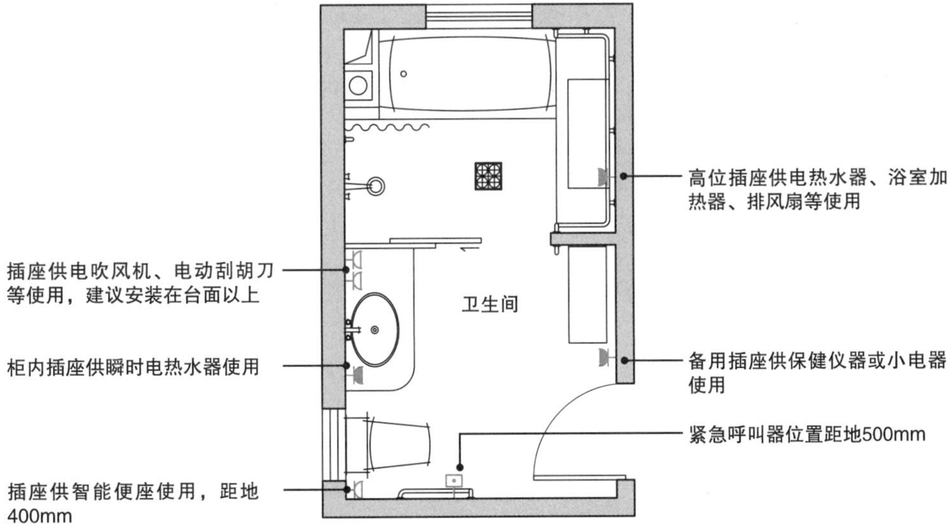
高位插座供电热水器、浴室加热器、排风扇等使用
插座供电吹风机、电动刮胡刀等使用，建议安装在台面以上
卫生间
柜内插座供瞬时电热水器使用
备用插座供保健仪器或小电器使用
紧急呼叫器位置距地500mm
插座供智能便座使用，距地400mm

图3.2.33　卫生间插座和接口布置图

(7) 书房（多功能间）

书房在老年住宅中往往作为多功能间使用。为了保证房间功能的灵活性，在有必要的地方宜多预留一些插座。例如在有可能摆放书桌、床、电视柜等家具的位置附近多预留几处。

电视、空调插座的布置要点可参照卧室。

(8) 阳台

考虑阳台可能放置洗衣机、电动健身器材等，应预留 1 ~ 2 个电源插座（图 3.2.34）。

(9) 走廊、过厅

走廊中可预留 1 ~ 2 个电源插座，供接插吸尘器等电器，方便老人打扫卫生，避免从其他空间接插电源，造成电线过长导致绊脚。

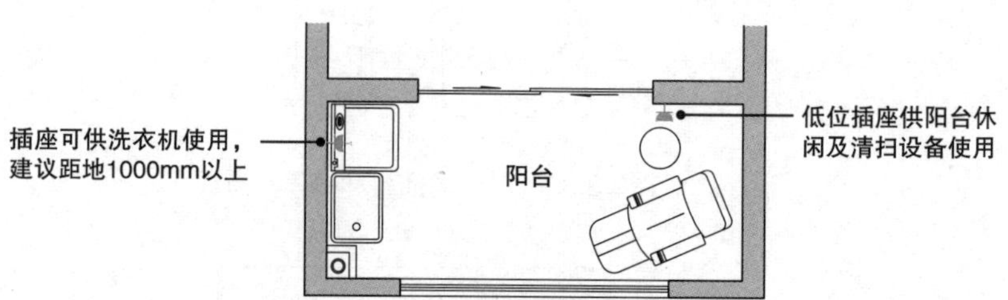
插座可供洗衣机使用，
建议距地1000mm以上
阳台
低位插座供阳台休
闲及清扫设备使用

图3.2.34　阳台插座和接口布置图

老年住宅主要空间插座接口一览表 **表3.2.5**

房间名称	插座、接口数量及用途		位置和高度	注意事项
门厅	手机充电器、装饰鱼缸	插座1～2个	插座预留在门厅鞋柜附近，用于手机充电器类的插座高度应提高到台面以上	可视对讲机的安装高度应兼顾一般人和轮椅者的使用要求
	可视对讲机	弱电接口1个		
起居室	台灯、落地灯、电话	插座1～2个 电话接口1个	台灯插座和电话接口宜在沙发旁茶几的台面之上，距地600mm左右； 电视接口和插座可提至电视柜台面之上，距地400~600mm左右； 柜式空调插座高度距地300mm，壁挂式空调插座高度通常为2000～2400mm	电视、空调的插座可选择带开关的插座类型，避免反复插拔插头对老人造成困难
	电视、音响、DVD机等设备	插座2个 电视接口1个		
	按摩椅、按摩器、加湿器、电风扇等	插座1～2个		
	饮水机、吸尘器	插座1～2个		
	空调	插座1个		
卧室	台灯、手机充电器、收音机	插座1～2个	台灯插座宜在床头柜台面之上，距地600mm左右； 网线和电话接口、电脑插座应提高到桌面以上，距地约为900～1000mm； 电热毯、制氧机等设备的插座宜布置在老人床附近	插座布置时应考虑到老人常用的小家电、设备的摆放位置和使用频率，尽量使插座就近设备布置，以免电线拖地过长或采用过多接线板，影响老人行走活动
	电话、电脑、打印机	插座2个 电话接口1个 网线接口1个		
	电视、音响、DVD机等设备	插座1～2个 电视接口1个		
	按摩椅、按摩器、制氧机、加湿器、电热毯、电油汀取暖器、电风扇等	插座1～2个		
	紧急呼叫器	接口1个		
	空调	插座1个		
餐厅	电热水壶、烤面包机、电磁炉等小家电设备	插座1～2个	插座位置宜在餐桌附近或结合餐边柜设置	可考虑预留电视接口
厨房	吸油烟机	插座1个	吸油烟机插座距地2100mm； 洗碗机、垃圾处理器等插座安装在地柜内，距地高300mm； 电饭煲等小家电的插座位于厨房台面之上，距地高约1200mm	厨房台面上方可多设几组插座，以免使用接线板，形成安全隐患
	洗碗机、消毒柜、垃圾处理器等	插座2个		
	微波炉、电烤箱、电饭煲、电饼铛、豆浆机、榨汁机、电热水壶、咖啡机等	插座2个		
	冰箱	插座1个		
卫生间	洗衣机	防水插座1个	智能便座插座安装在坐便器右侧，距地400mm； 吹风机等插座距地高900～1200mm； 紧急呼叫器安装高度距地500mm	吹风机、剃须刀插座的位置宜考虑左、右利手的区别，注意不要使电线妨碍操作
	吹风机、电动剃须刀等	插座1～2个		
	智能便座	插座1个		
	紧急呼叫器	弱电接口1个		
生活阳台	洗衣机	防水插座1个	洗衣机防水插座建议距地高度为1000mm	洗衣机、燃气热水器热水器的插座可选择带开关的插座类型，避免反复插拔插头对老人造成困难
	电动健身器材、电热水壶、收音机	插座1个		
服务阳台	洗衣机	防水插座1个		
	燃气热水器	插座1个		

3.3 门窗共通设计

❶ 老年住宅中门的设计
❷ 老年住宅中窗的设计

1. 老年住宅中门的设计

Tips 门的有效通行净宽

住宅建造时的门洞预留宽度与室内装修后的门洞有效通行净宽是有差值的（图3.3.1）。不同的门扇开闭形式对门的有效通行净宽有不同的影响：

开启门的有效通行净宽=门洞预留宽度-门套及门板厚度；

推拉门的有效通行净宽=门洞预留宽度-门套厚度-门拉手安装宽度。

对于老年住宅设计而言，确定门的有效通行净宽是十分重要的。我国《无障碍设计规范》规定，为保证轮椅的顺利通行，门扇开启后的有效通行净宽不应小于800mm。

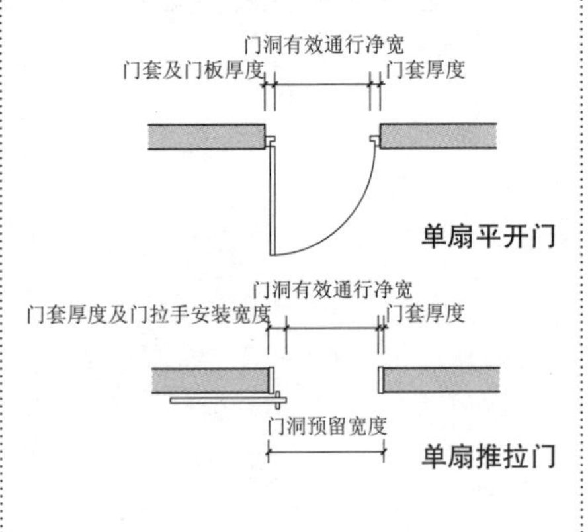
门洞有效通行净宽
门套及门板厚度
门套厚度
单扇平开门
门洞有效通行净宽
门套厚度及门拉手安装宽度
门套厚度
门洞预留宽度
单扇推拉门

[1] 住宅中常见门的类型

住宅中常用的门有很多种类型。按照门扇的数量和形式可分为双开门、子母门和单开门等。在老年住宅中需根据门的具体位置和用途来选择合适的类型，并且确定适合轮椅通行的门洞尺寸（表3.3.1）。

(1) 双开门（包括双扇平开门和双扇推拉门）

● 双开门的适用范围

双扇平开门常用于住宅楼栋单元门、防烟楼梯间的疏散门等，较少应用在住宅户内。偶有大户型住宅的主卧室门可能采用这种形式。

双扇推拉门常用作户内厨房门、阳台门等。

● 双开门的门洞预留宽度

不论是平开门还是推拉门，等宽的双开门的门洞预留宽度最好达到1800mm以上，以保证单扇门开启后的有效通行净宽不小于800mm（图3.3.1）。否则轮椅通行时必须同时开启双扇门，这会造成轮椅乘坐者及护理者使用上的麻烦。

不同类型门的比较 表3.3.1

门的类型	图示		主要适用范围	特点及注意事项
双开门	门洞预留宽度	不小于1800mm	楼栋单元门 防烟楼梯间疏散门 大户型的主卧室门 可关闭式起居室门	常用的门扇开闭形式为平开式或推拉式。 两门扇等宽，每扇门单独开启时的有效通行净宽不宜小于800mm。 门的中部设锁时，不如单开门牢固。
	1800mm	≥1800mm		
子母门	门洞预留宽度	1200～1600mm	楼栋单元门 分户门 大户型的主卧室门	门扇的开闭形式为平开式。 两门扇不等宽，日常可单开大门扇，大门扇净宽约900mm左右，大门扇开启后的有效通行净宽不应小于800mm。
	1300mm			
单开门	门洞预留宽度	900～1100mm	分户门 户内门	常用的门扇开闭形式为平开式或推拉式。 门扇开启后的有效通行净宽不应小于800mm。
	900mm	1000～1100mm		

(2) 子母门

● 子母门的适用范围

子母门常用于楼栋单元门和分户门，一些大户型的主卧门也可采用这种形式。

● 子母门的门洞预留宽度

子母门的门洞预留宽度通常为 1200 ~ 1600mm，尺寸较大的门扇为常用开启扇，应保证其开启后的有效通行净宽在 800mm 以上（图 3.3.2），保证轮椅可顺利通过；当有老人突发疾病等紧急情况时，可同时开启两扇门，确保救助人员及担架通行顺畅。

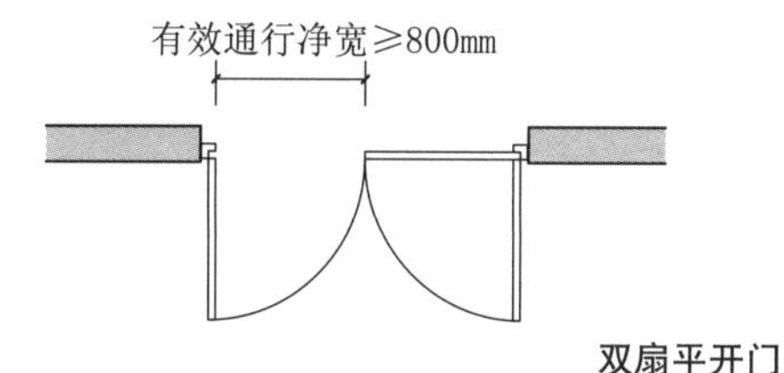
有效通行净宽≥800mm
双扇平开门

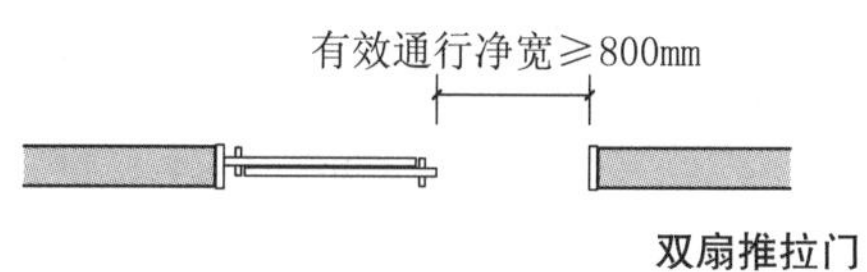
有效通行净宽≥800mm
双扇推拉门

图3.3.1　双开门的有效通行净宽要求

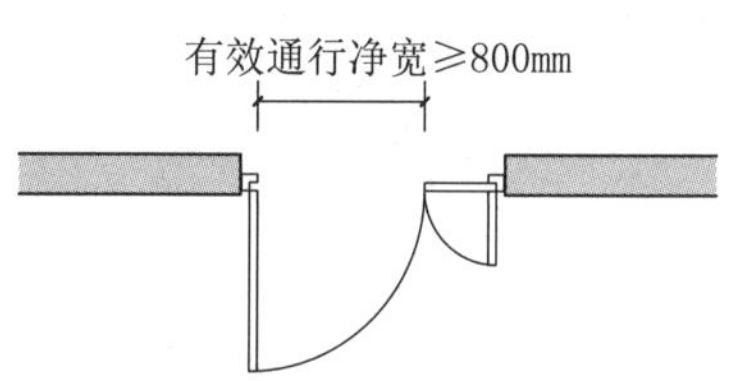
有效通行净宽≥800mm

图3.3.2　子母门的有效通行净宽要求

(3) 单开门

● 单开门的适用范围

单开门一般用于户内房间门，常见的开闭形式有平开式及推拉式两种。

对于乘坐轮椅的老人而言，使用推拉门更为方便。所以在老年住宅中如有条件，房间门及步入式储藏间的门宜选用推拉门。

● 单开门的门洞预留宽度

考虑老人使用轮椅的需要，住宅中单扇平开门的门洞预留宽度至少为 900mm，以保证有效通行净宽不小于 800mm。单扇推拉门还需要预先考虑门把手安装后会占掉 80 ~ 100mm 的宽度。

同时，考虑门扇自身的刚度要求及其开启时对空间的占用，门洞宽度及门扇宽度又不宜过大。

所以住宅中的单扇平开门门洞预留宽度通常为 900 ~ 1000mm，单扇推拉门为 900 ~ 1100mm。

[2] 老年住宅门的设计原则

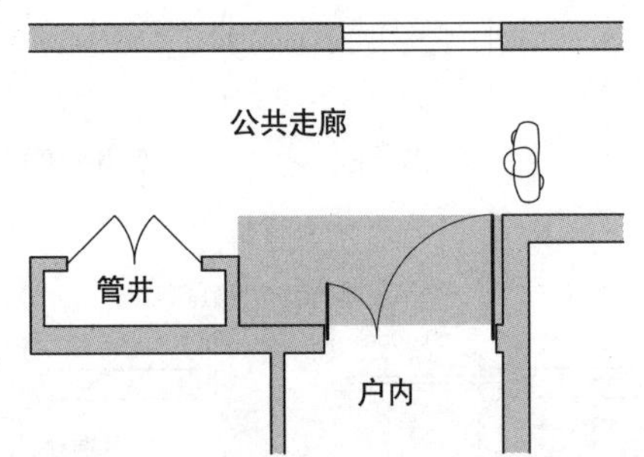

公共走廊
管井
户内

图3.3.3 户门向外开时，采用门洞内凹处理，可避免对走廊中的通行者造成碰撞

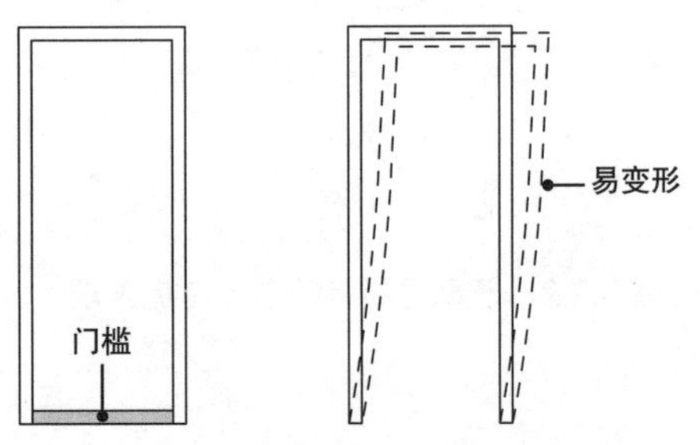

易变形
门槛

图3.3.4 门框刚度“口”型优于“门”型，但会形成门槛

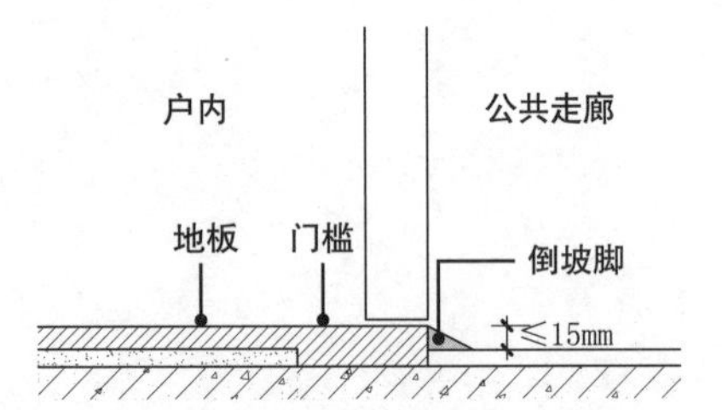

户内
公共走廊
地板
门槛
倒坡脚
≤15mm

图3.3.5 通过装修时的地面处理与倒坡脚的方式消除门槛处的高差

(1) 保证通行顺畅

门的设置不应影响老人及轮椅的正常通行。

● 避免对通行者造成碰撞

一些通往户内过道或公共走廊的门最好选择向房间内侧或户内开门，以免门扇向外打开时对过道或走廊中通行的人造成碰撞。

有时因消防要求，走廊中的分户门必须采用外开门时，应在门内外均留出足够的空间，以供老人及轮椅乘坐者从容地完成开、关门的动作，避免外开门扇对走廊中的通行者造成碰撞。例如可采用门洞内凹处理（图 3.3.3）。

● 避免在门内外产生高差

单元门、分户门要求防盗、防爆，对门框的牢固性能要求较高，“口”型门框的刚度优于“门”型门框（图 3.3.4），但其下沿会形成门槛，容易绊倒老人，也不利于轮椅的通行。

在设计及安装时应注意避免室内外地面及门槛所形成的高差。不得已时，也可结合装修，通过倒坡脚的方式消除高差，确保老人及轮椅的顺利进出（图 3.3.5）。

(2) 便于开闭操作

老年住宅中门的设计选型一方面应考虑门扇的轻便性及耐久性，另一方面应注意门扇开闭的易操作性，确保乘坐轮椅的老人也可方便操作。

● 门扇开闭形式的优劣比较

住宅中常见的门扇开闭形式有平开式、推拉式、折叠式等。不同的开闭形式各有优缺点，可视具体使用地点以及老人身体状况进行选用（表 3.3.2）。

门扇不同开闭形式的优劣比较　　表3.3.2

门扇的开闭形式		优点	缺点
平开式		便于安装锁具，安全性能好。 气密性较好，隔声效果较好。 耐久性好，不易损坏，适用范围较广泛。	关门时容易夹手，有时开启扇受风的影响，可能突然闭合，老人反应不及时容易受伤。 门扇开启时会占据一定的空间。 开闭操作所伴随的身体移动幅度较大，对轮椅老人或有肢体活动障碍的老人较为不便。
推拉式		门扇开闭时占据的空间较小。 开闭操作所伴随的身体移动幅度比较小，适合轮椅老人使用。	门扇开启需要占用一定的墙面。 气密性较差，隔声效果不好。 对门的配件（如滑轨等）要求较高。 整体耐久性差，较易损坏。 门扇下部轨道凸出于地面时容易绊脚。
折叠式		门扇开闭时占据的空间小，适用于户内较为局促的空间，如面积较小的储藏间、卫生间等。 门扇轻便、灵活。	气密性较差，隔声效果不好。 对门的配件要求高，耐久性差，较易损坏。

● 留出轮椅老人开启门扇的空间

轮椅老人开启门扇时，会因轮椅脚踏板占用一定空间而导致难以接近够到门把手，因此设计时往往会在门扇开启侧留出不小于 400mm 的墙垛，使乘坐轮椅的老人能够侧向接近门把手，完成开关门的动作（图 3.3.6）。

住宅空间较局促时，如果门扇开启侧难以留出 400mm 墙垛距离，可以利用其他方法解决。例如借用近旁其他房间的门开启后的空间，使轮椅接近门把手（图 3.3.7）。

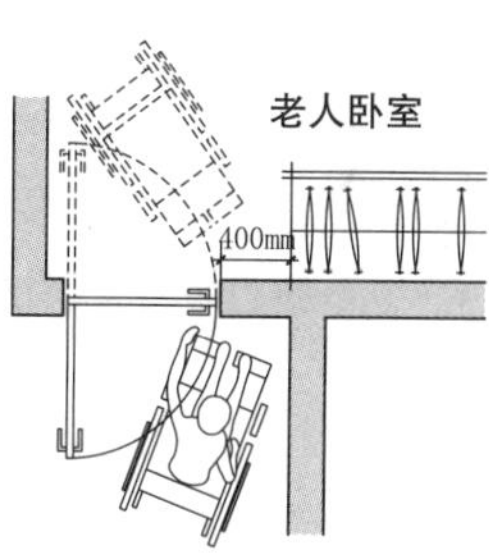
老人卧室
400mm

图3.3.6　门扇开启侧留出400mm的墙垛，便于轮椅老人接近门把手

● 选用便于抓握施力的杆式门把手

老人因手部握力减退，往往难以握紧旋转式的球型门把手，因而应选用便于老人抓握施力的较大的杆式门把手。

● 采用智能设备控制门扇开闭

目前住宅单元门常采用磁场式、数字按键式或红外线自动开闭式等智能设备控制门扇开闭，省去老人开关门的困难。在不久的将来，通过掌纹、面相、虹膜等特点识别主人身份的高科技产品也将用于住宅，使开关门过程更为简便。

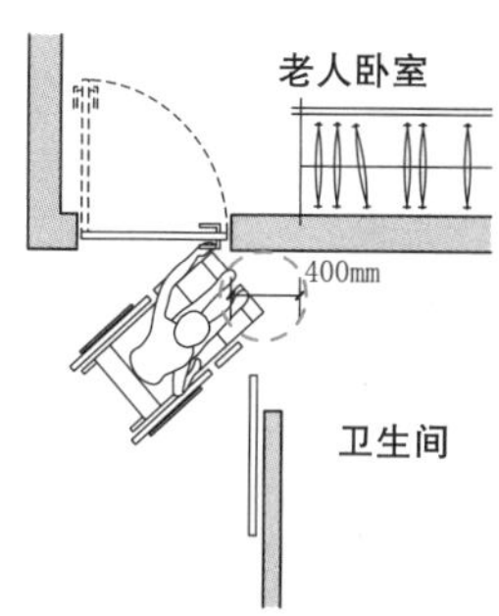
老人卧室
400mm
卫生间

图3.3.7　可借用其他空间，使轮椅者能够接近门把手

(3) 确保使用安全

● 防止误撞门扇

一般住宅中，阳台与起居室、卧室之间通常会使用大面积的玻璃隔扇门，以保证良好的采光。衣柜、储藏空间的门扇采用镜面材质也较为常见。

但在老年住宅中采用玻璃门扇和镜面门扇时需注意防止误撞。大面积玻璃、镜面门扇应根据具体使用位置，采用耐撞击的钢化玻璃或防止裂片飞溅的夹丝钢化玻璃，以防轮椅脚踏板误撞而导致玻璃、镜面破碎后伤人。同时应在玻璃门扇上做醒目的防撞警示标识，以免老人因视觉衰退，难以辨别玻璃的存在而发生误撞。

● 防止门内外人相碰

进出频繁的卫生间、厨房宜采用推拉门或采用设有透光玻璃的门扇，可有效避免开门时误撞门对面的人。卫生间门扇上开设磨砂玻璃窗可以帮助老人通过灯光的透射知晓卫生间内是否有人使用。

● 防止门吸绊脚

要注意设置门吸，防止门与一些易碎的如玻璃材质的物品相碰（图3.3.8）。但门吸设置的位置应在非活动范围，如隐蔽的墙面或墙边地面，避免造成老人不慎绊倒或挂碰。

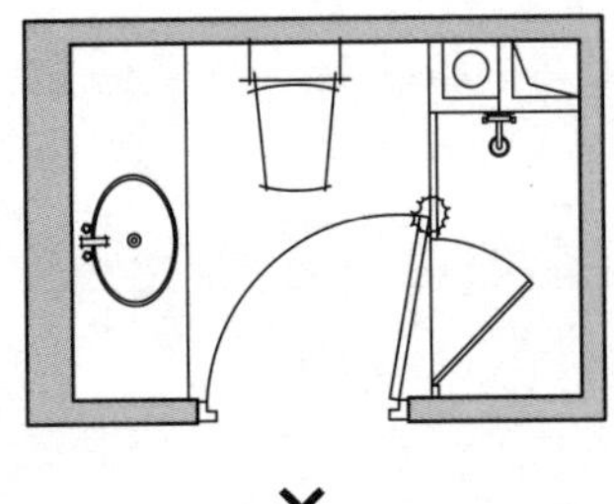

×

a.门扇开启时会碰到淋浴间玻璃隔断造成危害

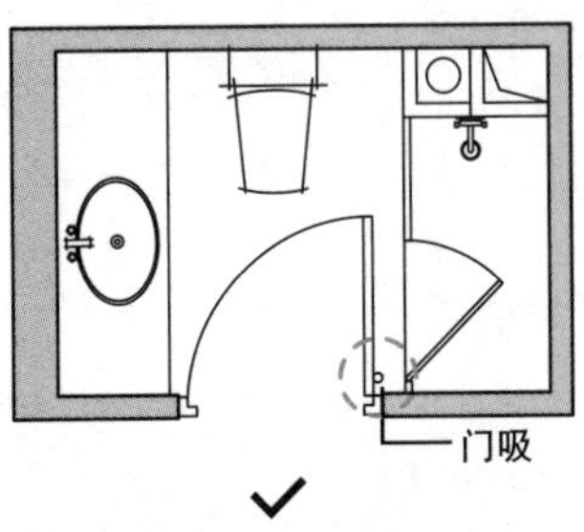
门吸

✓

b.选择好门吸位置，避免门扇开启时碰撞其他设备

图3.3.8　卫生间门吸设置的优劣比较

(4) 便于紧急救助

● 卫生间门应能向外开启或局部打开

在卫生间等狭小的空间中，老人发生意外倒地时，身体可能堵住门口。如果门是向内开启的，则很难开门进行施救。因而此类空间的门扇应能从外部开启，例如采用可外开的门或推拉门[1]。也可将门扇做成局部开启的形式，必要时打开可开启扇，进入施救（图3.3.9）。

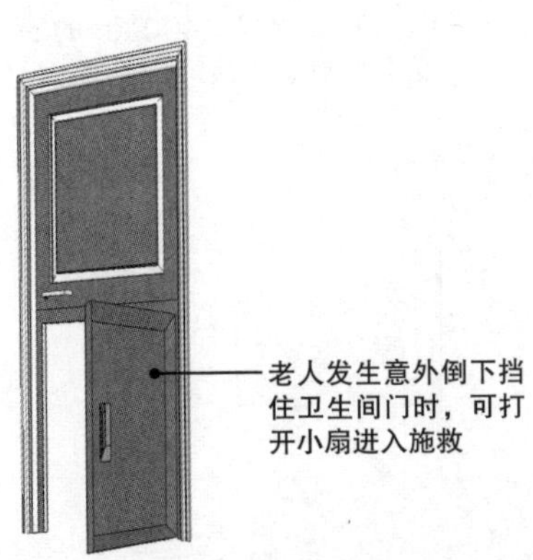
老人发生意外倒下挡住卫生间门时，可打开小扇进入施救

图3.3.9　卫生间门可局部向外开启方便施救

❶ 参见《老年人居住建筑设计规范》GB 50340–2016 第6.8.6条。

(5) 保证通风流畅

● 户内门设置上亮

老年住宅户内房间门建议设置上亮。

通过上亮处组织的通风流线通常高于人体活动空间，且气流较缓和，在保证室内通风换气的同时，也可有效避免过堂风直吹老人身体。利用上亮，即使是夜间睡觉关上房门也能保证室内空气的流通（图 3.3.10）。

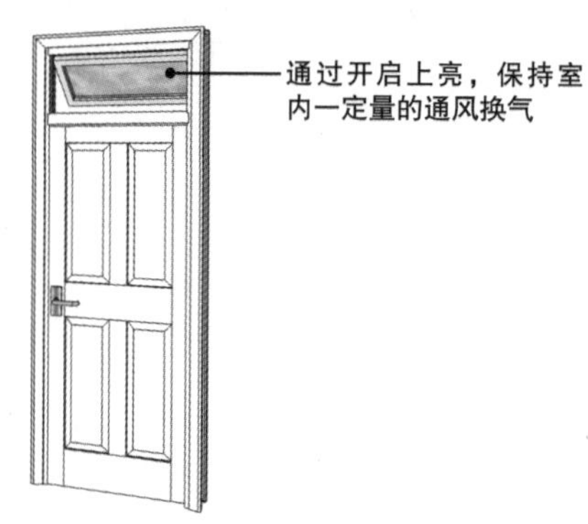
通过开启上亮，保持室内一定量的通风换气

图3.3.10　老人卧室的门可设置上亮

● 分户门设置小通风扇

分户门的门扇上可设置单独开启的小透气扇，配合纱网，既可防止蚊蝇进入室内，又能改善室内通风。尤其适用于塔楼等不能在自家内形成穿堂风，而需经由公共空间对流通风的户型。

(6) 利于家具设备布置

● 留出一定长度的完整墙面

老年住宅中的家具应尽可能沿墙布置，以为老人活动留出较为完整的空间。门洞的开设位置应避免将整幅的墙面打断，以保证有摆放衣柜、组合沙发等大型家具的完整墙面。

● 避免门扇与家具设备冲突

设计时要注意留出门扇开启后所占用的空间，避免与家具设备的布置产生冲突。

单扇推拉门开启时会占用一部分墙面，在卫生间等空间可能会影响设备的布局。例如沿内侧墙面推拉的门扇可能会与坐便器旁扶手的安装产生冲突，设计时应在外侧墙面留出推拉门的开启位置。

平开门应保证至少 90° 开直，便于老人及轮椅通行。平开门开启时会占据侧墙面，门扇转动也需要占用一定空间，应注意避免门扇开闭与家具的冲突。例如在入户门厅等空间局促的地方，设计时应考虑鞋柜、鞋凳等家具摆放的空间，避免因其无处摆放而占用开门的空间，使门扇不能完全开启，对通行造成阻碍（图 3.3.11）。

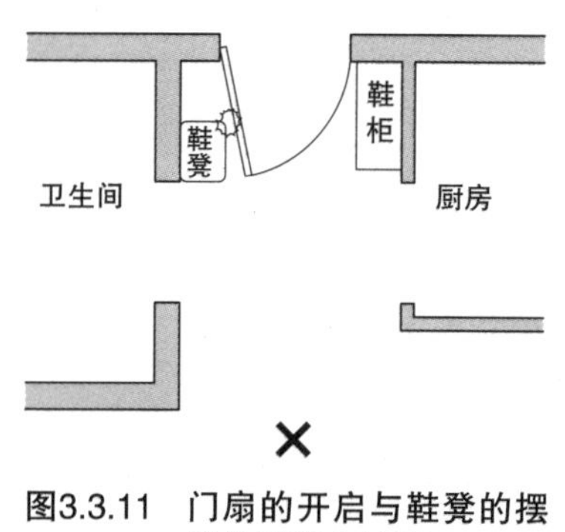
鞋凳
鞋柜
卫生间
厨房
×

图3.3.11　门扇的开启与鞋凳的摆放位置产生冲突

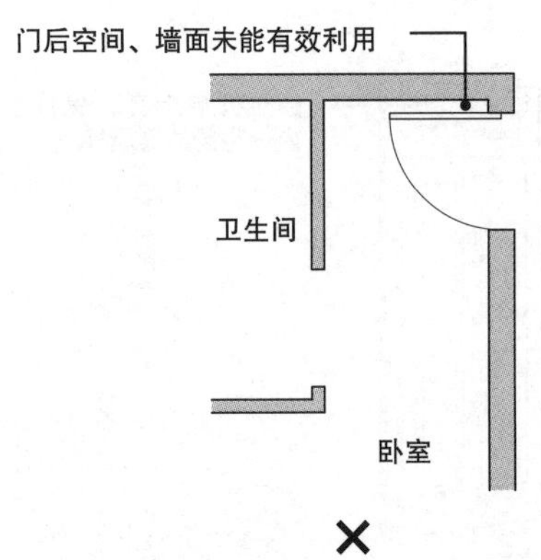
门后空间、墙面未能有效利用
卫生间
卧室
×

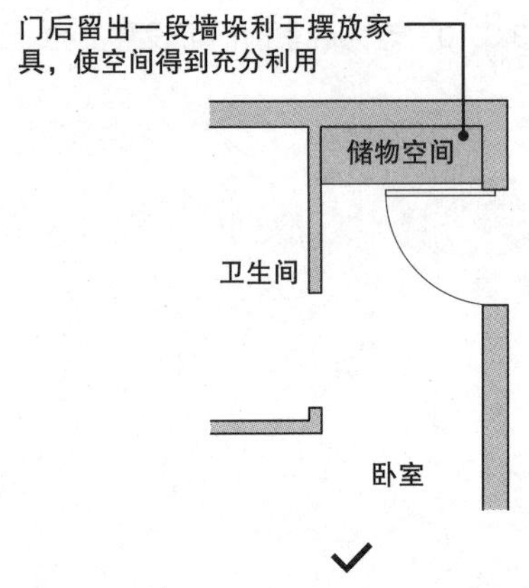
门后留出一段墙垛利于摆放家具，使空间得到充分利用
储物空间
卫生间
卧室
✓

图3.3.12　门后空间利用的优劣比较

● 有效利用门后空间

在确定门洞开设位置时，还应考虑妥善利用门后空间。门后空间的有效利用可为老年住宅争取更多的储物空间（图 3.3.12）。

门后墙垛的宽度（H）可决定不同进深家具的摆放，应注意其尺寸（图 3.3.13）。

门后墙垛宽度（H）	可摆放的物品或家具
H约为100～200mm	挂衣钩、折叠凳、拐杖、钓鱼竿
H约为400～450mm	轮椅、助行器、书柜、鞋柜
H约为600mm	储物柜、衣柜

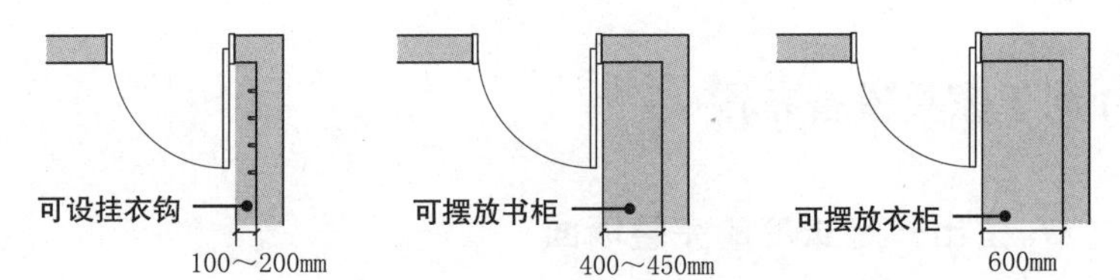
可设挂衣钩
100～200mm
可摆放书柜
400～450mm
可摆放衣柜
600mm

图3.3.13　不同宽度门后墙垛的利用方式

[3] 不同类型门的构成与设计要点

根据使用位置的不同，住宅中的门可分为单元门、分户门、户内门等类别。各类别的门首先应满足其正常的使用功能及性能要求。在老年住宅中，还应在门的设计或选用时，考虑到老人的行为特点及特殊要求。以下从门扇、门把手等门的各部分构件方面给出相应的设计要点：

(1) 单元门的设计要点

门禁面板中心线距地1200mm

L型扶手距地700mm

①门扇：
单元门往往自重较大，开启时比较费力，宜采用高强轻质的材料，或增设帮助门扇开关的装置，便于老人将门打开。

②观察窗：
门扇上通常设观察窗，窗口安装透明钢化玻璃以及防盗网，以便于了解门另一侧的情况，避免进出入时开门误撞。观察窗的高度应兼顾轮椅使用者的视线高度。

③门禁操作面板：
面板上的按键宜加大，便于老人识别与操作；面板的位置也应考虑轮椅使用者的操作需求，通常设置在距地面1200mm的高度。

④门把手：
要求结实耐用，同时不能有棱角，以防碰伤。对老人而言，宜采用易于抓握、便于施力的杆式拉手，如I型、L型拉手。L型拉手的横杆部分更便于轮椅使用者抓扶，其横杆安装高度为距地700mm左右。

图3.3.14　单元门的设计要点

(2) 分户门的设计要点

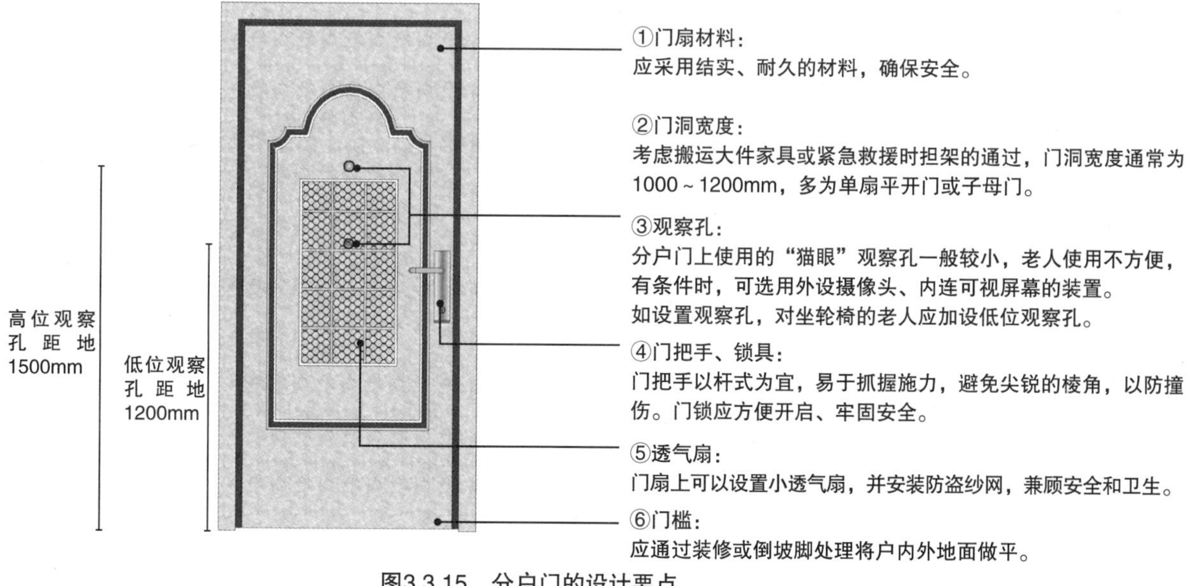
高位观察孔距地1500mm
低位观察孔距地1200mm
①门扇材料：
应采用结实、耐久的材料，确保安全。
②门洞宽度：
考虑搬运大件家具或紧急救援时担架的通过，门洞宽度通常为1000～1200mm，多为单扇平开门或子母门。
③观察孔：
分户门上使用的"猫眼"观察孔一般较小，老人使用不方便，有条件时，可选用外设摄像头、内连可视屏幕的装置。
如设置观察孔，对坐轮椅的老人应加设低位观察孔。
④门把手、锁具：
门把手以杆式为宜，易于抓握施力，避免尖锐的棱角，以防撞伤。门锁应方便开启、牢固安全。
⑤透气扇：
门扇上可以设置小透气扇，并安装防盗纱网，兼顾安全和卫生。
⑥门槛：
应通过装修或倒坡脚处理将户内外地面做平。

图3.3.15　分户门的设计要点

(3) 卧室门的设计要点

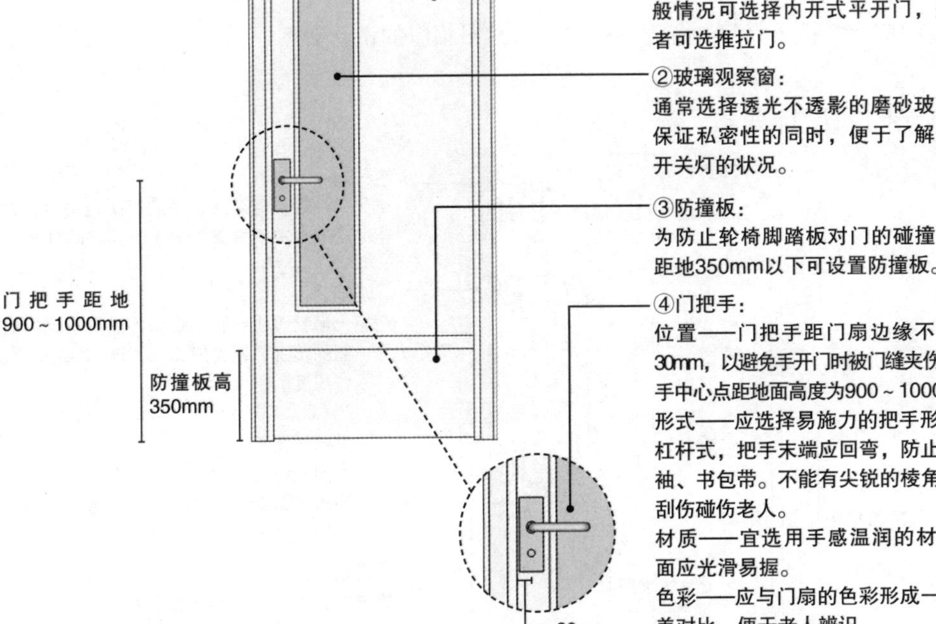

①门扇：
卧室门使用频繁，宜根据老人的身体条件，选用轻便、易于开闭的门，一般情况可选择内开式平开门，坐轮椅者可选推拉门。
②玻璃观察窗：
通常选择透光不透影的磨砂玻璃，在保证私密性的同时，便于了解房间内开关灯的状况。
③防撞板：
为防止轮椅脚踏板对门的碰撞，门扇距地350mm以下可设置防撞板。
④门把手：
位置——门把手距门扇边缘不得小于30mm，以避免手开门时被门缝夹伤；门把手中心点距地面高度为900～1000mm。
形式——应选择易施力的把手形式，如杠杆式，把手末端应回弯，防止钩挂衣袖、书包带。不能有尖锐的棱角，以免刮伤碰伤老人。
材质——宜选用手感温润的材质，表面应光滑易握。
色彩——应与门扇的色彩形成一定的色差对比，便于老人辨识。
门把手距地
900～1000mm
防撞板高
350mm
≥30mm

图3.3.16　卧室门的设计要点

(4) 厨房门的设计要点

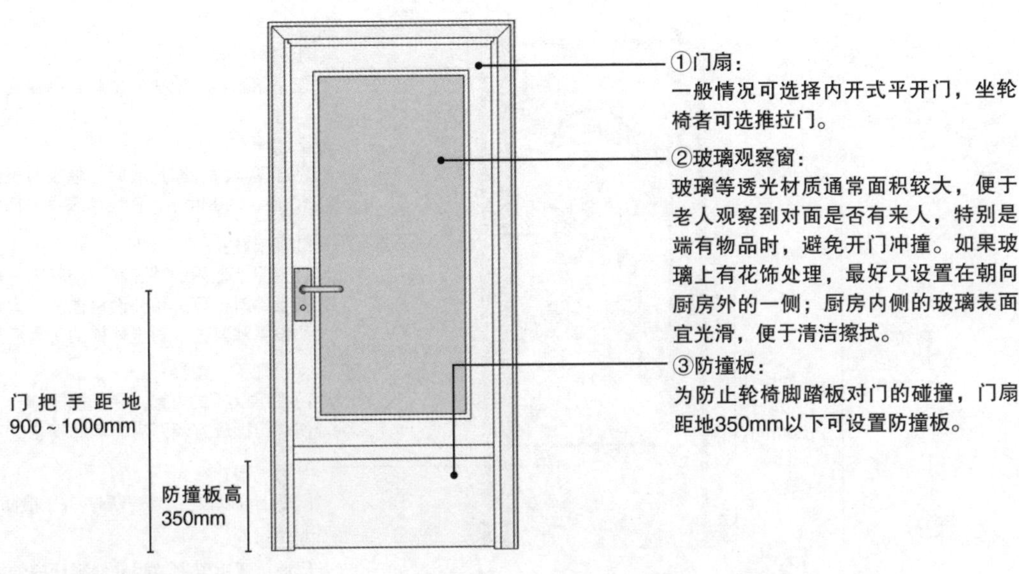

①门扇：
一般情况可选择内开式平开门，坐轮椅者可选推拉门。
②玻璃观察窗：
玻璃等透光材质通常面积较大，便于老人观察到对面是否有来人，特别是端有物品时，避免开门冲撞。如果玻璃上有花饰处理，最好只设置在朝向厨房外的一侧；厨房内侧的玻璃表面宜光滑，便于清洁擦拭。
③防撞板：
为防止轮椅脚踏板对门的碰撞，门扇距地350mm以下可设置防撞板。
门把手距地
900～1000mm
防撞板高
350mm

图3.3.17　厨房门的设计要点

(5) 卫生间门的设计要点

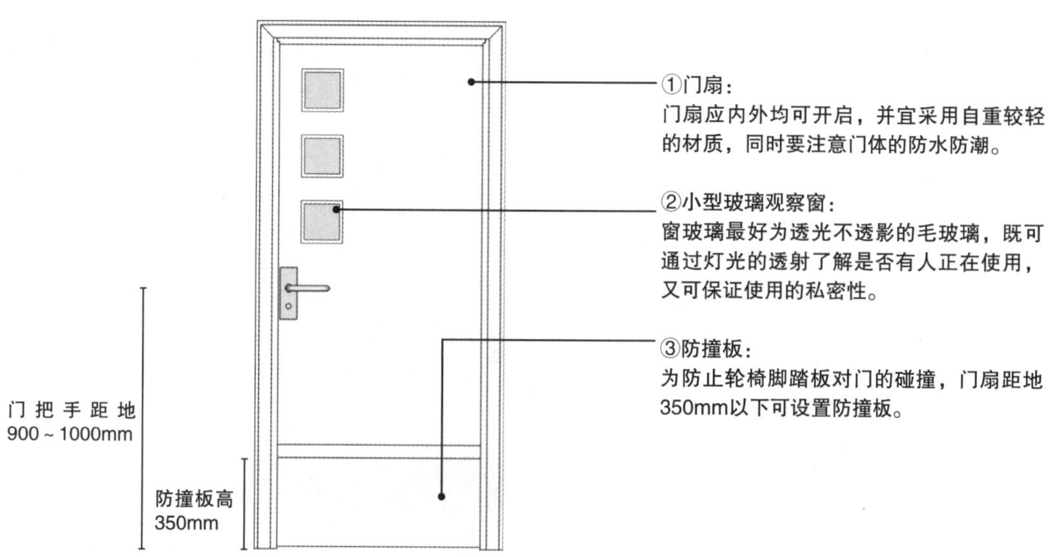

①门扇：
门扇应内外均可开启，并宜采用自重较轻的材质，同时要注意门体的防水防潮。
②小型玻璃观察窗：
窗玻璃最好为透光不透影的毛玻璃，既可通过灯光的透射了解是否有人正在使用，又可保证使用的私密性。
③防撞板：
为防止轮椅脚踏板对门的碰撞，门扇距地350mm以下可设置防撞板。
门把手距地
900～1000mm
防撞板高
350mm

图3.3.18　卫生间门的设计要点

(6) 阳台门的设计要点

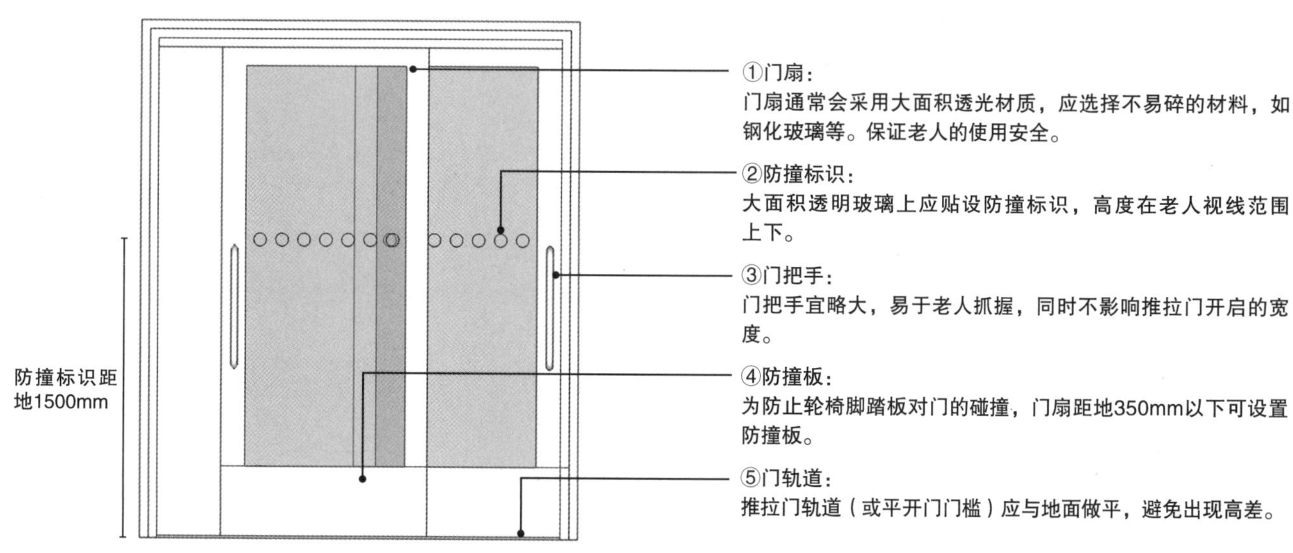

①门扇：
门扇通常会采用大面积透光材质，应选择不易碎的材料，如钢化玻璃等。保证老人的使用安全。
②防撞标识：
大面积透明玻璃上应贴设防撞标识，高度在老人视线范围上下。
③门把手：
门把手宜略大，易于老人抓握，同时不影响推拉门开启的宽度。
④防撞板：
为防止轮椅脚踏板对门的碰撞，门扇距地350mm以下可设置防撞板。
⑤门轨道：
推拉门轨道（或平开门门槛）应与地面做平，避免出现高差。
防撞标识距
地1500mm

图3.3.19　阳台门的设计要点

2. 老年住宅中窗的设计

[1] 住宅中常见窗的类型

目前住宅中窗的形式多种多样。在老年住宅中，窗的形式合适与否关系到老人操作的便利性和使用的安全性。对于下列较常出现的窗在设计及选择上应注意以下要点（表 3.3.3）：

不同类型窗的比较

表3.3.3

窗的类型	窗洞平面形式	窗洞剖面形式	主要适用范围	特点及注意事项
平开窗			卧室、餐厅、厨房等各类空间	注意窗地比，开启扇的位置和窗洞高度。
凸窗	① ②	① ②	卧室 起居室	有扩大室内空间的效果。 窗台可以置物。 可引入多方向的光线。 需妥善处理凸窗的保温与结露问题。 需考虑窗帘挂设的问题。
落地窗	① ②	① ②	阳台 起居室	采光、视野良好。 落地凸窗计入建筑面积。 当楼层较高时，老人可能会有恐高感。 窗下部玻璃应为防撞玻璃或加护栏。
转角窗	① ②	① ②	卧室 起居室	为房间引入多方向光线。 转角落地凸窗可在房间中扩展为一处独立的活动区。 窗洞口较大时对结构有较高要求。

[2] 老年住宅窗的设计原则

(1) 保证有效采光

窗的开设方式直接影响住宅室内的采光质量。充足的采光、明亮的居室对促进老人的身体健康和改善心理状态都十分有益。

● 因地制宜地选择窗的朝向

我国地域广阔，东西南北地域气候差异较大，不同地域对日照的需求及利用方式也不尽相同，应灵活利用建筑开窗朝向对室内采光进行调节。例如一些日照强度高的炎热地区，需尽量避免西向开窗，以免西晒加重室内的酷热；冬季寒冷的地区，则可利用西窗增加下午时段室内的进光量，提高室温，改善室内舒适度。

● 起居室、卧室宜选择南向、东南向开窗

窗子的朝向对室内采光有很大影响。在老人白天活动较多的房间，如起居室、卧室等，应尽量争取南向、东南向开窗，以充分利用日照条件，使老人在室内活动时也能沐浴到充足的阳光。

● 开设东西向窗应避免直对户门

一些楼栋端头的户型可能设有东、西向窗，早晨或傍晚的日光入射角较小，容易经由东、西向窗直射人眼。应注意避免东、西向窗直对户门的设计，以免斜射的强烈光线造成老人入户瞬间的眩光与不适。

● 加设小窗改善房间深处采光

在住宅楼的端单元户型中一些房间会有两道外墙，例如起居室或主卧室等大空间。此时可适当加设与主采光窗不同方位的小窗，既可提高室内通风质量，又可改善房间深处的采光（图 3.3.20）。

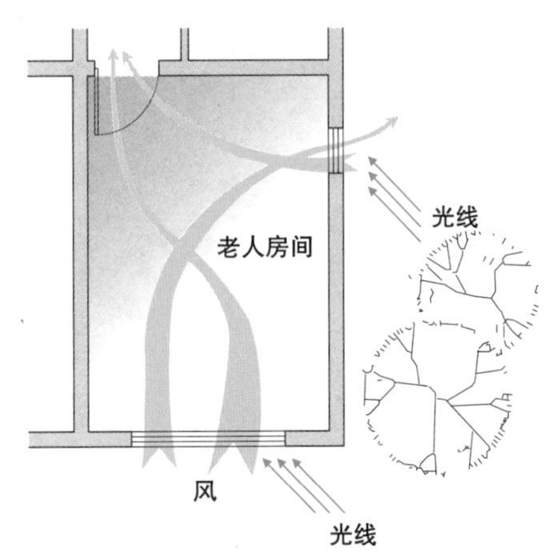
光线
老人房间
风
光线

图3.3.20 通过加设侧窗改善室内的采光通风环境

● **提高窗上沿高度增加进光深度**

对于进深较大的房间，可通过纵向提升窗上沿高度的方法，增加房间进光深度，从而改善室内的采光质量（图 3.3.21）。

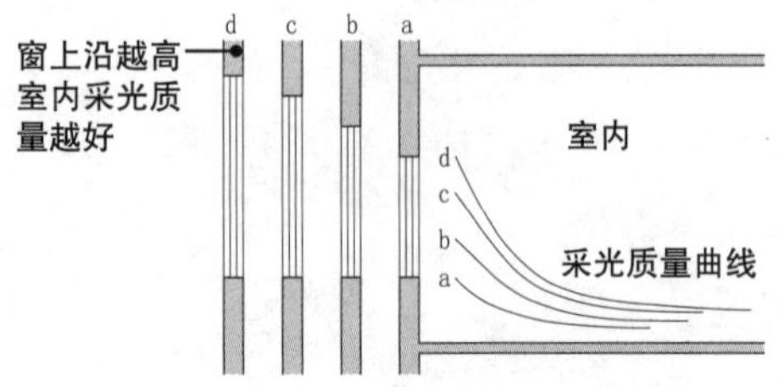

d c b a
窗上沿越高室内采光质量越好
室内
d
c
b
a
采光质量曲线

图3.3.21　不同窗上沿高度的采光质量比较

(2) 合理组织通风

● **注意窗扇与门窗洞口的对位关系**

在设定窗的位置时，要注意开启扇与户内门及其他门窗洞口的相对位置关系，组织好室内通风流线，尽量避免室内出现通风死角（图 3.3.22）。

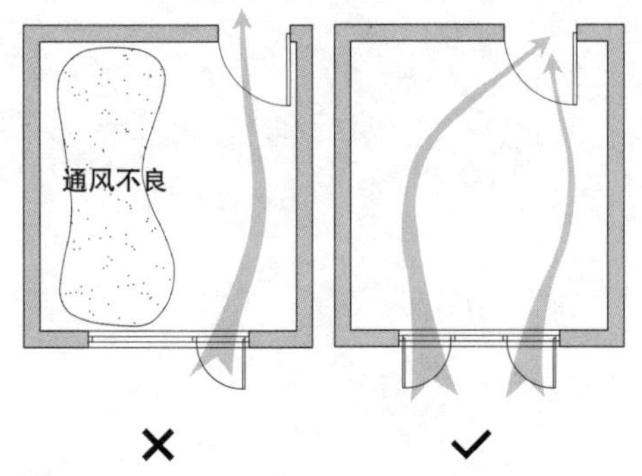

通风不良

图3.3.22　注意窗开启扇与门洞的相对位置，减少室内通风死角

● **采用利于导风的窗扇开启方向**

采用外开窗时，应注意使窗扇开启的方向利于主导风向进入房间，同时避免使窗扇轻易被风吹闭（图 3.3.23）。

● **采用复合开启式窗扇调节风量**

复合开启式窗扇既可平开也可内、外倒开，可根据需要更换其开启方式，起到调节风量和控制风向的作用。

例如在卧室采用内开内倒式复合型开启窗，当老人正常使用时，可将窗扇向内平开，保持室内良好的通风；当老人休息时，可采用上部内倒式开启，将进入室内的气流导向较高处，避免风直接吹向老人的身体（图 3.3.24）。

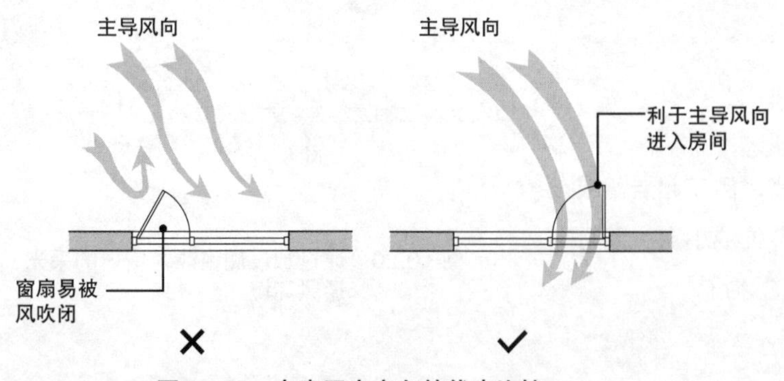

主导风向
主导风向
利于主导风向进入房间
窗扇易被风吹闭

图3.3.23　窗扇开启方向的优劣比较

风

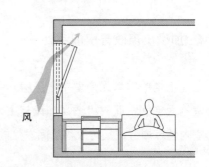

图3.3.24　内开内倒式窗可引导风从高处进入，避免直接吹向老人身体

● 通过空气微循环装置实现换气

条件允许时，可在窗扇及外墙上设置小型的动力通风器，以便在冬季不开窗的情况下能够引导室内空气微循环，既可实现通风换气又不会使室温骤降，易于老人的身体适应（参见 3.2 设备系统通用设计）。

(3) 易于开闭操作

● 窗扇开闭形式的优劣比较

根据窗扇开闭形式的不同，窗可分为固定窗、平开窗、旋转窗、推拉窗、复合开启窗等。目前住宅中以平开窗、推拉窗与复合开启窗应用最为广泛。

窗扇的开闭方式直接影响到老人使用上的安全方便与否。不同开闭形式的窗各有其优缺点，在老年住宅中，可视实际情况进行选用（表 3.3.4）。

窗扇不同开闭形式的优劣比较　　表3.3.4

窗扇的开闭形式			优点	缺点
平开式			气密性好，避免老人受缝隙风的侵扰。 隔声效果好，满足老人爱静的要求。 便于安装锁具，保证室内的安全性。	内开式窗扇开启时会占据室内空间，且易磕碰老人。 外开式窗扇较大时开启后不易关闭。 开启扇受风的影响，可能突然闭合，老人反应能力较差，容易受伤。 开闭操作所伴随的身体移动幅度比较大，对肢体活动有障碍的老人不便。
推拉式			开闭不需占据室内空间。 开闭操作所伴随的身体移动的幅度比较小，尤其适合轮椅老人使用。 便于窗台置物。	窗扇的气密性较差，不利于节能。 隔声效果较差。 耐久性较差，推拉轨道的凹槽易积灰，使开启受阻。
复合开启式			可两方向开启，能调节风量和风向，具有多功能的适应性。 常见的形式为内开内倒式。	对窗扇配件、材料质量要求较高。 配件易损坏。

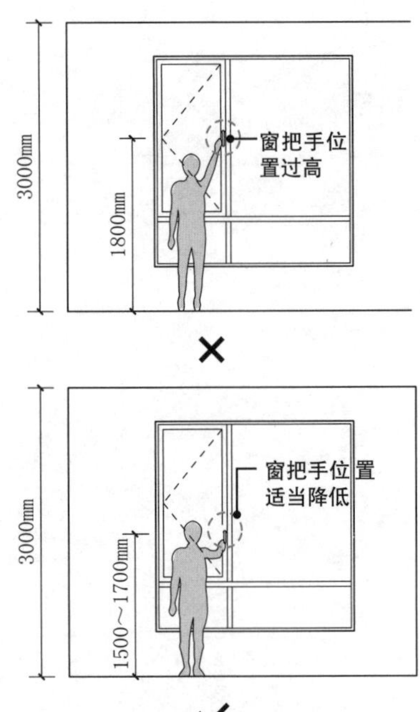
3000mm
1800mm
窗把手位
置过高
3000mm
1500～1700mm
窗把手位置
适当降低

图3.3.25　窗把手的高度要在老人容易够到的范围内

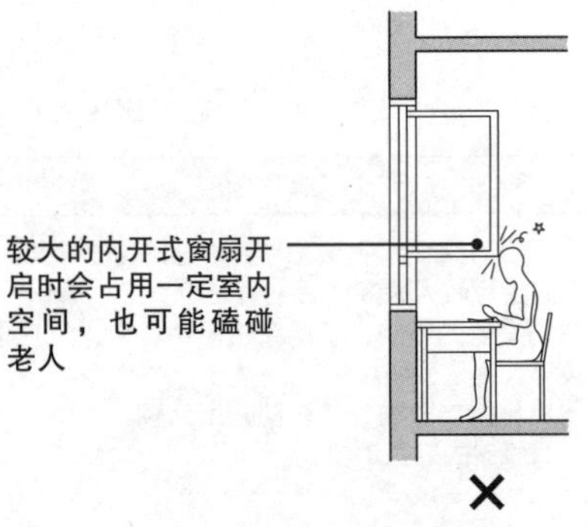
较大的内开式窗扇开
启时会占用一定室内
空间，也可能磕碰
老人

图3.3.26　应避免内开窗扇与窗前家具或人的活动产生冲突

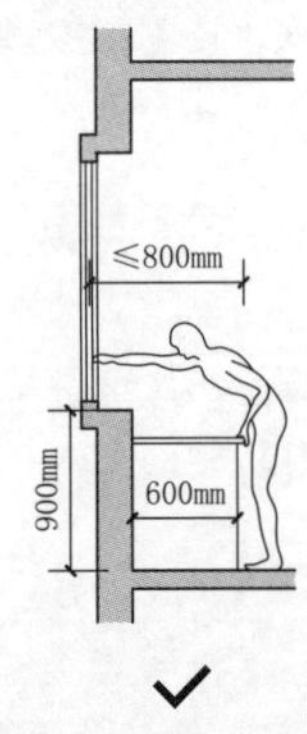
≤800mm
600mm
900mm

图3.3.27　书桌靠窗摆放时，窗台深度与书桌深度之和不宜大于800mm

● 采用轻质坚固的窗体材料

窗的开启扇宜选择自重较轻且牢固的材料，降低窗扇自身及配件的损坏概率，保证老人正常使用。

● 平开窗开启扇不宜过宽

平开窗的开启扇如果过宽，合页受力力矩不合理，容易损坏变形。

外开式窗扇过宽时，会增加开启与关闭时的难度。尤其是关闭外开窗时，老人不易够到拉手。

内开式窗扇过宽时，会占用较大的室内空间，对家具摆放带来不便，也易对老人造成磕碰。

● 窗开启扇把手高度不宜过高

窗把手的高度应在老人容易操作的范围内。

平开窗的把手容易忽略这个问题：为了使窗扇开闭时受力较均匀，平开窗开启扇的把手通常设在整个窗扇高度的中部。若窗扇高度较大，把手的高度也会相应提升，老人在开闭窗扇时就会费力且容易造成身体拉伤或扭伤。

解决方法是综合考虑窗开启扇自身尺寸和安装高度，将窗扇把手的位置降低，使把手的位置处于老年人操作舒适的范围内（图 3.3.25）。

● 留出开启窗扇的操作空间

老人一般希望日常活动时有充足的自然采光，往往会将常用家具如床、书桌、餐桌等摆放在窗附近。应考虑老人的生活习惯及窗前摆放家具的可能状况，避免窗扇的开启与其相冲突（图 3.3.26）。例如应留出便于老人靠近窗开启扇去开关窗的空档；注意避免窗扇开启后对老人的活动造成危险或与台面上的物品碰撞等问题。

最为常见的情况是房间面积有限，书桌沿窗摆放后，没有条件留出人靠近窗开启扇的空档，此时窗台的深度与书桌的深度之和不宜大于 800mm，这样老人尚可隔着家具直接开关窗户（图 3.3.27）。

(4) 利于布置家具设备

● 预留适当宽度的窗旁墙垛

在窗附近摆放家具时，应注意到窗旁墙垛宽度的合理设置，为老人提供多种家具布置选择的自由度（图 3.3.28）。

可在设计时根据房间功能以及面积指标，预先考虑到家具摆放的各种可能，结合不同家具的常规尺寸，确定合理的窗旁墙垛的宽度。

不同类型家具对窗旁墙垛宽度（H）的要求：

摆放书柜、书架，要求窗旁墙垛（H）≥ 350mm；

摆放衣柜，要求窗旁墙垛（H）≥ 650mm；

摆放单人床，要求窗旁墙垛（H）≥ 1000mm。

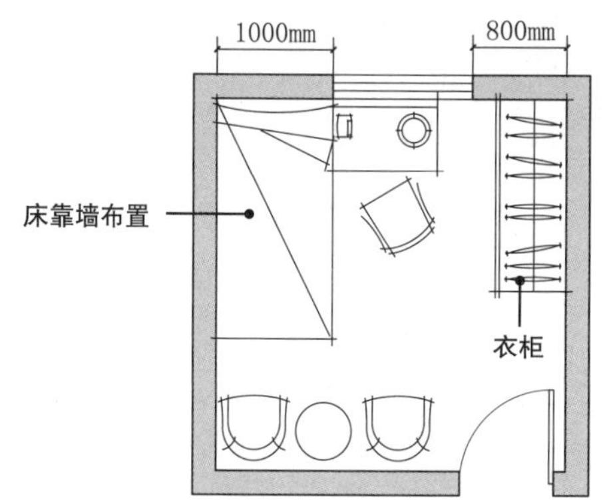
1000mm
800mm
床靠墙布置
衣柜

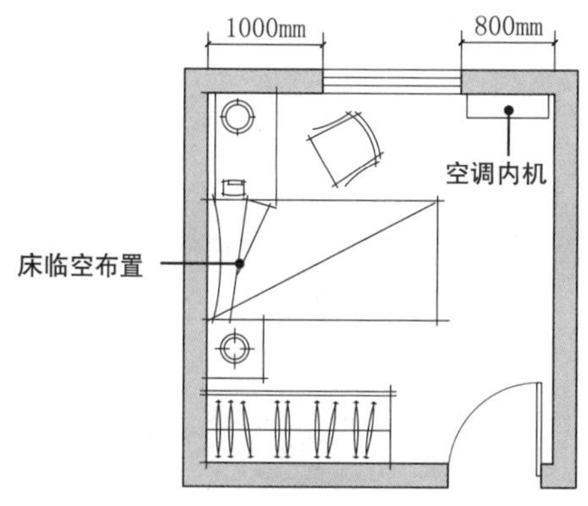
1000mm
800mm
空调内机
床临空布置

图3.3.28 窗边墙垛的宽度要兼顾家具设备摆放的可能性

(5) 保证视线畅通、视野宽阔

● 室内门窗洞口对位

在进行老年住宅户型设计时，如能注意门窗洞口的对位，使老人在室内较深处，视线也能穿过房间门、窗洞口看向室外，既可增强老年人心理上与室外环境的联系，又有利于保证老年人的心理健康，尤其是对于不能经常到室外活动的老人有积极的意义（图 3.3.29）。

● 开窗朝向景观和人们活动的区域

老人常因行动不便而失去许多获得外部信息的条件，若能做到将开窗的位置对着室外活动场地等较为热闹的地点，如儿童活动场地、小区出入口、中心绿地等，会便于老人观察外面人的活动，使窗真正成为老人了解外界的一个“窗口”，满足老人的心理诉求。

● 窗台和窗梃避免遮挡老人视线

设置窗台及窗梃时注意避免过多地遮挡老人视线。尤其应考虑到卧床或乘坐轮椅的老人视线高度较低，对于长期卧床的老人，其卧室设计成低窗台可减少对视线的遮挡，使老人观赏室外景色时视野更加开阔。

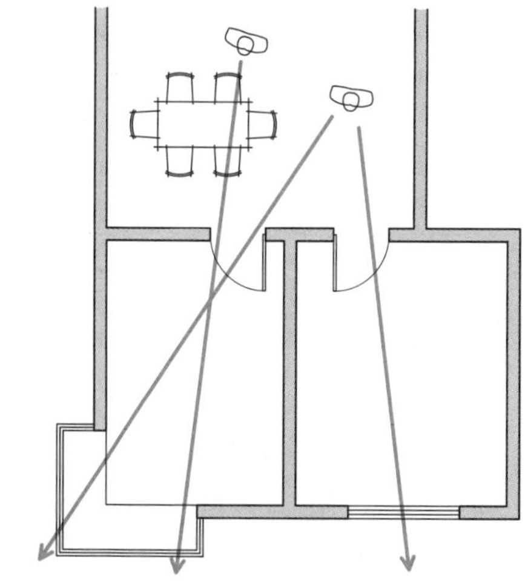

图3.3.29 注意门窗开启位置，使在室内空间中保持视线的畅通

(6) 重视安全防护

● 落地窗应采取防护措施

在高层住宅中采用落地窗时应考虑到老年人对于高度的敏感和不适。当楼层较高时，老人在落地窗旁站立可能会产生恐高感。因此应加设防护栏杆，或对落地窗下部玻璃采用磨砂处理，避免老人向下看时感到眩晕、恐惧。同时注意尽量不要选用外开形式的窗扇，以减轻老人的恐高感。

● 落地窗护栏宜设于室内

落地窗与低位开启窗需要加设护栏时，宜优先设在室内。内侧的护栏一方面可防止人或轮椅误撞到窗玻璃；另一方面可以兼做晾晒衣物、被褥的支架，对老人来说更为实用。护栏从窗内侧将人与落地窗隔开，也使老人心理上的安全感增强。

图3.3.30　角部采用向内开启的窗扇，便于清洁

(7) 便于清洁维护

● 考虑窗玻璃擦拭的便利性

设计窗时应保证老人能够方便、安全的擦拭窗扇，避免出现难以清理的“死角”。对于凸窗还应考虑其两侧窗扇的清洁问题。两侧窗扇宜能够向内开启，以使其朝向室外一侧便于清洁（图 3.3.30）。

● 留出窗护栏与玻璃间的清洁距离

当窗内外设有护栏时，需注意护栏与窗之间要留出擦玻璃、清洁操作所需距离。

[3] 不同空间及特殊形式窗的设计要点

老年住宅各空间中窗的设计要点除需满足上述基本原则以外，户内主要空间中的窗还需注重其他一些特殊需求：

(1) 厨房窗的设计要点

厨房窗的功能一方面是提供充足而有效的采光，另一方面是保证有效的开启面积，促进厨房内的通风换气，帮助油烟及有害气体排出。

● 窗洞口位置宜接近主要操作区

确定厨房窗的洞口位置时，首先要保证接近主要操作区域，例如洗涤池附近，以便为炊事操作提供足够的光线。另外要考虑家具设备和管井风道的布置要求。窗边通常宜留出一段墙垛，以便放置风道、管井和吊柜（图 3.3.31）。

炉灶附近不宜开窗，以免风吹灭炉火。

● 窗开启形式不应影响操作、置物

厨房窗的开启形式要根据不同情况进行选择。

平开窗的有效开启面积较大，对通风有利。但窗前布置洗涤池时，不宜采用平开窗。因为当窗扇为外开式时，老人隔着操作台面开窗比较困难；当采用内开窗时，又与洗涤池的水龙头相互妨碍（图 3.3.32）。

因此厨房窗前布置操作台时，宜选择推拉窗或下悬窗，但要注意通风量。

● 窗下部留出一定高度的固定扇

厨房窗下部可留有 300mm 高的固定扇，以放置一些洗涤剂之类的小物品，防止开窗时不慎将物品碰落到楼下误伤他人（图 3.3.33）。

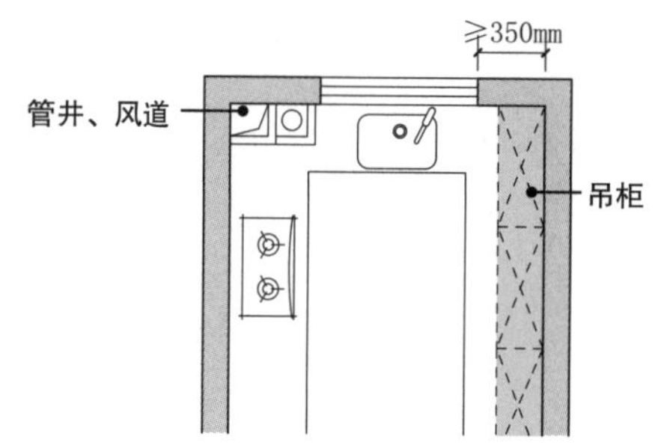

≥350mm
管井、风道
吊柜

图3.3.31 为方便布置吊柜，厨房窗边应留出350mm以上的宽度

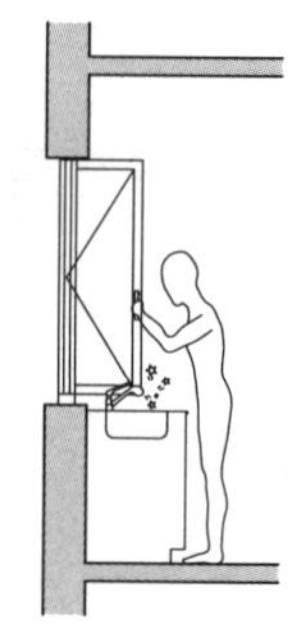

图3.3.32 窗前布置洗涤池时，应避免内开窗扇与洗涤池的水龙头相互妨碍

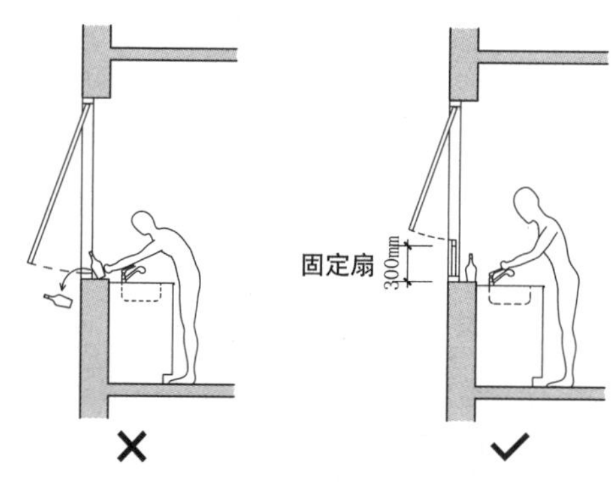

固定扇
300mm
×
✓

图3.3.33 厨房窗下部留出固定扇，防止小物品掉落到楼下砸伤他人

(2) 卫生间窗的设计要点

老年住宅的卫生间要尽量争取对外开窗，成为“明卫”，以获得自然采光和通风换气。

由于卫生间空间小设备多，确定窗洞口位置时会受到许多因素的制约。在设计时可参照以下思路：

● 窗洞位置选择的优选顺序

当卫生间有条件开窗时，卫生间窗洞口位置的选择应按以下原则进行：首先，应保证窗洞的位置不影响扶手、喷头、镜子等家具设备的布置；其次，要让老人方便开闭窗扇；再次，应尽量使窗的位置避开洗浴区，以免老人在洗澡时受到窗缝隙风的侵扰。

因此，卫生间开窗位置选择的优选顺序（从好到差）依次为：①无设备布置的自由墙面；②坐便器后墙面，以便保证老人能够接近窗户进行开闭操作；③淋浴间侧墙面；④浴缸侧墙面（图 3.3.34）。

● 利用小窗、高窗实现间接采光

一般来讲卫生间能开正常窗时不要开高窗。当卫生间无法对外直接开窗时，可通过向户内开设小窗、高窗等形式，获得从其他空间射入的光线。虽然不能获得良好的通风，但至少可达到间接采光的目的，对老人的活动安全十分有利。

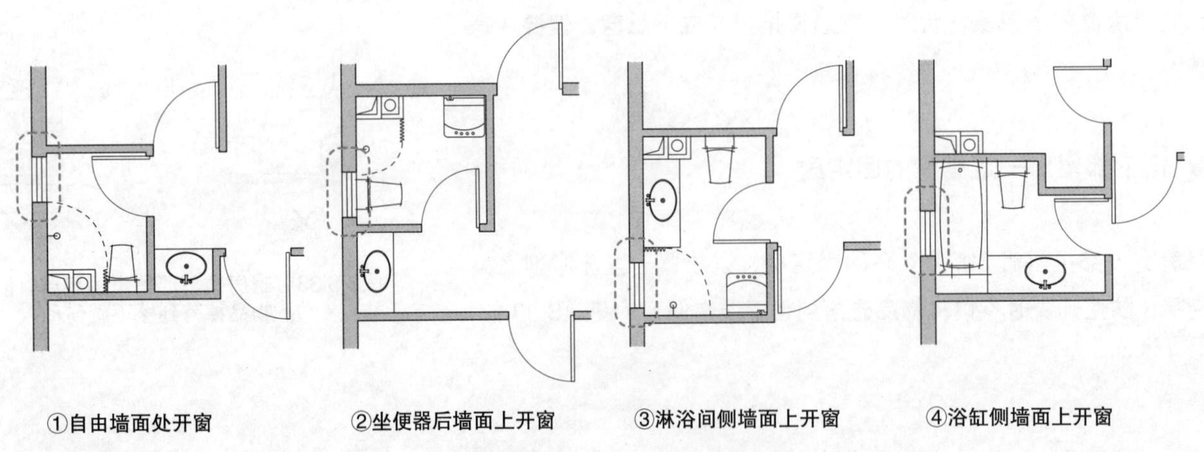
①自由墙面处开窗
②坐便器后墙面上开窗
③淋浴间侧墙面上开窗
④浴缸侧墙面上开窗

图3.3.34　卫生间窗的位置优劣比较（①优于②优于③优于④）

● 留出窗台和固定扇增加置物台面

可以充分利用卫生间窗台来补充置物台面的不足，因此可在窗下部采用高度不超过 300mm 的固定扇（参见图 3.3.33）。同时要注意开启窗扇的把手位置，应在老人操作舒适的高度范围内。

(3) 阳台窗的设计要点

阳台是调节室内光线、通风量及温度的屏障，也是老人进行日常休闲的场所。阳台窗的设置应能促进室内的采光通风，并应保证良好的视野。

● 注意与室内形成通风流线

阳台窗的开启扇要能与室内主要空间形成良好的通风流线。开启扇的位置要均匀分布，并保证足够的开启面积，使通风流畅（图 3.3.35）。窗开启扇宜选择能 180° 平开的形式，以免妨碍阳台活动的空间。另外还要注意内开窗的窗扇不要与阳台的晾衣杆和灯具发生冲突。

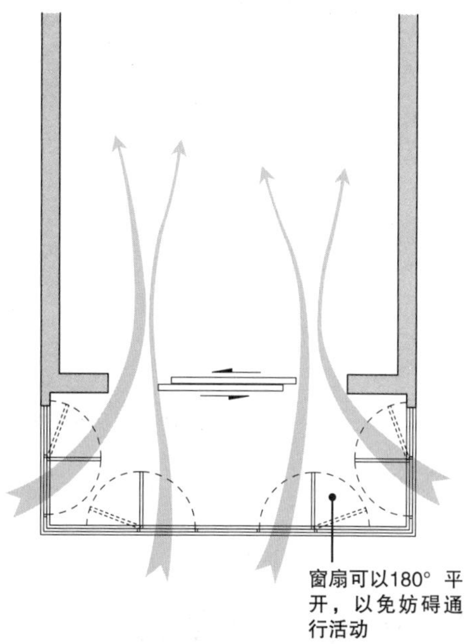
窗扇可以180° 平开，以免妨碍通行活动

图3.3.35　阳台窗应有足够的开启面积，保证通风流畅

● 采用落地窗引入更多光线

阳台窗采用落地窗有利于光线更多地进入室内，也便于使用轮椅的老人凭窗眺望下部庭院，观察人们的活动。但要注意做好落地窗的防撞处理。

(4) 凸窗

凸窗常用于不带阳台的卧室、起居室中。由于凸窗凸出于房间外墙，可以引入更多方向的光线和景观，并且具有扩大室内空间的效果，因此尤为适用于房间面积不大的中小型老年住宅中。

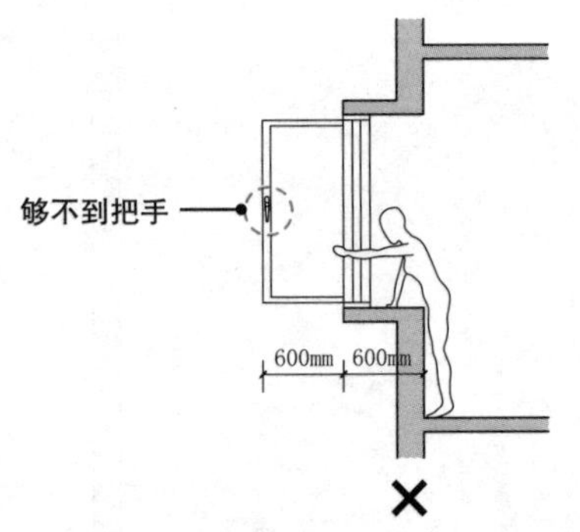
够不到把手
600mm
600mm
×

图3.3.36　凸窗由于深度较大，不宜采用外开窗扇的形式

400～450mm
×

图3.3.37　凸窗窗台高度在膝关节处，开启时易使老人磕碰和跪跌于窗台上

● 凸窗适宜采用推拉式和内开内倒式

凸窗适宜的开启方式为推拉式和内开内倒式。由于窗台已有一定的深度，如果采取向外平开式，老人必须探身才能开闭窗扇。这样在操作时上肢活动幅度增大，容易发生危险（图 3.3.36）。

向内平开的窗扇开启时容易与窗台上摆放的物品发生冲突，采用内开内倒式则可灵活开启窗扇。

● 凸窗窗台深度不宜过大

凸窗窗台具有一定深度，便于随手放置零碎小物，如眼镜、水杯、收音机，也可以摆放花盆等，因而深受老人的喜爱。但凸窗窗台过深会对老人开关窗扇的动作带来不便，所以将深度控制在 450 ～ 600mm 之间较为适宜。

● 凸窗窗台高度不宜过高或过低

在老年住宅中，凸窗窗台高度为 500 ～ 600mm 较为合适，既便于老人坐姿欣赏室外景观，又不会对开关窗扇造成阻碍。

高于 900mm 的窗台不利于轮椅老人看到室外的活动场景。而再低一些的窗台如 400 ～ 450mm 也不适宜：老人探身开关窗时，窗台正好卡在膝关节处，起不到支撑身体的作用，易导致老人跌跪于窗台上（图 3.3.37）。

第4章
老年住宅套内各空间设计

老年住宅的套内空间与一般住宅基本相似，都可以分为门厅、起居室、餐厅、卧室、厨房、卫生间、阳台、家务间、储藏间等功能空间。但与其他年龄段的人相比，老年人在心理、生理以及行为特点上都有一定差异，因而其对空间大小、功能布局、家具选择及摆放的要求也会有所不同。应从老年人的实际需求出发，以老年人体工学数据作为基础进行深入研究。本章中很多内容是在大量的入户调研和实地观察基础上总结得出的。

本章分为 9 小节，每小节分 5 项内容进行阐述：

①功能分区及基本尺寸要求——划定该空间的功能组成并给出基本尺寸；

②空间设计原则——概述该功能空间满足老人生活需求应遵循的设计原则；

③家具或设备设施布置要点——分析该功能空间中必要家具或设施设备的布置如何满足老年人的需求；

④典型平面示例——给出该功能空间的典型平面形式；

⑤设计要点总结——将本小节前述各项设计要点以图文并茂的形式予以总结。

4.1 门厅

1. 功能分区与基本尺寸要求
2. 空间设计原则
3. 常用家具布置要点
4. 典型平面布局示例
5. 设计要点总结

1. 功能分区与基本尺寸要求

[1] 功能分区和基本要点

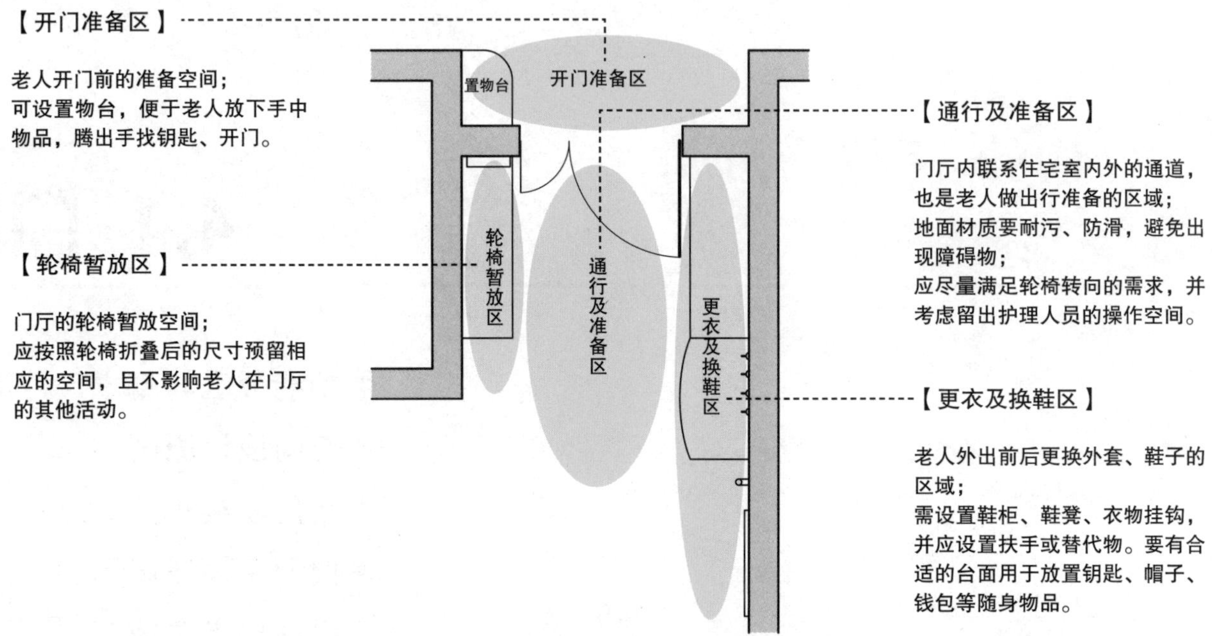

【开门准备区】
老人开门前的准备空间；
可设置物台，便于老人放下手中物品，腾出手找钥匙、开门。
【轮椅暂放区】
门厅的轮椅暂放空间；
应按照轮椅折叠后的尺寸预留相应的空间，且不影响老人在门厅的其他活动。
置物台
开门准备区
轮椅暂放区
通行及准备区
更衣及换鞋区
【通行及准备区】
门厅内联系住宅室内外的通道，也是老人做出行准备的区域；
地面材质要耐污、防滑，避免出现障碍物；
应尽量满足轮椅转向的需求，并考虑留出护理人员的操作空间。
【更衣及换鞋区】
老人外出前后更换外套、鞋子的区域；
需设置鞋柜、鞋凳、衣物挂钩，并应设置扶手或替代物。要有合适的台面用于放置钥匙、帽子、钱包等随身物品。

图4.1.1 老年住宅门厅的功能分区和基本要点

[2] 平面基本尺寸要求

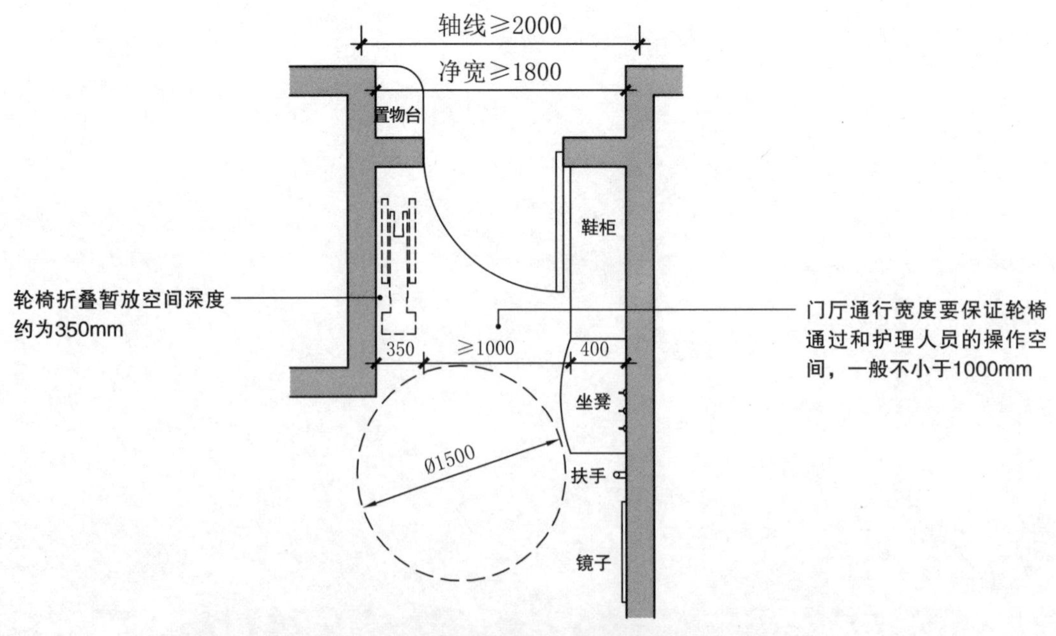

轴线≥2000
净宽≥1800
置物台
鞋柜
轮椅折叠暂放空间深度约为350mm
门厅通行宽度要保证轮椅通过和护理人员的操作空间，一般不小于1000mm
350
≥1000
400
坐凳
Ø1500
扶手
镜子

图4.1.2 老年住宅门厅的平面基本尺寸要求（尺寸单位：mm）

2. 空间设计原则

门厅在住宅中所占面积虽然不大，但使用频率较高。老人外出或回家时，往往要在门厅完成许多动作，例如换鞋、穿衣、开关灯、拿钥匙等。因此，门厅的各个功能须安排得紧凑有序，保证老人的动作顺畅、安全。

老年住宅的门厅空间设计通常需注意以下一些要点：

[1] 确定适当的门厅形式

门厅空间除了要满足换鞋等基本活动外，还应考虑到接待来客的必要空间和护理人员的活动空间，以及急救时担架出入所需的空间。考虑到乘坐轮椅老人的使用要求，还应留出轮椅通行及回转的空间。

● 应采用进深小而开敞的门厅

进深较小而开敞的门厅便于老人的活动，尤其是对轮椅的通行以及急救时担架的出入限制较小，还能使门厅更好地获得来自起居室等空间的间接采光（图 4.1.3a）。

● 避免进深大、开口多的门厅

进深较大的狭长状门厅对老人进出及轮椅的活动限制较大，尤其是狭长而又有转折的门厅会影响紧急情况下担架的出入。这样的门厅间接采光效果差，同时还占用了较多的面积，空间利用效率低（图 4.1.3b）。

开口多的门厅（图 4.1.3c）往往汇聚了多条交叉动线，无法形成稳定的空间，不利于老人在此行动的安全。

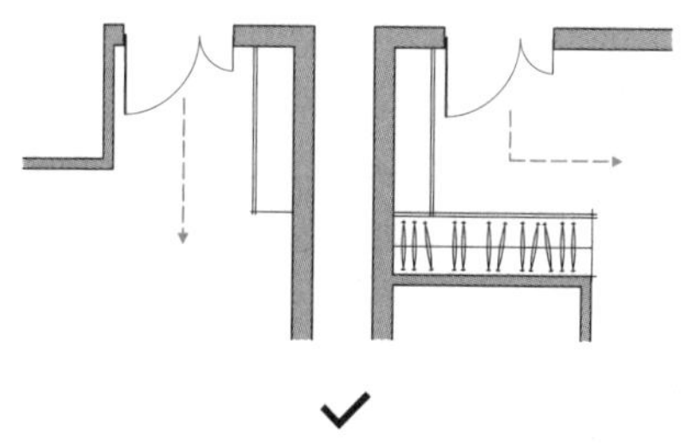

✓

a.进深小而开敞的门厅适用于老年住宅

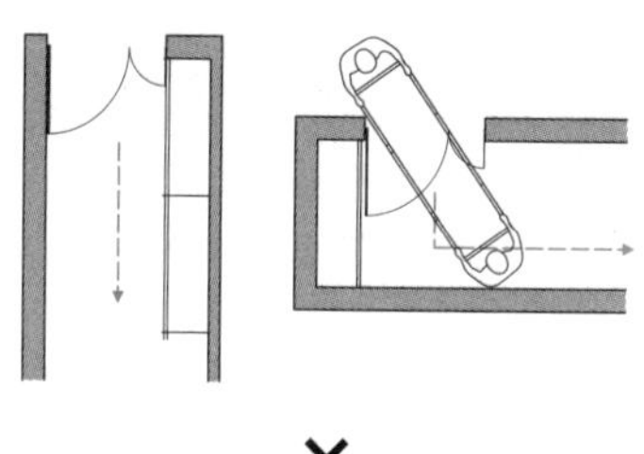

✕

b.进深大而狭长的门厅不适用于老年住宅

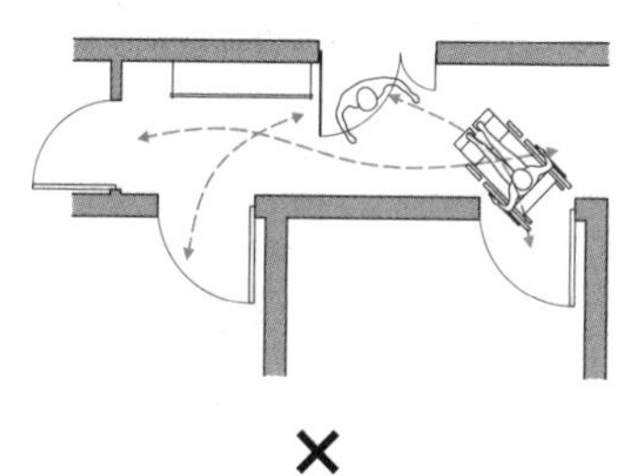

✕

c. 开口多的门厅不适用于老年住宅

图4.1.3 门厅形式的优劣比较

[2] 保证活动的安全方便

● 引入柔和的自然光

如有条件，门厅宜尽量争取自然采光，使老人进出门时能够看清环境，确保行动的安全方便。门厅以侧向柔和的自然采光最佳，不宜在一进门的正对面设置采光窗（尤其是东、西方向的窗），避免入射角很低的光线直接射入人眼，造成刺眼眩晕。

● 提供扶靠、安坐的条件

应在门厅为老人提供坐凳、扶手或扶手替代物（例如矮柜的台面等），便于老人安坐和扶靠，保障其换鞋、起坐和出入时的安全、稳定。

● 考虑轮椅的使用需求

户门把手侧应留出适宜的空间，方便轮椅使用者接近门把手、开关户门。门厅附近应有可供轮椅回转、掉头的空间。

户门处常会产生门槛，不利于轮椅进出，应尽量取消或降低。

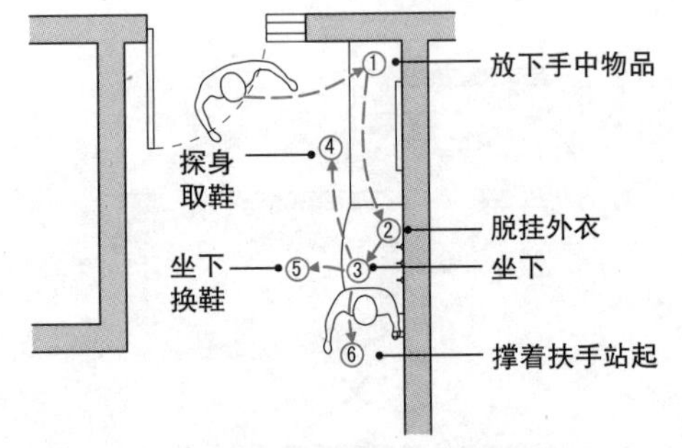

放下手中物品
探身
取鞋
脱挂外衣
坐下
换鞋
坐下
撑着扶手站起

图4.1.4 老人进门后的动作流程

● 合理安排家具

合理安排门厅家具布局，可以优化动线，有助于老人将在门厅的活动形成相对固定的程序。通常老人进门时的活动程序是：①放下手中物品——②脱挂外衣——③坐下——④探身取鞋——⑤坐下换鞋——⑥撑着扶手站起，出门的活动顺序大致相反（图 4.1.4）。按照熟悉的程序行动，可以有效避免老人遗忘或动作失误引起的危险。

● 预留提示板的位置

应在门厅设置提示板，提醒老人出远门前应做的事情，例如检查物品是否带齐、是否关闭家中所有的水、电开关等，帮助老人在一定程度上弥补由记忆衰退带来的不便。

提示板可设在鞋柜台面上方等易被老人看到处。

[3] 使具备灵活改造的条件

门厅空间一般较小，为提高适应性，应尽量避免用承重墙来限定空间。例如当老人行动自如时，可以用轻质隔墙、隔断或家具来围合成稳定的门厅空间，便于沿墙面布置储物家具；当老人乘坐轮椅时，可以拆除或改建隔墙，根据实际需求加大门厅的宽度，或者改为开敞式门厅，以确保轮椅通行和护理人员操作所需空间（图 4.1.5）。

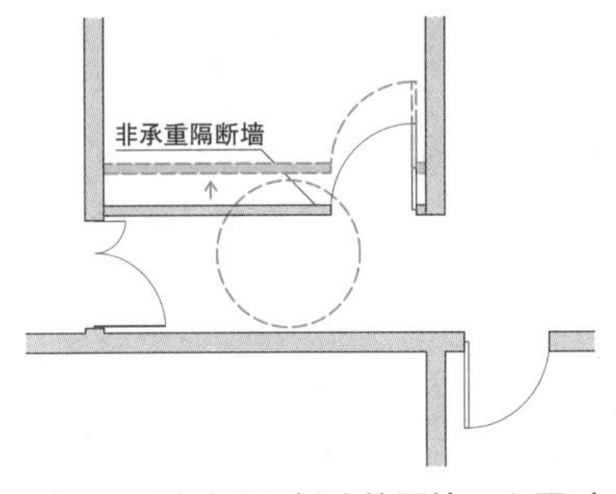

非承重隔断墙

a.门厅一侧采用可拆改的隔墙，必要时可调整，增加门厅宽度以便轮椅通过

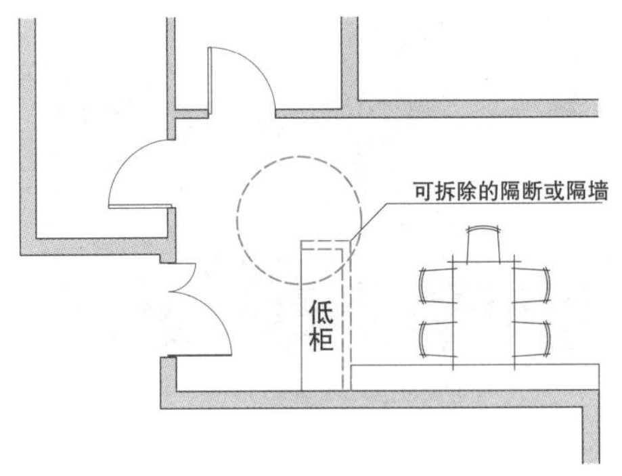

可拆除的隔断或隔墙
低柜

b.门厅采用灵活的隔断，必要时可拆除，让出轮椅回转的空间

图4.1.5　门厅应具备灵活改造的条件

[4] 保持视线的通达

● 选择开敞式门厅

在一般住宅中，为了门厅的独立性或室内其他空间的私密性，往往会用隔墙或家具作为屏障，遮挡入口处的视线。但在调研中发现，老年人却更愿意选择开敞式门厅。主要是希望门厅能与起居室等公共空间保持通畅的视线联系，以获得心理上的安全感。例如在起居室活动的老人可以随时了解到户门是否关好、是否有人从门外进来等，在家人进门时也可以互相打招呼。所以门厅家具宜选择低柜类，高度上不遮挡视线，并可以让部分光线透过，使门厅更加明亮（图 4.1.6）。

● 利用镜面拓展视野

如果无法保证门厅与起居空间视线的直通，可以通过镜子的反射作用来观察门厅的情况（图 4.1.7）。

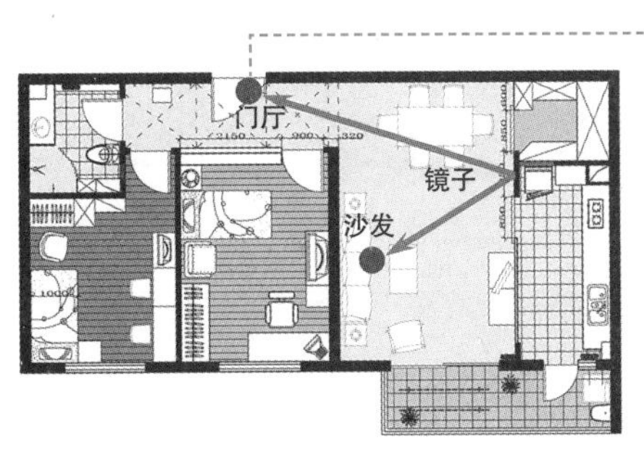

门厅
镜子
沙发

从门厅处可看到沙发上的老人

图4.1.7　通过镜子的反射使得坐在沙发上的老人可以观察到门厅的状况

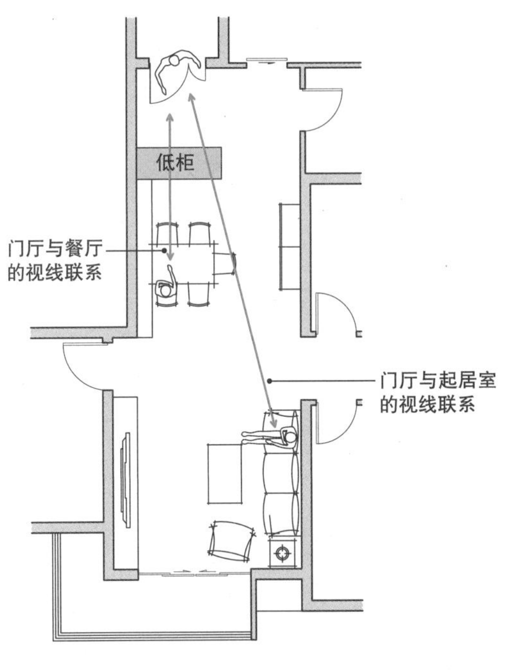

低柜
门厅与餐厅的视线联系
门厅与起居室的视线联系

图4.1.6　门厅家具采用低柜，保证了与餐厅、起居室的视线联系

Tips　门厅地垫的摆放要点

如果在门厅处摆放防尘地垫，应注意避免其厚度过大或边缘翘起，影响户门的开闭、轮椅的通行。地垫应能够较好地附着在地面上，可用双面胶带粘住，或地垫反面有较强的防滑处理，避免地垫滑动造成老人使用时跌倒。

门厅地垫应与地面粘合牢固

[5] 重视地面材质的选择

● 材质应耐污、防滑、防水

门厅地面常会被从室外带进的灰尘、泥土以及雨水等污染，地面材质应耐污、防滑、防水。材质表面不宜有过大的凹凸，要易于清洁且不绊脚。

● 材质交接处应避免高差

由于门厅与室内其他空间的使用需求不同，有时会将门厅地面另换一种材质，应注意材质交接处要平滑连接，不要产生高差。老人为了干净往往会在门厅铺设地垫，此时要注意地垫的附着性，避免滑动。

3. 常用家具布置要点

[1] 鞋柜、鞋凳

● 鞋柜、鞋凳的布置

老年住宅的门厅中鞋柜、鞋凳应靠近布置，最佳的形式为鞋柜与鞋凳相互垂直布置成 L 形。老人坐在凳上取、放、穿、脱鞋子比较顺手，安全省力。

向内开启的入户门会占用一定的门厅空间，应注意其开启时避免对老人活动产生干扰，例如当鞋凳位于户门附近时，要保证户门开关时不会碰撞到坐在鞋凳上的老年人（图 4.1.8）。

● 鞋柜、鞋凳的关键尺寸

鞋柜宜有台面，高度以 850mm 左右为宜，既可以当做置物平台，又可以兼具撑扶作用替代扶手（图 4.1.9）。当鞋柜采用平开门时，单扇柜门的宽度不宜大于 300mm。过宽的门扇在开启时会占用较多的门厅空间（图 4.1.10）。当乘坐轮椅的老人开启鞋柜时，就会没有足够的退后空间。

鞋凳应有适当的长度，除了人坐之外还可以随手放置包袋等物品。独立的鞋凳长度应不小于 450mm，当其侧面有物体或墙体时，鞋凳应适当加长，以免妨碍手臂的动作。鞋凳的深度可以较普通座位稍小，但不能小于 300mm，要保证老年人可以坐稳。

当鞋柜、鞋凳上方设有挂衣钩时，其深度不宜超过 450mm，以免老人难以够到挂钩。

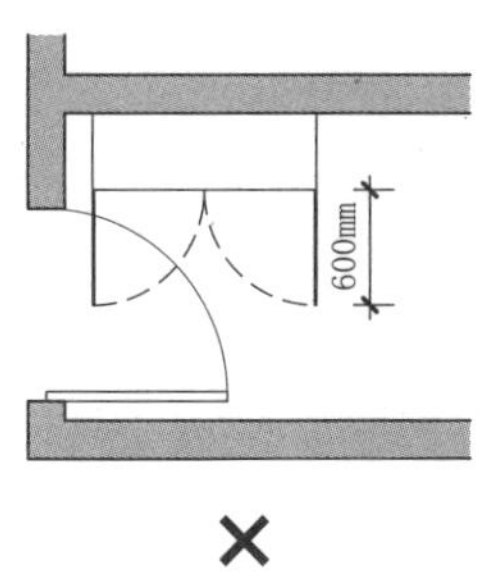
600mm

×

a.鞋柜柜门宽度过大，开启后会占据过多的走廊宽度

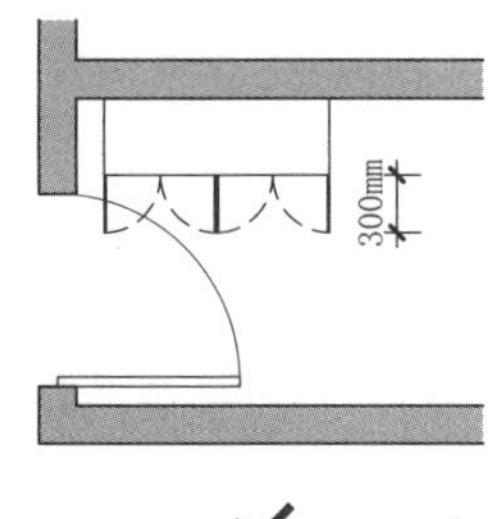
300mm

✓

b.鞋柜柜门分为两组，宽度较小，开启后不会占据过多的走廊宽度

图4.1.10　鞋柜柜门不宜过宽

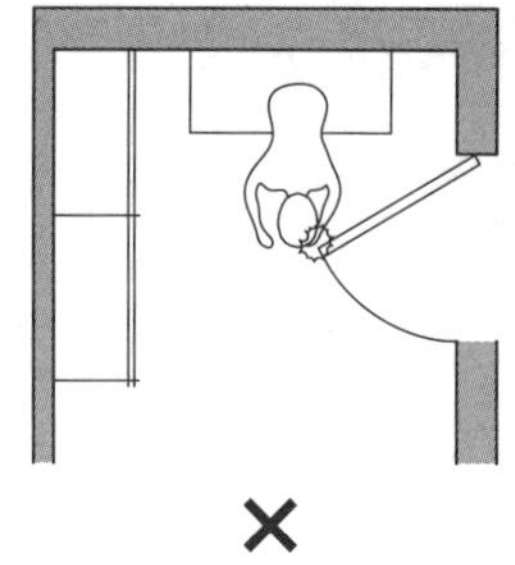

×

a.鞋凳的位置在门后，老人换鞋时可能被户门撞到

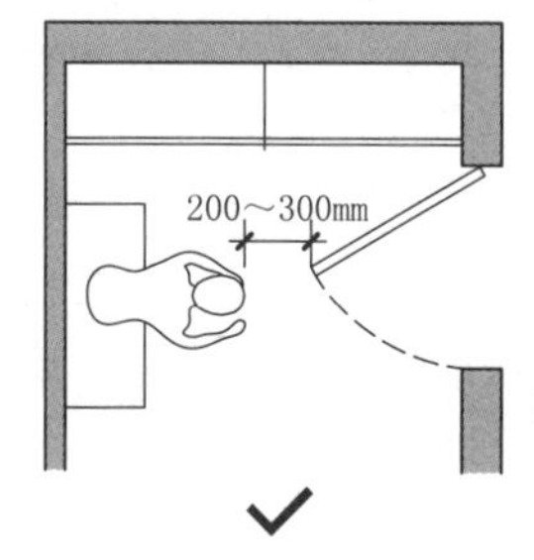
200～300mm

✓

b.鞋凳的位置在门前方，门开启时与人保持一定距离

图4.1.8　鞋凳与门的位置关系比较

图4.1.9　鞋柜的台面可以置物和兼做撑扶用

Tips　鞋柜下部挑空的好处

将鞋柜下部挑空有两个好处：
一是提供开敞的放鞋空间，使老人不必过度弯腰就能看到鞋柜下鞋子的位置，方便蹬穿（图a、b）。综合考虑鞋子的高度和人视线的可达性，鞋柜下部留出高约300mm的空档是较为适宜的。
二是由于鞋柜下部挑空，其最下层隔板也相应抬高了。老人不必深度弯腰就能取放鞋柜底层的鞋子，使用起来更为方便，即便是乘坐轮椅的老人也能轻松的取放。
应该注意的是，要防止柜底空档深度过大，鞋子被踢进后不易拿取。可以在空当内侧加设挡板等，防止鞋子进入过深。

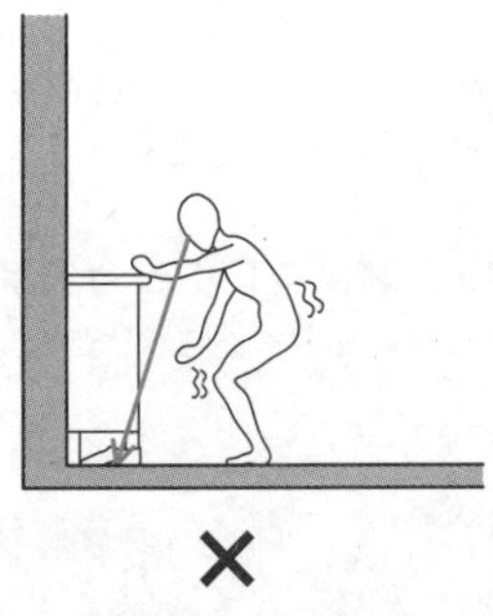

a.鞋柜下部的挑空高度过小，老人需要弯腰才可以看到并取到鞋子

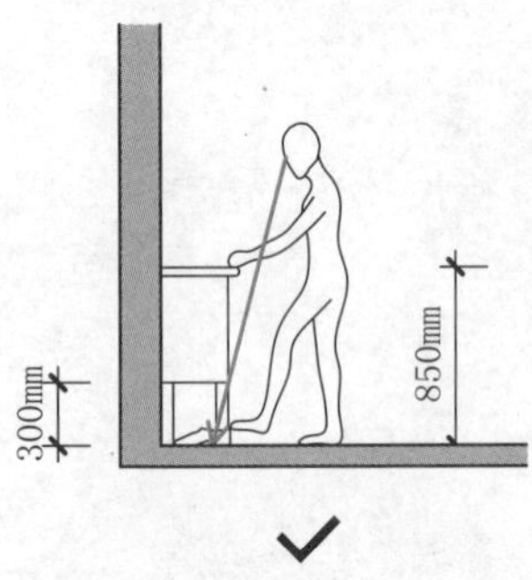
300mm
850mm

b.鞋柜下部的挑空高度约为300mm，老人不用弯腰就可以看到并取放鞋子

● 鞋凳旁的扶手

鞋凳旁边最好设置竖向扶手，以协助老人起立。扶手的安装要牢固，最好设在承重墙上，或在隔墙内预埋钢板或其他加固构件（图 4.1.11）。

扶手的形状要易于把握，尽量采用竖杆型，并采用手感温润的表面材质，如木材、树脂等。

● 设置部分开敞的放鞋空间

为了老人方便，可将一些常穿的鞋开敞放置，使其便于拿取、穿脱，保证老人换鞋时看得见，够得着。例如可以将鞋柜下部留出高度约 300mm 的空档，用于放置常穿的鞋子，避免鞋散乱在门厅地面上，将老人绊倒（图 4.1.12）。

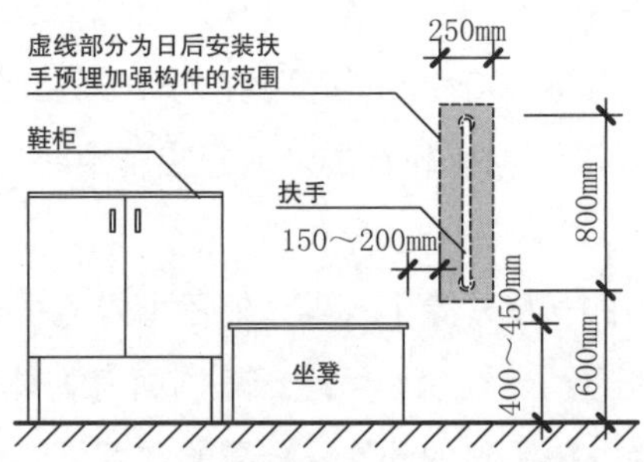
虚线部分为日后安装扶手预埋加强构件的范围
250mm
鞋柜
扶手
150～200mm
800mm
400～450mm
600mm
坐凳

图4.1.11　鞋凳旁预留安装扶手的条件

图4.1.12　鞋柜下部留出空当，方便老人看到和取放鞋子

[2] 衣柜、衣帽架

● 门厅空间宽裕时可设置衣柜或衣帽间

在门厅空间较为宽裕的情况下，可以设置衣柜或衣帽间。衣柜门不宜过宽，以免对轮椅老人的活动构成障碍，衣帽间常用部分可做成开敞式，方便老人拿取。

● 门厅空间有限时可设置开敞式衣帽架

当门厅的面积有限时，采用开敞式的衣帽架可以有效地节省空间。因为没有柜门，老年人尤其是轮椅老人取放衣物十分方便，但也有东西多时杂乱不美观的缺点。在选位时要注意尽量不要设置在主要视线集中处，如正对门的位置。

开敞式衣帽架的挂衣钩高度通常为 1300 ~ 1600mm，既防止碰头，又考虑到老年人（尤其是轮椅老人）适宜的使用高度（图 4.1.13）。需要注意的是供轮椅老人使用的挂衣钩不适合设置于墙角，以免轮椅接近困难。

图4.1.13　鞋凳和挂衣架的组合

[3] 穿衣镜

如有条件，宜在户门附近设置能照到全身的穿衣镜。老人外出前可在镜前照一下自己是否穿戴整齐，也有助于提醒老人是否有所遗忘。镜前区域应有一定的采光，或设置照明灯。

为防止轮椅碰撞，镜面下沿应高于地面 350mm 以上。

[4] 物品暂放平台

● 物品暂放平台的作用

可在户门附近为老人设置物品暂放平台。当老人手中拿有许多东西（如水瓶、购物袋、雨伞）时，需要先将物品放下，再腾出手找钥匙、开门。如果没有一个置物台面，就只能弯腰将物品暂时放在地上，或集中于一只手中，动作会局促、忙乱，容易发生危险。

● 物品暂放平台的位置

为取放物品、开门更为便利，平台的位置宜设在门开启侧，不宜在门扇背后，也不宜离户门太远（图 4.1.14）。

● 物品暂放平台的细部处理

物品暂放平台的高度要具有通用性，利于不同身高的人使用建议为 850 ~ 900mm，其下可以设置挂钩，买东西回来临时挂放一下；平台的边缘应圆滑，可以为弧形，避免有棱角磕碰到老人。平台下方的空间可以用于临时存放垃圾，也可保证轮椅老人接近门把手，使门边短墙利用率提高。

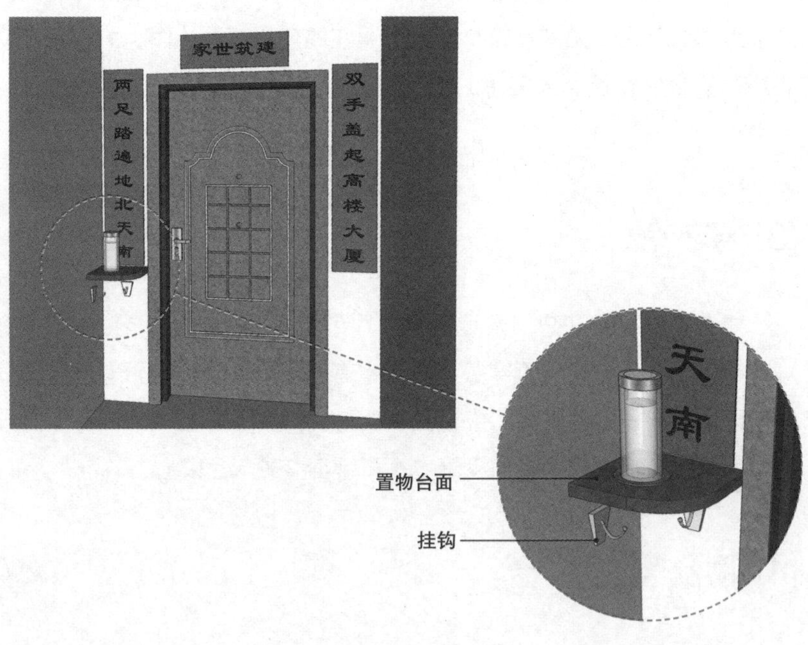

家世兴建
两足踏遍地北天南
双手盖起高楼大厦
天
南
置物台面
挂钩

图4.1.14　户门外的物品暂放平台

4. 典型平面布局示例

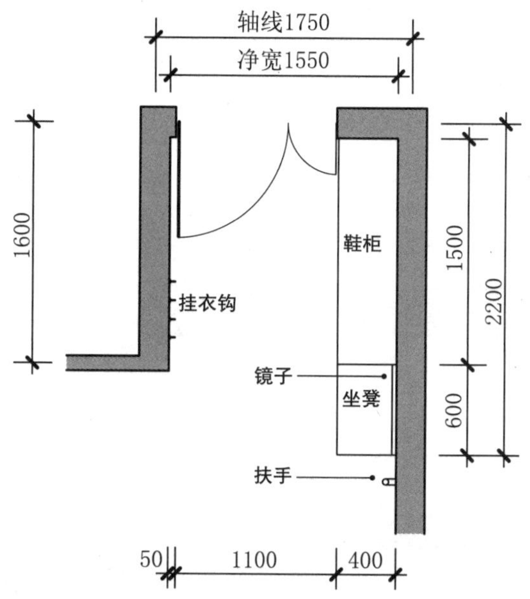

轴线1750
净宽1550
1600
鞋柜
挂衣钩
1500
2200
镜子
坐凳
600
扶手
50
1100
400

图4.1.15　适于一般老人使用的门厅示例图（尺寸单位：mm）

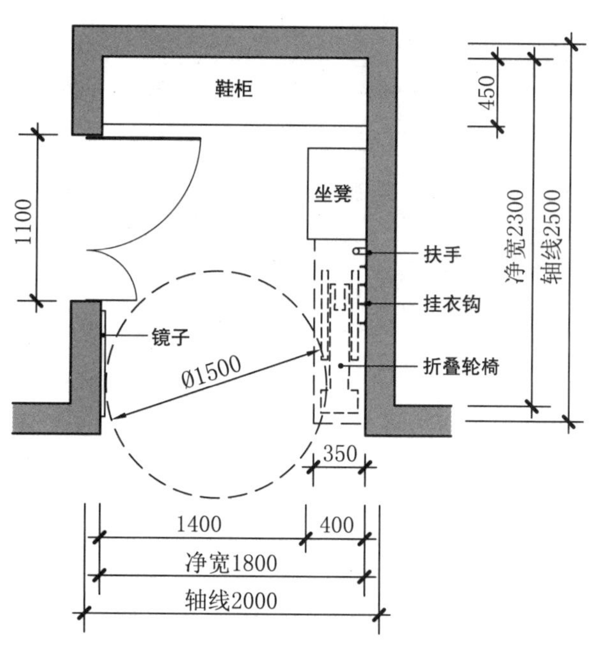

鞋柜
450
1100
坐凳
扶手
净宽2300
轴线2500
挂衣钩
镜子
Ø1500
折叠轮椅
350
1400
400
净宽1800
轴线2000

图4.1.16　适于轮椅老人使用的门厅示例图（尺寸单位：mm）

5. 设计要点总结

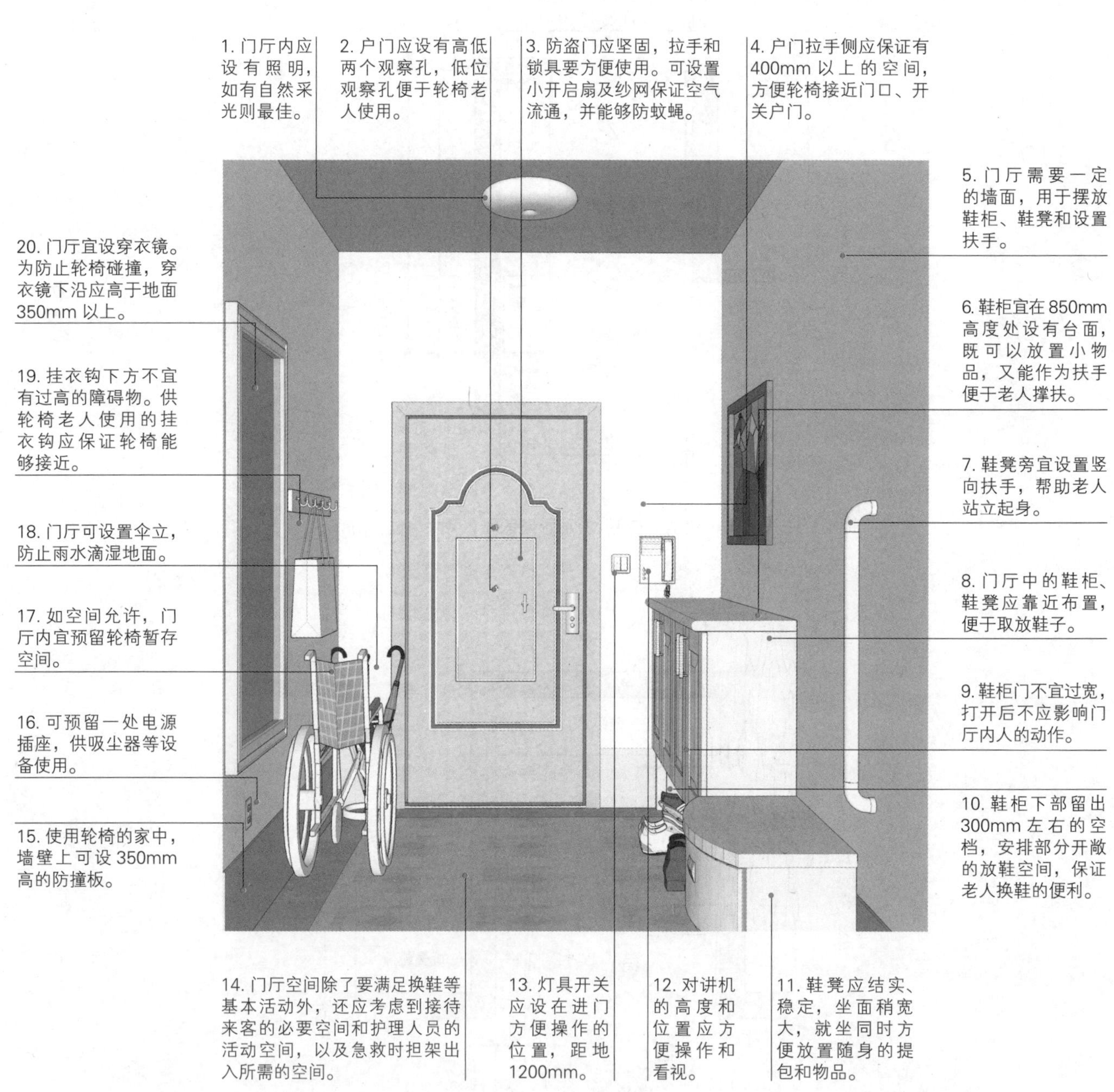

1. 门厅内应设有照明，如有自然采光则最佳。
2. 户门应设有高低两个观察孔，低位观察孔便于轮椅老人使用。
3. 防盗门应坚固，拉手和锁具要方便使用。可设置小开启扇及纱网保证空气流通，并能够防蚊蝇。
4. 户门拉手侧应保证有400mm以上的空间，方便轮椅接近门口、开关户门。
5. 门厅需要一定的墙面，用于摆放鞋柜、鞋凳和设置扶手。
6. 鞋柜宜在850mm高度处设有台面，既可以放置小物品，又能作为扶手便于老人撑扶。
7. 鞋凳旁宜设置竖向扶手，帮助老人站立起身。
8. 门厅中的鞋柜、鞋凳应靠近布置，便于取放鞋子。
9. 鞋柜门不宜过宽，打开后不应影响门厅内人的动作。
10. 鞋柜下部留出300mm左右的空档，安排部分开敞的放鞋空间，保证老人换鞋的便利。
11. 鞋凳应结实、稳定，坐面稍宽大，就坐同时方便放置随身的提包和物品。
12. 对讲机的高度和位置应方便操作和看视。
13. 灯具开关应设在进门方便操作的位置，距地1200mm。
14. 门厅空间除了要满足换鞋等基本活动外，还应考虑到接待来客的必要空间和护理人员的活动空间，以及急救时担架出入所需的空间。
15. 使用轮椅的家中，墙壁上可设350mm高的防撞板。
16. 可预留一处电源插座，供吸尘器等设备使用。
17. 如空间允许，门厅内宜预留轮椅暂存空间。
18. 门厅可设置伞立，防止雨水滴湿地面。
19. 挂衣钩下方不宜有过高的障碍物。供轮椅老人使用的挂衣钩应保证轮椅能够接近。
20. 门厅宜设穿衣镜。为防止轮椅碰撞，穿衣镜下沿应高于地面350mm以上。

图4.1.17 老年住宅门厅的设计要点总结

4.2 起居室

1. 功能分区与基本尺寸要求
2. 空间设计原则
3. 常用家具布置要点
4. 典型平面布局示例
5. 设计要点总结

1. 功能分区与基本尺寸要求

[1] 功能分区和基本要点

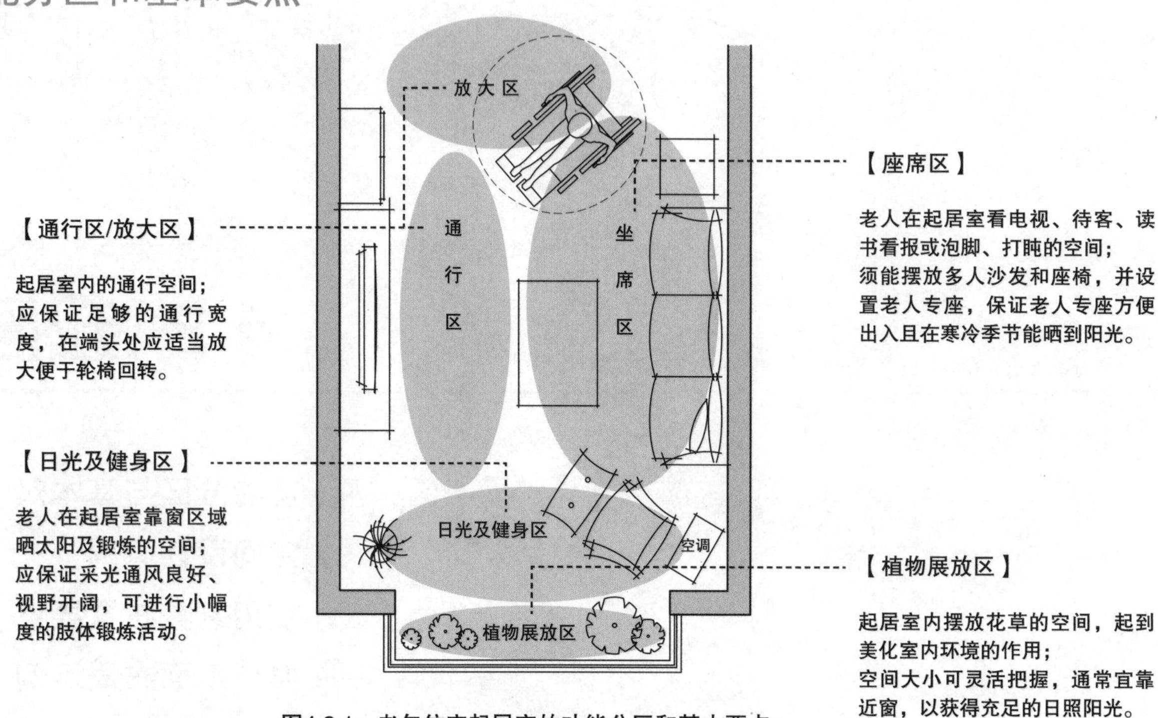

放大区
通行区
坐席区
日光及健身区
植物展放区
空调
【通行区/放大区】
起居室内的通行空间；
应保证足够的通行宽度，在端头处应适当放大便于轮椅回转。
【日光及健身区】
老人在起居室靠窗区域晒太阳及锻炼的空间；
应保证采光通风良好、视野开阔，可进行小幅度的肢体锻炼活动。
【座席区】
老人在起居室看电视、待客、读书看报或泡脚、打盹的空间；
须能摆放多人沙发和座椅，并设置老人专座，保证老人专座方便出入且在寒冷季节能晒到阳光。
【植物展放区】
起居室内摆放花草的空间，起到美化室内环境的作用；
空间大小可灵活把握，通常宜靠近窗，以获得充足的日照阳光。

图4.2.1 老年住宅起居室的功能分区和基本要点

[2] 平面基本尺寸要求

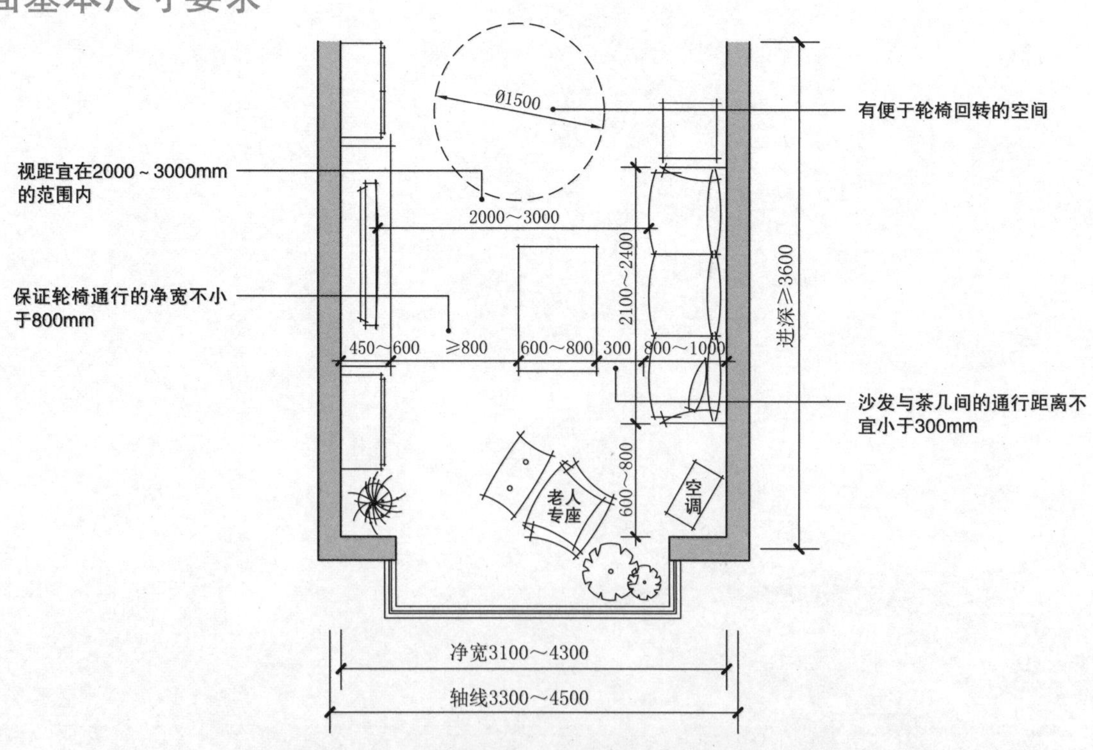

Ø1500
有便于轮椅回转的空间
视距宜在2000～3000mm的范围内
2000～3000
2100～2400
进深≥3600
保证轮椅通行的净宽不小于800mm
450～600
≥800
600～800
300
800～1000
沙发与茶几间的通行距离不宜小于300mm
600～800
老人专座
空调
净宽3100～4300
轴线3300～4500

图4.2.2 老年住宅起居室的平面基本尺寸要求（尺寸单位：mm）

2. 空间设计原则

起居室是老人进行聊天、待客等家庭活动和看电视、休闲健身等娱乐活动的主要场所。在设计时，应迎合老人的心理需求和活动能力，促进老人和家人以及外界环境之间的交流。

起居室应营造开敞明快、亲切温馨的氛围，使老人乐于在此停留；更要轻松愉悦、富有情趣，并保持适当的信息刺激，让老人感受到生活的乐趣，保持良好的情绪状态。

因此，老年住宅起居室的设计应遵循以下几项原则：

[1] 合理把握空间尺度

● 起居室适宜的开间、进深尺寸

起居室的开间、进深尺寸是考虑常用家具的摆放、轮椅的通行以及老人看电视的适宜视距而确定的。一般老年住宅中起居室的开间为3300 ~ 4500mm，进深通常不宜小于3600mm（参见图4.2.2）。

起居室过大会影响交流。过大的起居室容易造成座席之间相隔过远，老人不易听清旁人说话，妨碍了老人与亲友间的沟通，难以营造亲切温馨的气氛。另外，由于电视与座席一般靠墙布置于起居室两侧，起居室开间过大也会使视距相应增大，老人往往不易看清电视屏幕上的字及细节，也听不清声音。

起居室过小会对通行造成阻碍。起居室要满足日常生活的频繁使用需求，空间过小会影响老人行走和活动的通畅度，造成磕碰、绊脚等安全问题。对轮椅使用者，也难以完成回转动作。

起居室自身的进深与开间也要有良好的比例，通常为开间：进深=1:1 ~ 1:1.2。当进深过大时，房间深处采光较差，同时会让人感到空间视角偏小（图4.2.3）；进深过小时，不利于沙发、茶几和电视柜等家具的摆放，影响起居功能。

● 起居室的开间尺寸与其他空间的关系

有时为了追求空间开敞的效果，常通过加大起居室开间来提升空间品质。但当起居室开间过大时，会影响到其他房间的开间。例如老人卧室和起居室并列设置在南向的情况，在总开间有一定限制时，起居室占用的开间过大会影响到老人卧室的功能。因此要注意二者相互协调，掌握适当的开间尺寸（图4.2.4）。

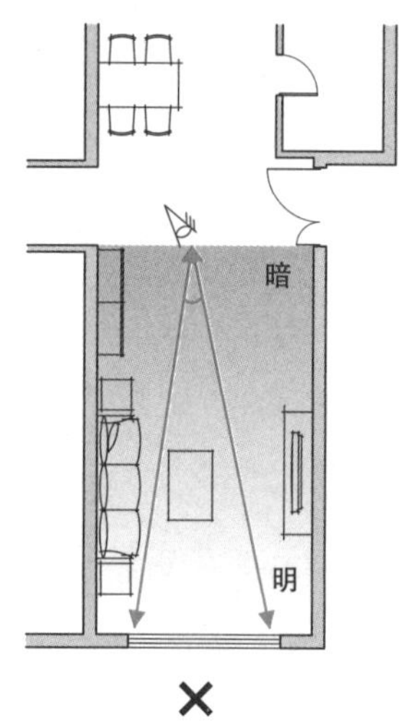
暗
明
×

图4.2.3 起居室的进深过大，房间深处采光较差，同时会感到空间窄、视野小

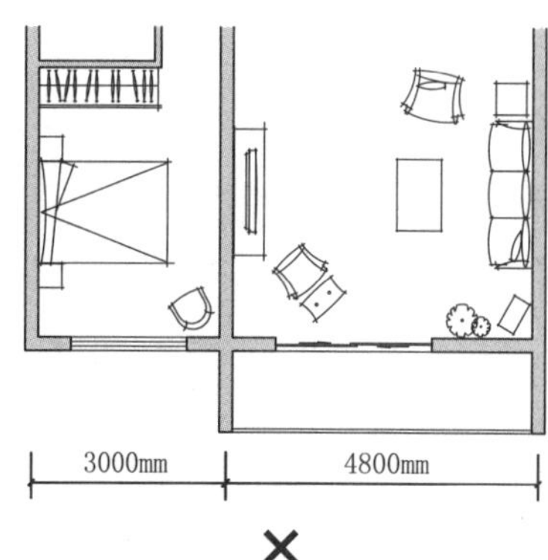
3000mm
4800mm
×

a.起居室开间过大，导致卧室开间较小，难以摆放电视柜等家具

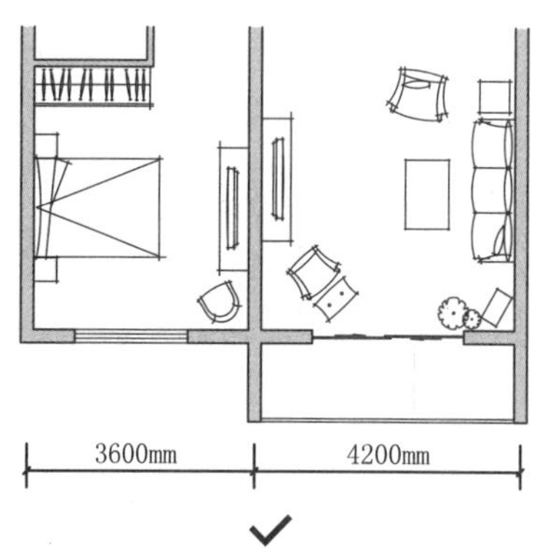
3600mm
4200mm
✓

b.起居室与卧室开间相互协调，两者空间效果均较好

图4.2.4 起居室与卧室开间尺寸的相互制约及优劣比较

[2] 有效组织交通动线

● 起居室宜位于住宅中部

作为生活起居的中心，起居室宜在住宅的中部。应通过起居室组织起住宅套内的各个空间，使老人从起居室到达其他各空间都比较近便，从而减少通行距离，方便家居活动。

● 起居室宜为“袋形”空间

起居室不宜成为通过式、穿行式空间（图 4.2.5）。应将套内主要交通动线组织在起居室的一侧，使沙发座席区和看电视区形成一个安定的“袋形”空间。

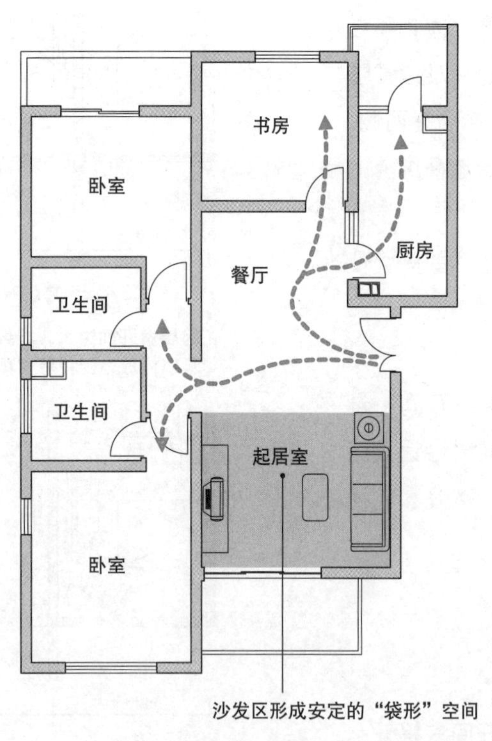
书房
卧室
厨房
餐厅
卫生间
卫生间
起居室
卧室
沙发区形成安定的“袋形”空间
✓

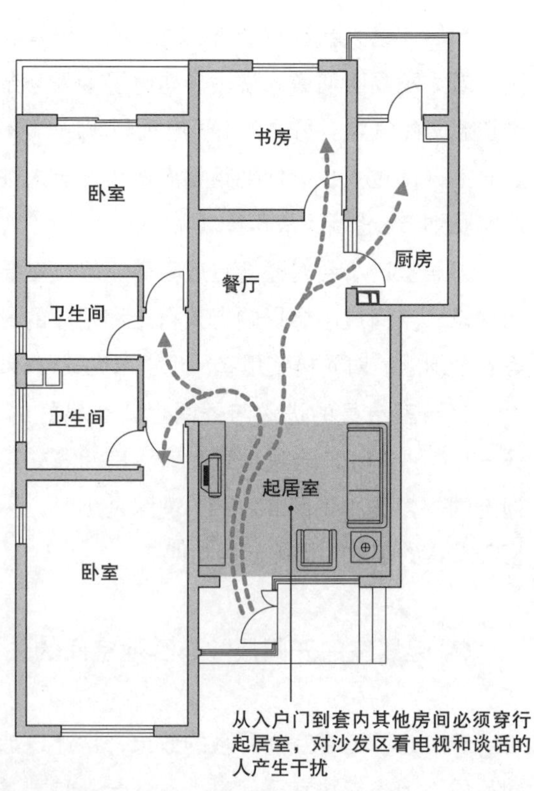
书房
卧室
厨房
餐厅
卫生间
卫生间
起居室
卧室
从入户门到套内其他房间必须穿行起居室，对沙发区看电视和谈话的人产生干扰
✕

图4.2.5 起居室宜形成安定的“袋形”空间，不应被主要交通动线穿过

3. 常用家具布置要点

[1] 坐具

● 坐席区宜面对门厅方向设置

起居室坐席区的位置应保证老人坐在沙发上就可以了解到户门附近的情况。因此坐席区宜面对门厅方向设置，保证老人不必起身行走就能方便地看到来者何人（图 4.2.6）。同时也能方便地观察到户门是否关好等情况，增强心理上的安全感。

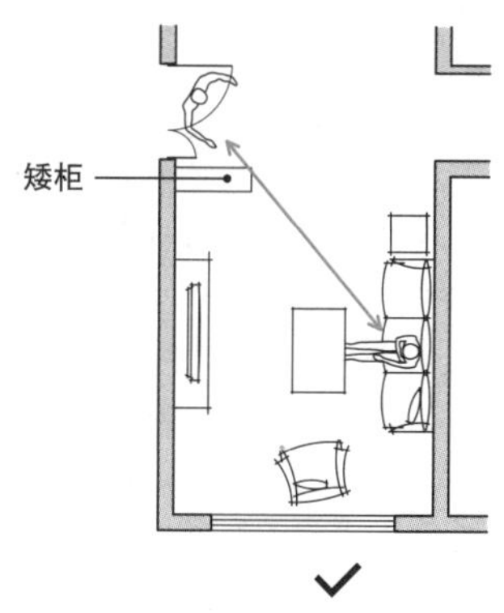

矮柜
✓

图4.2.6　坐席区面对门厅方向，老人坐在沙发上就可以了解到门厅的情况

● 坐具数量可按需而定

当住宅仅为老人自住时，起居室的坐具数量不必过多，满足老人的日常使用需求即可。考虑到子女探望或客人来访时的情况，可以存有少量备用座椅，并考虑其存放空间。

● 坐具摆放不宜过于封闭

起居室坐具的摆放应方便老人进出，防止绕行或绊脚。尽量不要采用大型组合沙发，以免将坐席区围合得过于封闭，造成通行不便（图 4.2.7）。

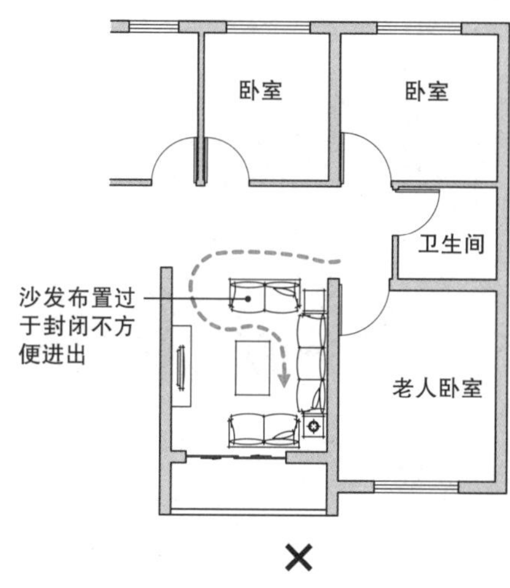

卧室
卧室
卫生间
沙发布置过于封闭不方便进出
老人卧室
✕

图4.2.7　起居室沙发过多，造成绕行

● 坐具宜便于灵活使用

起居室的坐具应注重使用的灵活性。例如将沙发座椅选择为可坐可睡的沙发床，以满足子女、亲友临时留宿的需要。

● 坐席区宜设置老人专座

坐席区内宜设置老人专座，位置应方便老人出入和晒太阳。如果老人需要使用轮椅，则宜在坐席区外侧留出足够的空间，便于轮椅进出（图 4.2.8），并尽可能使老人看电视时有较好的视角。

考虑到晒太阳的需要，起居室的老人专座宜靠近窗边阳光处布置。但也要注意与窗保持一定距离，使老人在能获得较好的自然光线照射的同时，免受外墙和窗冷辐射、缝隙风的侵扰。

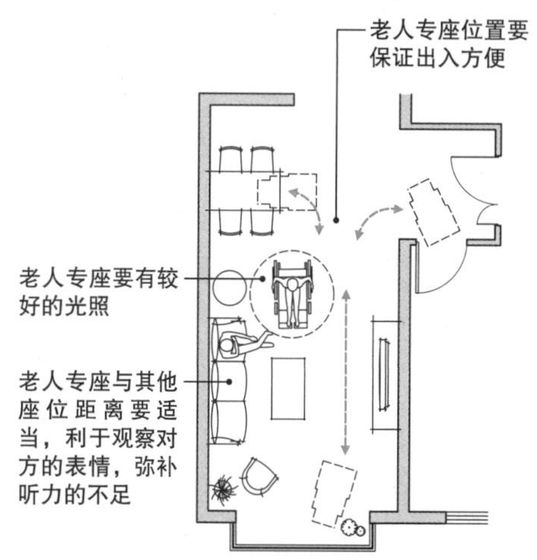

老人专座位置要保证出入方便
老人专座要有较好的光照
老人专座与其他座位距离要适当，利于观察对方的表情，弥补听力的不足

图4.2.8　老人专座的位置宜设在进出方便的地方

Tips　茶几的灵活使用

在调研中发现，老人会选用灵活、轻便的茶几，根据不同的情况而将茶几灵活摆放，满足多种使用需求。

平日老人自用时，可以将茶几集中摆放，来回走动时，周围空间很宽裕（图a）。将轻巧的茶几竖向摆放，就可以腾出足够的地方摆放泡脚盆。老人可以一边泡脚，一边看电视（图b）。家里人多时，还可以将两个茶几分开摆放，保证每人面前都有可以放置水杯的空间。

老人认为，如果这个茶几再添个小抽屉或者隔板，能存放点零碎物品就更完美了。

a.两个茶几的窄边拼合，可留出与沙发间充裕的行走空间

b.两个茶几的长边拼合，靠边摆放，可留出沙发前泡脚的空间

● **老人专座与其他座位距离不应过远**

由于听力逐渐衰退，老人往往需要通过观察对方的表情和口型来帮助其判断讲话内容，因此老人专座和其他座位的距离不能过远。另外，也应使讲话人的座席处于有光线的位置，便于老人看清和辨别讲话人脸部的表情和口型。

[2] 茶几

茶几作为沙发、座椅的配套家具，通常与坐具相近布置，供人们随手放置常用物品，例如零食、茶水、电视遥控器等。摆放在沙发、座椅前方的茶几称为“前几”，置于沙发、座椅一侧的称为“边几”。

● **茶几应灵活可动**

老年人使用的茶几应小巧轻便、灵活可动，便于老年人根据需要将茶几拉近或推离座位。

● **茶几高度应略高**

老人使用的茶几应略高于沙发坐面，通常在500mm左右较为适宜。坐在沙发上的老人无需过度俯身前倾就可取放茶杯等物品；过低的茶几在老人起身行走时容易造成磕绊，不宜采用。

● **前几与其他家具间应留出足够的通行距离**

前几与沙发之间的距离要大于300mm，保证老人顺利就坐、通过而不会造成磕碰；前几与电视柜的间距要保证轮椅单向通行，至少为800mm。

● **提倡在坐具旁设置边几**

放在沙发旁的边几可以供老人放置常用物品，例如药品、老花镜等。老人侧身就能取放物品，比在沙发前方设置茶几更为省力方便。边几的高度宜与沙发扶手高度相近。

通常可以将电话放置在座席区外侧的边几上，既便于老人坐在沙发上使用电话，又便于从其他房间过来接电话。

[3] 电视机与电视柜

● **电视柜的布置方式**

起居室的电视柜宜正对坐席区布置，并保证良好的视距和视角。还要注意电视与窗的位置关系，避免屏幕出现反射形成光斑，使老人无法看清屏幕上的画面。

● **电视机的适宜高度**

电视机设置的高度宜与老人坐姿视线高度相平或略高，防止长时间低头看电视造成老人颈部酸痛。最好能使老人头靠在沙发背上观看，使眼部自然放松且颈部有支撑，以缓解观看电视的疲劳感（图 4.2.9）。

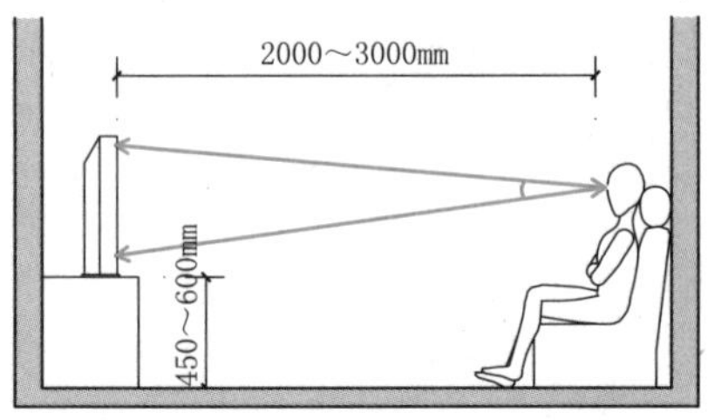
2000～3000mm
450～600mm

图4.2.9 电视机高度宜与老人坐姿视线高度相平或略高

● **看电视视距与起居室开间的关系**

考虑到老人的听觉、视觉会逐渐衰退，电视机与坐席区的距离不宜过远，一般为 2000 ~ 3000mm。目前随着电视机厚度的逐渐变薄，薄板式、壁挂式电视逐渐增多，电视柜的深度也逐渐变小，从而可以使起居室节省一定的开间。

● **电视机周围的墙壁应注意隔声**

老人听力减退，往往将音量放得过大，容易对其他房间造成影响。由于老人就寝时间早，家人看电视的声音也会影响老人休息。因此，电视机附近的墙或门应重视隔声。

4. 典型平面布局示例

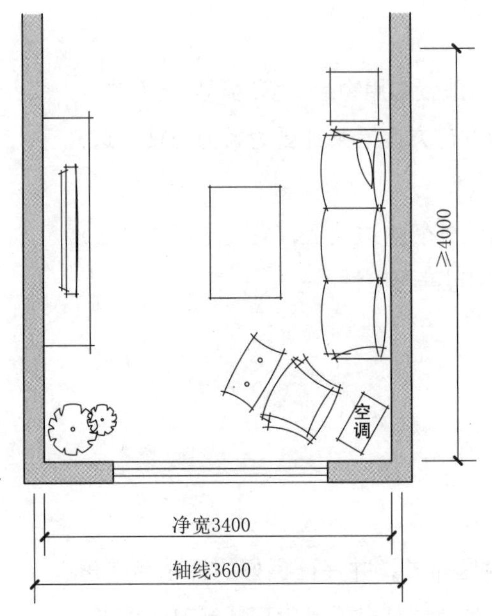

空调
≥4000
净宽3400
轴线3600

图4.2.10 适于一般老人使用的起居室示例图（尺寸单位：mm）

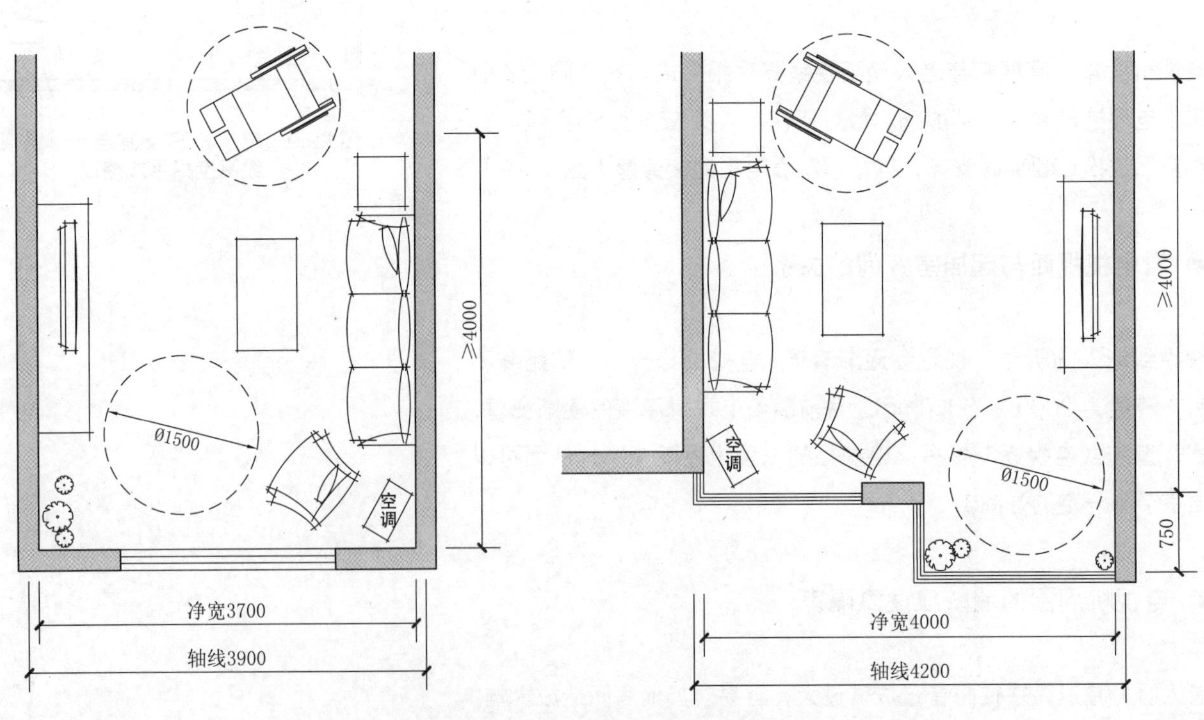

Ø1500
≥4000
空调
净宽3700
轴线3900
空调
Ø1500
≥4000
750
净宽4000
轴线4200

图4.2.11 适于轮椅老人使用的起居室示例图（尺寸单位：mm）

5. 设计要点总结

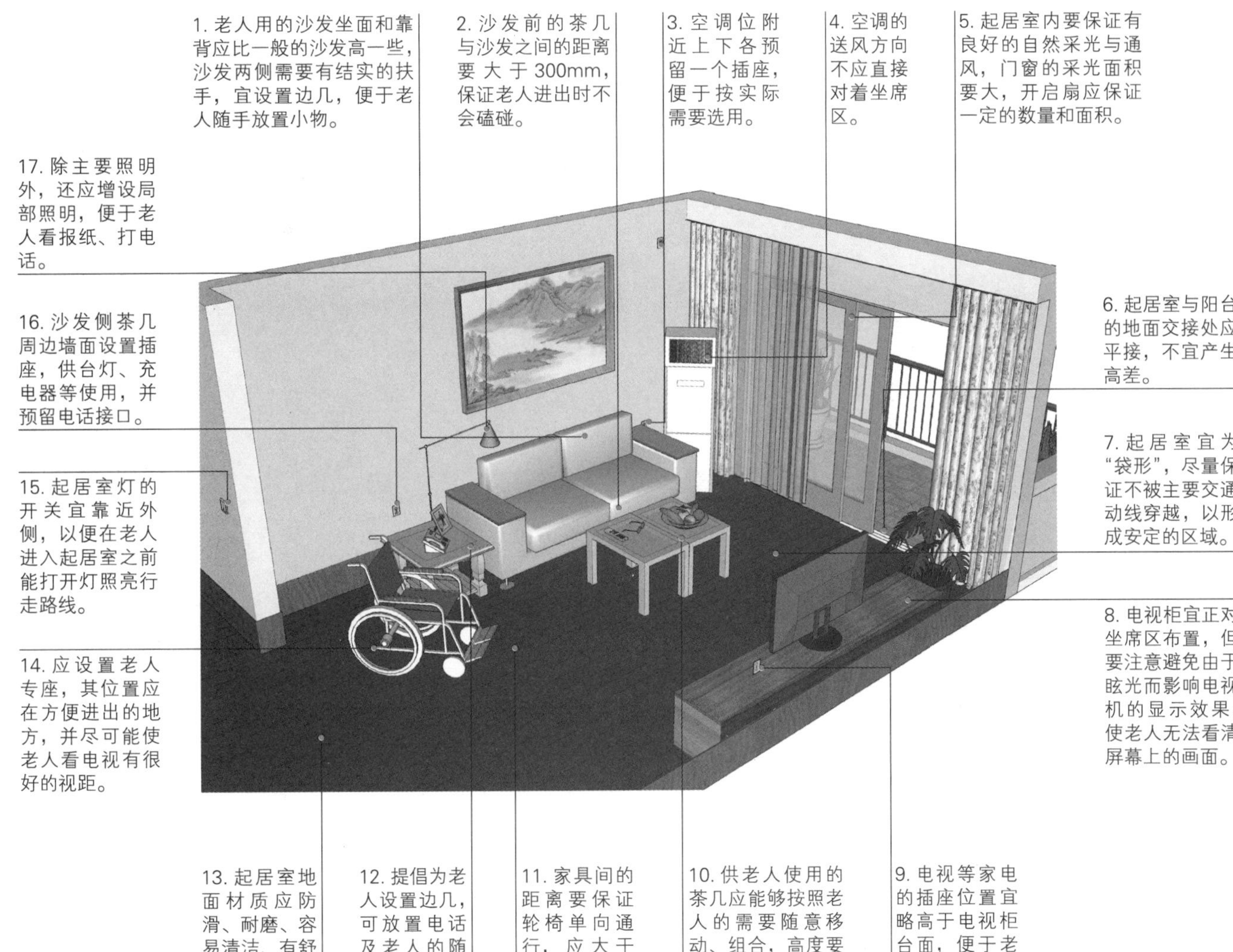
1. 老人用的沙发坐面和靠背应比一般的沙发高一些，沙发两侧需要有结实的扶手，宜设置边几，便于老人随手放置小物。
2. 沙发前的茶几与沙发之间的距离要大于300mm，保证老人进出时不会磕碰。
3. 空调位附近上下各预留一个插座，便于按实际需要选用。
4. 空调的送风方向不应直接对着坐席区。
5. 起居室内要保证有良好的自然采光与通风，门窗的采光面积要大，开启扇应保证一定的数量和面积。
6. 起居室与阳台的地面交接处应平接，不宜产生高差。
7. 起居室宜为“袋形”，尽量保证不被主要交通动线穿越，以形成安定的区域。
8. 电视柜宜正对坐席区布置，但要注意避免由于眩光而影响电视机的显示效果，使老人无法看清屏幕上的画面。
9. 电视等家电的插座位置宜略高于电视柜台面，便于老人插拔插头。
10. 供老人使用的茶几应能够按照老人的需要随意移动、组合，高度要比一般茶几略高。
11. 家具间的距离要保证轮椅单向通行，应大于800mm。
12. 提倡为老人设置边几，可放置电话及老人的随身物品。
13. 起居室地面材质应防滑、耐磨、容易清洁、有舒适脚感。
14. 应设置老人专座，其位置应在方便进出的地方，并尽可能使老人看电视有很好的视距。
15. 起居室灯的开关宜靠近外侧，以便在老人进入起居室之前能打开灯照亮行走路线。
16. 沙发侧茶几周边墙面设置插座，供台灯、充电器等使用，并预留电话接口。
17. 除主要照明外，还应增设局部照明，便于老人看报纸、打电话。

图4.2.12　老年住宅起居室的设计要点总结

4.3 餐厅

1. 功能分区与基本尺寸要求
2. 空间设计原则
3. 常用家具布置要点
4. 典型平面布局示例
5. 设计要点总结

1. 功能分区与基本尺寸要求

[1] 功能分区和基本要点

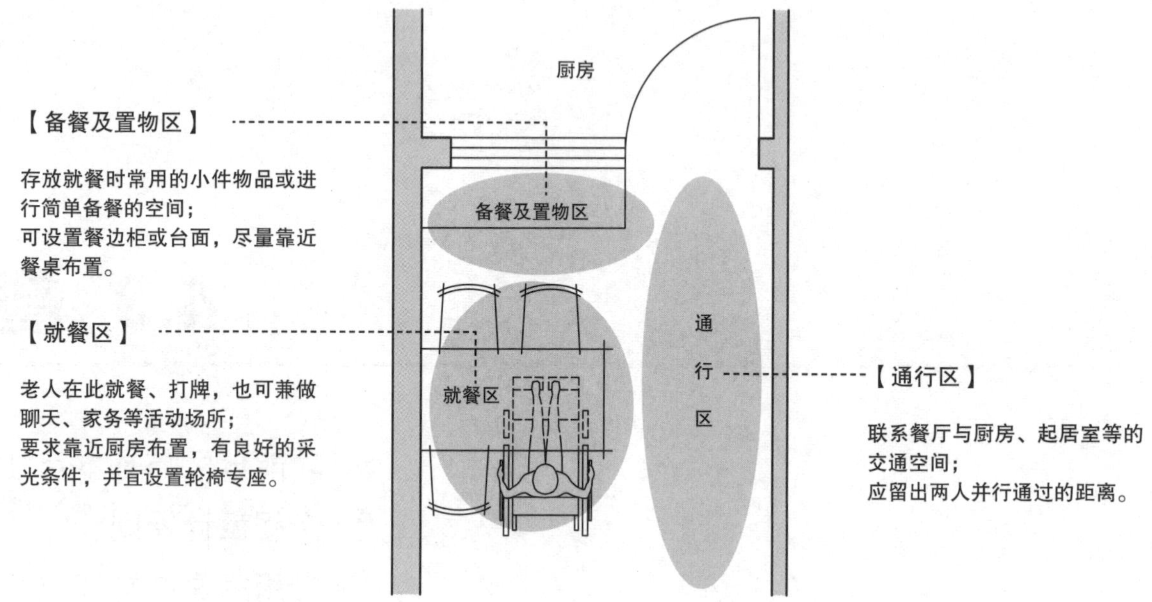

厨房
【备餐及置物区】
存放就餐时常用的小件物品或进行简单备餐的空间；
可设置餐边柜或台面，尽量靠近餐桌布置。
备餐及置物区
【就餐区】
老人在此就餐、打牌，也可兼做聊天、家务等活动场所；
要求靠近厨房布置，有良好的采光条件，并宜设置轮椅专座。
就餐区
通行区
【通行区】
联系餐厅与厨房、起居室等的交通空间；
应留出两人并行通过的距离。

图4.3.1 老年住宅餐厅的功能分区和基本要点

[2] 平面基本尺寸要求

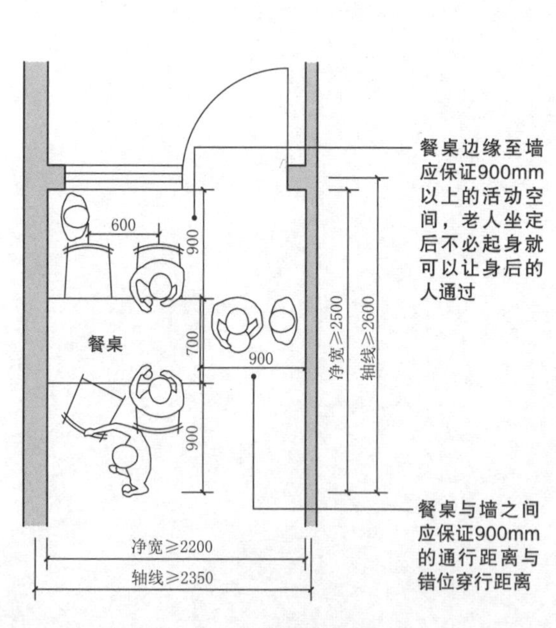

600
900
700
900
900
餐桌
净宽≥2500
轴线≥2600
净宽≥2200
轴线≥2350
餐桌边缘至墙应保证900mm以上的活动空间，老人坐定后不必起身就可以让身后的人通过
餐桌与墙之间应保证900mm的通行距离与错位穿行距离

a.一般老人适用的餐厅基本尺寸要求

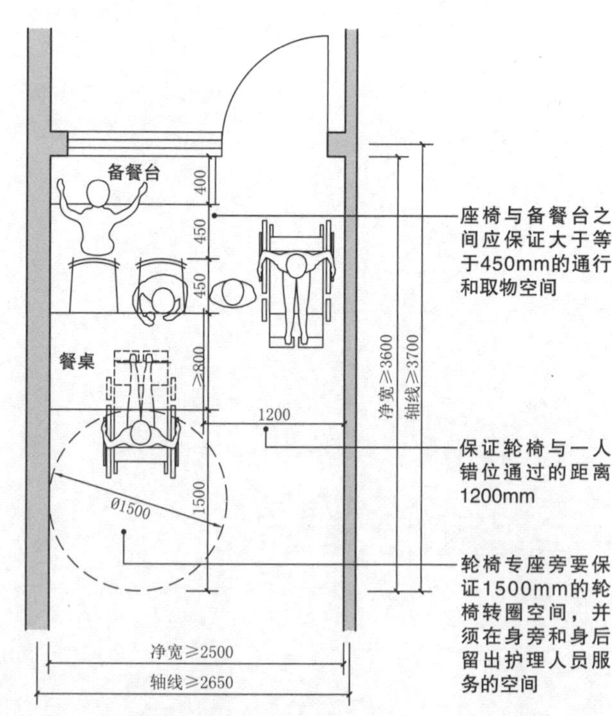

备餐台
400
450
450
≥800
1200
1500
Ø1500
餐桌
净宽≥3600
轴线≥3700
净宽≥2500
轴线≥2650
座椅与备餐台之间应保证大于等于450mm的通行和取物空间
保证轮椅与一人错位通过的距离1200mm
轮椅专座旁要保证1500mm的轮椅转圈空间，并须在身旁和身后留出护理人员服务的空间

b.轮椅老人适用的餐厅基本尺寸要求

图4.3.2 老年住宅餐厅的平面基本尺寸要求（尺寸单位：mm）

2. 空间设计原则

餐厅在老年人的日常生活中使用频率较高，一日三餐是老人生活中十分重要的组成部分。除了备餐、就餐外，老人往往还会利用餐桌的台面进行一些家务、娱乐活动，例如择菜、打牌等。因此，餐厅成了一个与起居室同等重要的公共活动场所。

老年住宅的餐厅空间设计应重视以下几项原则：

[1] 保证餐、厨的联系近便

在老年住宅中，餐厅宜邻近厨房，使上菜、取放餐具等活动更为便捷，避免使老人手持餐具行走过长距离（图 4.3.3）。餐厅到厨房的动线不宜穿越门厅等其他空间，以免与他人相撞或被地上的鞋绊倒。

此外还应保持餐厅与厨房之间的视线联系，便于在餐厅和厨房中活动的人能相互交流，了解对方的状况（图 4.3.4）。

图4.3.3　餐厅靠近厨房布置，动线便捷

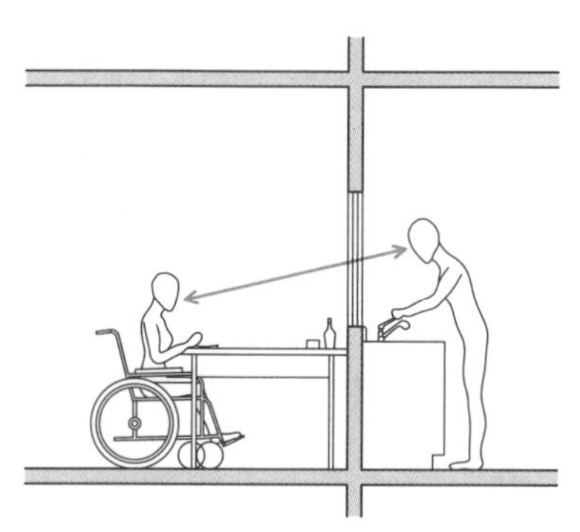

图4.3.4　餐厅与厨房宜保持视线联系

[2] 实现空间的复合利用

● **可将餐、起连通实现复合利用**

如能做到将餐厅与起居室连通是十分有利的。通过空间的相互延伸、借用，既可以节省面积，又能实现空间的复合利用。

当餐、起连通时，应能使餐厅与起居室共看一台电视，一方面可增加老人在就餐时的娱乐性，另一方面也可增加与家人交流沟通的机会（图 4.3.5）。

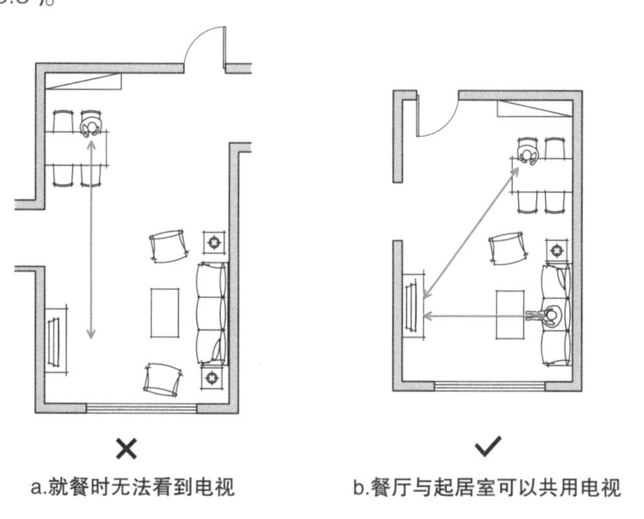

✕
a.就餐时无法看到电视
✓
b.餐厅与起居室可以共用电视

图4.3.5　餐厅与起居室中电视机位置的比较

Tips　餐厅和起居室连通的妙处

在一次调研中发现，餐厅与起居室连通具有促进交流的好处：

Y奶奶家老两口与女儿家住邻居。白天大家各忙各的，晚饭时间则是一家人相聚的好时机。

Y奶奶家的餐厅和起居室是一个连通的空间。餐桌与沙发相距不远，坐在餐桌旁的人也可以看到起居室的电视。有时女儿回家晚，吃完饭的老人就会坐在沙发上与女儿就着电视节目聊天、发表各自的观点。这样其乐融融的家庭氛围对老人的心理健康有着非常积极的作用。

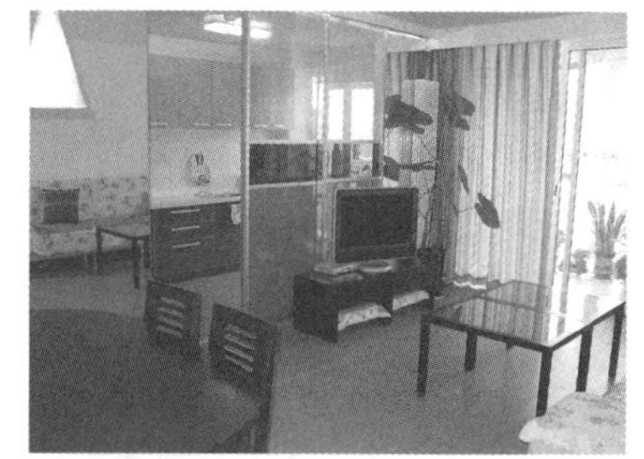

餐厅与起居室空间连通，可共看一台电视

● **应满足就餐区扩大的灵活性**

老年住宅的餐厅往往要适应人数的突变。平日老人自用时，就餐人数较少。但在节假日、老人的生日等特殊情况时，老人会与亲友们共同进餐。因此，餐厅应具备灵活性，留有一定的空余空间，以满足餐厅扩大、座位增加的需求。

[3] 重视自然采光和通风

一般住宅中由于各方面条件的限制，往往会将餐厅置于采光通风条件较差的位置。然而在老年住宅中，由于餐厅承载了更多的使用功能，应更加重视其自然采光和通风的需求，使就餐空间更为舒适、明亮。

餐厅宜直接对外开窗，或通过阳台、厨房等具有大面积窗的相邻空间间接采光。如能将餐桌设置在窗边则会使老人有机会欣赏窗外的景致，有利于老人身体的健康及心情的愉悦（图 4.3.6）。

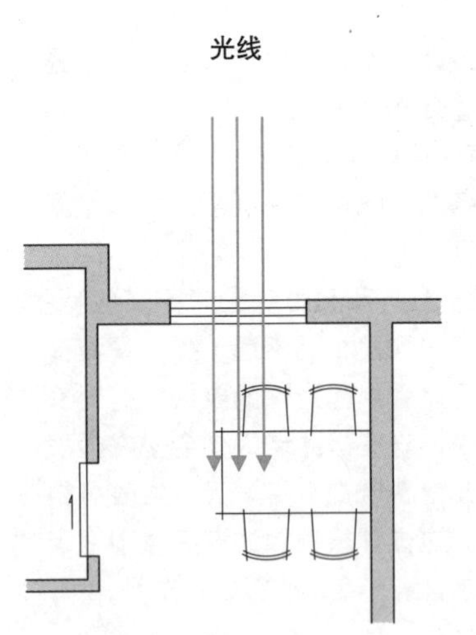
光线

a.餐厅直接对外采光

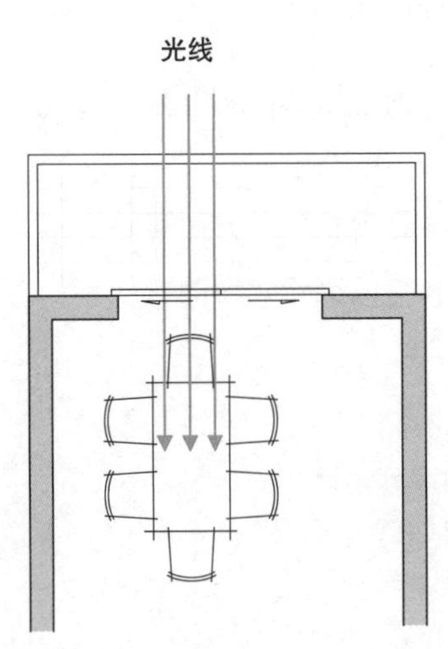
光线

b.餐厅通过阳台间接采光

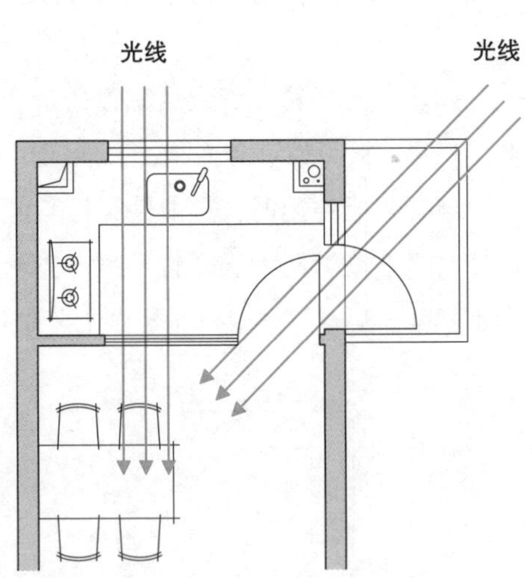
光线
光线

c.餐厅通过厨房、服务阳台间接采光

图4.3.6 餐厅获得采光的几种方式

3. 常用家具布置要点

[1] 餐桌、椅

● 餐桌的形式

老人使用的餐桌宜为大小可调式。老人自用时可选择节省空间的形式，将餐桌折叠使其占地较少，或将餐桌一侧靠墙摆放，留出必要的通行空间。人多时可将餐桌加大并增加备用座椅(图 4.3.7)。

● 轮椅用餐专座的位置

对于轮椅老人，应为其留出用餐专座。专座的位置宜设在餐桌临空的一侧，保证在老人身旁、身后都留出一定空间，方便轮椅进出和护理人员服侍。餐厅空间较小时，可将餐桌靠侧墙摆放，在餐桌一边留出较宽敞的空间，供轮椅通行、转弯。餐桌台面下部的高度应能保证轮椅者膝部顺利插入，身体接近台面。

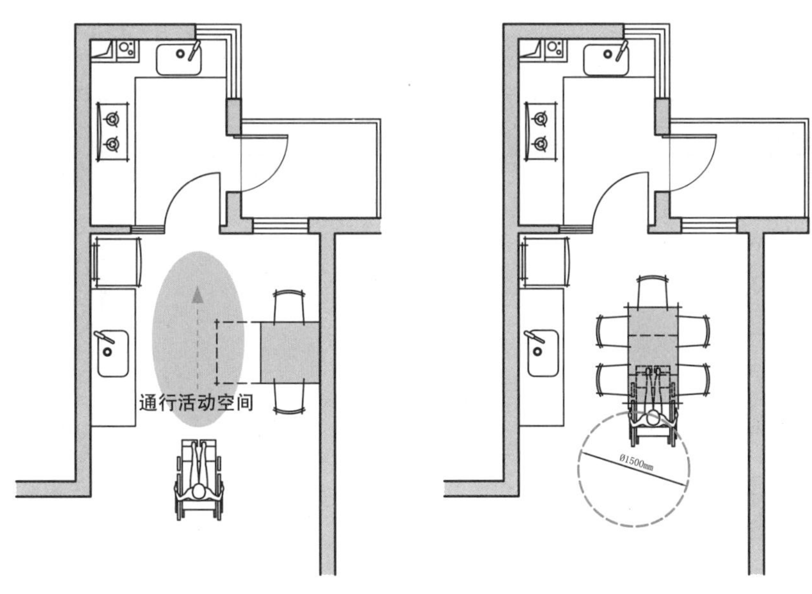
通行活动空间
Ø1500mm

a.平日自用时，餐桌可折叠使用，留出充裕的通行活动空间

b.多人进餐时，餐桌可展开，增加临时座椅

图4.3.7　采用折叠餐桌可以根据老人不同的使用需求灵活改变

[2] 餐柜、备餐台

● 餐柜的用途和布置方式

宜在餐桌附近设置餐柜，以满足老人希望将零碎的常用物品摆放在明处的需求，方便老人将用餐时常用的调味品、纸巾盒、牙签以及药品、水杯等杂物放于其上，餐间随手拿取，避免频繁起身。同时可保持餐桌台面的整洁（图 4.3.8）。

餐柜的深度不必过大，一般可在 450mm 左右，避免占用过多的空间。餐柜台面上方可设置电源插座，便于使用烤面包机、咖啡壶等小件电器。

● 设置备餐台作为接手台

在空间允许的情况下，餐厅内宜设置备餐台式西厨，进行一些简单的备餐操作，如拌凉菜、拼盘、榨果汁等。备餐台的位置应在厨房到餐厅的动线上。

备餐台还可以作为平时操作的接手台（图 4.3.9）。例如将厨房中做好的饭菜在此暂放再转移到餐桌，或用毕的碗筷餐具在此倒手再送到厨房，使老人无需频繁进出厨房，节省体力。

图4.3.8 餐柜置于餐桌边，方便老人放置用餐时的常用物品

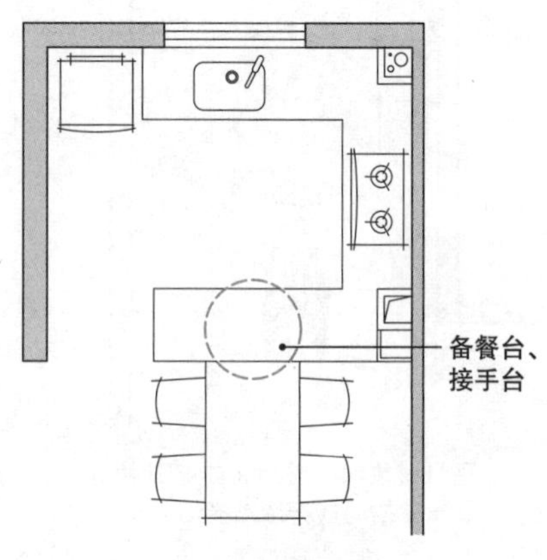
备餐台、
接手台

图4.3.9 餐厅内设置备餐、接手台，使老人无需频繁进出厨房

4. 典型平面布局示例

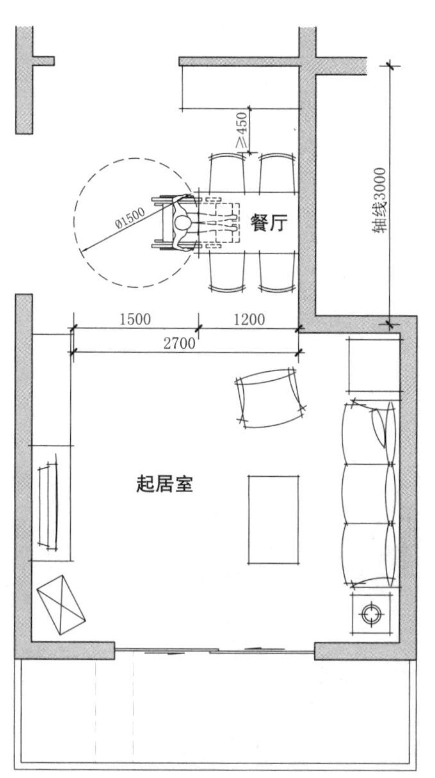

≥450
轴线3000
Ø1500
餐厅
1500
1200
2700
起居室

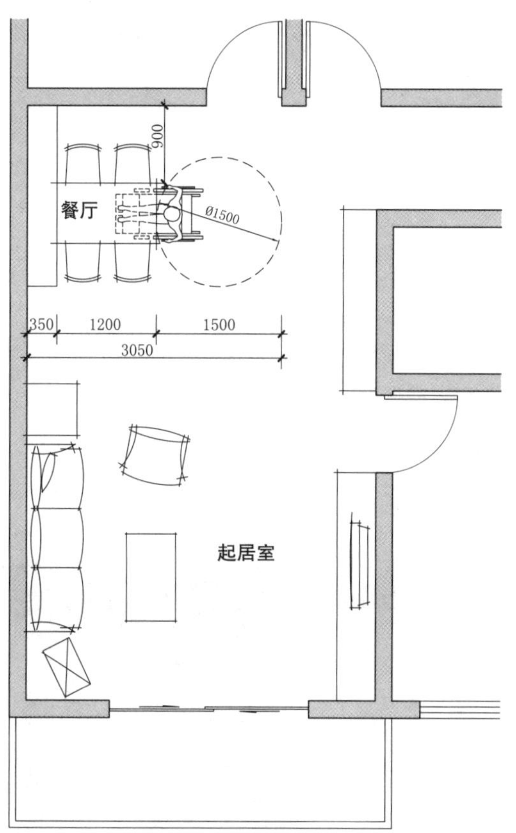

900
餐厅
Ø1500
350
1200
1500
3050
起居室

a.餐厅与起居室连通平面示例图

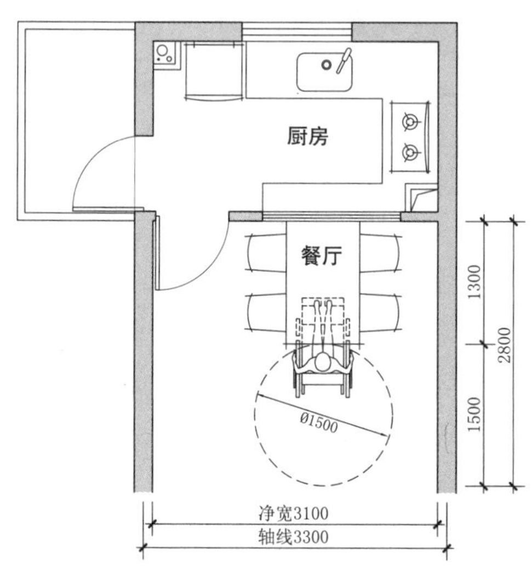

厨房
餐厅
1300
2800
1500
Ø1500
净宽3100
轴线3300

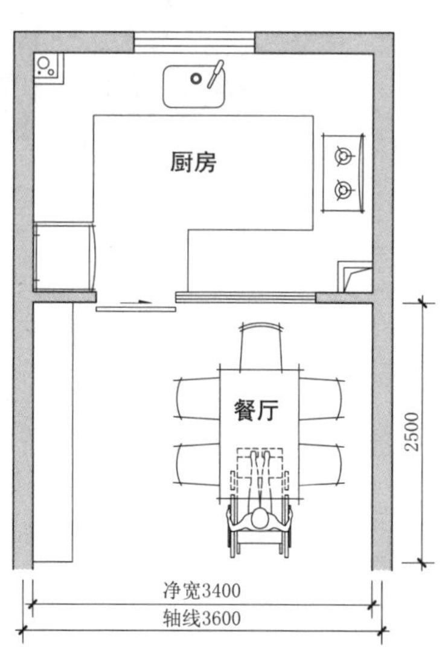

厨房
餐厅
2500
净宽3400
轴线3600

b.餐厅与厨房邻近平面示例图

图4.3.10 老年住宅餐厅示例图（尺寸单位：mm）

5. 设计要点总结

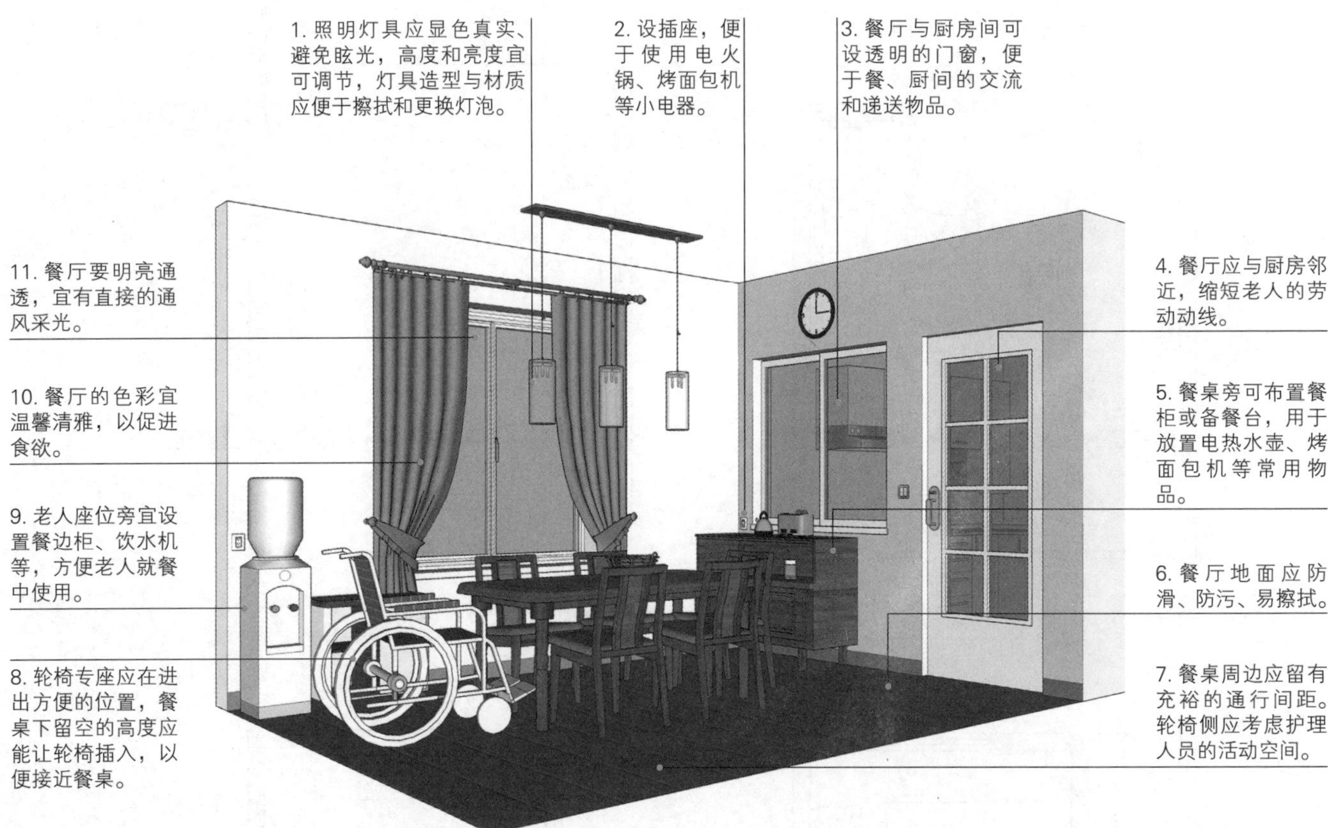

1. 照明灯具应显色真实、避免眩光，高度和亮度宜可调节，灯具造型与材质应便于擦拭和更换灯泡。
2. 设插座，便于使用电火锅、烤面包机等小电器。
3. 餐厅与厨房间可设透明的门窗，便于餐、厨间的交流和递送物品。
4. 餐厅应与厨房邻近，缩短老人的劳动动线。
5. 餐桌旁可布置餐柜或备餐台，用于放置电热水壶、烤面包机等常用物品。
6. 餐厅地面应防滑、防污、易擦拭。
7. 餐桌周边应留有充裕的通行间距。轮椅侧应考虑护理人员的活动空间。
8. 轮椅专座应在进出方便的位置，餐桌下留空的高度应能让轮椅插入，以便接近餐桌。
9. 老人座位旁宜设置餐边柜、饮水机等，方便老人就餐中使用。
10. 餐厅的色彩宜温馨清雅，以促进食欲。
11. 餐厅要明亮通透，宜有直接的通风采光。

图4.3.11 老年住宅餐厅的设计要点总结

4.4 卧室

① 功能分区与基本尺寸要求

② 空间设计原则

③ 常用家具布置要点

④ 典型平面布局示例

⑤ 设计要点总结

1. 功能分区与基本尺寸要求

[1] 功能分区和基本要点

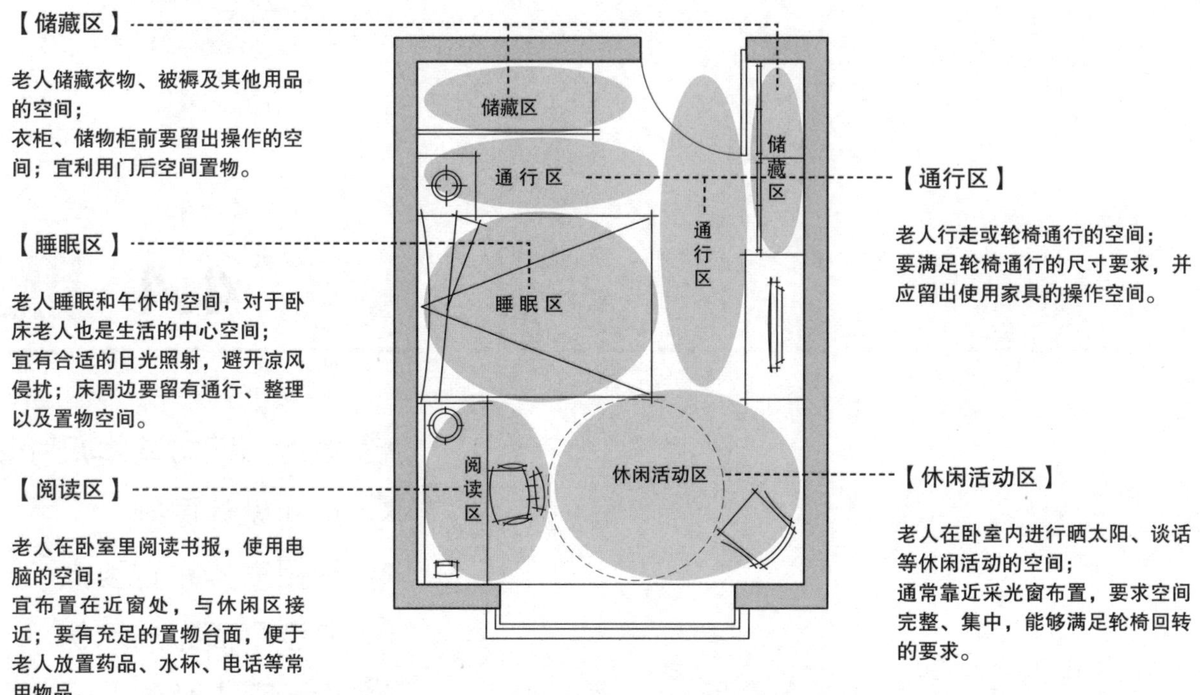
【储藏区】
老人储藏衣物、被褥及其他用品的空间；
衣柜、储物柜前要留出操作的空间；宜利用门后空间置物。
【睡眠区】
老人睡眠和午休的空间，对于卧床老人也是生活的中心空间；
宜有合适的日光照射，避开凉风侵扰；床周边要留有通行、整理以及置物空间。
【阅读区】
老人在卧室里阅读书报，使用电脑的空间；
宜布置在近窗处，与休闲区接近；要有充足的置物台面，便于老人放置药品、水杯、电话等常用物品。
储藏区
通行区
睡眠区
阅读区
休闲活动区
储藏区
通行区
【通行区】
老人行走或轮椅通行的空间；
要满足轮椅通行的尺寸要求，并应留出使用家具的操作空间。
【休闲活动区】
老人在卧室内进行晒太阳、谈话等休闲活动的空间；
通常靠近采光窗布置，要求空间完整、集中，能够满足轮椅回转的要求。

图4.4.1 老年住宅卧室的功能分区和基本要求

[2] 平面基本尺寸要求

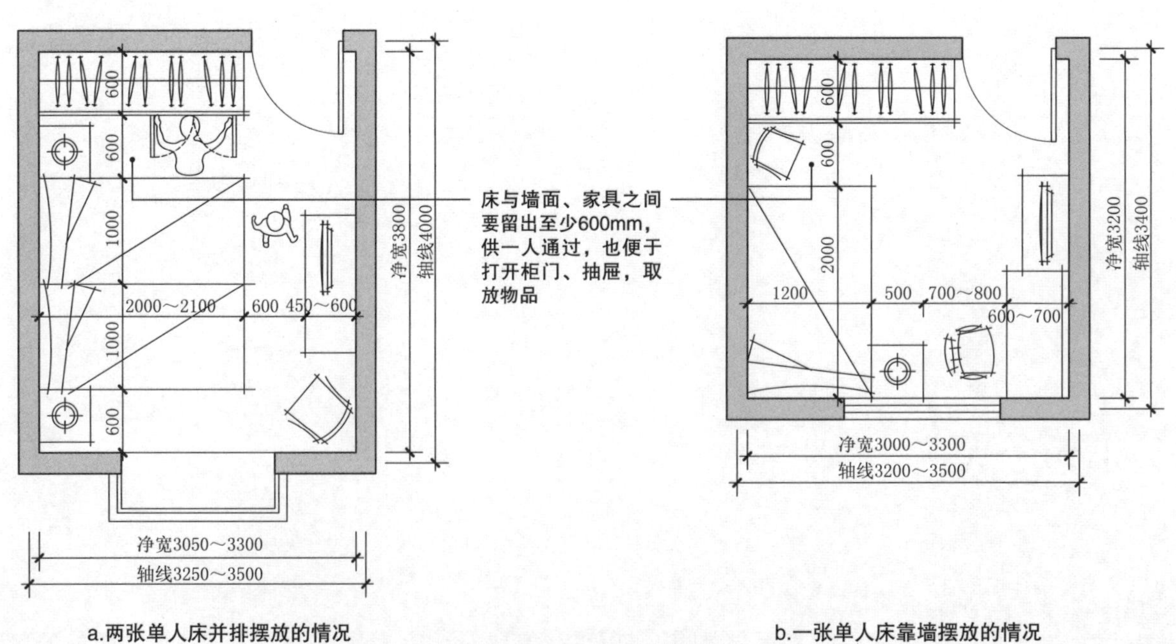
600
600
1000
1000
600
2000～2100
600
450～600
净宽3800
轴线4000
净宽3050～3300
轴线3250～3500
床与墙面、家具之间要留出至少600mm，供一人通过，也便于打开柜门、抽屉，取放物品
600
600
2000
1200
500
700～800
600～700
净宽3200
轴线3400
净宽3000～3300
轴线3200～3500
a.两张单人床并排摆放的情况
b.一张单人床靠墙摆放的情况

图4.4.2 一般老人适用的卧室基本尺寸要求（尺寸单位：mm）

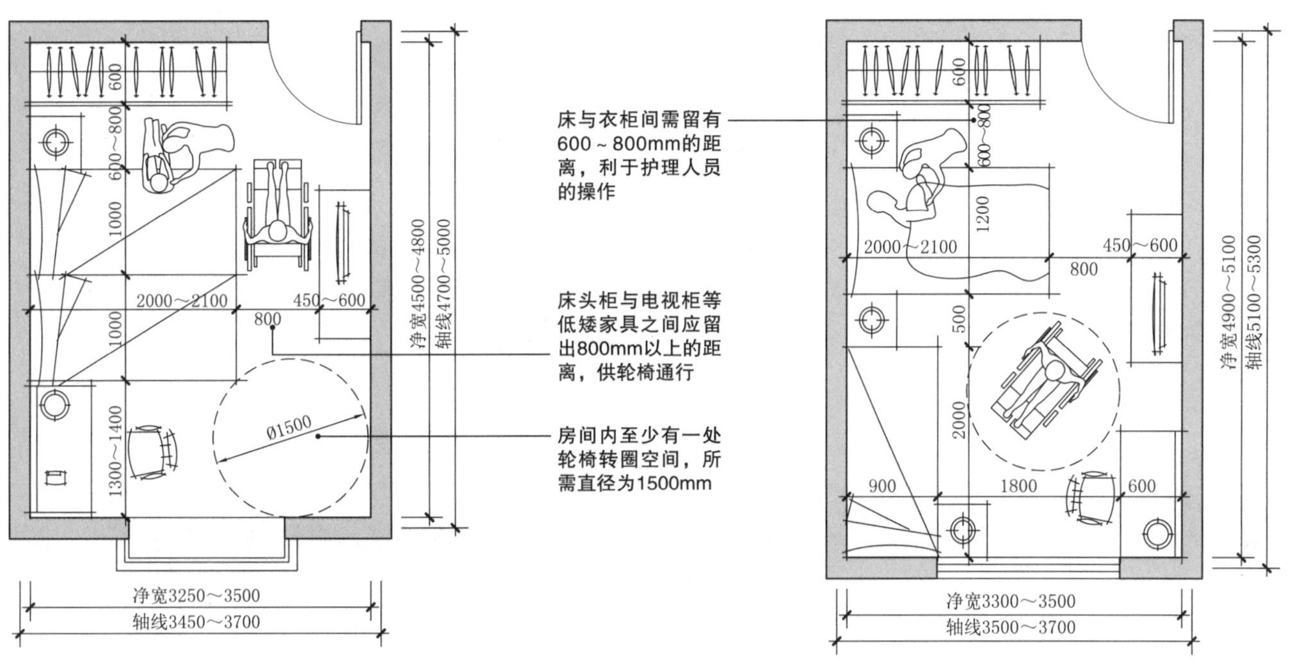
600
600~800
1000
2000~2100
450~600
800
1000
1300~1400
Ø1500
净宽4500~4800
轴线4700~5000
净宽3250~3500
轴线3450~3700
床与衣柜间需留有600～800mm的距离，利于护理人员的操作
床头柜与电视柜等低矮家具之间应留出800mm以上的距离，供轮椅通行
房间内至少有一处轮椅转圈空间，所需直径为1500mm
600
600~800
1200
2000~2100
450~600
800
500
2000
900
1800
600
净宽4900~5100
轴线5100~5300
净宽3300~3500
轴线3500~3700

a.两张双人床并排摆放的情况

b.两张双人床垂直摆放的情况

图4.4.3 轮椅老人适用的卧室基本尺寸要求（尺寸单位：mm）

2. 空间设计原则

卧室在老年住宅中除了承担老人常规的睡眠功能外，往往还会进行许多其他活动，例如阅读报纸、看电视、上网等。对于行动不便的卧床老人而言，卧室更成为老人生活的主要场所。

相对于中青年人群比较重视的卧室私密性，老人更需要的是安全性和舒适度。因此，老人卧室的空间设计应符合以下几项要求：

[1] 保证适宜的空间尺寸

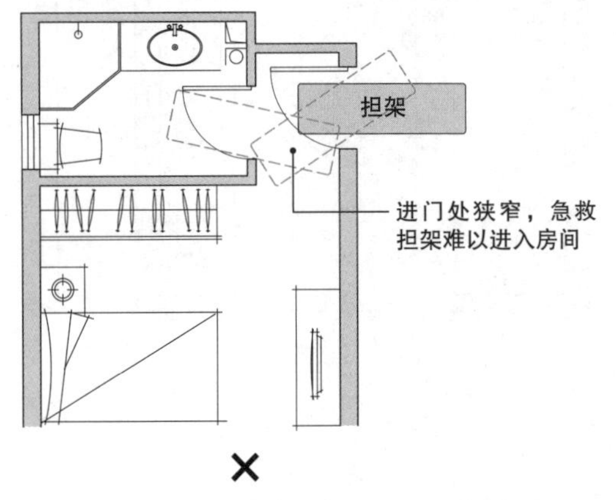
担架
进门处狭窄，急救担架难以进入房间
×

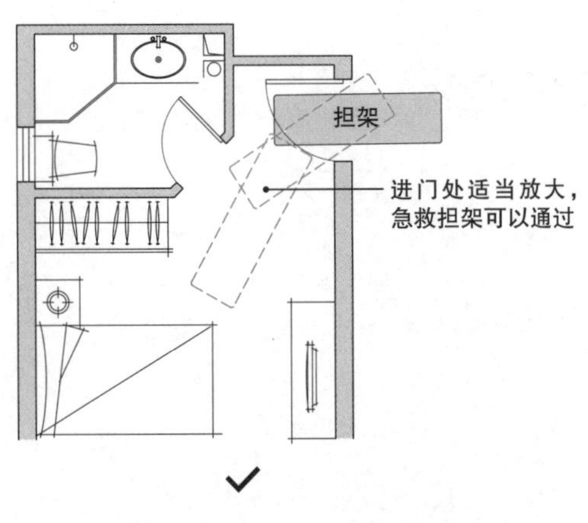
担架
进门处适当放大，急救担架可以通过
✓

图4.4.4　卧室进门处的平面布局比较

● 面宽和进深应适当增加

老人卧室的面宽一般为3600mm以上，其净尺寸应大于3400mm。这样是为了保证床与对面家具（如电视柜、储物柜）之间的距离大于800mm，以便轮椅通过。当卧室面宽尺寸不够时，也可以通过调整家具的尺寸来保证轮椅通行所需的宽度。

老人卧室的进深尺寸也应适当加大，单人卧室通常不低于3600mm，双人卧室宜大于4200mm。一方面便于留出一块完整的空间作为阳光角或休闲活动区，另一方面也可以满足家具灵活摆放的需求。

老人卧室也不是越大越好。过于空旷的卧室会使家具布置较为分散，老人在卧室中行走活动时会因无处扶靠而发生危险。应在老人伸手可及的范围内有适于撑扶倚靠的家具或墙面，为其提供安全保障。

● 考虑增加轮椅使用及护理人员活动所需的空间

老人在轻度失能阶段需要使用助行器或轮椅，在重度失能阶段须有专人陪护，因此卧室中还应预留轮椅回转及护理人员活动的空间。注意卧室进门处不宜出现狭窄的拐角，以免急救时担架出入不便（图4.4.4）。

[2] 形成集中的活动空间

老人在卧室中除了午休和睡眠之外，还会进行许多其他活动，卧室往往还承担了书房、兴趣室等多种功能。然而目前在进行卧室设计时，仅考虑摆放床、衣柜等家具的必要空间，家具摆放后的剩余空间被分割得过于零散，缺乏一个安定、完整的活动区域。这样既不利于老人在卧室中的活动，也难以满足轮椅转圈的要求。

因此在设计老人卧室时，除考虑必要家具的摆放之外，还应留出一处集中的活动空间，满足老人晒太阳、读书上网、与家人交谈等休闲活动的需求。

● 集中活动空间可靠近采光窗布置

老人卧室中的集中活动空间首先宜靠近采光窗布置，以便老人享受阳光，观赏室外景色；当卧室空间有限时，也可通过结合落地凸窗或阳台的形式，扩大窗前空间以便形成完整的活动区域（图 4.4.5）。其次，活动空间也可设在卧室入口处，以方便轮椅就近转圈。

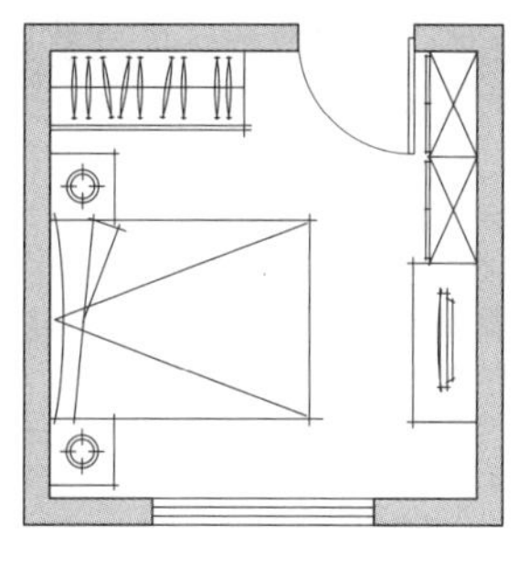

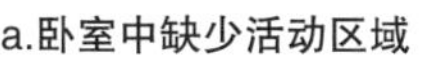

✕

a.卧室中缺少活动区域

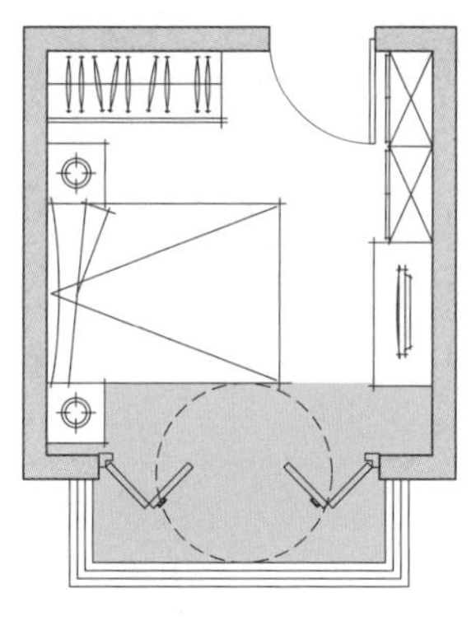

✓

b.卧室空间与阳台连通，形成窗边的活动区域

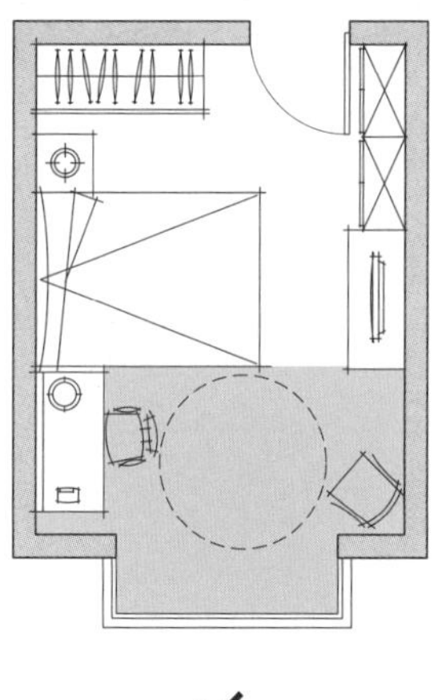

✓

c.增大卧室进深，结合落地凸窗扩大窗前活动区域

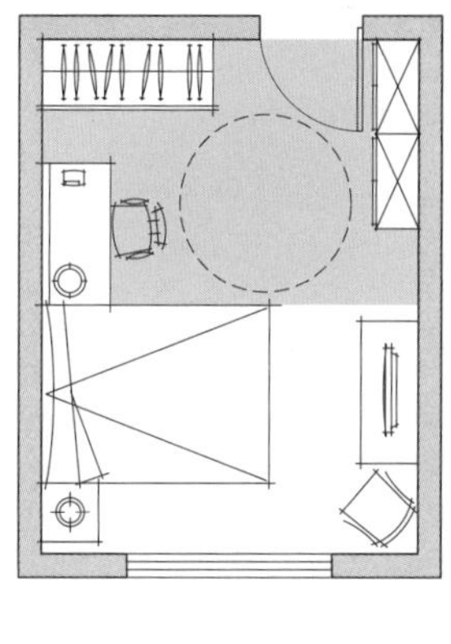

✓

d.增大卧室进深，在卧室入口处留出活动区域

图4.4.5　卧室中应预留出集中的活动区域

[3] 保证家具摆放的灵活性

卧室空间形状及尺寸的设定应使家具布局具有一定的灵活性。有些老人会根据季节的更替或自身的需求来变换家具的摆放方式，以求达到更佳的舒适性。因而在设定卧室的空间尺寸、门窗位置时，应预先考虑到老人的各种需求，使不同的家具摆放方式均可实现。

例如：卧室布置单人床时，可能临空布置也可能靠墙或靠窗布置，窗边墙垛宽度最好大于床头的宽度，以利于床的摆放（图 4.4.6）。又例如：寒冷季节到来时，老人更愿意把床安置在能够长时间照射到阳光的区域；而炎热季节则要尽量避开阳光直射的地方。卧室开窗的位置要兼顾这两种布置方式（图 4.4.7）。

此外，卧室内尽量少出现不规则转角、弧墙、斜墙等，以便家具能够沿墙稳定地摆放。

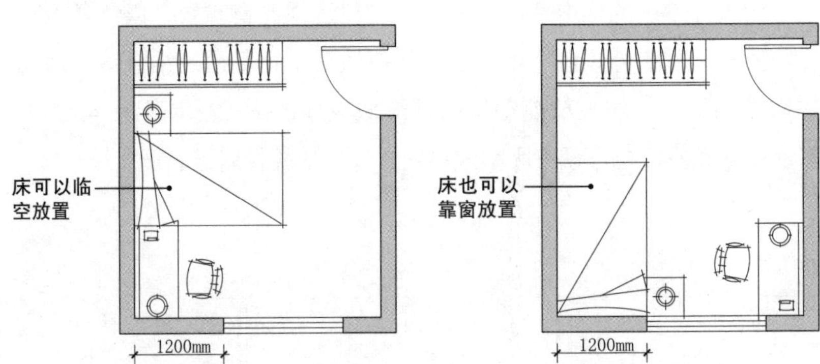
床可以临空放置
床也可以靠窗放置
1200mm
1200mm

图4.4.6　窗边墙垛宽度大于床头宽度，有利于床的多种摆放

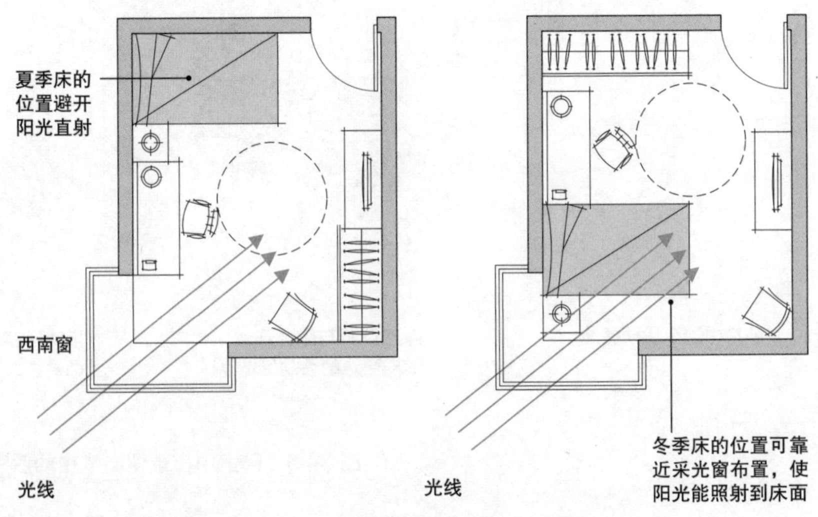
夏季床的位置避开阳光直射
西南窗
光线
光线
冬季床的位置可靠近采光窗布置，使阳光能照射到床面

图4.4.7　老人卧室的家具会根据季节灵活布置

[4] 营造舒适的休息环境

● 注重通风和采光的要求

老人的卧室要有很好的通风采光。特别是在老人长期卧床时，每天的活动基本都集中在卧室内，保持良好的环境舒适度变得更加重要。

良好的通风有利于调节室内的空气及温度，帮助散除室内的异味。因此，要通过调整卧室门窗开启扇的相对位置，合理组织卧室内的通风流线，避免形成通风死角（图 4.4.8）。

● 合理选择朝向

老年人畏冷喜阳，卧室宜布置在南向，使光线能尽量照射到床上。老人午休或生病卧床时，可以享受阳光，同时也利于卫生、消毒。当卧室设有东、西向窗时，应采取一定的遮阳措施，例如百叶窗、竹帘等，以便老人根据需要调节室内的进光量。

● 注意隔绝噪声

老人卧室还需注意隔绝噪声。卧室尽量不要布置在电梯井附近，以免电梯运行的噪声对老人的休息造成干扰。空调室外机的位置应防止离老人的床头过近。

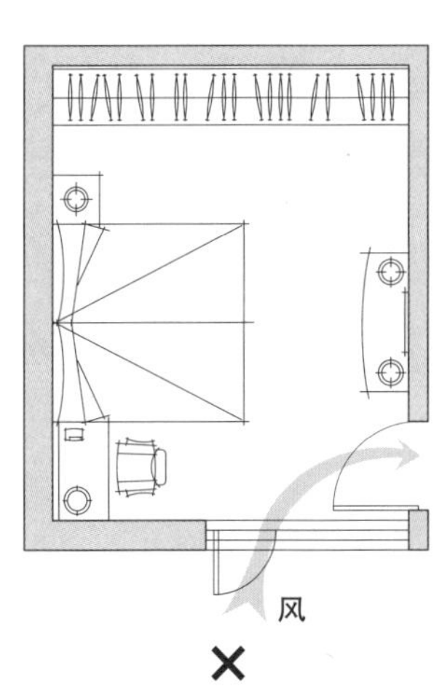
风
✕

a.卧室通风短路，造成通风死角

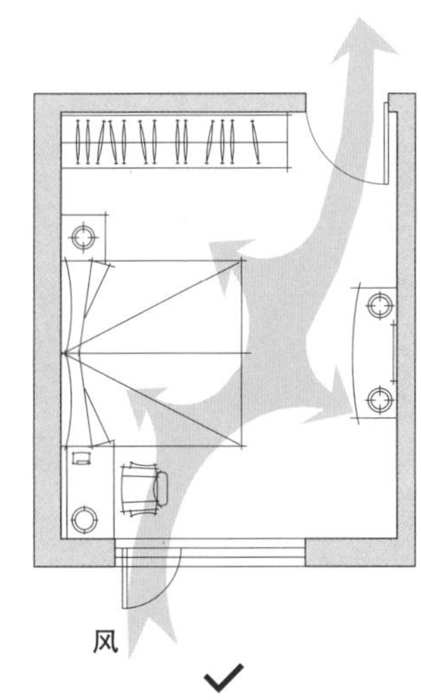
风
✓

b.改变门的位置，改善卧室通风

图4.4.8　卧室内的通风状况对比

3. 常用家具布置要点

[1] 床

(1) 床的基本尺寸

老人卧室中的双人床宜选择较大的尺寸，以免老人在休息时相互影响，通常为 2000mm × 1800mm（长 × 宽）。单人床也应选择较宽的尺寸，以 2000mm × 1200mm（长 × 宽）为宜。

(2) 床在卧室中的摆放位置

老人卧室中的床有多种摆放方式，通常可以三边临空放置，也可以靠墙或靠窗放置。

床三边临空放置时，老人上下床更方便，也便于整理床铺。当老人需要照顾时（比如帮其进餐、翻身、擦身等），护理人员更容易操作，也便于多个护理人员协作（图 4.4.9）。

床靠墙放置时，可减少一侧通道占用的空间，使卧室中部空间较为宽裕，并便于老人在床靠墙侧放置随手可用的物品。但双人床如此摆放时，会使睡在靠墙一侧的老人上下床不便。

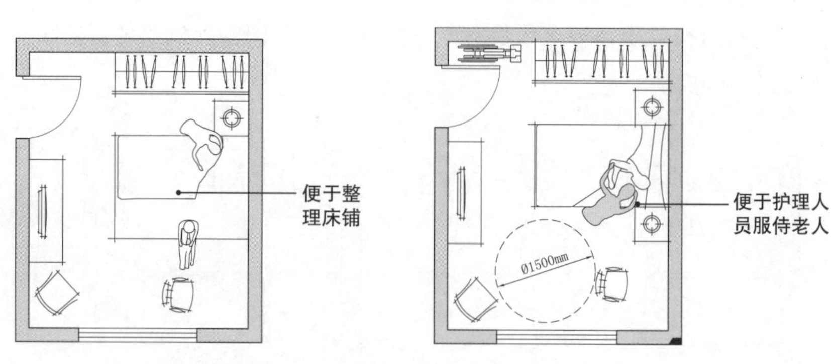

便于整理床铺
Ø1500mm
便于护理人员服侍老人

图4.4.9　床临空放置的优点

Tips　横着睡的故事

一次调研中发现，有一家的两位老人使用的是2000mm × 1500mm的普通双人床，但睡觉的时候往往横着躺。因为双人床宽度略窄，两人面对面睡时，会受到对方呼吸口气的干扰；左右空间也不够宽裕，即使小心翼翼，一人翻身也会影响另一人休息。冬季，睡在靠近暖气片一侧的人会热得难受。

后来老人想出了一个办法：利用床的长边横着睡，就能有宽裕的空间左右翻身，二人互不影响。暖气片在脚下，远离头部，感觉更加舒适。但1500mm的长度对于人的身长是不够的，老人只能加把椅子来弥补这个不足。

这个案例说明，普通的双人床宽度不够，两位老人睡眠休息时会相互干扰，应选择更宽的双人床，或摆放两张单人床。

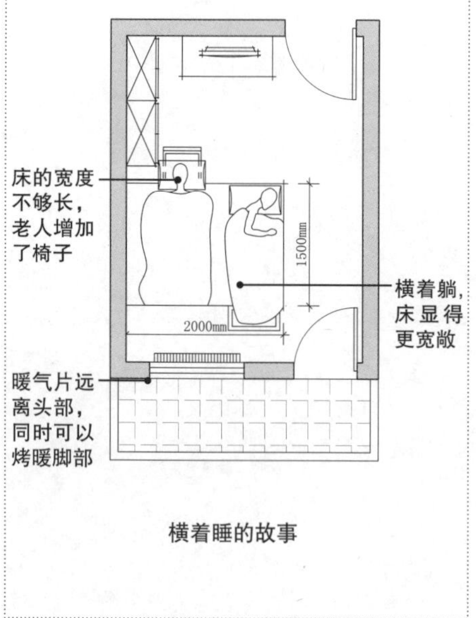

床的宽度不够长，老人增加了椅子
1500mm
2000mm
横着躺，床显得更宽敞
暖气片远离头部，同时可以烤暖脚部

横着睡的故事

床靠窗放置时，白天容易接收到阳光的照射，但可能会妨碍老人开关窗扇，潲雨时雨水也会将被褥打湿。老人对直接吹向身体的风较为敏感，来自窗的缝隙风也可能使老人受凉（图 4.4.10）。

另外，还需注意床头不宜对窗布置。老人睡眠易受干扰。如果头部对着窗户，容易被清晨的阳光照醒。床头也不宜正对卧室门，以免对私密性有所影响（图 4.4.11）。还要避免床的长边紧靠住宅外墙，围护结构的热量得失会对床附近的温度造成影响（图 4.4.12）。

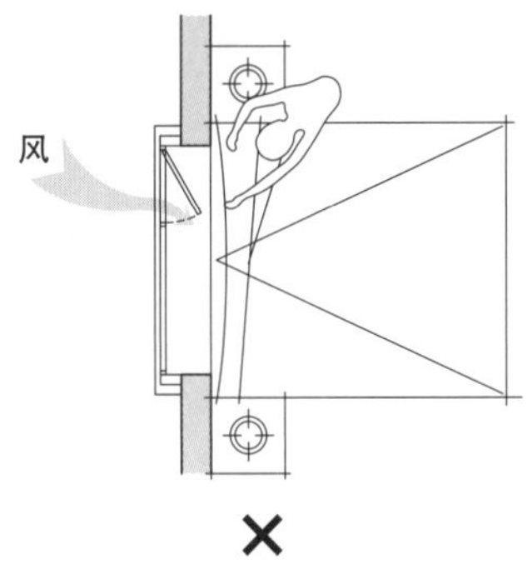
风
×

图4.4.10 床靠窗放置，易受凉风侵袭，并造成开窗不便

(3) 分床休息对卧室空间尺寸的影响

老人常因作息时间不同或起夜、翻身、打鼾等问题而相互干扰。很多家庭中老人各自有单独的床，或分别睡在不同的房间，避免影响彼此睡眠。从这个角度考虑，卧室的开间和进深应能摆放两张单人床。当老人的身体状况为重度失能时，护理人员也可与老人同室居住，便于照顾。

卧室中两张单人床的放置方式有并排放置、垂直放置、相对放置等几种类型，不同的摆放方式对卧室的空间要求有一定影响（图 4.4.13）。在设计时，要预先考虑到床以不同方式摆放的可能性，确定适宜的空间尺寸。

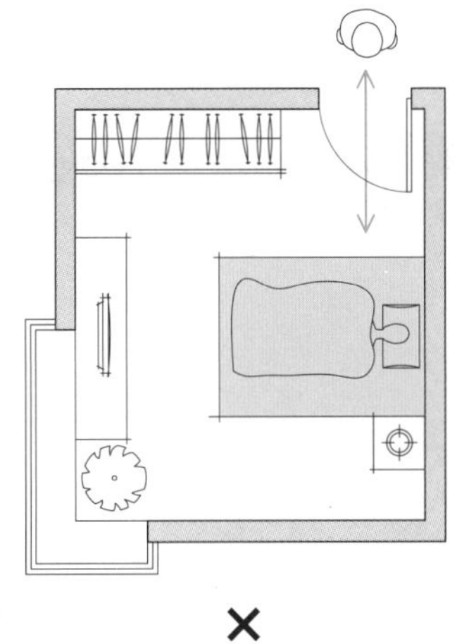
×

图4.4.11 床的布置正对卧室门，影响私密性

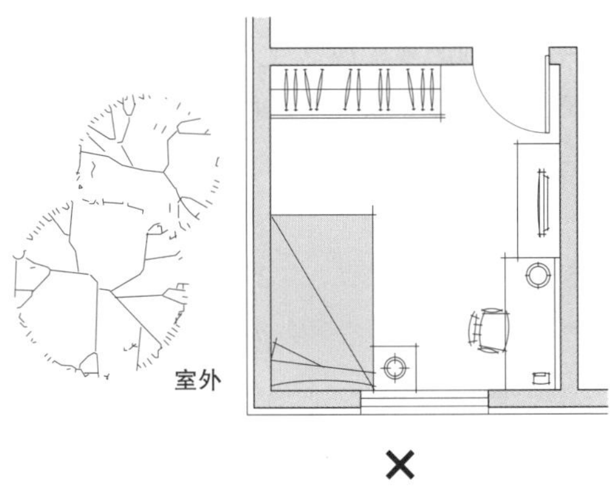
室外
×

图4.4.12 床靠外墙布置，冬季较冷

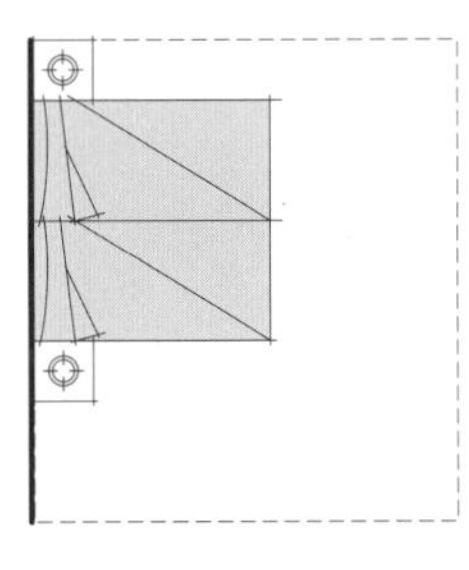

a.两张单人床并排临空摆放，老人上下床方便

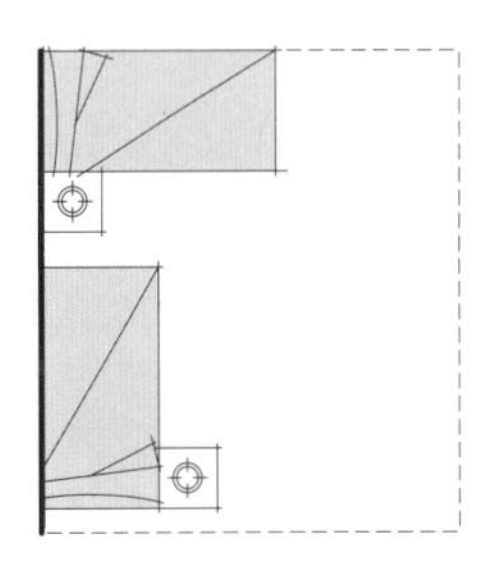

b.两张单人床靠边垂直摆放，中部留出集中的活动空间

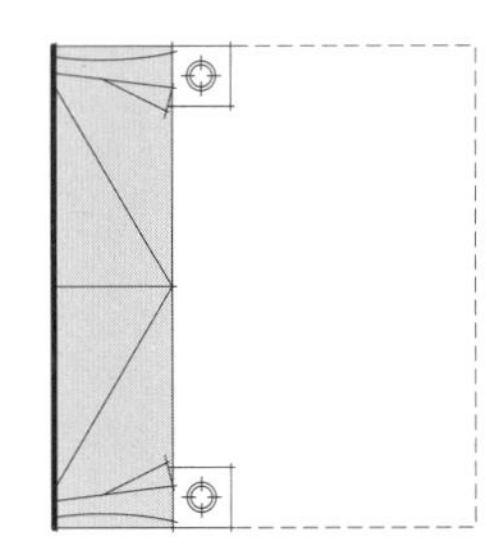

c.两张单人床靠墙相对摆放，节约通行空间

图4.4.13 老人卧室中布置两张单人床时可能出现的放置方式

(4) 床边空间的重要性

床边空间是指床周围的通行、操作空间。老人根据身体状况的不同，对床边空间的要求也有所不同。

轻、中度失能的老人的床周边应留出足够的空间，供使用助行器或轮椅的老人接近，并可方便地活动。床周边的通行宽度不宜小于800mm。所以，卧室中以两张单人床分别靠墙摆放为佳，两床互不影响，留出较为宽裕的卧室中部活动空间。

重度失能的老人最好使用单人床，床两侧长边临空摆放，便于护理人员从床侧照护老人，护理人员的操作宽度通常不小于 600mm。老人下床活动时通常需要有人搀扶陪同，床一侧至少应有不小于 800mm 的通行宽度。

床边空间往往需要设置足够的台面，让老人在手能方便够到的范围内拿取物品（图 4.4.14）。

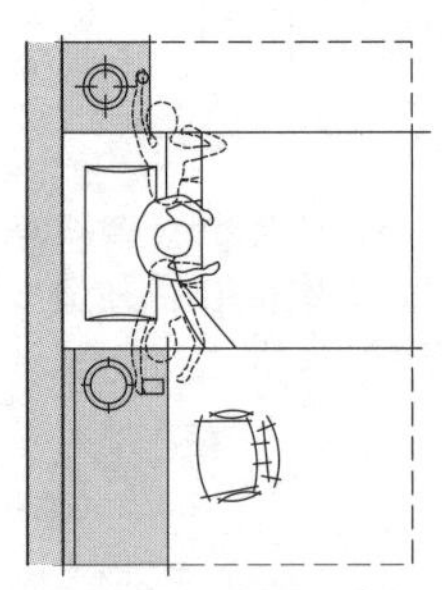

图4.4.14 床边空间要设有足够的台面，方便老人就近置物

[2] 床头柜

床头柜对于老人而言是必不可缺的卧室家具，既可以方便地存放一些常用物品，又可以作为老人从床上起身站立时的撑扶物。

老人卧室床头柜的高度应比床面略高一些，老人起身撑扶时便于施力，其高度为 600mm 左右即可。

床头柜应具有较大的台面，以便摆放台灯、水杯、药品等物品。台面边缘宜上翻，防止物品滑落。床头柜宜设置明格，供摆放需要经常拿取的物品；宜设抽屉而不宜采用柜门的形式，使开启方便、视线能够看清内部的物品，以免老人翻找物品时弯腰过低（图 4.4.15）。

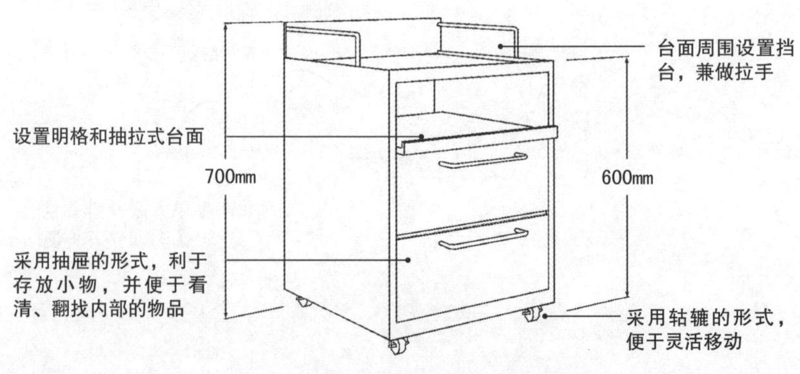
台面周围设置挡台，兼做拉手
设置明格和抽拉式台面
700mm
600mm
采用抽屉的形式，利于存放小物，并便于看清、翻找内部的物品
采用轱辘的形式，便于灵活移动

图4.4.15 适合老人使用的床头柜

[3] 书桌

书桌在老人卧室中是一件常用的家具，老人往往会在卧室中进行读书、上网等活动。书桌通常摆放在窗户附近以得到较好的采光。书桌也可布置在床边起到床头柜的作用，作为摆放常用物品的台面；同时可供老人起卧床时撑扶使用。

书桌摆放时的注意事项有以下几点：

当书桌靠近窗户摆放时，应注意避免与窗开启扇的冲突。当窗户为外开时，老人必须隔着书桌伸手去打开窗户，动作幅度过大，操作不便且易发生扭伤或摔倒等危险（图 4.4.16）。如果窗户为内开，开启的窗扇又会挡在书桌上，影响书桌的使用或造成站起时易碰头的危险。因此，应在窗前留出足够的可使人靠近的空间，既便于开启窗扇，又不影响书桌的使用。

此外，书桌的摆放位置还应考虑与进光方向的关系（图 4.4.17）。要保证老人使用书桌时，光线既不会直射人眼，也不会在写字时形成背手光，同时不会在电脑屏幕上形成眩光。

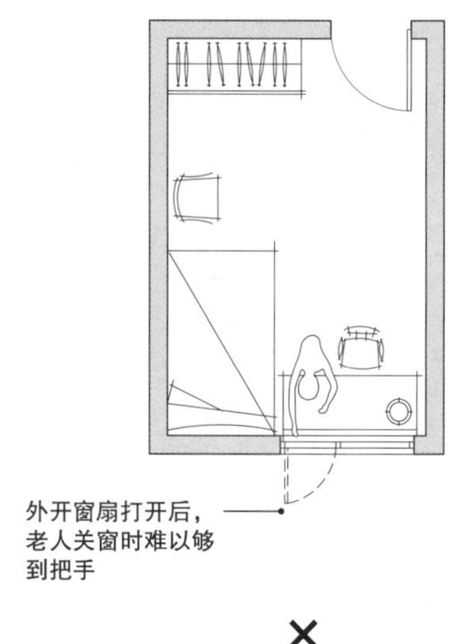
外开窗扇打开后，
老人关窗时难以够
到把手
✕

图4.4.16 书桌与床之间没有预留开窗的空间

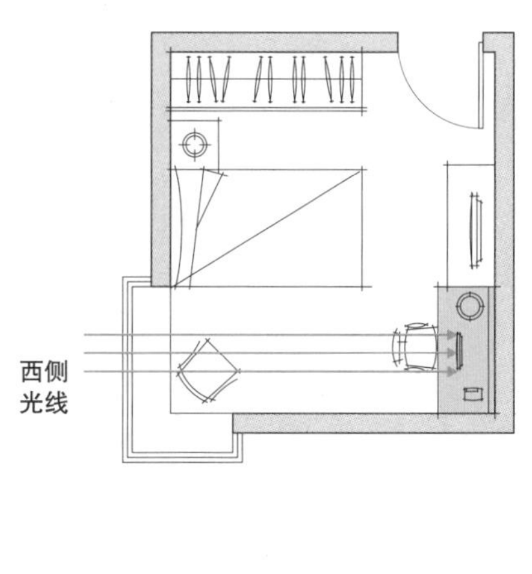
西侧
光线
✕

a.书桌背对窗户，电脑屏幕容易产生眩光

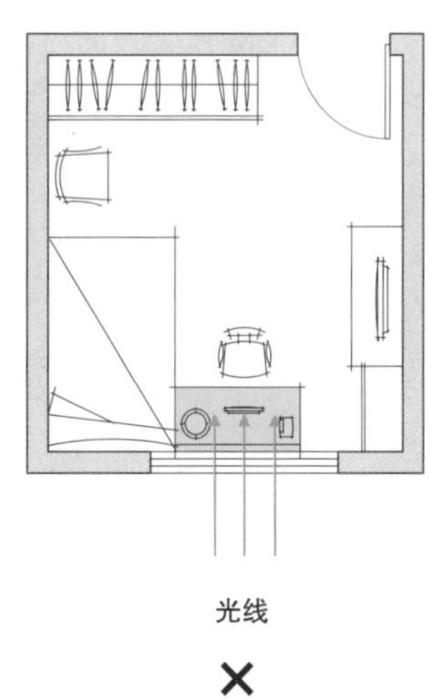
光线
✕

b.书桌正对窗户，室内外光线亮度对比强烈，使眼部不适

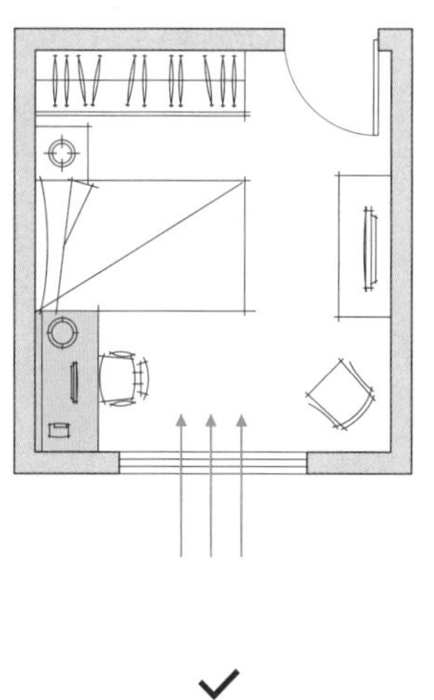
✓

c.书桌放在一角，既有一定的光线亮度，又不会对屏幕产生眩光

图4.4.17 卧室内书桌的摆放位置对电脑屏幕的影响比较

[4] 衣柜

衣柜是卧室中的大型家具。一般衣柜的深度通常为 550 ~ 600mm，衣柜开启门的宽度为 400 ~ 500mm。一组双开门衣柜的长度在 800 ~ 1000mm 左右。因此卧室宜有较长的整幅墙面供衣柜靠墙摆放。

衣柜不应放在阻挡光线的位置，也不要遮挡一进门的视线。衣柜前方应留出开启柜门和拿取物品的操作空间，通常不小于 600mm（图 4.4.18）。当选择推拉门式的衣柜时，前方距离可适当缩小。

老人使用的衣柜应增加叠放衣物的存放空间，可采用隔板、抽屉类收纳形式，适当减少衣服挂置的空间（参见 6.4 老年住宅室内收纳设计要点）。

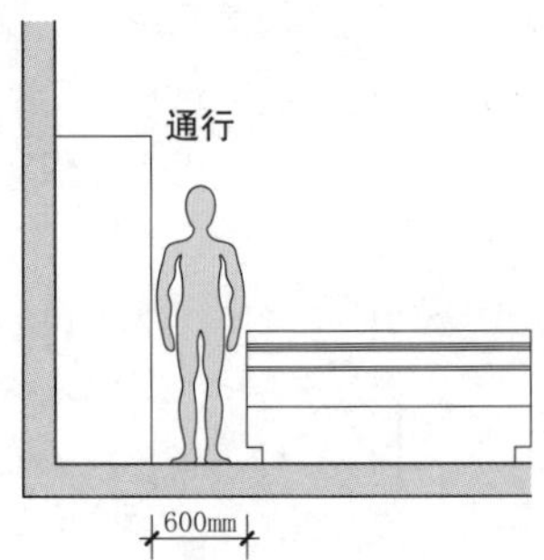
通行
600mm

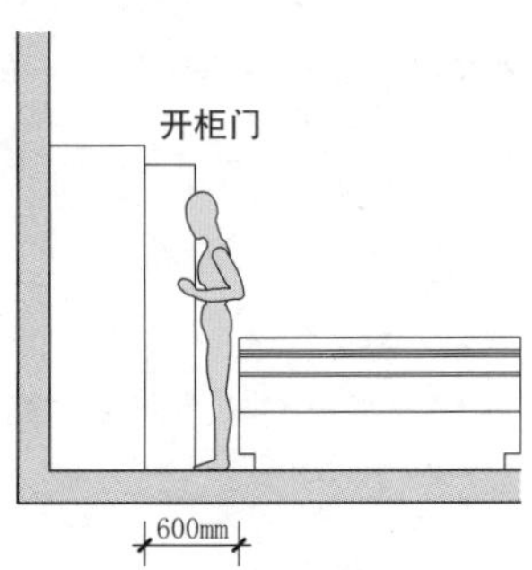
开柜门
600mm

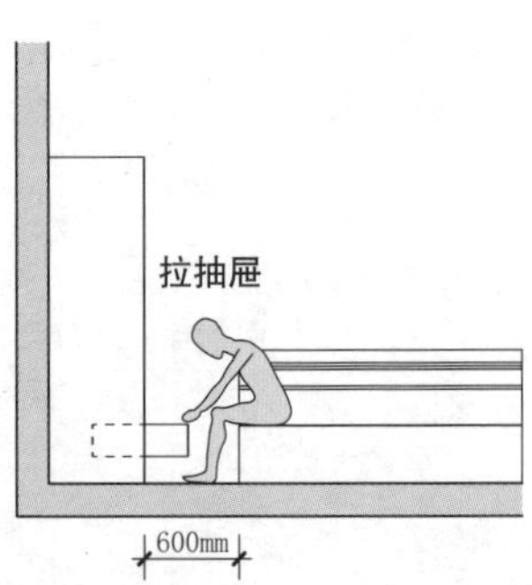
拉抽屉
600mm

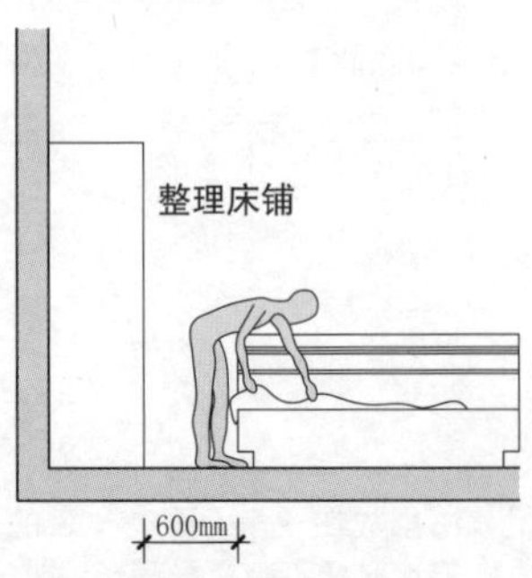
整理床铺
600mm

图4.4.18　衣柜前方应留出通行和操作的空间，至少为600mm

[5] 电视机

老人卧室里设置电视机是很普遍的，通常的布置方法是正对床头。当卧室开间较小时，为了保证通行宽度，电视机也可能为壁挂式或布置在房间的一角（图 4.4.19）。如老人须卧姿观看，则要注意调整电视机屏幕的高度和倾角（图 4.4.20）。

电视机屏幕应避免迎光或逆光布置，以侧向采光为宜。

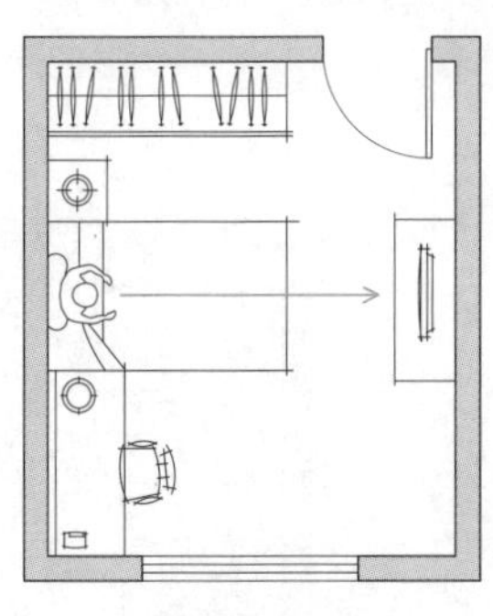

a.电视机正对床头

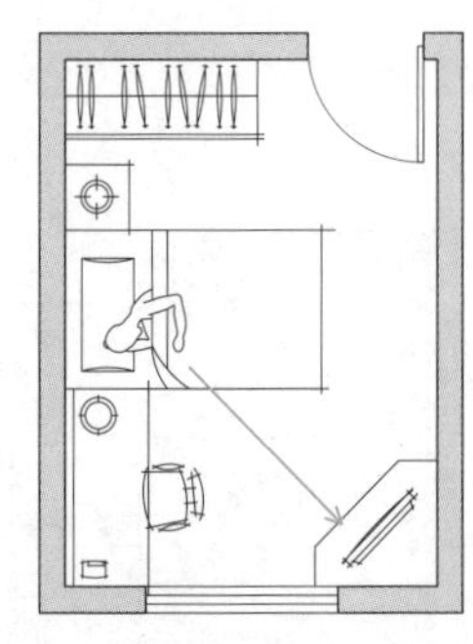

b.电视机斜对床头

图4.4.19　卧室中电视的不同摆放方式

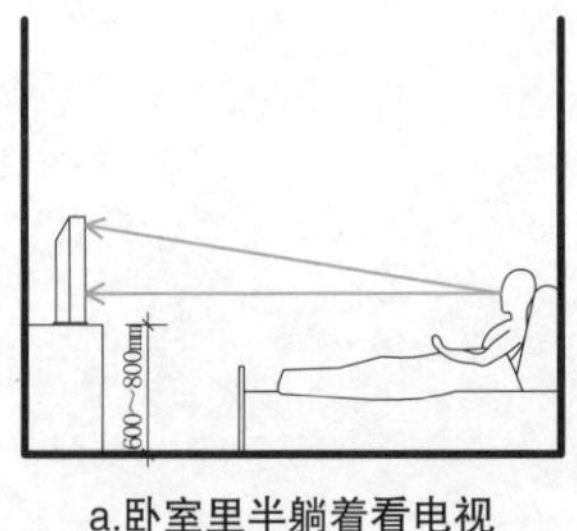
600~800mm

a.卧室里半躺着看电视

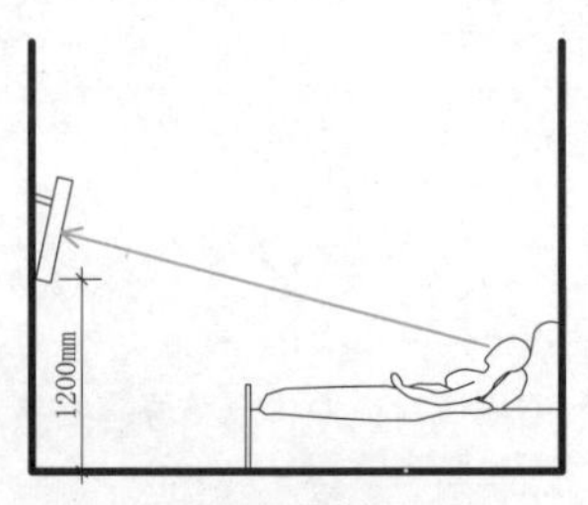
1200mm

b.卧室里躺着看电视

图4.4.20　老人卧姿观看电视的适宜高度

4. 典型平面布局示例

[1] 单人卧室

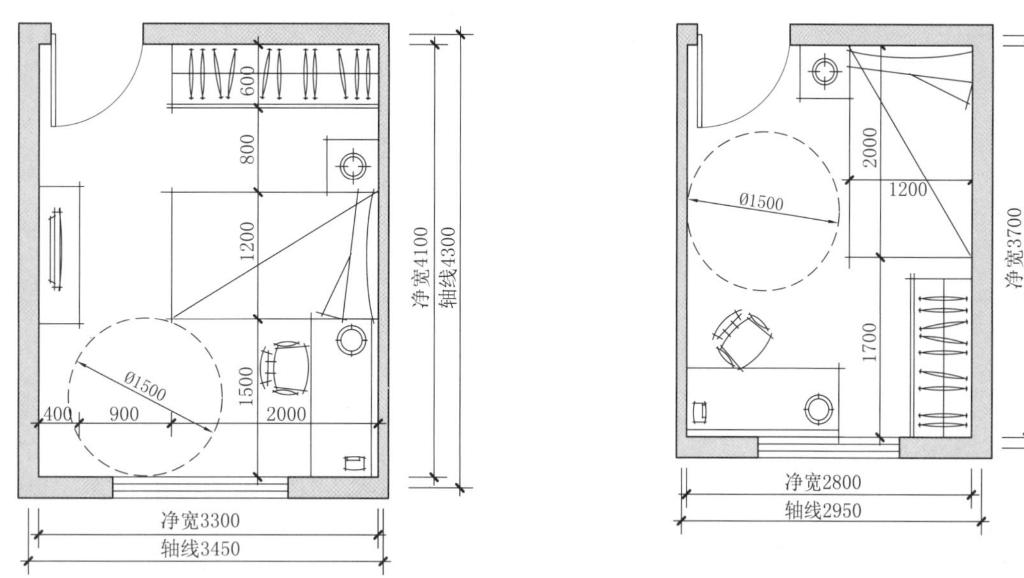

600
800
1200
1500
400
900
2000
Ø1500
净宽4100
轴线4300
净宽3300
轴线3450
2000
1200
1700
Ø1500
净宽3700
轴线3900
净宽2800
轴线2950

图4.4.21　适于老人使用的单人卧室示例图（尺寸单位：mm）

[2] 双人卧室

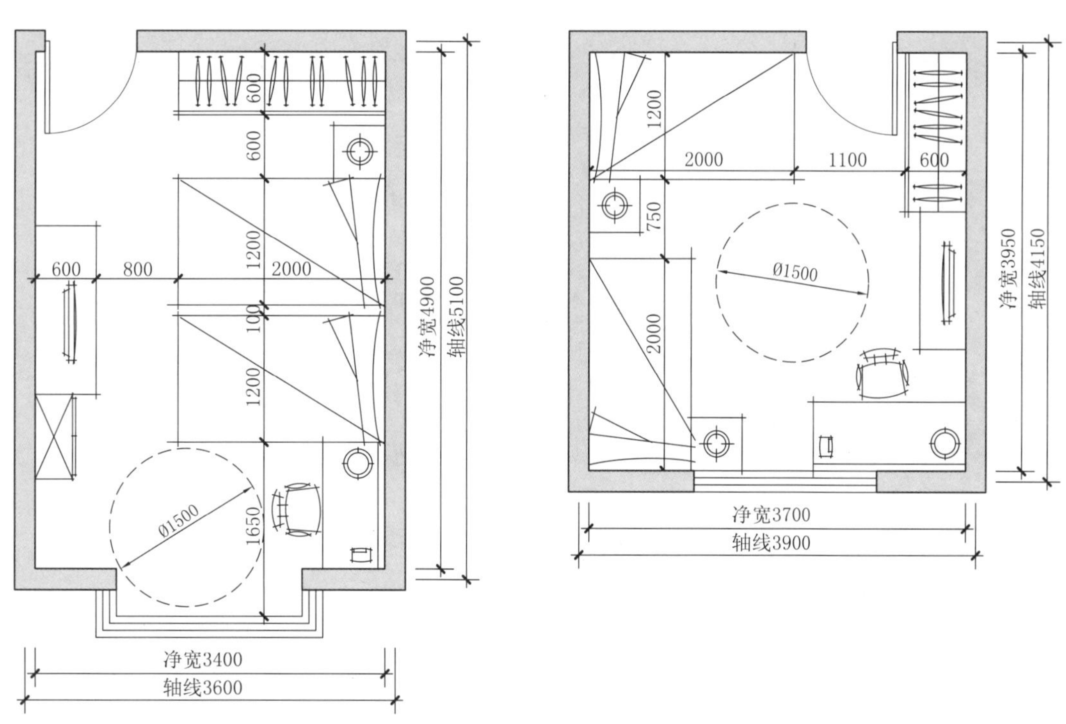

600
600
1200
100
1200
1650
600
800
2000
Ø1500
净宽4900
轴线5100
净宽3400
轴线3600
1200
2000
1100
600
750
2000
Ø1500
净宽3950
轴线4150
净宽3700
轴线3900

图4.4.22　适于老人使用的双人卧室示例图（尺寸单位：mm）

[3] 带有卫生间的卧室

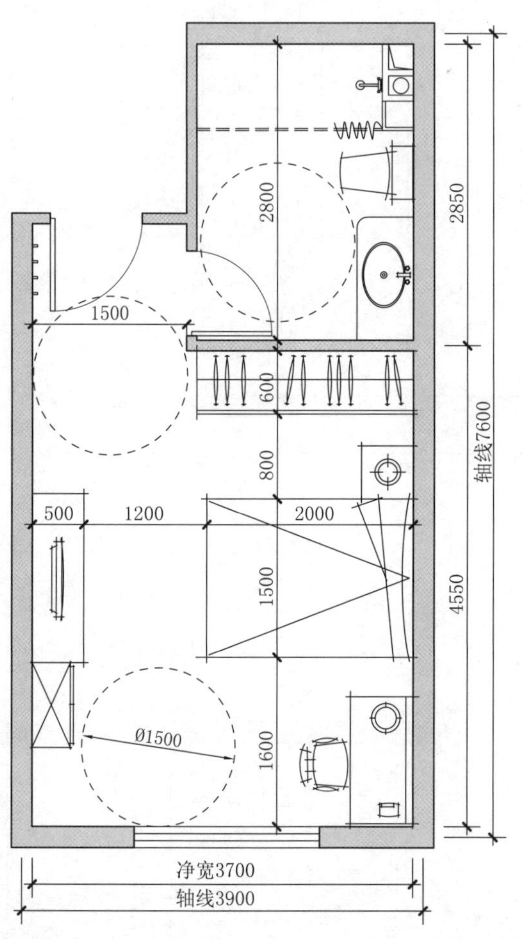
2800
2850
1500
600
800
轴线7600
500
1200
2000
1500
4550
Ø1500
1600
净宽3700
轴线3900

图4.4.23 带有卫生间的老人卧室示例图（尺寸单位：mm）

5. 设计要点总结

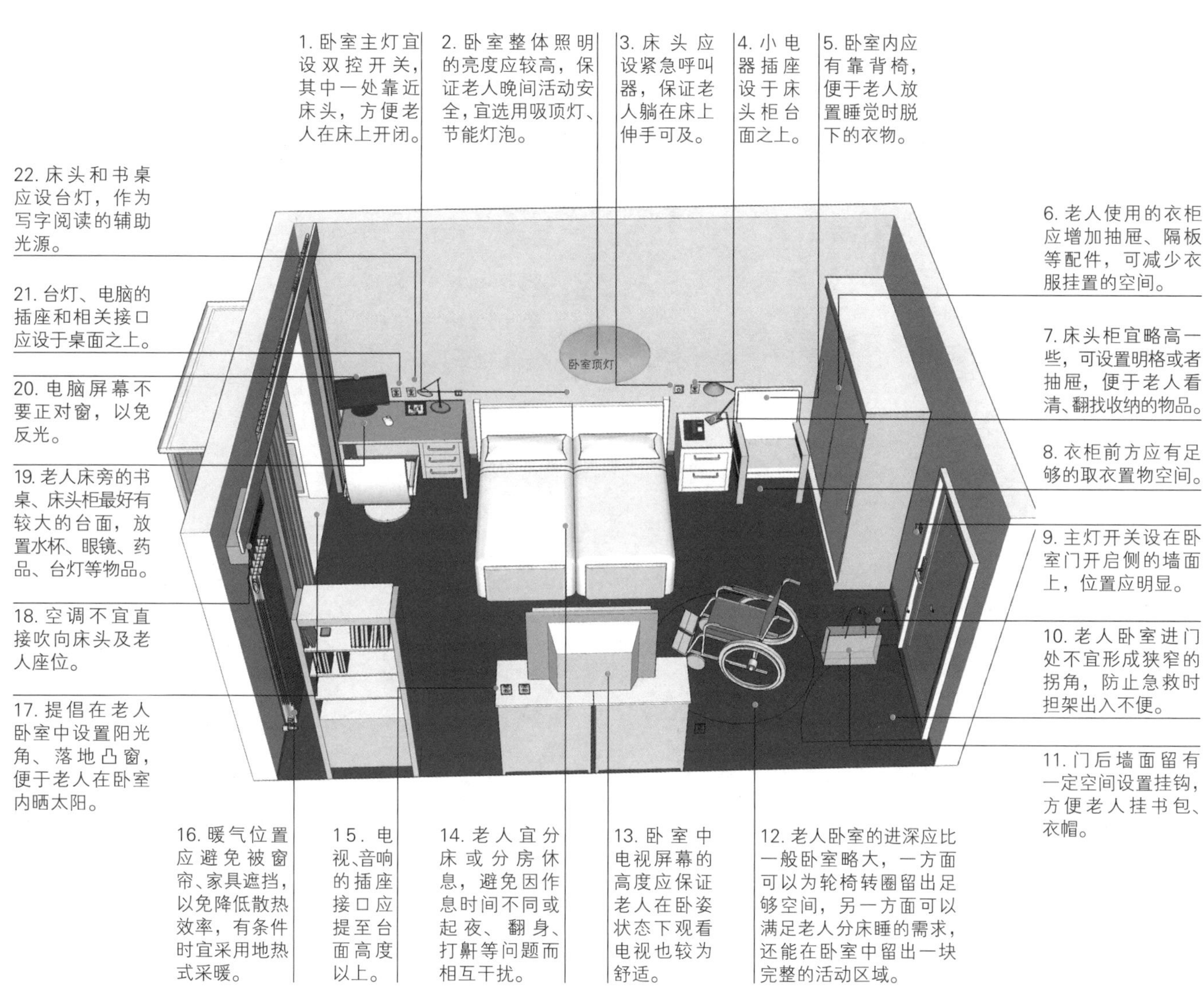
1. 卧室主灯宜设双控开关，其中一处靠近床头，方便老人在床上开闭。
2. 卧室整体照明的亮度应较高，保证老人晚间活动安全，宜选用吸顶灯、节能灯泡。
3. 床头应设紧急呼叫器，保证老人躺在床上伸手可及。
4. 小电器插座设于床头柜台面之上。
5. 卧室内应有靠背椅，便于老人放置睡觉时脱下的衣物。
6. 老人使用的衣柜应增加抽屉、隔板等配件，可减少衣服挂置的空间。
7. 床头柜宜略高一些，可设置明格或者抽屉，便于老人看清、翻找收纳的物品。
8. 衣柜前方应有足够的取衣置物空间。
9. 主灯开关设在卧室门开启侧的墙面上，位置应明显。
10. 老人卧室进门处不宜形成狭窄的拐角，防止急救时担架出入不便。
11. 门后墙面留有一定空间设置挂钩，方便老人挂书包、衣帽。
12. 老人卧室的进深应比一般卧室略大，一方面可以为轮椅转圈留出足够空间，另一方面可以满足老人分床睡的需求，还能在卧室中留出一块完整的活动区域。
13. 卧室中电视屏幕的高度应保证老人在卧姿状态下观看电视也较为舒适。
14. 老人宜分床或分房休息，避免因作息时间不同或起夜、翻身、打鼾等问题而相互干扰。
15. 电视、音响的插座接口应提至台面高度以上。
16. 暖气位置应避免被窗帘、家具遮挡，以免降低散热效率，有条件时宜采用地热式采暖。
17. 提倡在老人卧室中设置阳光角、落地凸窗，便于老人在卧室内晒太阳。
18. 空调不宜直接吹向床头及老人座位。
19. 老人床旁的书桌、床头柜最好有较大的台面，放置水杯、眼镜、药品、台灯等物品。
20. 电脑屏幕不要正对窗，以免反光。
21. 台灯、电脑的插座和相关接口应设于桌面之上。
22. 床头和书桌应设台灯，作为写字阅读的辅助光源。
卧室顶灯

图4.4.24　老年住宅卧室的设计要点总结

4.5 厨房

1. 功能分区与基本尺寸要求

[1] 功能分区和基本要点

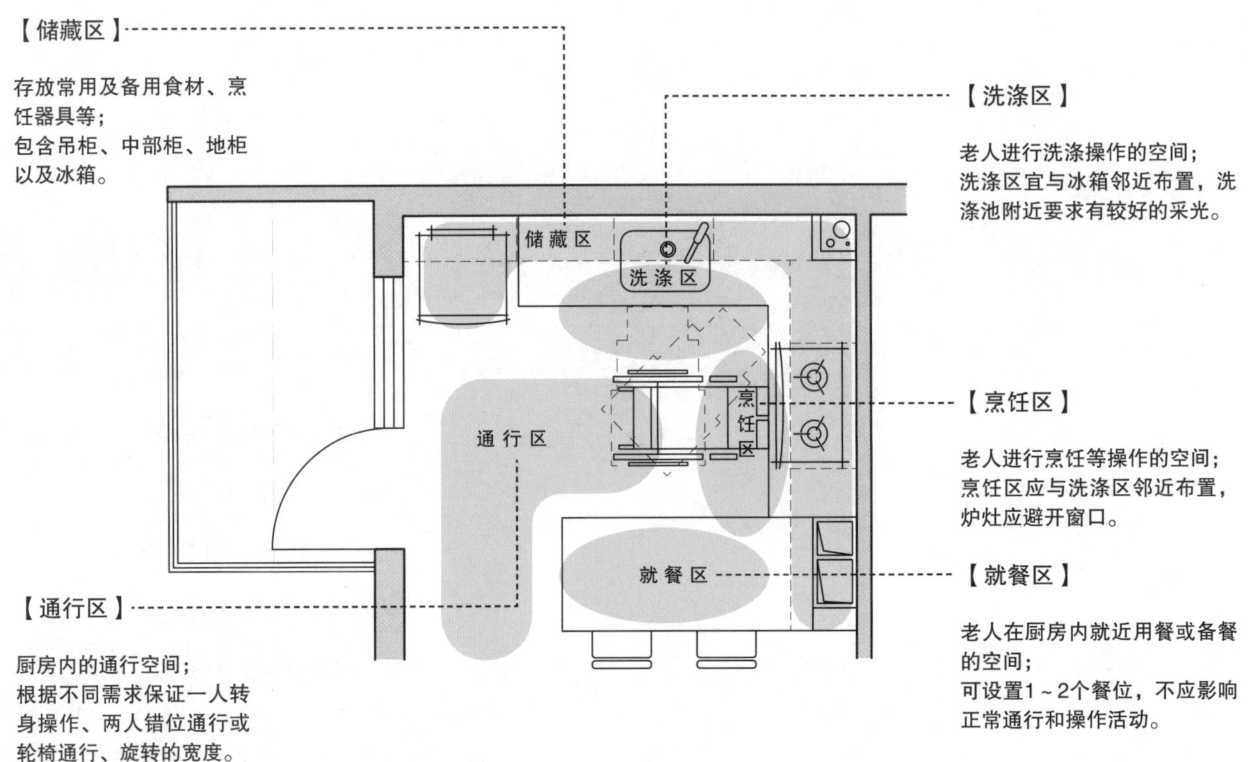

【储藏区】
存放常用及备用食材、烹饪器具等；
包含吊柜、中部柜、地柜以及冰箱。
【洗涤区】
老人进行洗涤操作的空间；
洗涤区宜与冰箱邻近布置，洗涤池附近要求有较好的采光。
储藏区
洗涤区
通行区
烹饪区
就餐区
【烹饪区】
老人进行烹饪等操作的空间；
烹饪区应与洗涤区邻近布置，炉灶应避开窗口。
【就餐区】
老人在厨房内就近用餐或备餐的空间；
可设置1～2个餐位，不应影响正常通行和操作活动。
【通行区】
厨房内的通行空间；
根据不同需求保证一人转身操作、两人错位通行或轮椅通行、旋转的宽度。

图4.5.1　老年住宅厨房的功能分区和基本要点

[2] 平面基本尺寸要求

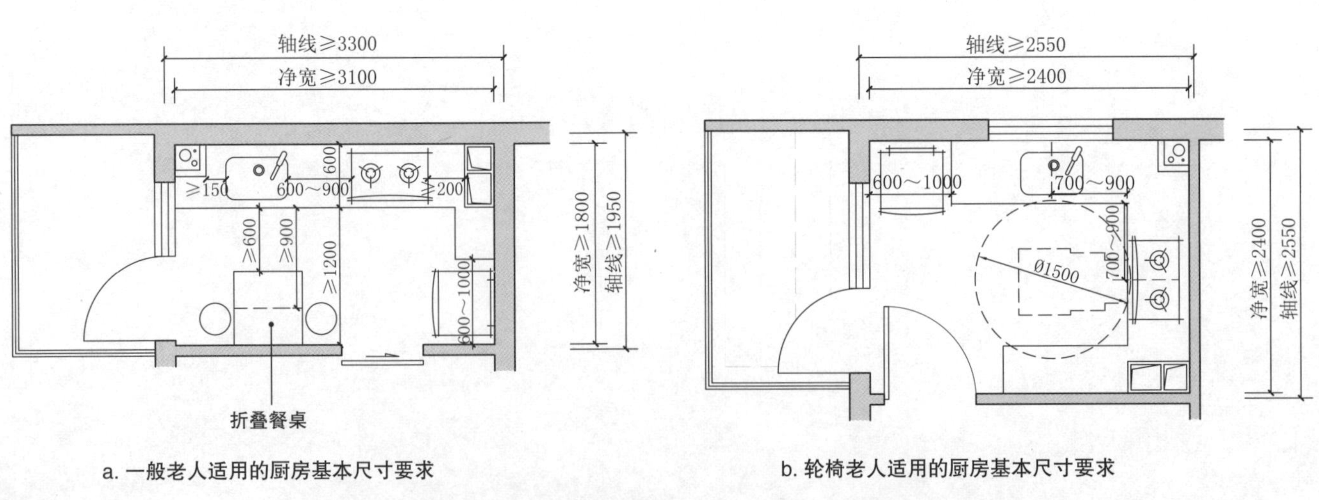

轴线≥3300
净宽≥3100
≥150
600～900
600
≥200
≥600
≥900
≥1200
600～1000
净宽≥1800
轴线≥1950
折叠餐桌
轴线≥2550
净宽≥2400
600～1000
700～900
700～900
Ø1500
净宽≥2400
轴线≥2550

a. 一般老人适用的厨房基本尺寸要求

b. 轮椅老人适用的厨房基本尺寸要求

图4.5.2　老年住宅厨房的平面基本尺寸要求（尺寸单位：mm）

2. 空间设计原则

周到细致的厨房设计是保证老人实现自主生活的基础。老人日常的主要活动很多是围绕厨房展开的，在厨房中停留的时间也相对较长。因此，厨房设计的重中之重是确保老人能够安全、独立地进行操作活动，并要能做到省力、高效，以支持老人完成力所能及的家务劳动，从而获得自信与愉悦。

老年住宅的厨房空间设计应考虑如下问题：

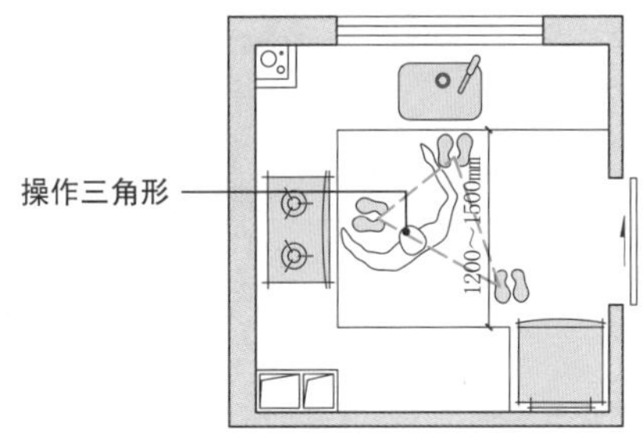

操作三角形
1200～1500mm

图4.5.3　厨房内各种常用设备间应保证合理而短捷的操作流线

[1] 提供合理的操作活动空间

厨房空间应有适宜的尺度，各种常用设备应安排紧凑，保证合理的操作流线，使各操作流程交接顺畅，互不妨碍（图 4.5.3）。

● 厨房空间尺度不宜过小

厨房空间尺度过小时，很难保证有足够的操作台面摆放常用设备和物品，既影响使用效率，也容易造成安全隐患（图 4.5.4）。

对于一般老人，两侧操作台之间的通行及活动宽度不应小于 900mm（图 4.5.5）。对于轮椅老人，通行及活动区域的尺寸宜适当增加，以保证轮椅进出、回转所需的空间。条件较宽松时，宜为轮椅老人与他人共同进行操作提供更充裕的空间。

● 厨房空间尺度也不宜过大

厨房尺度过大时也有弊端，容易造成设备摆放分散，操作流线变长，影响操作的连续性，当发生危险时老人也无处扶靠。所以老人厨房在考虑轮椅通行的前提下，操作台之间的间距也不宜过大。

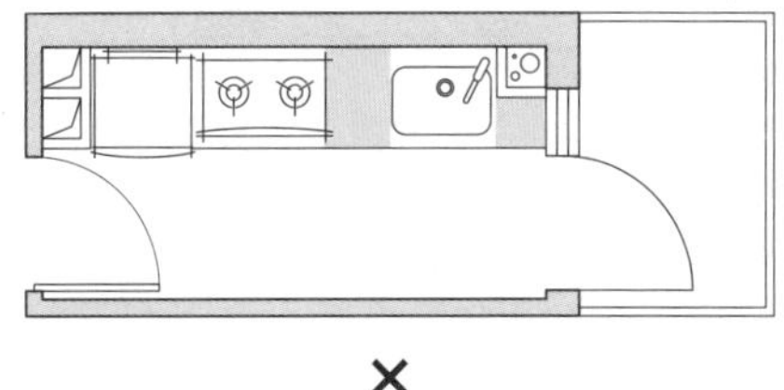

✕

a.厨房尺度小，缺乏足够的台面，操作及储物空间窘迫

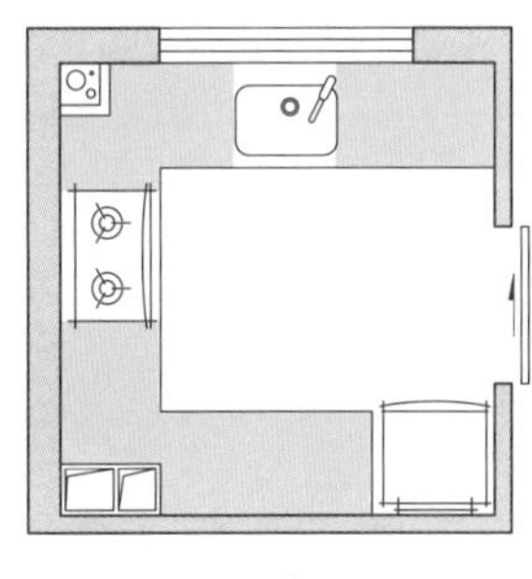

✓

b.厨房尺度适宜，有充足的台面，操作及储物条件合理

图4.5.4　厨房应有较多的台面，满足操作需求及摆放必要物品

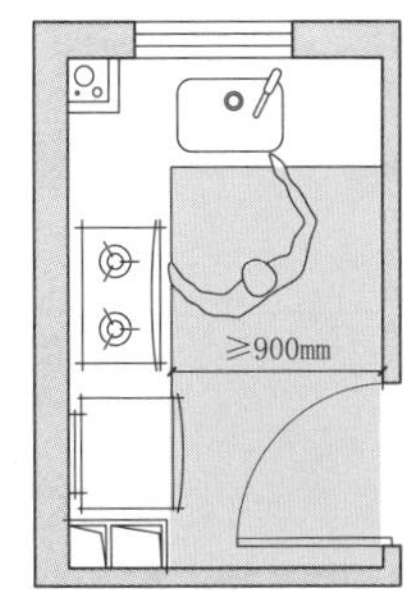

≥900mm

图4.5.5　厨房的通行及活动空间宽度最低不小于900mm

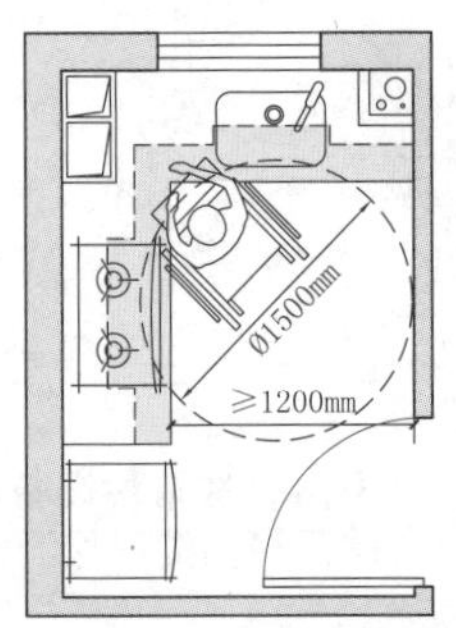
Ø1500mm
≥1200mm

图4.5.6　厨房面积受限时，可将洗涤池、炉灶下部局部留空，保证轮椅回转的空间，也便于轮椅接近设备

● 操作台下部留空便于轮椅回转和操作

在中小户型住宅中，厨房的面积受到一定的制约，操作台间的距离一般不能满足轮椅的回转要求。这时可将常用的操作台，如洗涤池、炉灶的下部局部留空，一方面能作为轮椅回转可利用的空间，另一方面也便于轮椅老人的身体接近主要的操作设备（图 4.5.6）。

[2] 确定恰当的操作台布置形式

一般厨房中常见的操作台布置方式有单列式、双列式、U 形、L 形和岛形等。各种形式之间的优劣比较详见本节末附表 4.5.1。在老人厨房中，宜优先选择 U 形、L 形布局，这两种布局在老人使用时具有以下优势：

● U形、L形操作台更适合轮椅老人使用

由于轮椅旋转比平移更为方便省力，因此应将洗涤池和炉灶布置在轮椅略微旋转即可到达的范围内。采用 U 形、L 形操作台布置形式即可实现这一要求。将洗涤池和炉灶分别布置在 U 形、L 形台面转角的两侧，轮椅老人只需在 90° 范围内微转，就能完成洗涤、烹饪两种操作之间的转换（图 4.5.7）。

如果操作台为单列式或双列式，洗涤池、炉灶只能一字排列或相对布置，轮椅老人需要进行多个动作才能完成平移或大角度回转，给使用造成不便。所以老人厨房采用 U 形、L 形的布置形式更为便利。

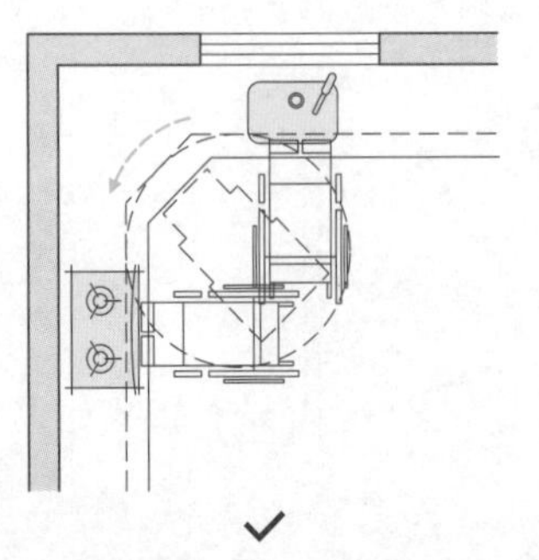

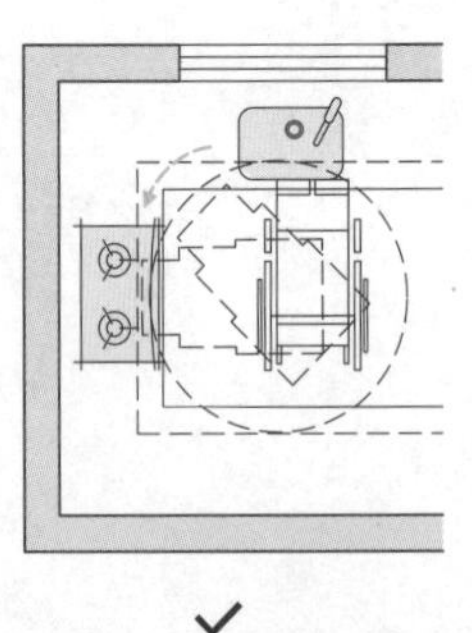

✓　✓

a.L形、U形操作台的洗涤池、炉灶可布置在操作台转角两侧，轮椅只需在90° 范围内微转就可完成两种操作之间的转换

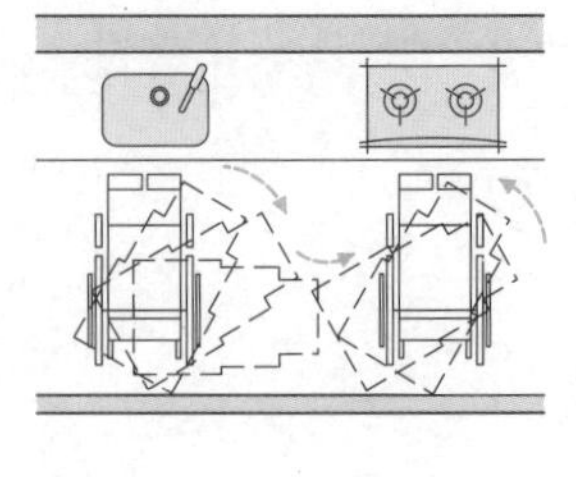

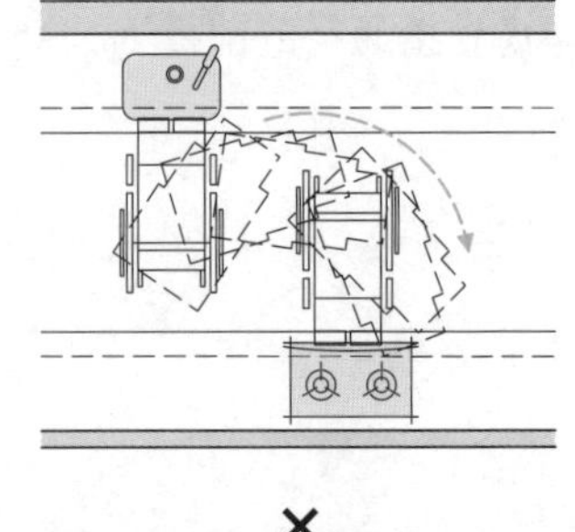

✕　✕

b.单列式、双列式操作台的洗涤池、炉灶一字排列或相对布置时，轮椅需要进行较多动作才能完成两种操作之间的转换

图4.5.7　轮椅老人使用不同形式操作台的难易程度比较

● U形、L形布局有利于形成连续台面

U形、L形布局利于保持台面的完整、连续。冰箱、洗涤池、炉灶等常用设备能通过连续的台面衔接起来，避免操作流线交叉过多和相互妨碍。轮椅老人可将较重的器皿沿台面推移，减少安全隐患，节省老人体力。

此外，U形和L形操作台的转角部分能形成稳定的操作、置物空间。可通过对台面转角进行斜线处理，进一步提高利用率，增加便于使用的操作空间。台面转角内侧也可用于设置管井等(图4.5.8)。

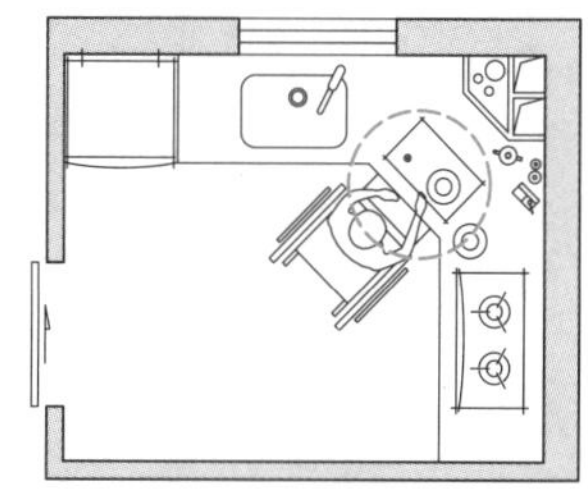

图4.5.8 通过对操作台转角进行斜线处理，增加可利用的台面空间

[3] 注意厨房门的开设位置

● 注意厨房门与服务阳台门的位置关系

厨房外有服务阳台时，从室内其他空间到服务阳台会穿行厨房。为了避免对厨房操作活动的干扰，应在设计时注意服务阳台与厨房的位置关系，将厨房门、服务阳台门开设在适宜的位置，并注意缩短二者之间的距离，减少对厨房内操作活动的影响(图4.5.9)。

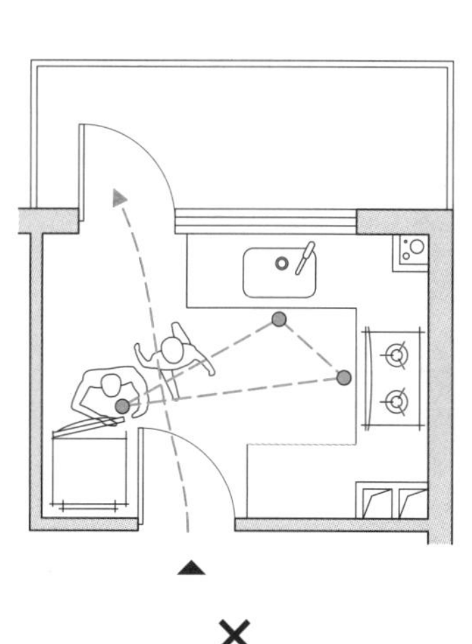

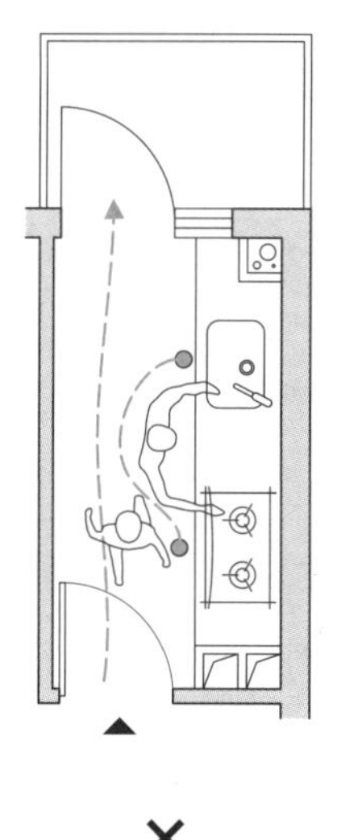

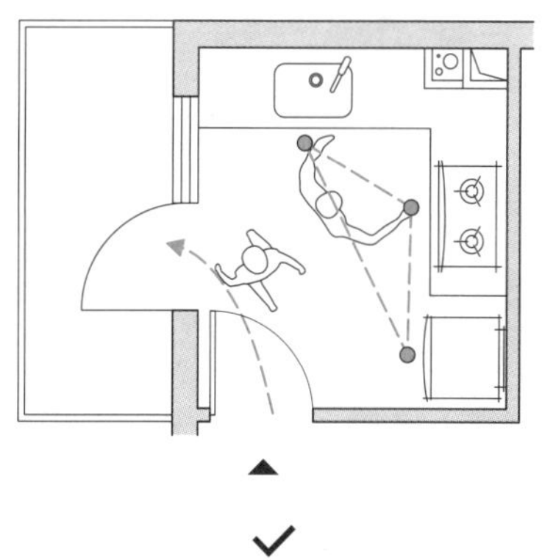

×　×　✓

a. 厨房门、服务阳台门相对布置，穿行动线对操作活动造成一定影响

b. 厨房门、服务阳台门相邻布置，穿行动线对操作活动影响较小

图4.5.9 厨房门、阳台门的位置对厨房空间的影响比较

● 考虑在厨房门后设置辅助台面的空间

当厨房的开间达到 2100mm 以上，或进深方向尺寸较为充裕时，可利用厨房门后空间设置深度 300 ~ 450mm 的辅助柜及台面，以供放置微波炉、电饭煲等小件设备，使空间得到充分利用（图 4.5.10）。

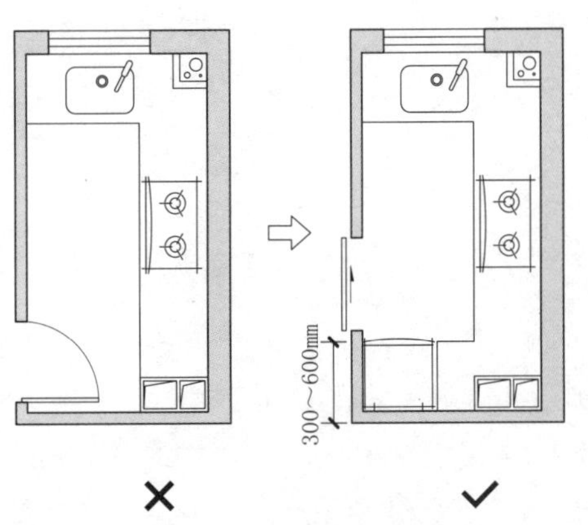
300～450mm
300～600mm
✕
✓

图4.5.10　厨房门开设位置的优劣比较

[4] 提供有效的采光通风

我国《住宅设计规范》规定：厨房应有直接采光、自然通风[1]。对于老人而言，则更应保证厨房的主要操作活动区要有良好的自然采光和通风。

● 保证洗涤池附近的有效采光

老人在洗涤池处的操作时间最长，应避免将洗涤池布置于背光区。

一些户型的厨房窗处于楼栋凹缝处，虽然做到直接对外开窗，但进入室内的光线十分有限。特别是当洗涤池背光布置时，日常操作处于昏暗中，对老人来说存在诸多不便（图 4.5.11）。

● 保证厨房的有效通风量

厨房的有效通风通常与下列因素有关：厨房是否直接对外开窗；窗扇开启的形式和面积大小；厨房窗与门的相对位置等。同样的窗洞宽度，不同的窗扇开启形式和开启扇大小对通风量均有影响（图 4.5.12），在设计时要综合考虑。住宅规范规定，厨房窗的有效开启面积不应小于 $0.6m^2$ [2]，对老年住宅来说更应加大其厨房的通风换气量。

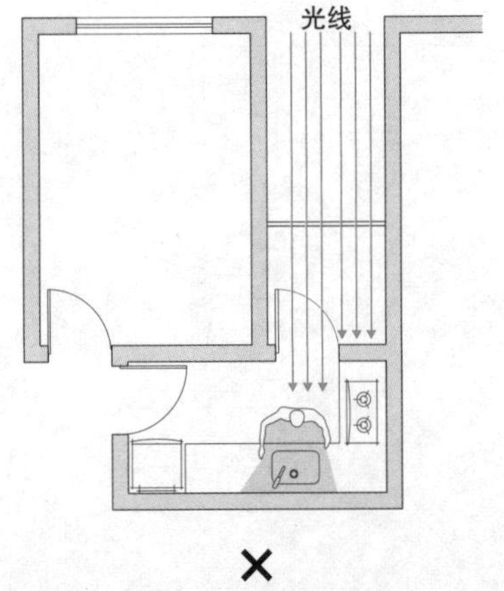
光线
✕

图4.5.11　光线暗的厨房使操作困难，会产生卫生及安全隐患

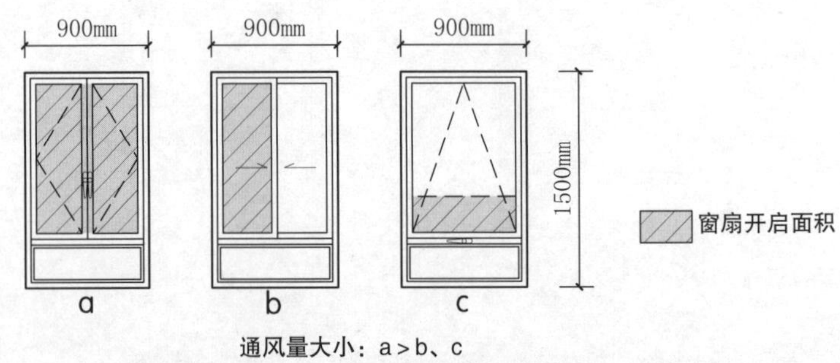
900mm
900mm
900mm
1500mm
窗扇开启面积
a
b
c
通风量大小：a＞b、c

图4.5.12　同样窗洞尺寸、不同窗扇及开启形式的通风量比较

❶ 参见《住宅设计规范》GB 50096-2011 第7.1.3和7.2.1条。
❷ 参见《住宅设计规范》GB 50096-2011 第7.2.4条。

● 加设机械排风促进通风换气

除了自然通风外，老人使用的厨房中还应加强机械排风，保证油烟气味及时散出。在北方地区冬季不常开窗的情况下，设置辅助排风设备有助于换气；在南方地区，由于天气闷热空气不流通，也需要有机械排风设备促进通风。因此厨房内除设置抽油烟机外，还宜加设一处排风扇。

[5] 考虑日后改造的可能性

● 考虑不同身体状况老人的需求

老人的身体条件会随着年龄的增长和疾病的原因发生变化，不同身体状况的老年人，对厨房空间的使用要求有所不同。因此厨房应具备灵活改造的可能性，以适应老人的身体变化。

根据老人的健康状况和劳动能力，可将老人对厨房的需求概括为以下三种情况：

- 健康阶段的老人行动自如，对厨房的需求与其他年龄段基本相似；
- 半自理阶段的老人也许会使用助行器或轮椅，厨房内的通行、活动空间须适当增大；
- 全护理阶段的老人基本上无法自用厨房。厨房主要是护理人员使用，应便于护理人员在厨房工作时也能顺便观察老人的情况，所以厨房应开敞，使视线通达。

● 设置非承重墙便于日后改造

由于上述原因，厨房的面积大小、家具设备布局可能会随着老人身体状况的改变而不断变化。建议厨房墙体至少有一面为非承重墙，在必要时可拆改墙体使厨房符合老人的使用需求（图 4.5.13）。例如将厨房面积扩大，使轮椅能够进入；或将厨房变为开敞式，与餐厅紧密结合。需注意厨房内的风道与管井最好布置在靠近承重墙的一侧，以便日后改造时不受其制约。

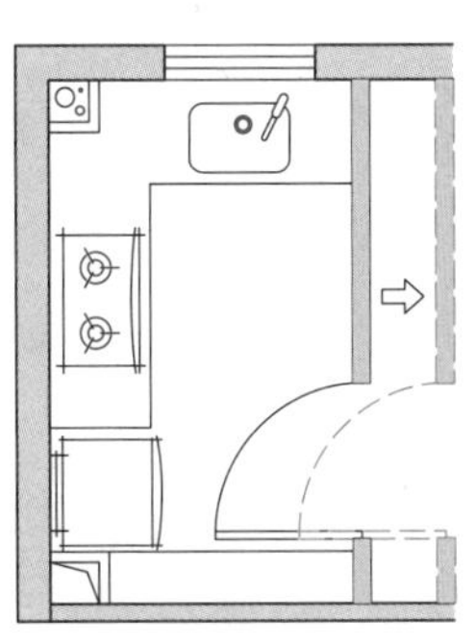

图4.5.13 厨房的墙体至少应有一面为非承重墙，便于日后改造

3. 常用设备布置要点

[1] 操作台

操作台是厨房各种设备和操作活动的主要载体，通常由操作台面和下部的柜体组成。

● 操作台的适宜深度

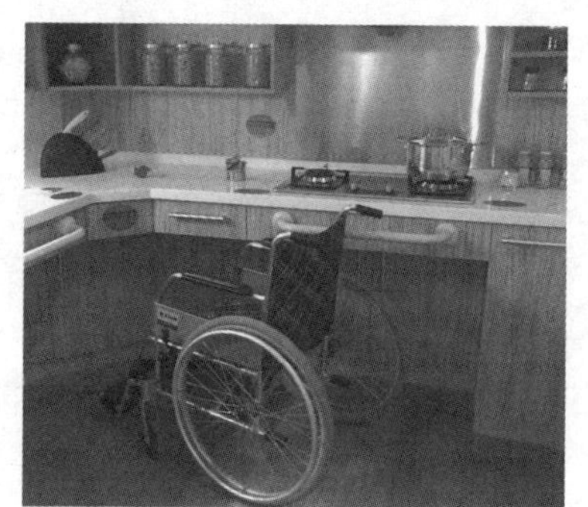

图4.5.14 操作台下方局部留空，便于轮椅接近操作

厨房操作台深度一般在 550 ~ 700mm 之间，深度在 600~650mm 范围内的操作台适合老年人使用。操作台深度过小时，不便于摆放设备和物品；深度过大时，在老人坐姿操作的情况下，不易拿取靠里侧放置的物品。

● 操作台的适宜高度

操作台的高度宜根据老人的身高确定，符合易于施力的原则。考虑我国老人的身高及使用习惯，通常将操作台高度控制在 800 ~ 850mm 之间。有条件的情况下，可采用升降式的操作台。

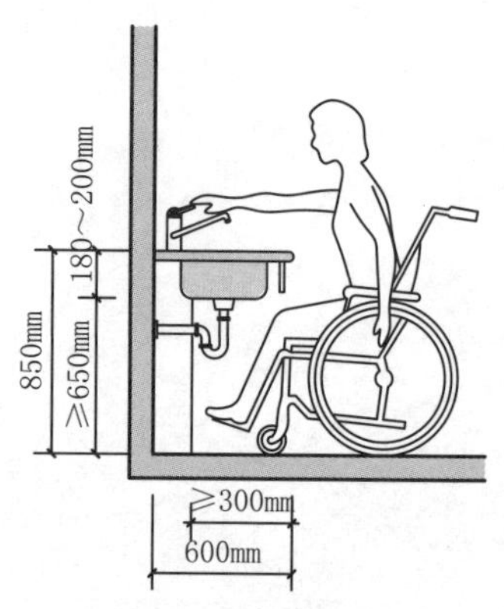

180~200mm
850mm
≥650mm
≥300mm
600mm

图4.5.15 操作台下部留空的尺寸

● 操作台应考虑坐姿操作需求

老年人在厨房长时间劳动时宜坐姿操作，同时考虑到轮椅老人进入厨房操作的可能性，洗涤池、炉灶下部应预留合适的空档，使老人坐姿操作时腿部能够插入（图 4.5.14）。

由于一般座椅及轮椅的坐面高度为 450mm，人腿所占的空间高度约为 200mm 左右，因而洗涤池、炉灶下部空档高度不宜小于 650mm，深度不小于 300mm[1]（图 4.5.15）。

● 操作台下部抬高便于轮椅接近

操作台地柜下部可抬高 300mm，一是便于轮椅踏脚板的插入，使轮椅能从正面靠近操作台；二是较低位置的地柜不便于老人拿取物品，轮椅老人弯腰做此动作时容易发生倾倒的危险。

---

❶ 参见《老年人居住建筑设计规范》GB 50340-2016 第6.4.2条。

● 操作台面要长且连续

应尽量设置充裕的操作台面，用于摆放常用物品，减少老人从柜中拿取物品的频率。

冰箱、洗涤池与炉灶之间均应设连续的台面，便于老人（尤其是轮椅老人）在台面上移动锅、碗等炊具、餐具，防止端重物或烫物时发生危险。

● 常用设备两侧要留出操作台面

洗涤池两侧均需留出操作台面，靠近高物体的一侧至少需留出150mm的宽度，保证老人进行洗涤操作的肢体活动空间（图4.5.16a）。

炉灶两侧也需留出操作台面，靠近高物体的一侧宽度不小于200mm。操作台面应方便摆放锅、碗、盘子等，并避开炉灶明火（图4.5.16b）。

洗涤池与冰箱之间应设300 ~ 600mm宽的操作台面，方便老人取放物品时倒手（图4.5.16c）。

炉灶与洗涤池中间应留出600 ~ 1200mm宽的操作台面（图4.5.16d），便于放置案板和常用的餐具等，要防止两设备距离过近，水飞溅到油锅里而产生危险；也要防止过远增加操作时的劳动。

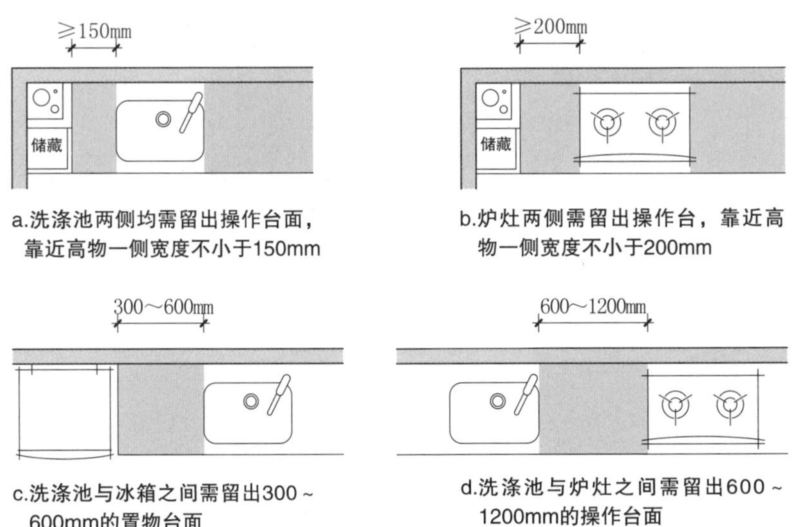
≥150mm
储藏
≥200mm
储藏
300～600mm
600～1200mm

a.洗涤池两侧均需留出操作台面，靠近高物一侧宽度不小于150mm

b.炉灶两侧需留出操作台，靠近高物一侧宽度不小于200mm

c.洗涤池与冰箱之间需留出300 ~ 600mm的置物台面

d.洗涤池与炉灶之间需留出600 ~ 1200mm的操作台面

图4.5.16　洗涤池、炉灶旁须留出一定的置物台面

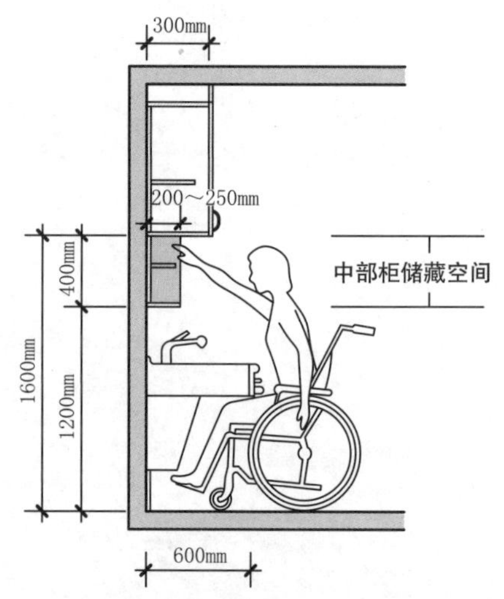
300mm
200～250mm
中部柜储藏空间
400mm
1600mm
1200mm
600mm

图4.5.17 设置中部柜，便于轮椅老人取放常用物品

图4.5.18 中部格架储物示意

[2] 吊柜及中部柜

● 加设中部柜存放常用物品

一般住宅中，厨房吊柜下皮距地高度为1600mm左右，吊柜深度为300~350mm。但对老人来说，吊柜的上部空间过高，不便于取放物品。因此设计老人厨房时，应在吊柜下部加设中部柜或中部架，保证老人（特别是轮椅老人）在伸手可及的范围内能方便地取放常用物品（图4.5.17）。高处的吊柜可作为储藏的补充或由家人使用。

洗涤池前和炉灶旁的中部柜架最为常用。洗涤池上方可设置沥水托架，老人可将洗涤后的餐具顺手放在中部架上沥水；炉灶两旁的中部柜可用于放置调味品或常用炊具等（图4.5.18）。

● 中部柜的安装高度与深度

中部柜高度区间一般在距地1200~1600mm的范围内。柜体下皮与操作台面之间还可以留出空当摆放调料瓶、微波炉等物品。中部柜的深度在200~250mm之间较为适宜，深度过大容易使人碰头（图4.5.19），也不利于轮椅老人拿取放在里侧的物品。

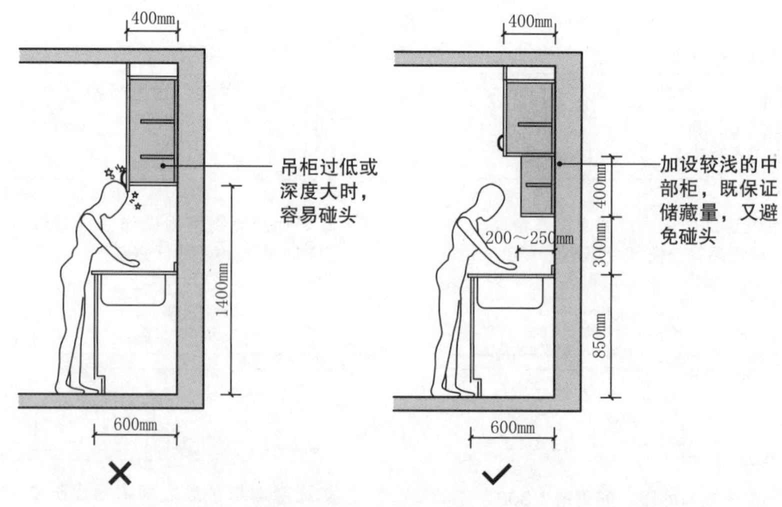
400mm
吊柜过低或深度大时，容易碰头
1400mm
600mm
×
400mm
加设较浅的中部柜，既保证储藏量，又避免碰头
200～250mm
400mm
300mm
850mm
600mm
✓

图4.5.19 吊柜设置的优劣比较

[3] 餐台

● 布置小餐台便于就近用餐

经调研发现，老人有时愿意在厨房里简单就餐，特别是早餐。因此在有条件的情况下，可在厨房内布置小餐台，供老人就近用餐，也可以当做接手台或置物台使用（图 4.5.20）。

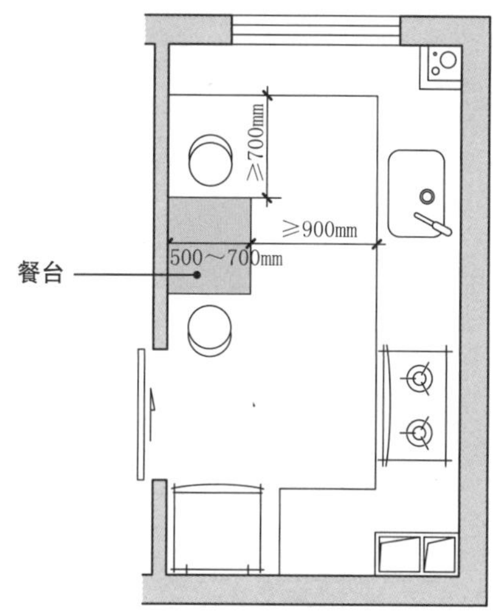
≥700mm
≥900mm
500～700mm
餐台

图4.5.20　厨房内布置小餐台，供老人就近用餐

● 餐台的适宜位置与形式

餐台的摆放位置不要影响老人在厨房内的操作活动。餐台的尺寸不宜过大，通常设置 1 ~ 2 个餐位即可。

厨房小餐台的形式应视具体情况而确定。空间宽裕时，可设固定餐台；空间局促时，餐台可采用折叠、抽拉、翻板等灵活的形式。但应注意其构造的牢固性及安全性，确保餐台不易变形或翻倒。

Tips：两用大水池

如台面长度不足又希望使用较大洗池时，可选用周圈带有浅凹槽的洗池。凹槽上可架设案板、沥水篮等，既可当作操作台面，又可作水池，方便灵活使用。

带有浅凹槽的大水池，可供架设案板等

[4] 洗涤池

● 洗涤池宜靠窗布置

洗涤池宜靠近厨房窗设置，以获得良好的采光。当厨房窗为内开式时，须注意洗涤池水龙头的位置不要影响内开窗窗扇的开启。

● 洗涤池尺寸宜稍大

老人使用的洗涤池最好大一些，建议长度为 600 ~ 900mm，以便将锅、盆等大件炊具放进洗涤池清洗，而不必在洗时用手提持。因此在洗涤池总长度有限的情况下，单槽的大水池要比双槽水池更加便利、灵活。洗涤池周圈设有凹槽的话，还可以架设沥水架、案板等。

[5] 炉灶

● 炉灶宜远离门窗及表具设备

炉灶不要过于靠近厨房门和窗布置，以免火焰被风吹灭或行动时碰翻炊具。炉灶应尽量远离冰箱、天然气表具，以免烹饪时的火星儿、热油等溅到这些设备上产生不良影响。

● 选用更安全的炉灶

老人记忆力衰退，炉灶最好有自动断火功能。电磁炉灶没有明火，更适于老人使用，特别是在公寓的简易厨房中。

[6] 冰箱

● 选择合适的冰箱摆放位置

冰箱的位置应兼顾厨房和餐厅两方面的使用需求，并要便于老人购回食品时就近存放。冰箱旁应有接手台面，供老人暂放物品。

老人爱囤积食物，需要冷藏的营养品、药品也较多，因此要预留较大的空间放置大容量冰箱，如双开门冰箱。

● 冰箱旁留出供轮椅接近的空间

轮椅老人使用冰箱时，往往从侧向靠近冰箱取放物品。冰箱放置在墙角或夹在墙面等高起物之间时，其近旁应留出一定的空档供轮椅接近，并保证能方便地开闭冰箱门（图 4.5.21）。

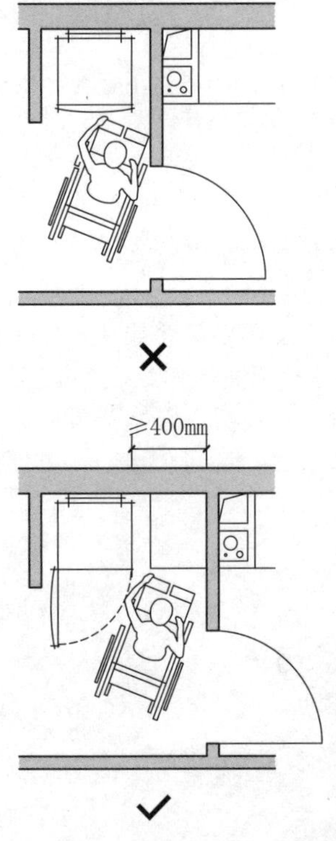

×
≥400mm
✓

图4.5.21 冰箱旁留出一定空档及台面供轮椅老人接近和放置物品

[7] 活动家具

● 采用活动家具便于老人灵活使用

厨房中可适当采用活动家具，使老人的操作更加方便、省力（图4.5.22）。例如轻便的小轮车，平时可放置在操作台下部的留空部分，作为储藏空间的补充，备餐时可以随时拉到需要用到的地方。可抽拉的小餐台既节约空间，又方便使用。老人厨房的吊柜也可采用下拉式的活动吊柜，以便轮椅老人取放物品。

a.轻便的小轮车可作为储藏空间的补充，随时拉到需要用的地方

b.可抽拉的小餐台既节约空间，又可增加台面

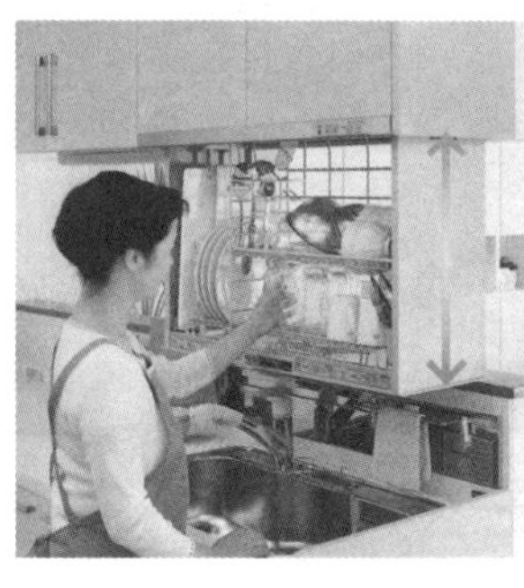

c.下拉式的活动吊柜便于轮椅老人取放物品

图4.5.22 厨房内可适当采用活动家具，便于老人灵活使用

[8] 垃圾桶

● 垃圾桶宜靠近洗涤池放置

厨房中应做到洁污分区，垃圾桶的位置应设在洗涤池附近。洗涤池是产生垃圾最多的地方，就近设置垃圾桶可减少污染面积。同时还要保证其位置不阻碍通行，避免老人踢绊。可将洗涤池下方留空，或者在操作台尽端处留出空隙，用于放置垃圾桶。

● 柜内设垃圾桶污染严重

设在操作台柜体内的垃圾桶容易被老人遗忘，导致垃圾腐败，也容易污染柜体，且不便于清扫打理，不建议采用。

[9] 燃气热水器

● 燃气热水器宜接近外墙和洗涤池

燃气热水器必须接近外墙、外窗布置，达到直接对外排气的要求。热水器应尽量接近洗涤池，以方便老人即时得到热水洗手、洗碗，避免因放掉过多的凉水而造成浪费。所以洗涤池附近应有供燃气热水器挂置的墙面（图4.5.23）。

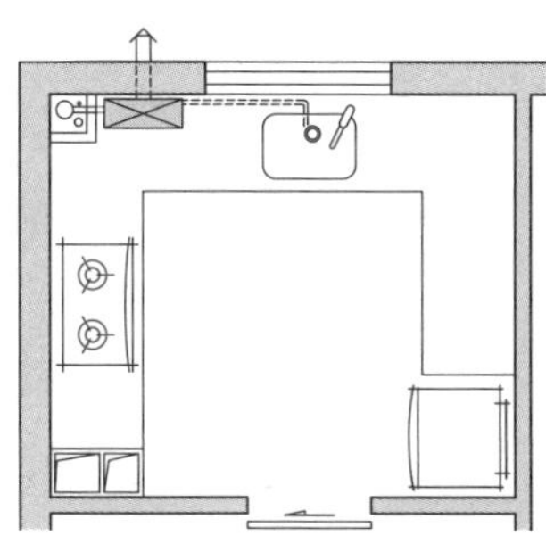

图4.5.23 燃气热水器须接近外墙、外窗设置，便于对外排放废烟气，还应接近洗涤池，方便老人即时使用到热水

[10] 管井、风道

● 管井、风道宜靠近相关设备

管井应靠近洗涤池、燃气热水器等相应的设备布置。风道的位置则应接近炉灶，并宜靠近内墙布置，以避免风管出顶面时对楼栋立面造成影响（图 4.5.24）。

● 管井、风道不宜打断操作台面

布置管井、风道时应尽量保持操作台面的完整性，减少装修时对台面的切割。各种管线、表具应尽量集中布置，不要占据过多的墙面和柜内空间。

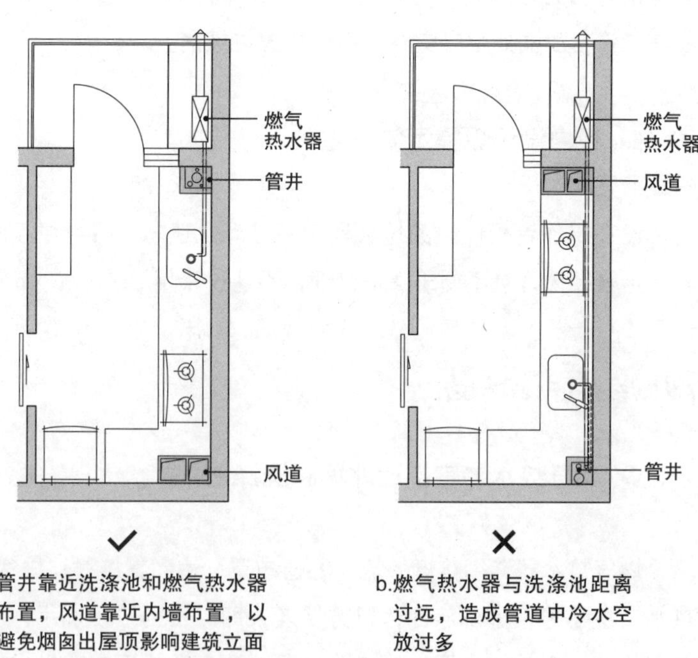
燃气
热水器
管井
风道
✓
a.管井靠近洗涤池和燃气热水器布置，风道靠近内墙布置，以避免烟囱出屋顶影响建筑立面
燃气
热水器
风道
管井
✕
b.燃气热水器与洗涤池距离过远，造成管道中冷水空放过多

图4.5.24　管井与风道布置方式的优劣比较

4. 典型平面布局示例

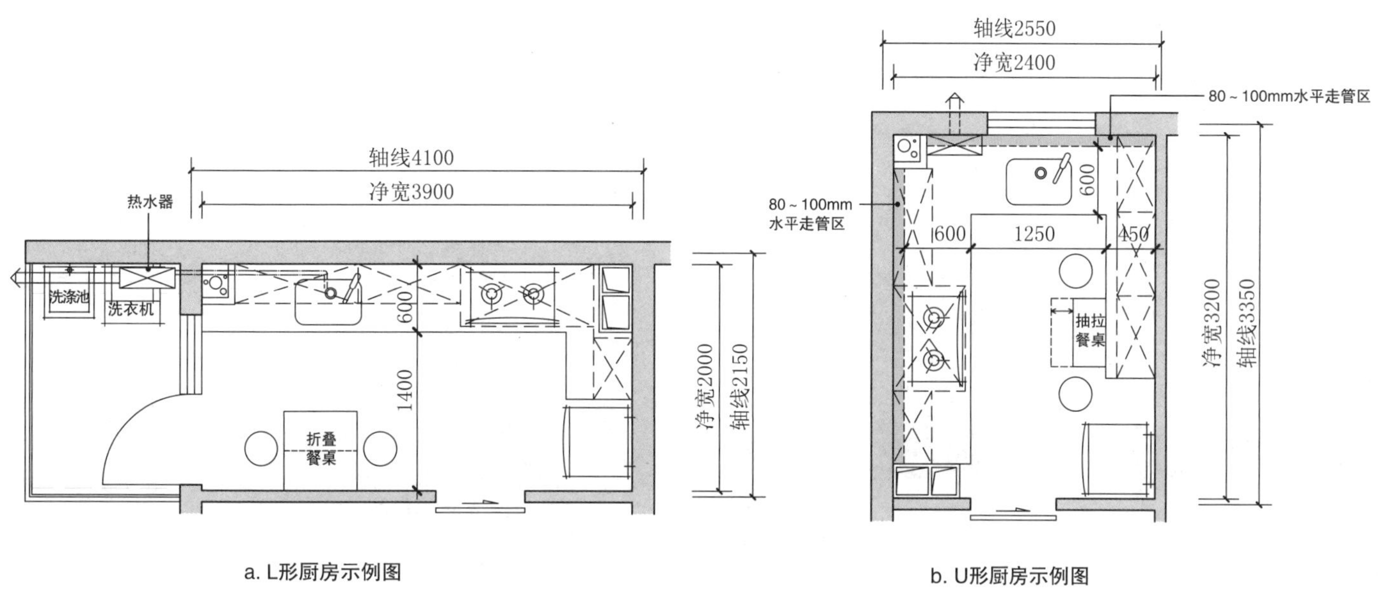

轴线4100
净宽3900
热水器
洗涤池
洗衣机
600
1400
折叠
餐桌
净宽2000
轴线2150
轴线2550
净宽2400
80～100mm水平走管区
80～100mm
水平走管区
600
1250
450
600
抽拉
餐桌
净宽3200
轴线3350

a. L形厨房示例图

b. U形厨房示例图

图4.5.25　适于一般老人使用的厨房示例图（尺寸单位：mm）

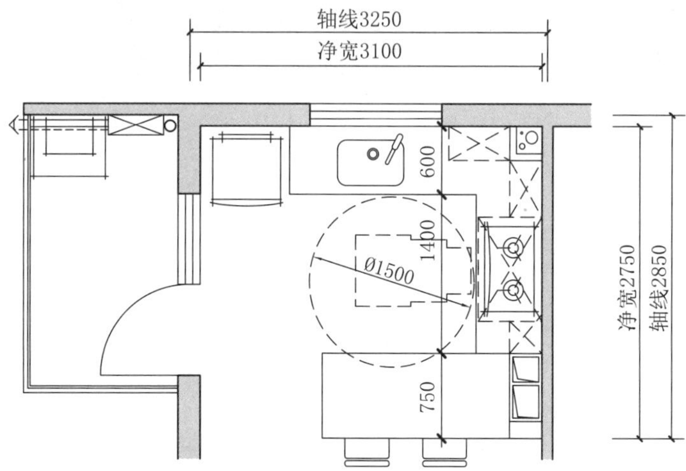

轴线3250
净宽3100
600
1400
Ø1500
750
净宽2750
轴线2850

图4.5.26　适于轮椅老人使用的厨房示例图（尺寸单位：mm）

5. 设计要点总结

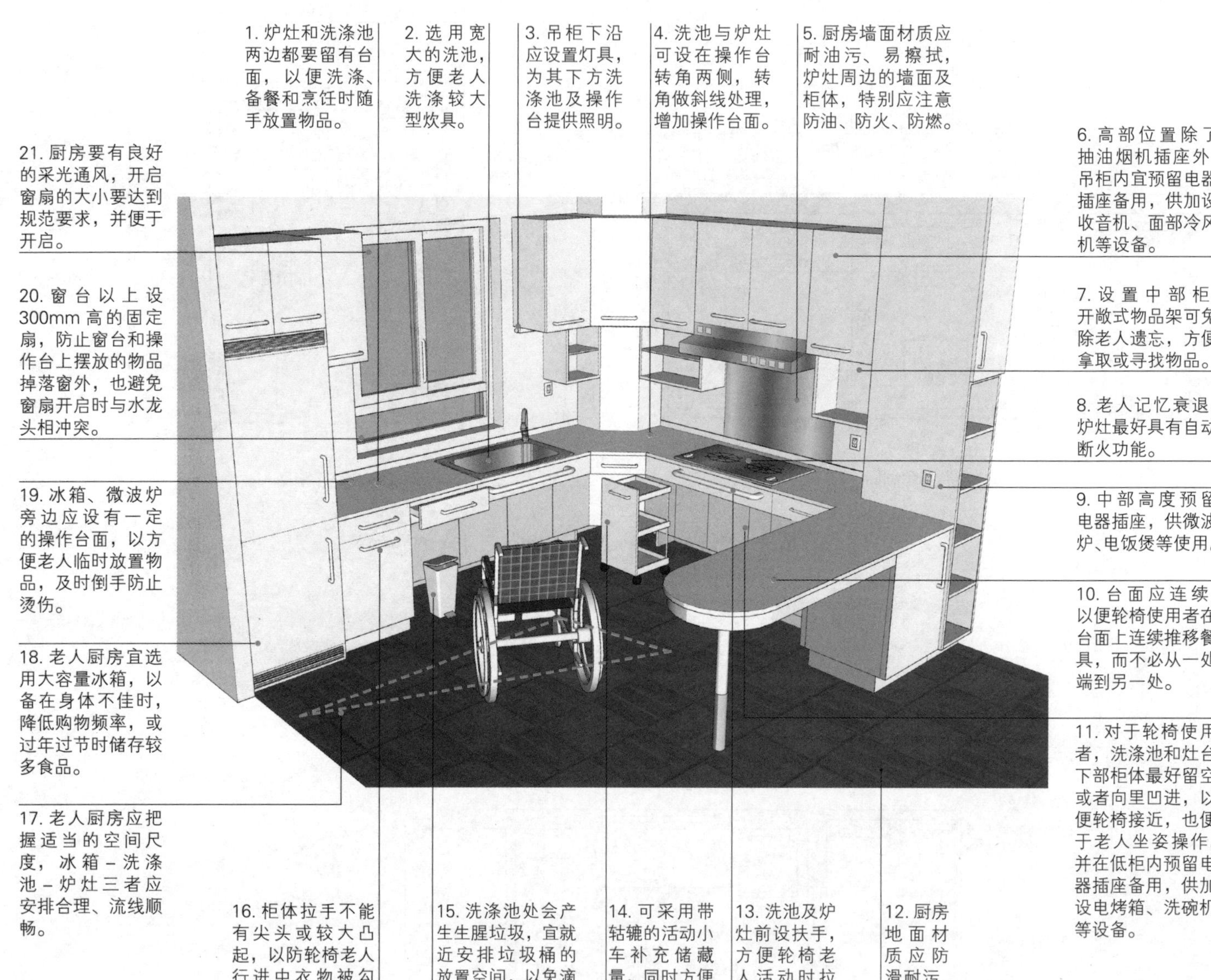
1. 炉灶和洗涤池两边都要留有台面，以便洗涤、备餐和烹饪时随手放置物品。
2. 选用宽大的洗池，方便老人洗涤较大型炊具。
3. 吊柜下沿应设置灯具，为其下方洗涤池及操作台提供照明。
4. 洗池与炉灶可设在操作台转角两侧，转角做斜线处理，增加操作台面。
5. 厨房墙面材质应耐油污、易擦拭，炉灶周边的墙面及柜体，特别应注意防油、防火、防燃。
6. 高部位置除了抽油烟机插座外，吊柜内宜预留电器插座备用，供加设收音机、面部冷风机等设备。
7. 设置中部柜，开敞式物品架可免除老人遗忘，方便拿取或寻找物品。
8. 老人记忆衰退，炉灶最好具有自动断火功能。
9. 中部高度预留电器插座，供微波炉、电饭煲等使用。
10. 台面应连续，以便轮椅使用者在台面上连续推移餐具，而不必从一处端到另一处。
11. 对于轮椅使用者，洗涤池和灶台下部柜体最好留空或者向里凹进，以便轮椅接近，也便于老人坐姿操作，并在低柜内预留电器插座备用，供加设电烤箱、洗碗机等设备。
12. 厨房地面材质应防滑耐污、易擦拭。
13. 洗池及炉灶前设扶手，方便轮椅老人活动时拉拽扶手借力。
14. 可采用带轱辘的活动小车补充储藏量，同时方便老人使用。
15. 洗涤池处会产生生腥垃圾，宜就近安排垃圾桶的放置空间，以免滴水，污染地面。
16. 柜体拉手不能有尖头或较大凸起，以防轮椅老人行进中衣物被勾住，或发生磕碰。
17. 老人厨房应把握适当的空间尺度，冰箱－洗涤池－炉灶三者应安排合理、流线顺畅。
18. 老人厨房宜选用大容量冰箱，以备在身体不佳时，降低购物频率，或过年过节时储存较多食品。
19. 冰箱、微波炉旁边应设有一定的操作台面，以方便老人临时放置物品，及时倒手防止烫伤。
20. 窗台以上设300mm高的固定扇，防止窗台和操作台上摆放的物品掉落窗外，也避免窗扇开启时与水龙头相冲突。
21. 厨房要有良好的采光通风，开启窗扇的大小要达到规范要求，并便于开启。

图4.5.27　老年住宅厨房的设计要点总结

几种常见的操作台布置形式对于老人使用的优劣比较 **表4.5.1**

操作台的布置形式	适用位置	优　点	缺　点	对老人的适用评价
单列式 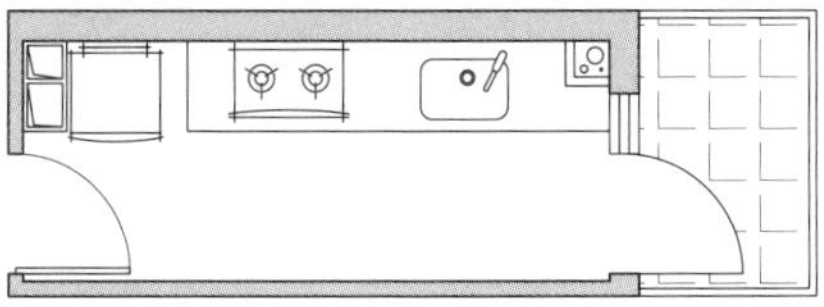	适用于面宽狭小，有通向阳台的门，只能单面布置操作台的狭长形厨房。	方便连接服务阳台；操作台布置简单，施工误差便于调节；管线短、经济。	厨房通道只能单侧使用，空间利用率低；台面及储藏空间不足；洗涤池与炉灶成一字布置，轮椅老人平行移动较为困难；老人在操作中必须沿操作台方向走动，当操作台较长时，行动路线过长，消耗体力。	★★
双列式 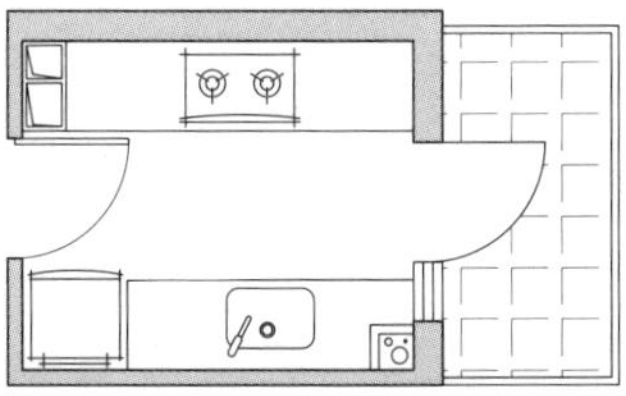	适用于厨房入口相对的一边设有服务阳台，而无法采用L形或U形布局的厨房。	两侧操作台共用一条走道，空间利用率高；操作台面较多，储藏空间较多。	洗涤池和炉灶相对布置，老人操作时会有过多转身的动作，轮椅回转操作也较为困难。	★★
L形式 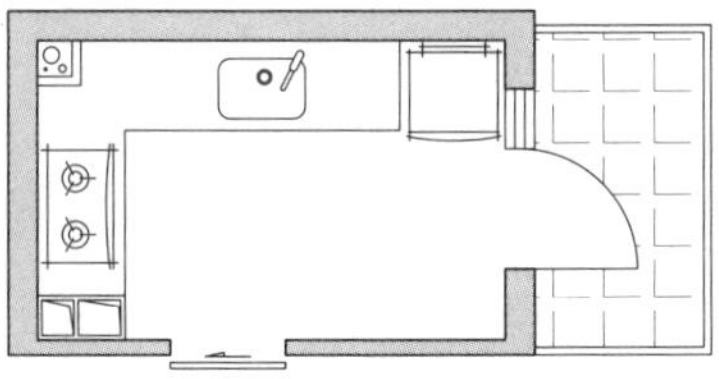	适用于厨房开间在1800～2000mm之间的厨房，或由于服务阳台门位置的限制，而无法形成U形布局的厨房。	操作台面较多；洗涤池与炉灶可布置在操作台转角两侧，老人在转角处工作时移动较少，也便于轮椅老人操作。	操作台转角处的柜体不易利用，储藏量较少。	★★★★
U形式 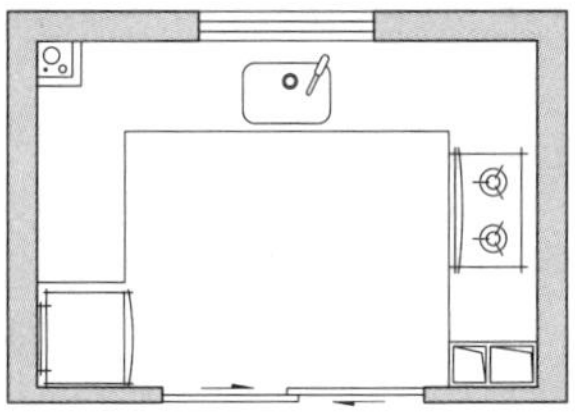	适用于平面接近方形的厨房，或开间较大面积的厨房。	厨房三面均可布置操作台，操作面长，操作台连续，储藏空间充足，便于轮椅老人操作。	由于三面布置橱柜，服务阳台的设置有可能受到限制。	★★★★★
岛式 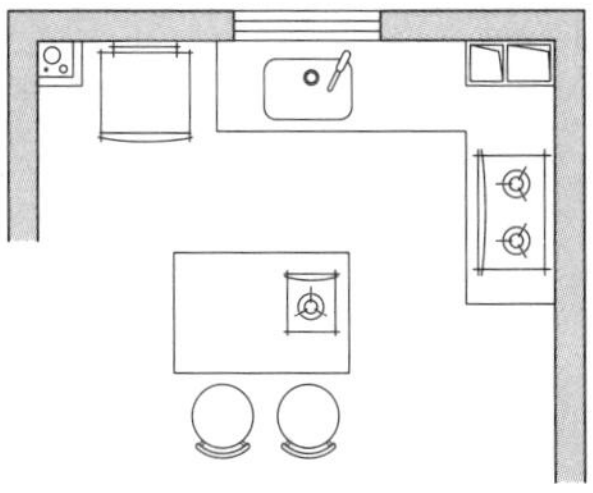	适用于别墅、独立式住宅等面积较大的厨房，或开敞式厨房。	适合多人参与厨房操作，"岛"式台面既可作为操作台使用，又可当作餐台使用；方便老人和轮椅者操作、通行。	需要占用较多的住宅空间，在一般中小型住宅中难以实现；开敞式厨房防油烟问题难以解决。	★★★

4.6 卫生间

1 功能分区与基本尺寸要求
2 空间设计原则
3 常用设施设备布置要点
4 典型平面布局示例
5 设计要点总结

1. 功能分区与基本尺寸要求

[1] 功能分区和基本要点

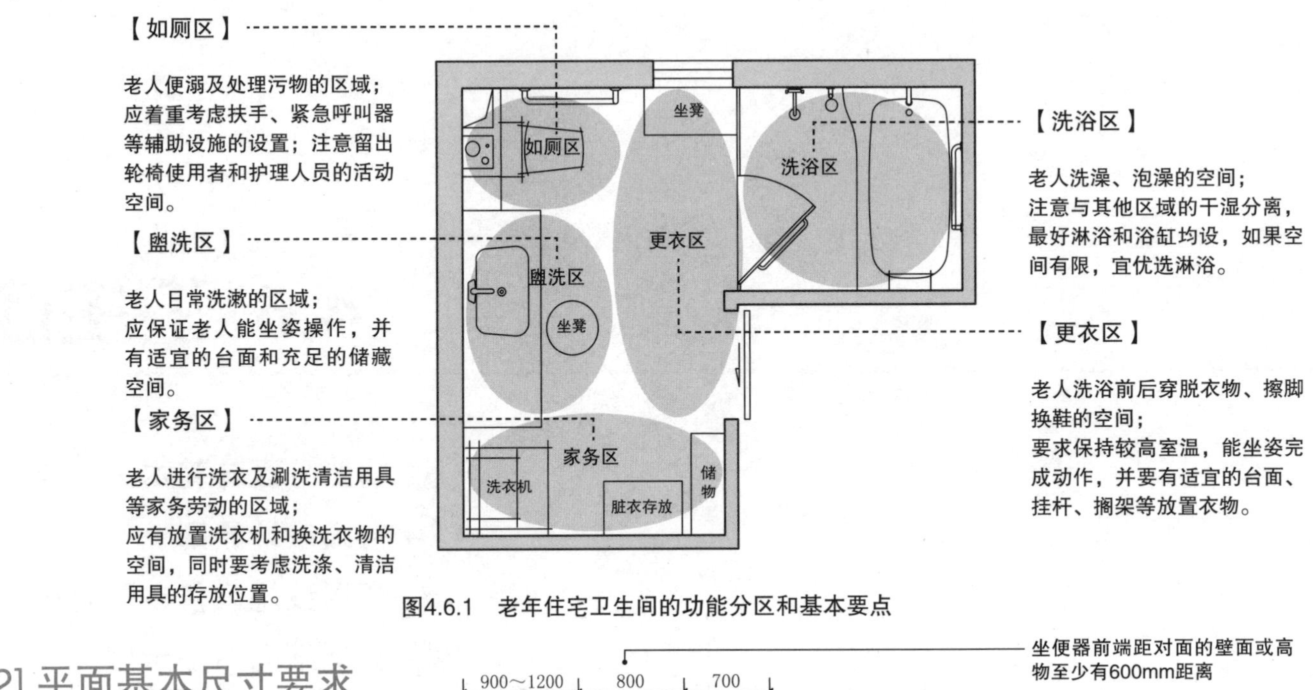
【如厕区】
老人便溺及处理污物的区域；应着重考虑扶手、紧急呼叫器等辅助设施的设置；注意留出轮椅使用者和护理人员的活动空间。
【盥洗区】
老人日常洗漱的区域；应保证老人能坐姿操作，并有适宜的台面和充足的储藏空间。
【家务区】
老人进行洗衣及涮洗清洁用具等家务劳动的区域；应有放置洗衣机和换洗衣物的空间，同时要考虑洗涤、清洁用具的存放位置。
【洗浴区】
老人洗澡、泡澡的空间；注意与其他区域的干湿分离，最好淋浴和浴缸均设，如果空间有限，宜优选淋浴。
【更衣区】
老人洗浴前后穿脱衣物、擦脚换鞋的空间；要求保持较高室温，能坐姿完成动作，并要有适宜的台面、挂杆、搁架等放置衣物。
坐凳
如厕区
洗浴区
更衣区
盥洗区
坐凳
家务区
洗衣机
储物
脏衣存放

图4.6.1 老年住宅卫生间的功能分区和基本要点

[2] 平面基本尺寸要求

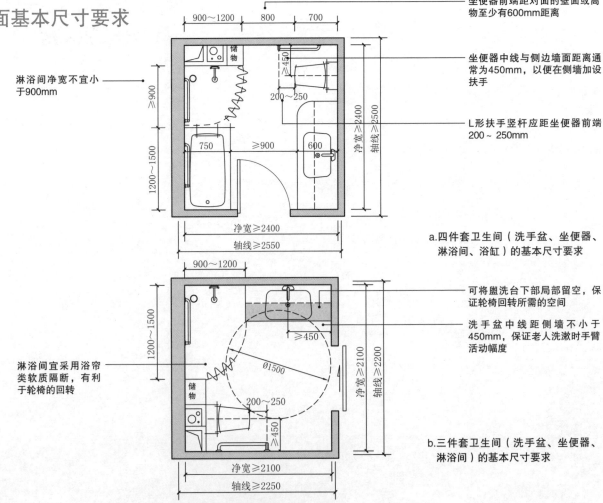

坐便器前端距对面的壁面或高物至少有600mm距离

坐便器中线与侧边墙面距离通常为450mm，以便在侧墙加设扶手

淋浴间净宽不宜小于900mm

L形扶手竖杆应距坐便器前端200～250mm

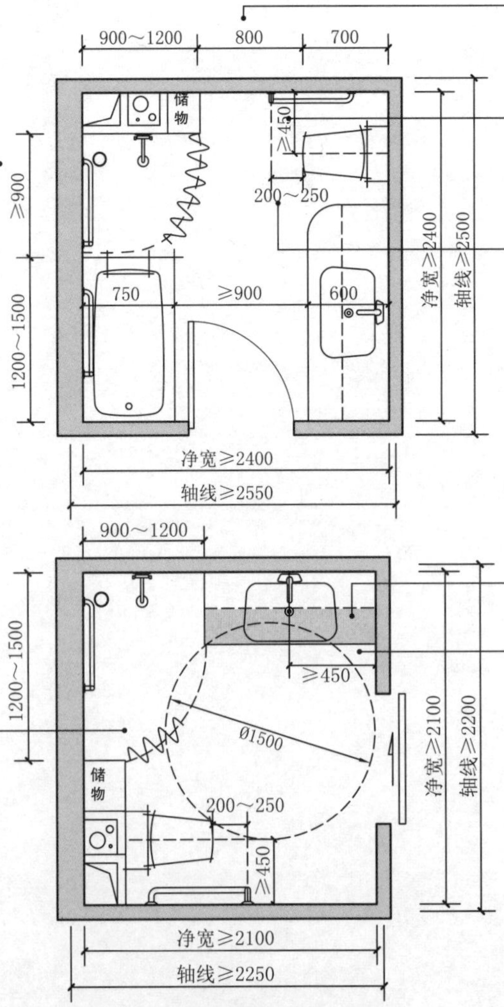

900～1200　800　700

≥900　1200～1500　≥450　200～250　750　≥900　600　净宽≥2400　轴线≥2500

净宽≥2400

轴线≥2550

a.四件套卫生间（洗手盆、坐便器、淋浴间、浴缸）的基本尺寸要求

可将盥洗台下部局部留空，保证轮椅回转所需的空间

洗手盆中线距侧墙不小于450mm，保证老人洗漱时手臂活动幅度

淋浴间宜采用浴帘类软质隔断，有利于轮椅的回转

900～1200　1200～1500　≥450　Ø1500　储物　200～250　≥450　净宽≥2100　轴线≥2200

净宽≥2100

轴线≥2250

b.三件套卫生间（洗手盆、坐便器、淋浴间）的基本尺寸要求

图4.6.2 老年住宅卫生间的平面基本尺寸要求（尺寸单位：mm）

2. 空间设计原则

卫生间是老年住宅中不可或缺的功能空间，其特点是设备密集、使用频率高而空间有限。老年人如厕、入浴时，发生跌倒、摔伤等事件的频率很高，突发疾病的情况也较为多见，是住宅中最容易发生危险事故的场所。因此在设计时应认真考虑，为老人提供一个安全、方便的卫生间环境。

老年住宅卫生间设计需要着重注意以下原则：

[1] 空间大小适当

老年人使用的卫生间空间既不能过大也不能过小。

空间过大时，会导致洁具设备布置得过于分散，老人在各设备之间的行动路线变长，行动过程中无处扶靠，增加了滑倒的可能性（图 4.6.3a)。

空间过小时，通行较为局促，老人动作不自如，容易造成磕碰；而且轮椅难以进入，护理人员也难以相助（图 4.6.3b)。

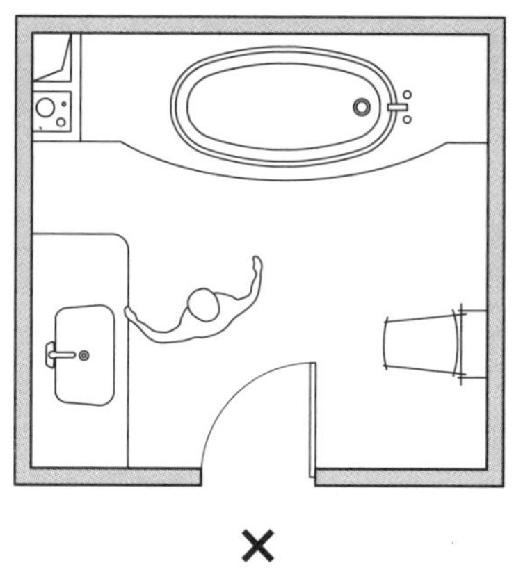

×

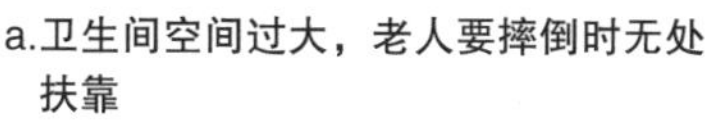

a.卫生间空间过大，老人要摔倒时无处扶靠

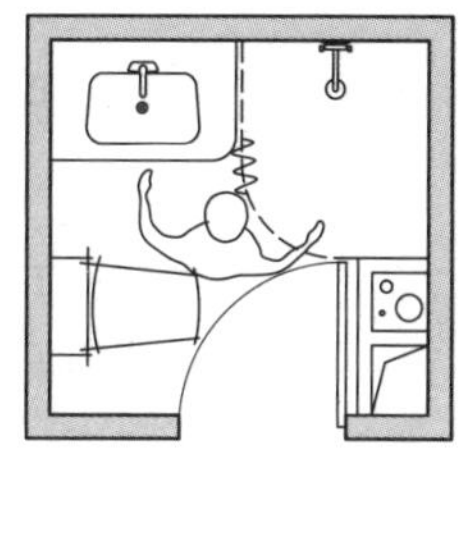

×

b.卫生间空间过小，老人行动转身不便

图4.6.3 卫生间空间不宜过小和过大

[2] 划分干湿区域

一般来讲，我们将卫生间内地面易沾水的区域叫湿区，将地面不易沾水、常年保持干燥的区域叫干区。因而，淋浴、盆浴区属于湿区，而坐便器、洗手盆的布置区域属于干区。

目前我国很多住宅的卫生间中洗手盆、便器和洗浴设备共处一室，并未明确划分区域。如未做特别处理，洗澡时往往会将卫生间的地面全部打湿，老人再入卫生间如厕、洗漱时，十分容易滑倒。有些卫生间虽设置了独立淋浴间，但洗澡后湿拖鞋的水被带到其他区域的地面，也会增加老人滑倒的危险（图 4.6.4a）。

因此，老年住宅卫生间应特别注意将洗浴湿区与坐便器、洗手盆等干区分开，降低干区地面被水打湿的可能。通常做法可将淋浴间和浴缸邻近布置，使湿区集中，并尽量将湿区设置在卫生间内侧、干区靠近门口，以免使用中穿行湿区（图 4.6.4b）。

干湿分区交界处的设计也很重要。宜将更衣区作为干、湿区的过渡，使老人洗浴完毕后就近完成擦身擦脚、将湿拖鞋换成干鞋的动作，以免将身上的水带到干区地面。

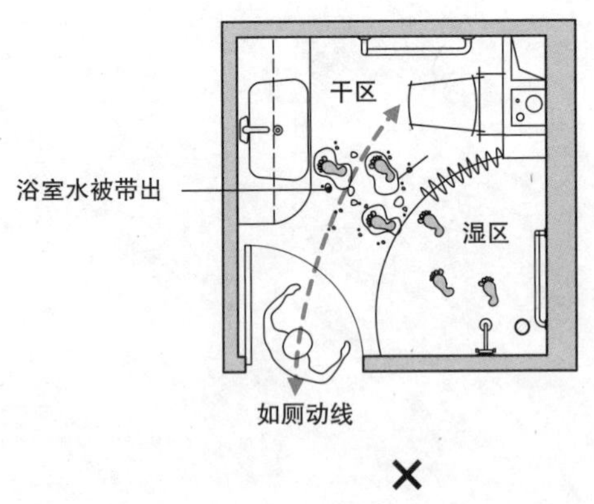
干区
浴室水被带出
湿区
如厕动线
✕

a.干湿分区不理想，淋浴区的水容易被带到干区地面，老人再入卫生间如厕、洗脸时容易滑倒

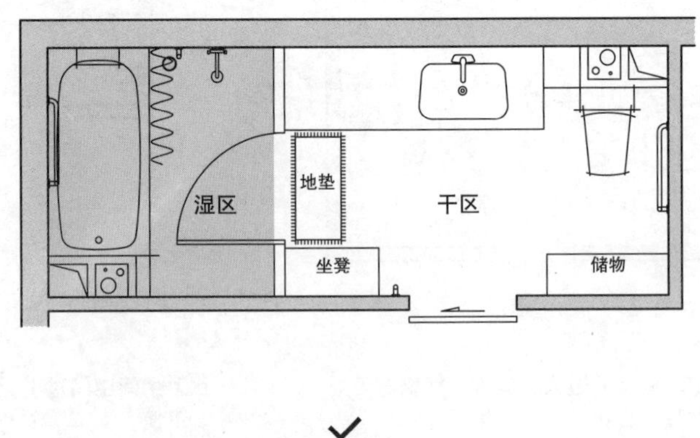
湿区
地垫
干区
坐凳
储物
✓

b.干湿分区明确，浴缸与淋浴间集中布置与干区分离，并设置地垫隔开

图4.6.4　卫生间干湿分区的优劣比较

[3] 重视安全防护

● 设置安全扶手

坐便器旁边需设置扶手，辅助老人起坐等动作。淋浴喷头、浴缸旁边也应设置L形扶手，辅助老人进出洗浴区域，以及在洗浴中转身、起坐等。

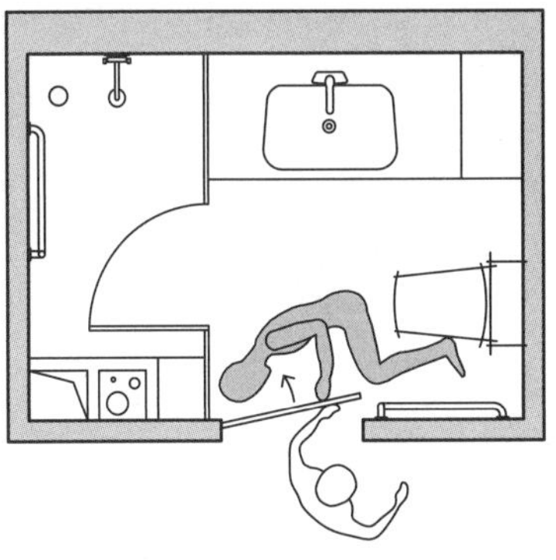

图4.6.5 老人如厕时发病倒地，将内开门挡住，无法从外部施救

● 利于紧急救助

从便于急救的角度讲，老年人使用的卫生间一般不宜采用向内开启的门，而应尽量选择推拉门和外开门。因为卫生间内部空间通常较小，老人如不慎倒地无法起身或昏迷不醒，身体有可能挡住向内开启的门扇，使救助者难以进入，延误施救时间（图4.6.5）。而推拉门和外开门可以从卫生间外侧打开，便于救助人员进入卫生间。

有些套型中受条件限制，卫生间只能采用内开门时，可将门扇的下部做成能局部打开或拆下的形式，使紧急情况下救助人员能够进入施救。目前，市场上也出现了里外均可开启的门扇，可以依需要选用（图4.6.6）。

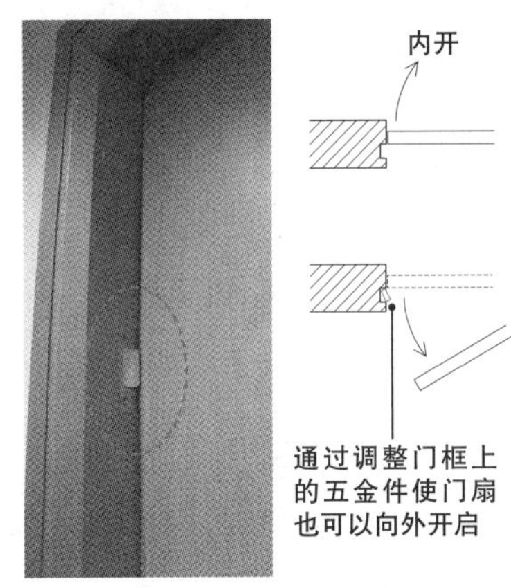
内开
通过调整门框上的五金件使门扇也可以向外开启

图4.6.6 可内外开启的门扇

另外，在老人容易发生危险的位置需设置紧急呼叫装置，例如坐便器侧边、洗浴区附近。其位置既要方便老人在紧急时可以够到，又要避免在不经意中被碰到而发生误操作。

● 重视防滑措施

卫生间地面应选用防水、防滑材质，湿区可局部采用防滑地垫加强防护作用；地漏位置应合理，使地面排水顺畅，避免积水；卫生间应保证良好的空气流通，能够迅速除湿，使有水的地面尽快干燥。

由于浴缸底面不完全平坦，可供老人稳定站立的面积较小，所以建议将淋浴功能与盆浴功能分开独立设置，避免让老人站在浴缸中进行淋浴。浴缸表面一般比较光滑，老人进出入时容易滑倒，可以在浴缸底部放置防滑垫，确保老人使用安全。

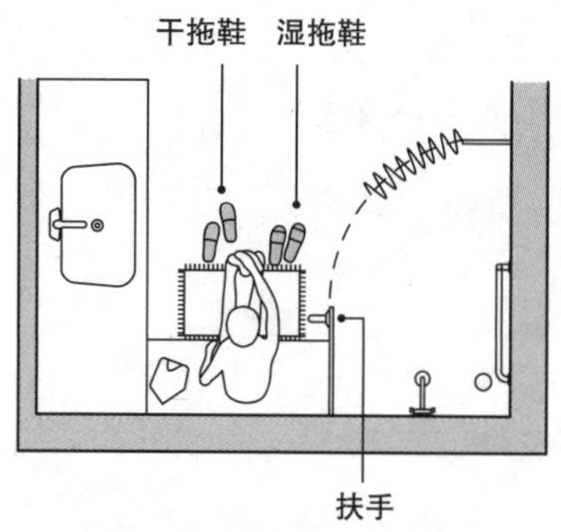
干拖鞋
湿拖鞋
扶手

图4.6.7　老人洗浴后，须就近以坐姿完成擦脚、换鞋、穿衣等动作

● 保证坐姿操作

洗漱、洗浴、更衣等活动一般持续时间较长，应为老人提供坐姿活动的条件。例如在盥洗台前安排坐凳、淋浴区域放置淋浴凳、更衣区域设置更衣坐凳等（图 4.6.7）。特别是洗浴时需要稳定身体，如空间不够大时也可考虑用坐便器代替坐凳，将喷头设于坐便器附近。

[4] 便于按需改造

老人有可能因突发疾病或意外，而突然从能自理变为需要护理，从而对卫生间的空间大小、设备安装位置的需求产生一定变化。为了能够适应老年人不同阶段身体状况的使用需求，卫生间应便于灵活改造。

● 卫生间隔墙位置可调整

卫生间的部分隔墙宜采用便于拆改的轻质隔墙，以便根据需要方便地扩大卫生间，容许轮椅进入。通常卫生间内竖向管井和风道因涉及楼层上下住户，难以随意变动位置，因此尽量不要将其紧靠有可能拆改的轻质隔墙布置。

● 卫生洁具位置可改变

卫生间的洁具有时需要移动位置，例如让坐便器更加靠近老人卧室。因此可以采用降板处理或者选用后排水式坐便器，使其能够根据需要移动位置。目前国外的住宅中有采用架空地面的形式，实现了户内水平走管，卫生间的位置可在套型中灵活变动，必要时可以使其更接近老人卧室。

● 淋浴、盆浴可互换

老年人卫生间的洗浴空间最好既有淋浴又有盆浴，以便老人在身体条件不同时按需选用。当受空间所限无法做到两者同设时，也应考虑到今后互换的可能。

但应注意由于浴缸的常规宽度略小于淋浴间，当浴缸旁安装坐便器时，须想到今后将其改造为淋浴间的情况，适当放宽与坐便器之间的距离，否则淋浴间的隔断会与坐便器形成冲突（图 4.6.8）。

[5] 注意通风和保温

● 争取直接对外开窗

老年住宅的卫生间应争取直接对外开窗，以获得良好通风，避免卫生间长时间处于潮湿状态。由于卫生间用水较为频繁，室内空气湿度较大，如不能及时除湿，会使老人由于憋闷而产生不适感，而且易孳生细菌。

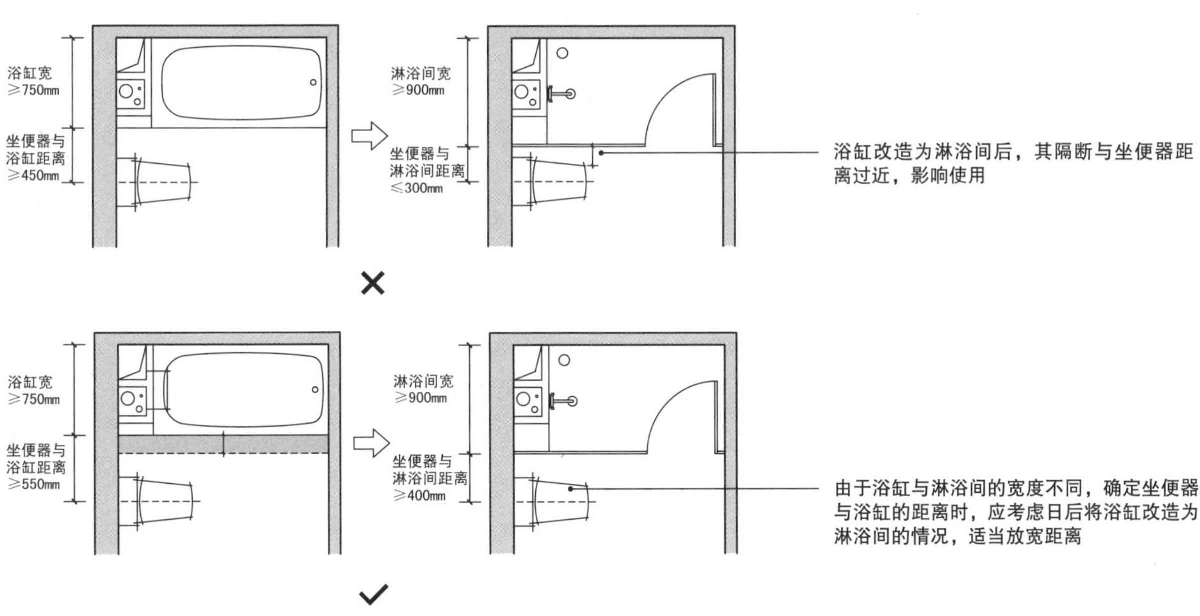
浴缸宽
≥750mm
坐便器与浴缸距离
≥450mm
淋浴间宽
≥900mm
坐便器与淋浴间距离
≤300mm
浴缸改造为淋浴间后，其隔断与坐便器距离过近，影响使用
×
浴缸宽
≥750mm
坐便器与浴缸距离
≥550mm
淋浴间宽
≥900mm
坐便器与淋浴间距离
≥400mm
由于浴缸与淋浴间的宽度不同，确定坐便器与浴缸的距离时，应考虑日后将浴缸改造为淋浴间的情况，适当放宽距离
✓

图4.6.8　卫生间考虑淋浴和盆浴两种形式的互换

● 保证洗浴温度稳定

老年人对温度变化和冷风较为敏感，尤其在洗浴时，需要保证适宜的室温。应在洗浴区设置浴室加热器，并将洗浴区远离外墙窗布置，避免有缝隙风直接吹向老人身体。

● 保证更衣区温度

更衣区对室温要求也较高，宜设置暖气、浴室加热器等取暖设备，一方面保证适宜的温度，使老人可以从容地穿脱衣服、擦拭身体；另一方面可将衣服放在取暖设备附近烤热，老人穿着时暖和舒适。在寒冷地区，更衣区最好远离外墙窗布置。

[6] 利用间接采光

对于无法直接采光的卫生间，可通过向其他空间开设小窗、高窗，或在门上采用部分透光材质，使其获得间接采光，而不必完全依赖人工照明。开设小窗即便是固定扇不能通风，也能提供一定的光线，在老人进入卫生间内简单取物时，可以不必频繁开灯。既迎合了老人节电的心态，又对老年人的活动安全有利（图 4.6.9）。

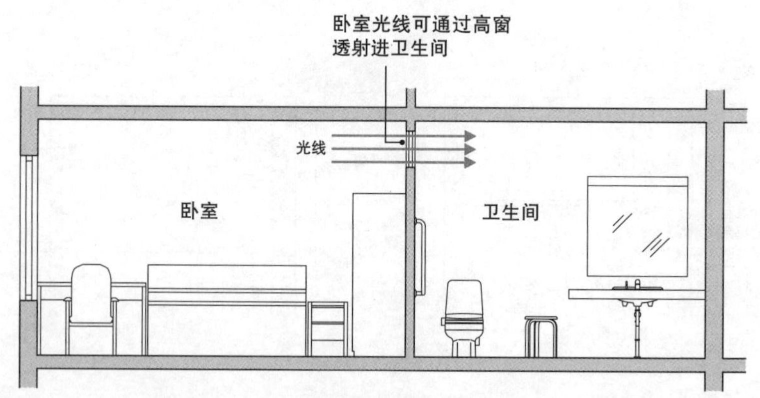
卧室光线可通过高窗
透射进卫生间
光线
卧室
卫生间

图4.6.9　暗卫生间通过开设高窗，得到从卧室侧射入的光线，实现间接采光

3. 常用设施设备布置要点

[1] 淋浴间

● 淋浴间尺寸

老人使用的淋浴间内部净尺寸应比一般淋浴间略宽松一些，以便护理人员的进入。但也不宜过大，以免老人脚下打滑时无法扶靠。通常以宽 900 ~ 1200mm、长 1200 ~ 1500mm 为宜（图 4.6.10）。

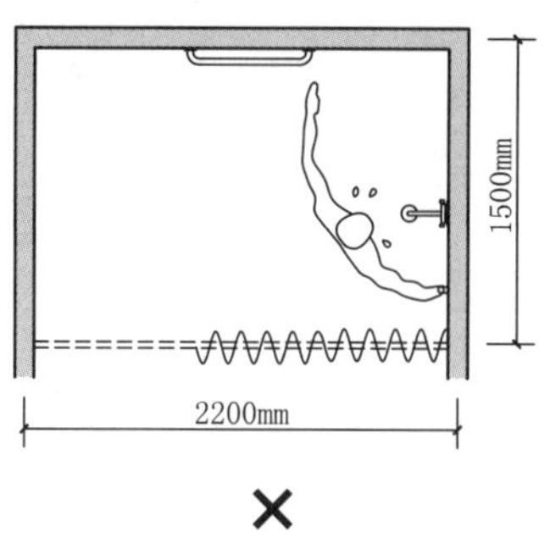

1500mm
2200mm
×

a.淋浴间的尺寸过大，老人无处扶靠

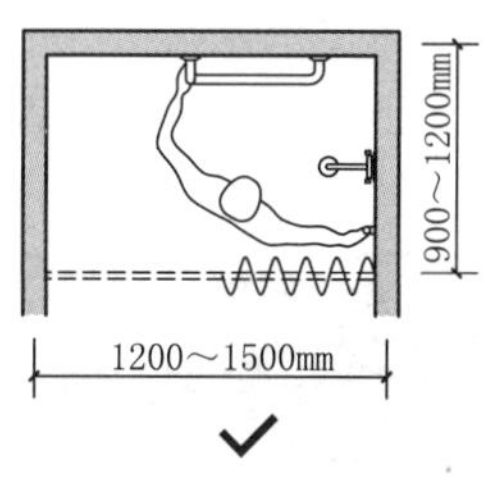

900～1200mm
1200～1500mm
✓

b.淋浴间的尺寸适宜

图4.6.10　淋浴间的尺寸比较

● 喷淋设备

为满足老人洗浴时上肢动作幅度的要求，喷头距侧墙至少应为450mm；但也不宜离侧墙太远，以免老人要摔倒时无处扶靠。

淋浴喷头应便于取放，并可根据需要进行高低调节，让老人站姿、坐姿均能使用。可采用竖向滑竿式支架，或在高低两处分别设置喷头支架。

喷淋设备的开关应设在距地 1000mm 左右高处，开关形式应便于老人施力。开关上应有清晰、明显的冷热水标示，方便老人识别。

● 淋浴扶手

老人在进出淋浴间的过程中最易发生危险，需要持续有扶手抓握（图 4.6.11）。淋浴间侧墙上应设置 L 形扶手，便于老人站姿冲淋时保持身体稳定，以及供老人转换站、坐姿时抓扶（图 4.6.12）。

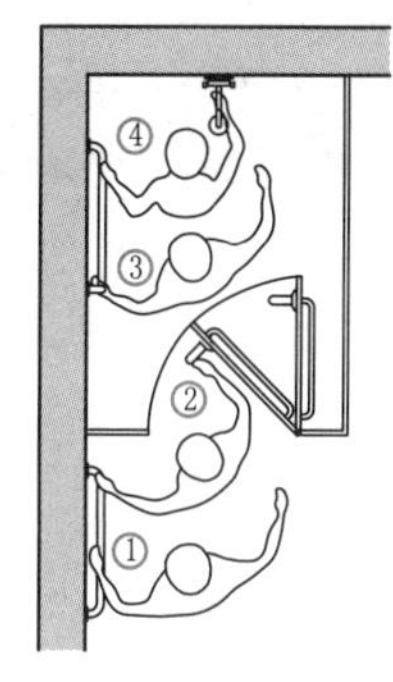

④
③
②
①

图4.6.11　老人进入淋浴间的过程最好能持续有扶手抓握

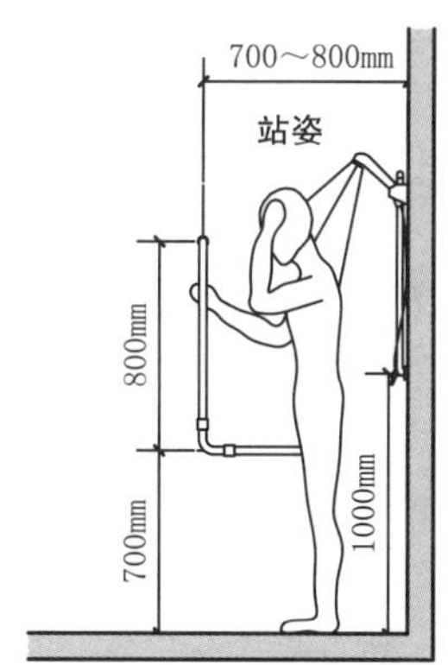

700～800mm
站姿
800mm
700mm
1000mm

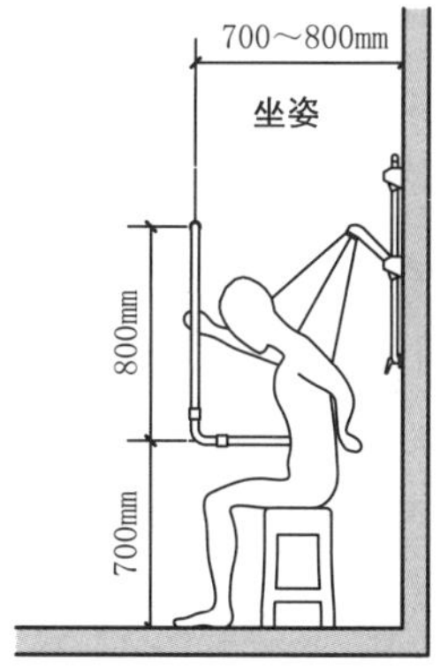

700～800mm
坐姿
800mm
700mm

图4.6.12　淋浴间侧墙扶手应保证坐姿、站姿均可使用

图4.6.13　淋浴坐凳的各种形式

Tips　软性橡胶挡水条

挡水条的设置应注意避免绊脚以及影响轮椅活动。可采用软性橡胶挡水条。轮椅或人脚压上去时，它可以变形平伏于地面，外力撤销时，又可以恢复原状。

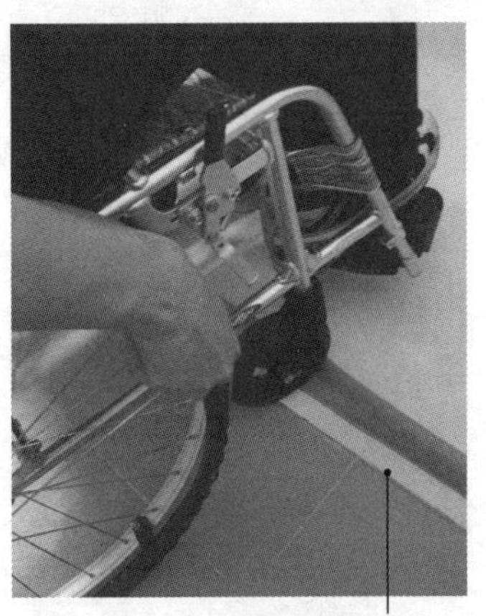
软性橡胶挡水条

淋浴间采用软性橡胶挡水条，方便轮椅行进

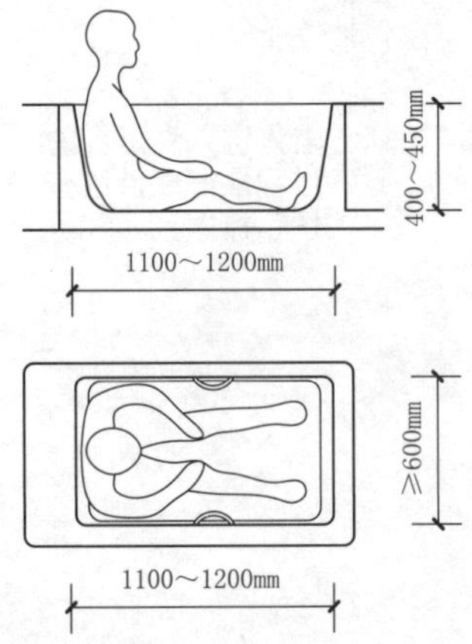
400～450mm
1100～1200mm
≥600mm
1100～1200mm

图4.6.14　老人使用的浴缸内径及高度的适宜尺寸

● 淋浴坐凳

考虑到老年人体力的减退以及安全防滑的问题，最好在淋浴间里设置坐凳，让老人坐姿洗浴，也便于他人提供帮助（图 4.6.13）。淋浴间内应留有放置坐凳的空间。坐凳要防水、防锈、防滑。当采用钉挂在墙壁上可折起的坐凳时，需要注意其安装的牢固性，以及与喷头开关的位置关系，使老人在坐姿洗浴时也方便调节喷头开关。

● 淋浴间隔断

老人使用的淋浴间不宜采用“淋浴房”类的独立、封闭的形式。一方面，淋浴房底部常会抬起一段高度，增加老人出入时被绊倒的可能；另一方面，淋浴房内部空间较为狭小，老人在洗浴中无法获得他人协助；而且，过于封闭的淋浴房也不利于新鲜空气的补充，容易造成缺氧。

因此老人使用的淋浴间宜通过玻璃隔断、浴帘与其他空间划分开来。玻璃隔断通常不做到顶，高度达到 2000mm 左右即可。对轮椅使用者而言，采用浴帘一类的软质隔断对于轮椅回转的妨碍较少，更为方便。

淋浴间地面的挡水条可以采用橡胶类的软质挡水条，使地面没有过大凸起，便于轮椅出入。

[2] 浴缸

● 浴缸尺寸

浴缸内腔上沿长度以 1100 ～ 1200mm 为宜，通常不推荐老人使用内腔长度大于 1500mm 以上的浴缸，以防止老人下滑溺水。为了老人跨入跨出时的方便，浴缸外缘距地高度不宜超过 450mm[1]。

● 浴缸形状

老人盆浴时以坐姿为宜，浴缸内腔壁要有合适的倾角，便于倚靠；浴缸两侧有小拉手，方便老人从躺姿变为坐姿时辅助使用（图 4.6.14）。

[1] 参见《老年人居住建筑设计规范》GB 50340-2016 第6.5.3条。

● 浴缸位置

一般来讲，浴缸的位置宜靠墙设置，便于利用侧墙面安装扶手。在有需求的情况下，浴缸也可以临空放置在卫生间中部，留出两侧空间以便护理人员协助。在别墅类的住宅中，有条件时还可以通过地面局部下降而使护理人员能够站姿帮助老人洗浴，减轻长时间弯腰作业的工作负担（图 4.6.15）。

浴缸出入侧应留有适当空间。考虑到老人跨出入浴缸的动作幅度，浴缸进出面的有效宽度不应小于 600mm。对于轮椅老人，浴缸龙头距墙应留出不小于 300mm 的距离，方便轮椅侧向接近开关龙头（图 4.6.16）。

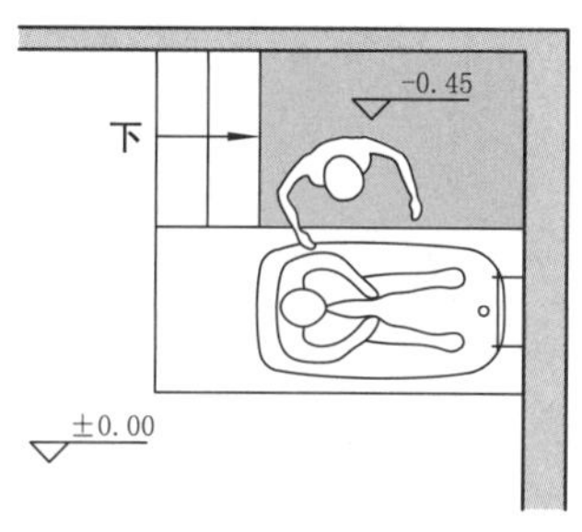

-0.45
下
±0.00

图4.6.15　浴缸附近地面局部下降，便于护理人员站姿协助

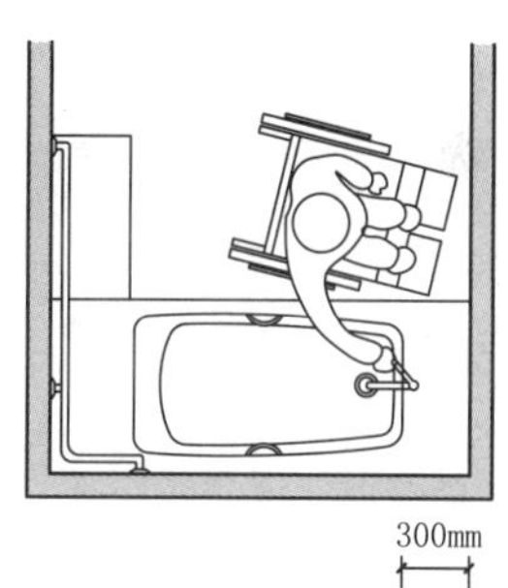

300mm

图4.6.16　乘坐轮椅老人自行操作时，水龙头至墙需要留出至少300mm，以方便轮椅侧向接近

● 浴缸坐台

浴缸坐台是在浴缸外沿设置的平台，使老人可以坐姿出入浴缸，保持身体和血压稳定，避免突发疾病等意外。坐台台面高度宜与浴缸边沿等高，宽度应达到 400mm 以上，便于老人坐着移入（图 4.6.17）。

浴缸不宜采用边沿凸出于坐台台面之上的形式，避免老人以坐姿进出浴缸时被硌到，而且浴缸边沿容易与侧墙之间形成勾缝，积水不容易擦拭（图 4.6.18a）。因此，最好选择一体式或浴缸边沿嵌入坐台下面的形式（图 4.6.18b）。

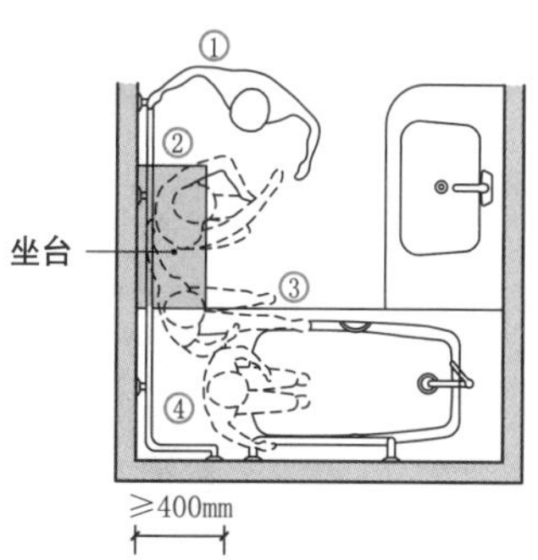

①
②
坐台
③
④
≥400mm

图4.6.17　在浴缸边设置坐台可让老人坐着移入浴缸

✕

a.浴缸边沿凸出于坐台，不利于老人坐姿进出

✓

b.浴缸与坐台台面交接平整，方便老人坐姿进出

图4.6.18　浴缸坐台形式的比较

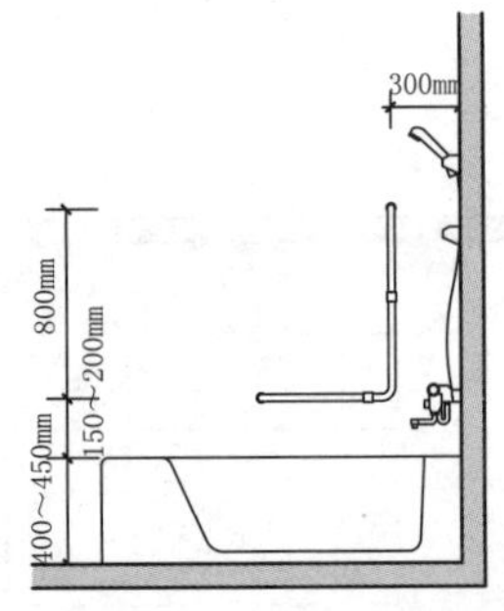
300mm
800mm
150～200mm
400～450mm
图4.6.19 浴缸侧墙设置扶手的尺寸要求

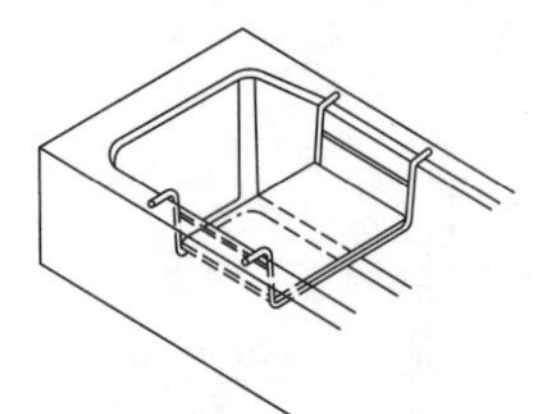
a.嵌搭式坐板

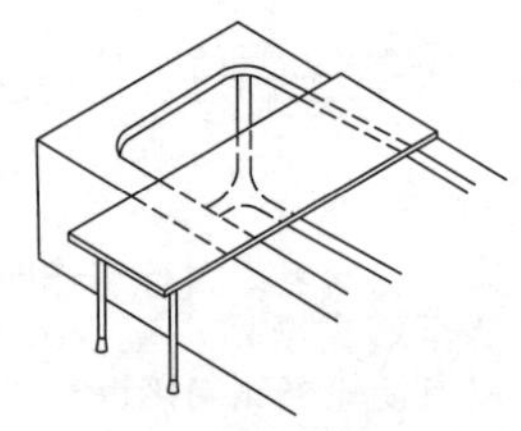
b.外搭式坐板

图4.6.20 可在浴缸上架设坐板，方便老人坐姿洗浴

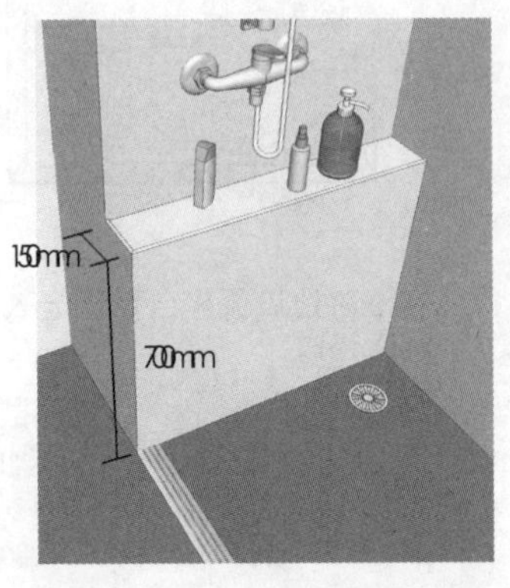
150mm
700mm
图4.6.21 淋浴间设置放洗浴用品的置物台

对于偏瘫的老人，应考虑浴缸、坐台的方向和位置要适合使用者的身体条件。例如左侧偏瘫的老人，通常是在护理人员的帮助下，用右侧肢体发力，带动左侧身体进入浴缸，所以浴缸坐台应设在浴缸进入面的右侧。

● 浴缸扶手

浴缸内表面比较光滑，老人进出浴缸时脚下容易溜滑，所以在进出浴缸侧要设置竖向扶手，供老人辅助使用。

浴缸侧墙面距浴缸上沿约 150 ~ 200mm 高处宜设置水平扶手，供老人在浴缸内转换体位时辅助使用，可以与竖向扶手组合设置，帮助老人完成起坐姿势的转换（图 4.6.19）。

● 浴缸坐凳

浴缸内可以加设坐凳类的附属设备，使老人能够在浴缸内坐着淋浴，保证使用安全（图 4.6.20）。

[3] 洗浴区附属设备

淋浴间内及浴缸附近应有可以放置洗浴用品的置物台或置物架，位置宜方便老人洗澡过程中拿取。置物台面不能过高，要保证老人可以舒适、省力地按压洗发液、沐浴液；也不能过低，免得老人在拿取物品时弯腰（图 4.6.21）。设洗浴用品架时不要妨碍老人抬臂、低头等动作，以免造成意外磕碰。各种五金件要安装结实，不可有尖角，并保证不易碎裂损坏。

浴巾架应设置在洗浴时水不能溅到的地方，高度可在 900 ~ 1800mm 范围，低处的浴巾架有时可以兼做扶手使用，此时注意其负荷能力及安装牢固度应能够达到扶手的要求。

[4] 地漏

地漏位置的选择首先要考虑便于排水找坡，其次要注意不影响老人的脚下活动。地漏的形式要便于清理，并注意防返臭、防溢、防堵。

淋浴间内的地漏通常设在内侧的角落。注意不要将地漏设在淋浴喷头正下方，以免老人在使用时正好踩在其上，影响排水（图 4.6.22）。另外，地漏与周围地面可能会有略微的高差，因此要注意地漏的位置不能影响淋浴坐凳摆放的稳定性。

淋浴间出入口处还可以设置条形水篦子或挡水条，避免洗浴时的水溢出到淋浴间外的地面；同理，浴缸旁边的地面也应设这样的下水篦子。也可将条形水篦子设在干湿区分界的位置，防止水流向干区地面（图 4.6.23）。

卫生间干区地面不常沾水，可以不设置地漏，避免水封干涸而返臭。

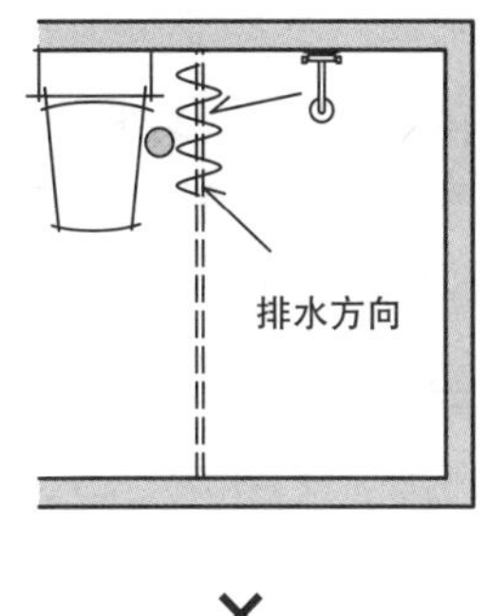
排水方向

×

a.地漏设在淋浴区外，容易使水外溢到干区地面

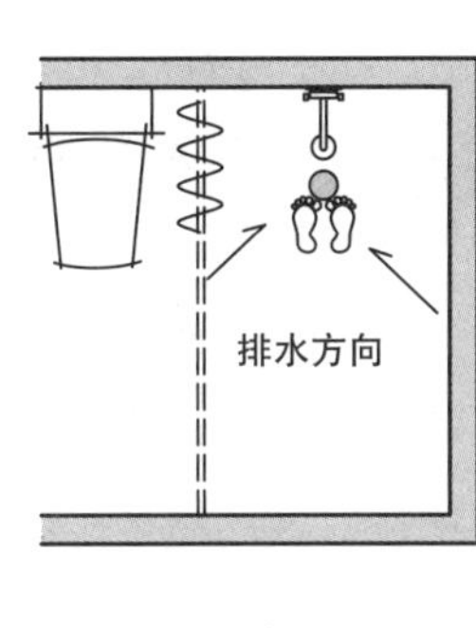
排水方向

×

b.地漏设在喷头下，容易被脚踩住，影响排水

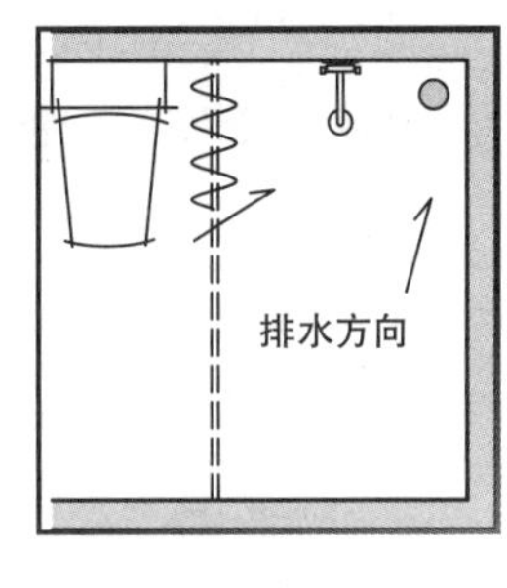
排水方向

✓

c.地漏应设在淋浴间内侧角落，并注意找坡排水

图4.6.22　地漏的位置正误对比

图4.6.23　干湿区分界处设置下水篦子，有利于迅速排水，避免水溢到干区地面

[5] 更衣区家具设备

更衣区应位于干湿区交接处，是老人洗浴完毕后从湿区转换到干区的过渡空间。更衣区须设置坐具，方便老人坐姿进行擦脚、将湿拖鞋换为干鞋及穿脱衣服等动作。同时，还应在座位附近安排摆放干净衣物和脱换衣物的台面或家具，并要保证放置干净衣物的位置免受水汽浸湿。

当卫生间空间局促无法安排更衣坐凳时，可将洗浴区和坐便器邻近布置，利用坐便器兼作老人更衣的座位。

老人擦脚时，身体会不稳定，即便采取坐姿也最好能有所扶靠。可以在更衣座位前侧方设置扶手，以辅助老人保持身体稳定，同时还可用作站起和坐下时的抓扶物（参见图 4.6.7）。

[6] 盥洗台

● **洗手盆**

洗手盆中线距侧边的高起物不得小于 450mm，以保证老人上肢的活动空间（图 4.6.24）。洗手盆宜浅而宽大，较浅的水池节省了盥洗台下部空间，便于轮椅插入；宽大的水池可以避免水溅到台面上，而且方便老人洗漱时手臂的动作。站立者与轮椅使用者对洗手盆高度要求不同，如有条件，可同时设置两种高度的洗手盆（图 4.6.25）。

洗手盆下部应当部分留空，供轮椅插入或坐姿洗漱时使用。考虑坐姿或轮椅老人适宜的操作深度，以及轮椅或座椅的插入深度，留空高度通常不低于 650mm，留空深度应不小于 300mm[1]。盥洗台台面深度则应大于 600mm（图 4.6.26）。

洗手盆旁尽量多设置台面，可摆放一些清洁、护理用品，或暂放洗涤过程中的小件衣物等，方便老人顺手拿取。

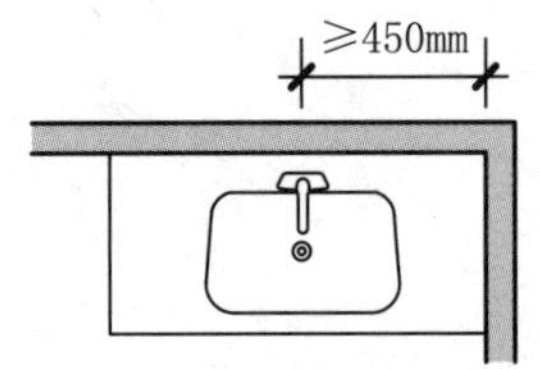
≥450mm

图4.6.24 洗手盆中线距侧墙不得小于450mm

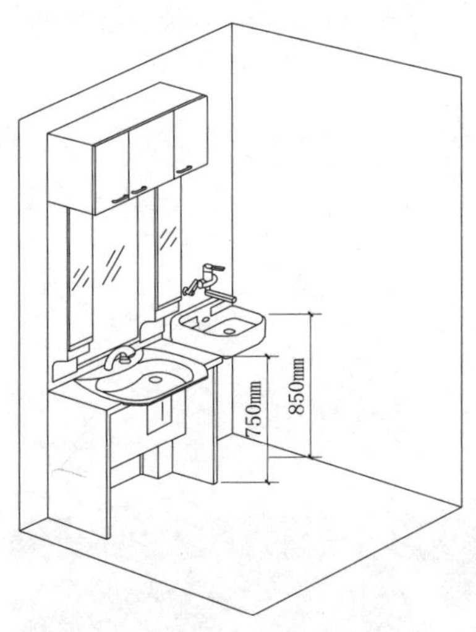
750mm
850mm

图4.6.25 可设置高低两个洗手盆，满足坐轮椅者与正常使用者的不同要求

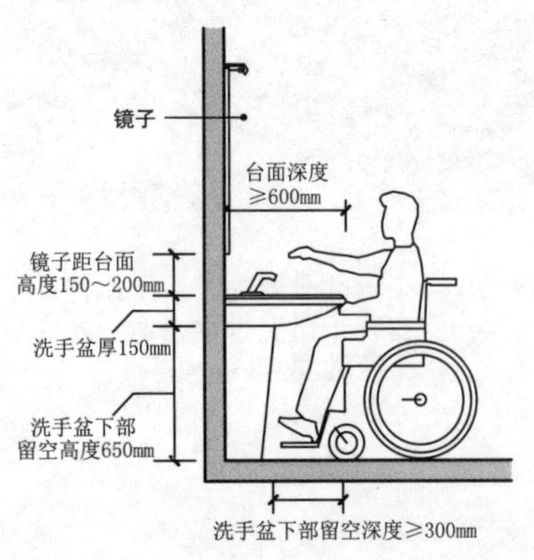
镜子
台面深度
≥600mm
镜子距台面
高度150～200mm
洗手盆厚150mm
洗手盆下部
留空高度650mm
洗手盆下部留空深度≥300mm

图4.6.26 洗手盆下部留空，便于老人坐姿使用

[1] 参见《老年人居住建筑设计规范》GB 50340-2016 第6.5.5条。

● 盥洗台扶手

盥洗台前边沿可安装横向拉杆，利于轮椅使用者抓握借力靠近洗手盆，也可起到搭挂毛巾的用途。

针对虽能步行，但下肢力量较弱、需要扶靠的老年人，宜在盥洗台侧边一定距离内设置扶手，供老人在双手被占用（例如洗手）时，将身体倚靠在扶手上维持平衡（图 4.6.27）。

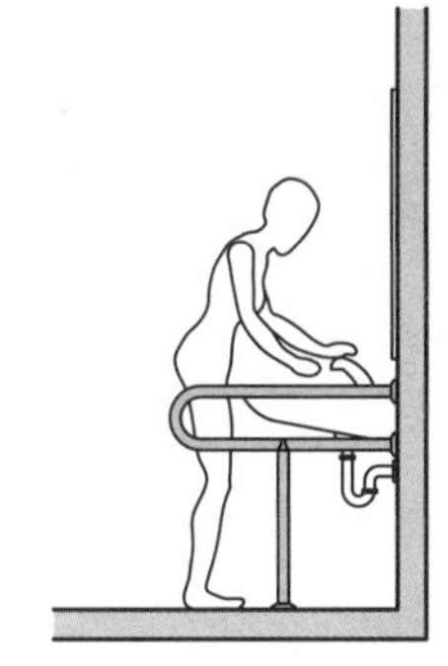

图4.6.27 洗手盆旁的扶手供老人倚靠身体、维持平衡

● 镜子

洗手盆上方的镜子应距离盥洗台面有一定高度，防止被水溅湿弄污。兼顾到坐姿使用的情况，镜子的位置也不可过高，通常最低点控制在台面上方 150 ~ 200mm 为宜（参见图 4.6.26）。

为弥补老人视力衰退，可补充设置侧面的镜子或带有可伸缩镜架的放大镜子。浴室中也宜设镜子，以便老人洗澡时及时发现平时不易察觉到的身体、皮肤等的变化，例如皮肤的瘀青等（图 4.6.28）。浴室的镜子应有防雾功能。

● 盥洗坐凳

盥洗台前的坐凳宜轻便、稳固，不占用过多空间。可以选择折叠凳，不用时方便收存，或在盥洗台下方考虑放置坐凳的空间。盥洗坐凳也可兼作储物箱（图 4.6.29）。

图4.6.28 浴室中设镜子，老人洗澡时可以及时发现身体、皮肤等的变化

图4.6.29 盥洗台下方设置坐凳，也可兼做储物箱

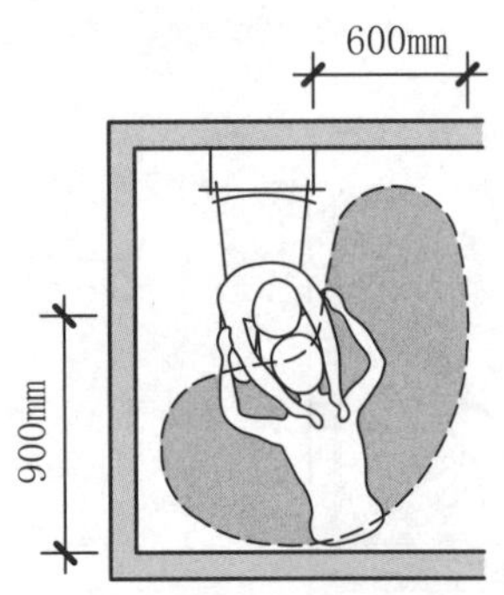
600mm
900mm
图4.6.30　坐便器前方和侧方应留出适当的空间方便护理人员操作

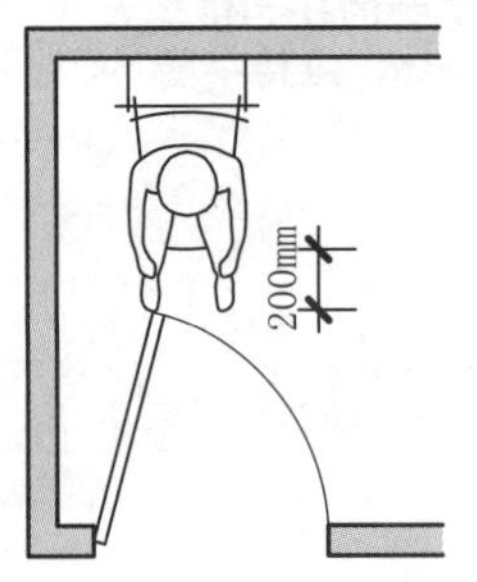
200mm
图4.6.31　坐便器前端距离门的开启边沿应大于200mm

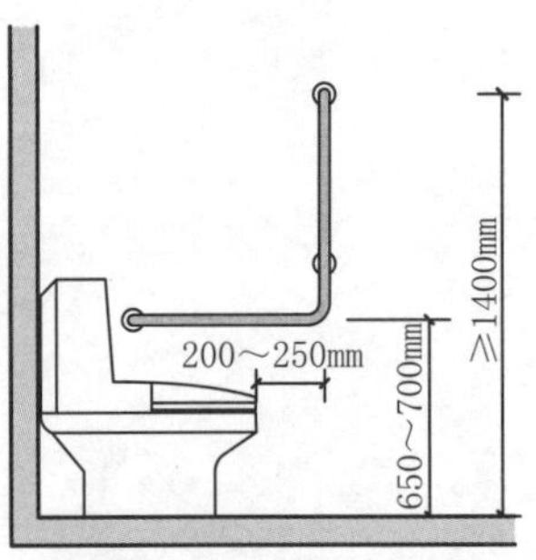
200～250mm
≥1400mm
650～700mm
图4.6.32　坐便器侧前扶手安装尺寸图

图4.6.33　坐便器上安装支撑和抬起设备，可协助老人撑扶和起身

[7] 坐便器

与蹲便器相比，应为老年人选择坐便器，这样老人在使用时体位变化较小，可以减少发生意外的可能。

● 坐便器安装尺寸

坐便器常见高度为 400 ~ 450mm，长度为 650 ~ 750mm。坐便器前方有墙或其他高起物时，距离应保证在 600mm 以上，并可在其前方设置水平扶手，帮助老人借力起身。

考虑护理人员的服侍动作，坐便器前方和侧方均应留出一定空间，使护理人员可在坐便器前侧方抱住老人身体，帮助老人擦拭、起身（图 4.6.30）。使用轮椅的老人如希望靠近坐便器，则需在其周边留出更大的空间。

坐便器如果紧邻卫生间门，要保证卫生间门的开启边沿与坐便器前端距离不小于 200mm（放腿的空间），避免他人开门的动作对正在使用坐便器的老人造成磕碰，发生危险（图 4.6.31）。

● 坐便器侧墙扶手

坐便器一侧应靠墙，便于安装扶手，辅助老人起坐。L 形扶手的水平部分距地面 650 ~ 700mm 左右；竖直部分距坐便器前沿约 200 ~ 250mm，上端不低于 1400mm（图 4.6.32）。

● 坐便器附加支撑设备

老人有时不能保持身体的稳定，可根据需要对坐便器另加靠背支撑，两侧可加设休息扶手（图 4.6.33）。对于身体非常虚弱的老人，还可在坐便器前方加设可供手肘趴伏的支架，平时收在侧边，需要时折下使用。

● 智能便座

智能便座对老人如厕有很多益处，便于老人清洗下身，解决了老人便后擦拭困难的问题，并有利于防治痔疮等疾病（图 4.6.34）。

智能便座旁需就近设置电源插座，并注意防水。考虑多数人是右利手，智能便座的操作面板一般设在右手侧，因此电源插座的位置宜设在坐便器右手的侧墙或后墙，距地高度约 400mm。

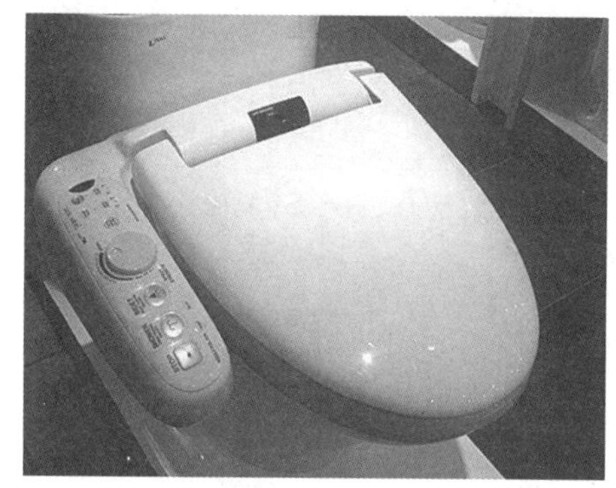

图4.6.34 智能便座

● 手纸盒

手纸盒通常设在距坐便器前沿 100 ~ 200mm、高度距地 500 ~ 600mm 的范围内，保证老人伸手可及。目前住宅中常将手纸盒设在坐便器后侧，使老人取纸时动作幅度过大，易造成扭伤。

老年人记忆力变差，容易忘记及时补充手纸，宜就近放置备用手纸，例如采用可以存放两个卷纸的手纸盒（图 4.6.35）。

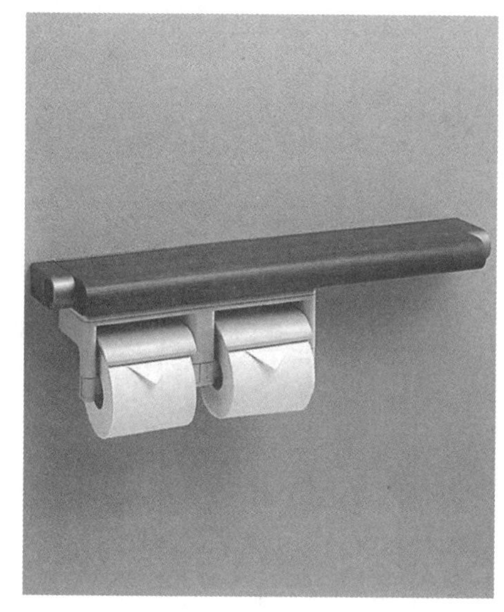

图4.6.35 手纸盒与撑扶板组合

● 紧急呼叫器

老年人在卫生间中如厕时突发病情较多，通常紧急呼叫器宜设在坐便器侧前方手能够到的范围内，高度距地 500 ~ 600mm 左右。其位置应注意避免在使用扶手或拿取手纸时造成误碰。为了让老人倒地后仍能使用紧急呼叫器，可加设拉绳，绳端下垂至距地面 100mm 处（图 4.6.36）。

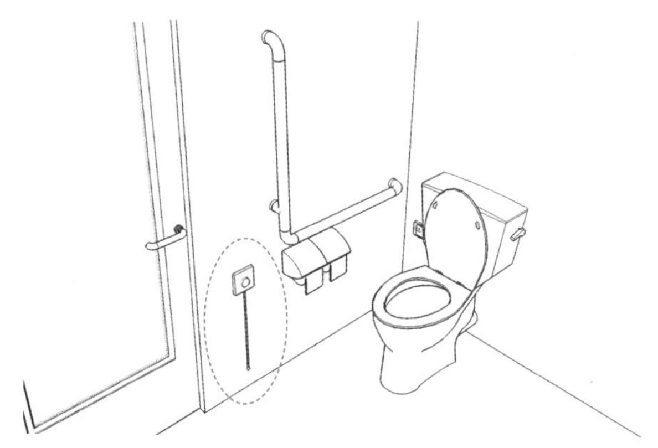

图4.6.36 紧急呼叫器的设置位置图

[8] 管井、风道

卫生间内的管井、风道往往占用了不少空间，特别是在高层住宅中，若布置不当，会影响到空间的利用率，也会影响卫生间设备的摆放和使用。

管井和风道通常不宜设在卫生间的中部，以免过多限定空间，不利于日后改造。应尽可能将其紧邻承重墙，设置在卫生间端部的墙角，使其他墙面具有灵活改造的可能性（图 4.6.37）。

下水立管应当靠近坐便器设置，以缩短水平走管的长度，从而减小吊顶高度，保证卫生间净高。下水管道冲水时会产生一定的噪声，应尽量远离卧室隔墙布置，避免影响老人的休息。可以通过对管壁、管井壁进行隔声处理，实现降噪。

此外，设置管井和风道的位置时，应考虑到扶手及一些五金挂件安装位置，尽量避免在装修时发生矛盾。如果需要在管井壁上安装五金件，应预先对管井壁面进行加固处理（图 4.6.38）。

一般装修时会将管道包起来，而其间会留有一些空隙，可考虑将这些零碎空间利用起来，存放一些小型物品，如手纸、清洁剂、马桶刷等，增加卫生间的储物空间（图 4.6.39）。

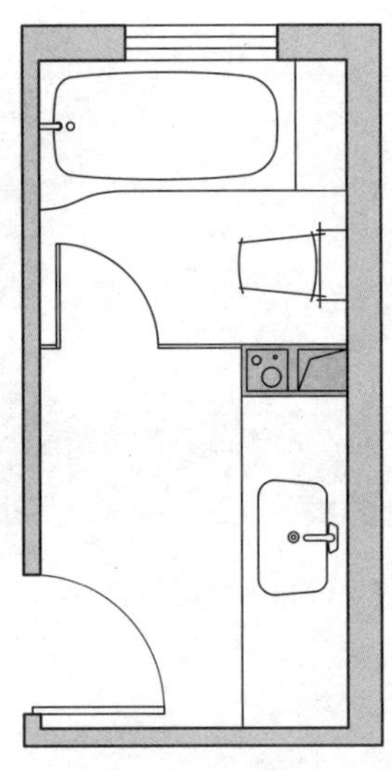

✕

a.管井风道不宜设在卫生间中部，不利于日后改造

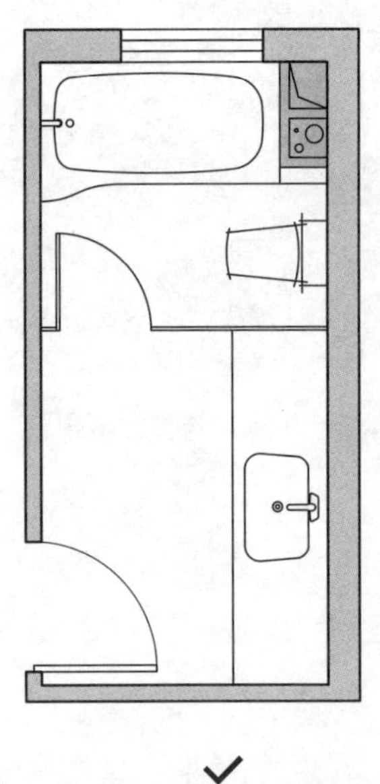

✓

b.宜尽量设在卫生间端部墙角，使其他墙面具有灵活可改性

图4.6.37 卫生间管井风道位置的优劣比较

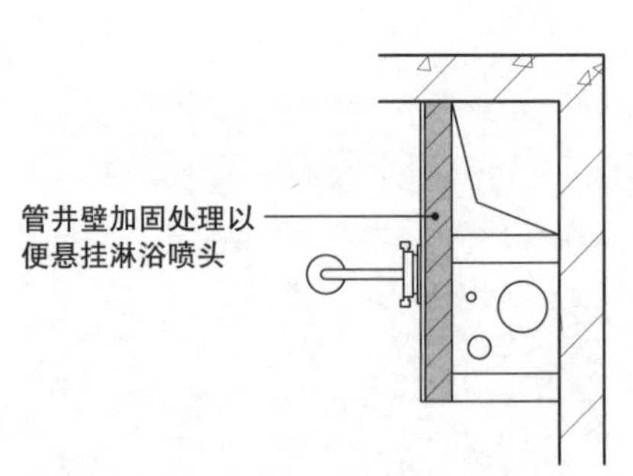
管井壁加固处理以便悬挂淋浴喷头

图4.6.38 管井壁悬挂淋浴喷头时需进行加固处理

图4.6.39 管井的空隙可用来存放零碎物品

4. 典型平面布局示例

[1] 四件套卫生间

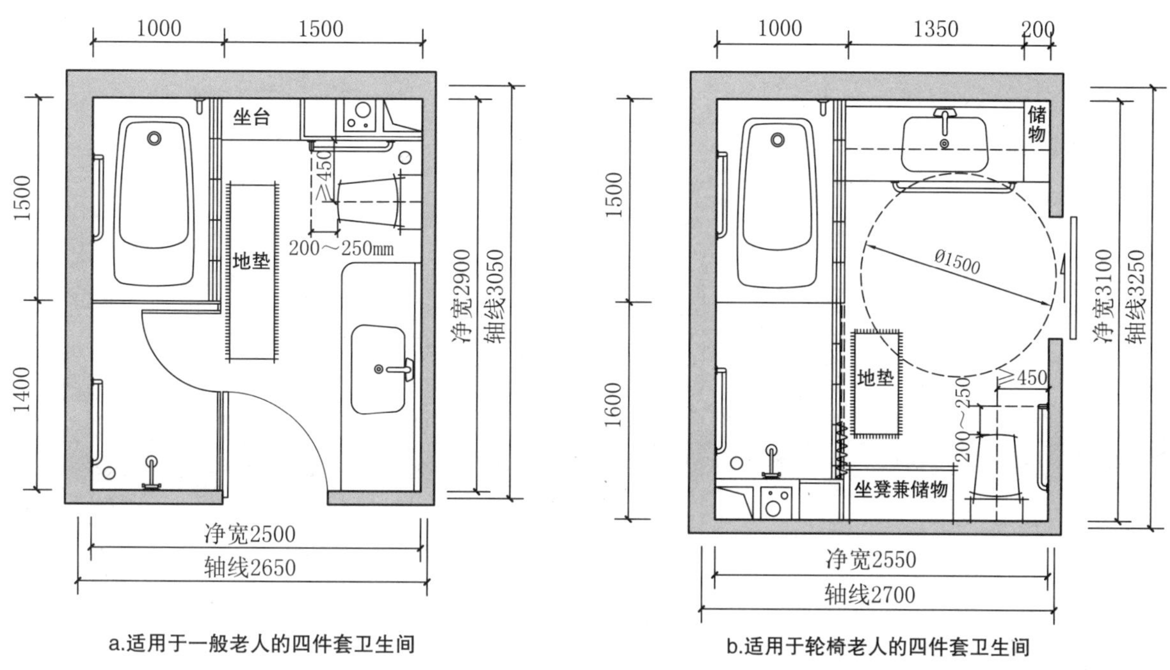
1000
1500
坐台
≥450
200～250mm
地垫
1500
1400
净宽2900
轴线3050
净宽2500
轴线2650
1000
1350
200
储物
Ø1500
地垫
≥450
200～250
坐凳兼储物
1500
1600
净宽3100
轴线3250
净宽2550
轴线2700

a.适用于一般老人的四件套卫生间

b.适用于轮椅老人的四件套卫生间

图4.6.40　老年住宅四件套卫生间示例图（尺寸单位：mm）

[2] 三件套卫生间

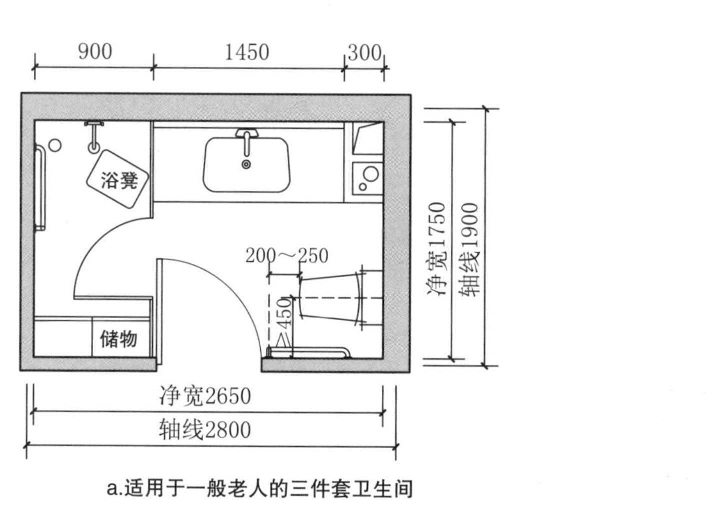
900
1450
300
浴凳
200～250
≥450
储物
净宽1750
轴线1900
净宽2650
轴线2800

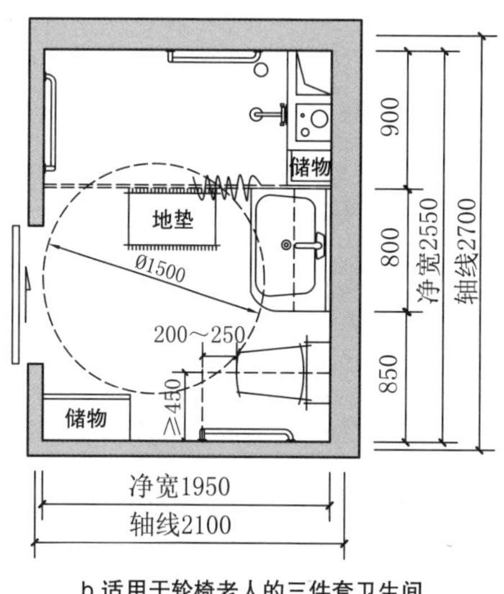
储物
地垫
Ø1500
200～250
≥450
储物
900
800
850
净宽2550
轴线2700
净宽1950
轴线2100

a.适用于一般老人的三件套卫生间

b.适用于轮椅老人的三件套卫生间

图4.6.41　老年住宅三件套卫生间示例图（尺寸单位：mm）

[3] 两件套卫生间（半卫生间）

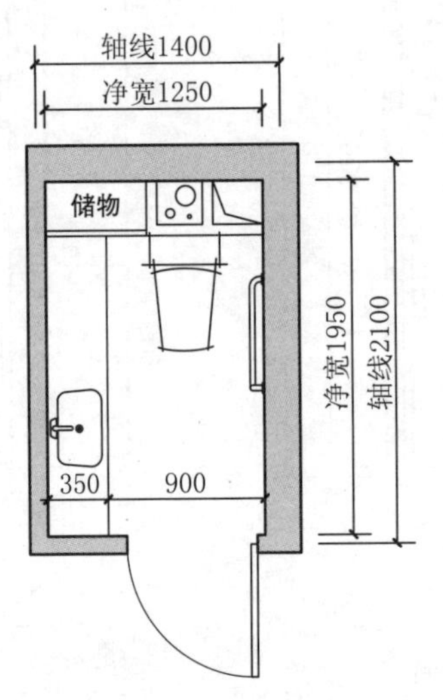

轴线1400
净宽1250
储物
净宽1950
轴线2100
350
900

a.适用于一般老人的两件套卫生间

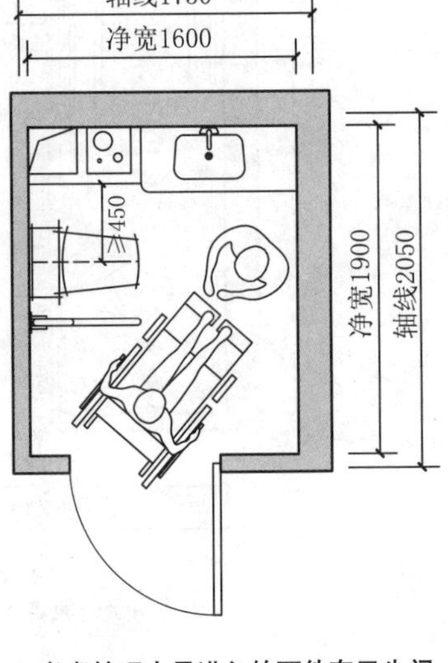

轴线1750
净宽1600
≥450
净宽1900
轴线2050

b.考虑护理人员进入的两件套卫生间

图4.6.42　老年住宅两件套卫生间示例图（尺寸单位：mm）

5. 设计要点总结

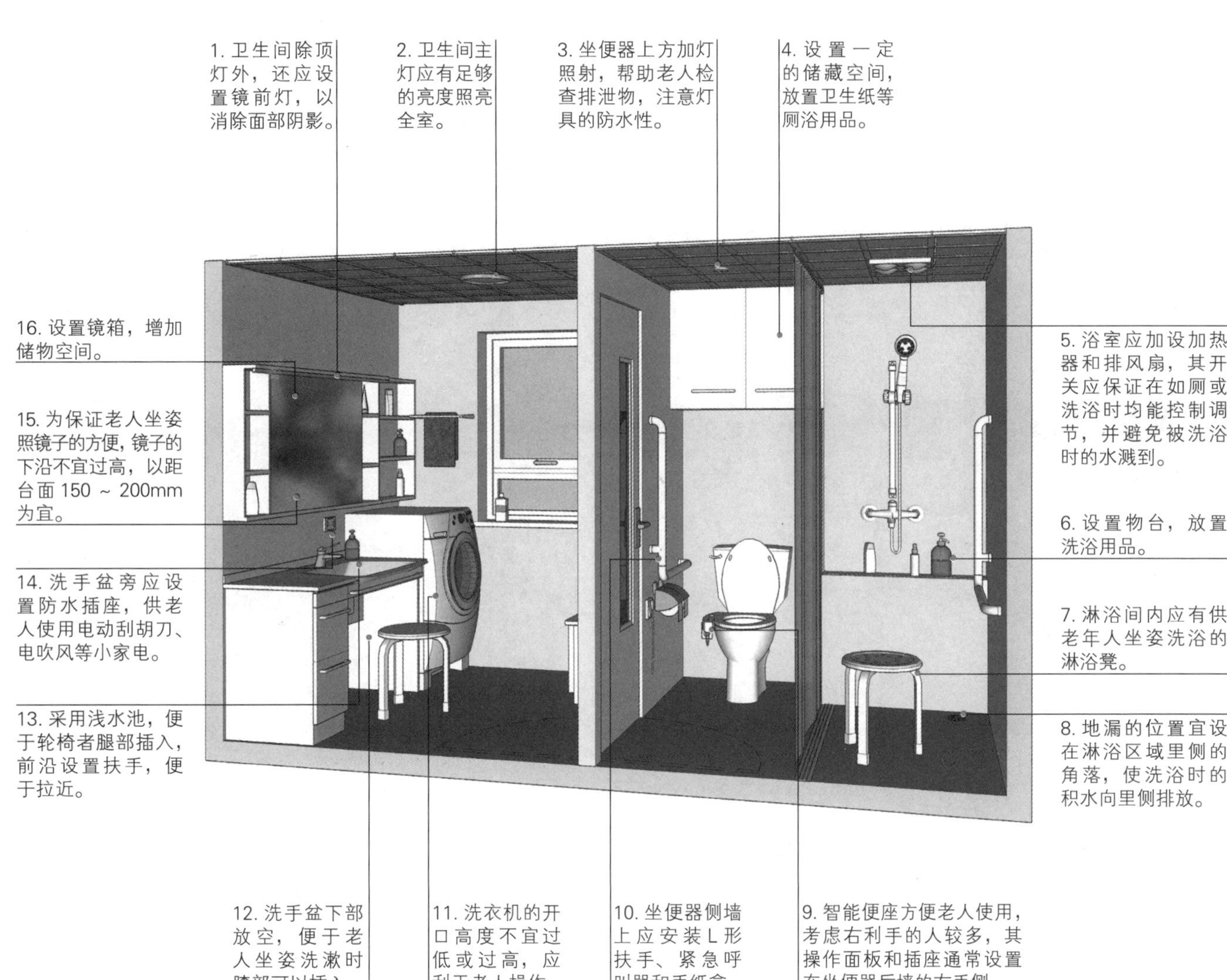
1. 卫生间除顶灯外，还应设置镜前灯，以消除面部阴影。
2. 卫生间主灯应有足够的亮度照亮全室。
3. 坐便器上方加灯照射，帮助老人检查排泄物，注意灯具的防水性。
4. 设置一定的储藏空间，放置卫生纸等厕浴用品。
5. 浴室应加设加热器和排风扇，其开关应保证在如厕或洗浴时均能控制调节，并避免被洗浴时的水溅到。
6. 设置物台，放置洗浴用品。
7. 淋浴间内应有供老年人坐姿洗浴的淋浴凳。
8. 地漏的位置宜设在淋浴区域里侧的角落，使洗浴时的积水向里侧排放。
9. 智能便座方便老人使用，考虑右利手的人较多，其操作面板和插座通常设置在坐便器后墙的右手侧。
10. 坐便器侧墙上应安装L形扶手、紧急呼叫器和手纸盒。
11. 洗衣机的开口高度不宜过低或过高，应利于老人操作。
12. 洗手盆下部放空，便于老人坐姿洗漱时膝部可以插入。
13. 采用浅水池，便于轮椅者腿部插入，前沿设置扶手，便于拉近。
14. 洗手盆旁应设置防水插座，供老人使用电动刮胡刀、电吹风等小家电。
15. 为保证老人坐姿照镜子的方便，镜子的下沿不宜过高，以距台面 150 ~ 200mm 为宜。
16. 设置镜箱，增加储物空间。

图4.6.43　老年住宅卫生间的设计要点总结1

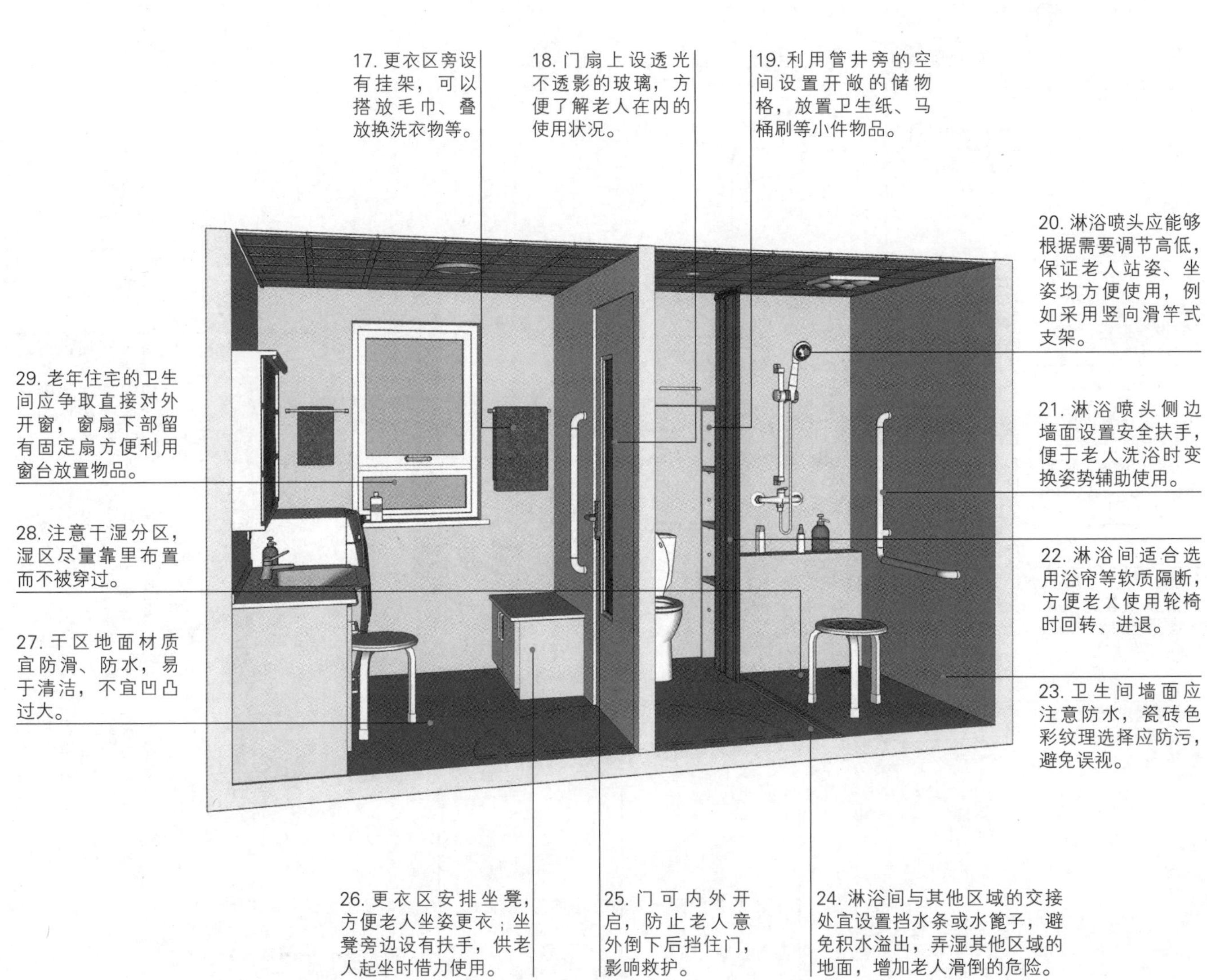

17. 更衣区旁设有挂架，可以搭放毛巾、叠放换洗衣物等。
18. 门扇上设透光不透影的玻璃，方便了解老人在内的使用状况。
19. 利用管井旁的空间设置开敞的储物格，放置卫生纸、马桶刷等小件物品。
20. 淋浴喷头应能够根据需要调节高低，保证老人站姿、坐姿均方便使用，例如采用竖向滑竿式支架。
21. 淋浴喷头侧边墙面设置安全扶手，便于老人洗浴时变换姿势辅助使用。
22. 淋浴间适合选用浴帘等软质隔断，方便老人使用轮椅时回转、进退。
23. 卫生间墙面应注意防水，瓷砖色彩纹理选择应防污，避免误视。
24. 淋浴间与其他区域的交接处宜设置挡水条或水篦子，避免积水溢出，弄湿其他区域的地面，增加老人滑倒的危险。
25. 门可内外开启，防止老人意外倒下后挡住门，影响救护。
26. 更衣区安排坐凳，方便老人坐姿更衣；坐凳旁边设有扶手，供老人起坐时借力使用。
27. 干区地面材质宜防滑、防水，易于清洁，不宜凹凸过大。
28. 注意干湿分区，湿区尽量靠里布置而不被穿过。
29. 老年住宅的卫生间应争取直接对外开窗，窗扇下部留有固定扇方便利用窗台放置物品。

图4.6.44　老年住宅卫生间的设计要点总结2

4.7 阳台

1. 功能分区与基本尺寸要求
2. 空间设计原则
3. 常用家具及设施设备布置要点
4. 典型平面布局示例
5. 设计要点总结

1. 功能分区与基本尺寸要求

[1] 功能分区和基本要点

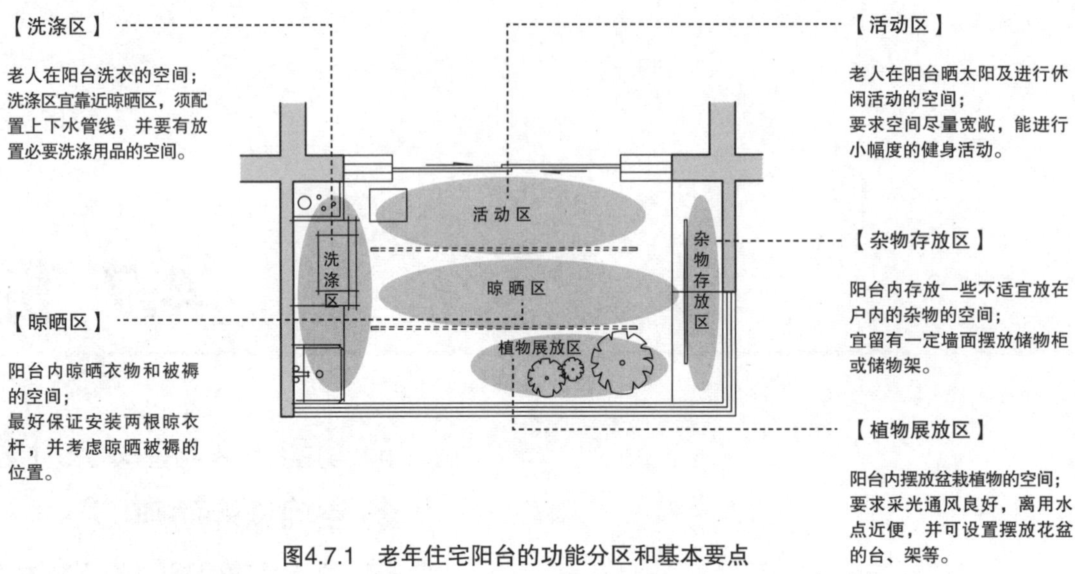

【洗涤区】
老人在阳台洗衣的空间；
洗涤区宜靠近晾晒区，须配置上下水管线，并要有放置必要洗涤用品的空间。
【晾晒区】
阳台内晾晒衣物和被褥的空间；
最好保证安装两根晾衣杆，并考虑晾晒被褥的位置。
活动区
洗涤区
晾晒区
植物展放区
杂物存放区
【活动区】
老人在阳台晒太阳及进行休闲活动的空间；
要求空间尽量宽敞，能进行小幅度的健身活动。
【杂物存放区】
阳台内存放一些不适宜放在户内的杂物的空间；
宜留有一定墙面摆放储物柜或储物架。
【植物展放区】
阳台内摆放盆栽植物的空间；
要求采光通风良好，离用水点近便，并可设置摆放花盆的台、架等。

图4.7.1 老年住宅阳台的功能分区和基本要点

[2] 平面基本尺寸要求

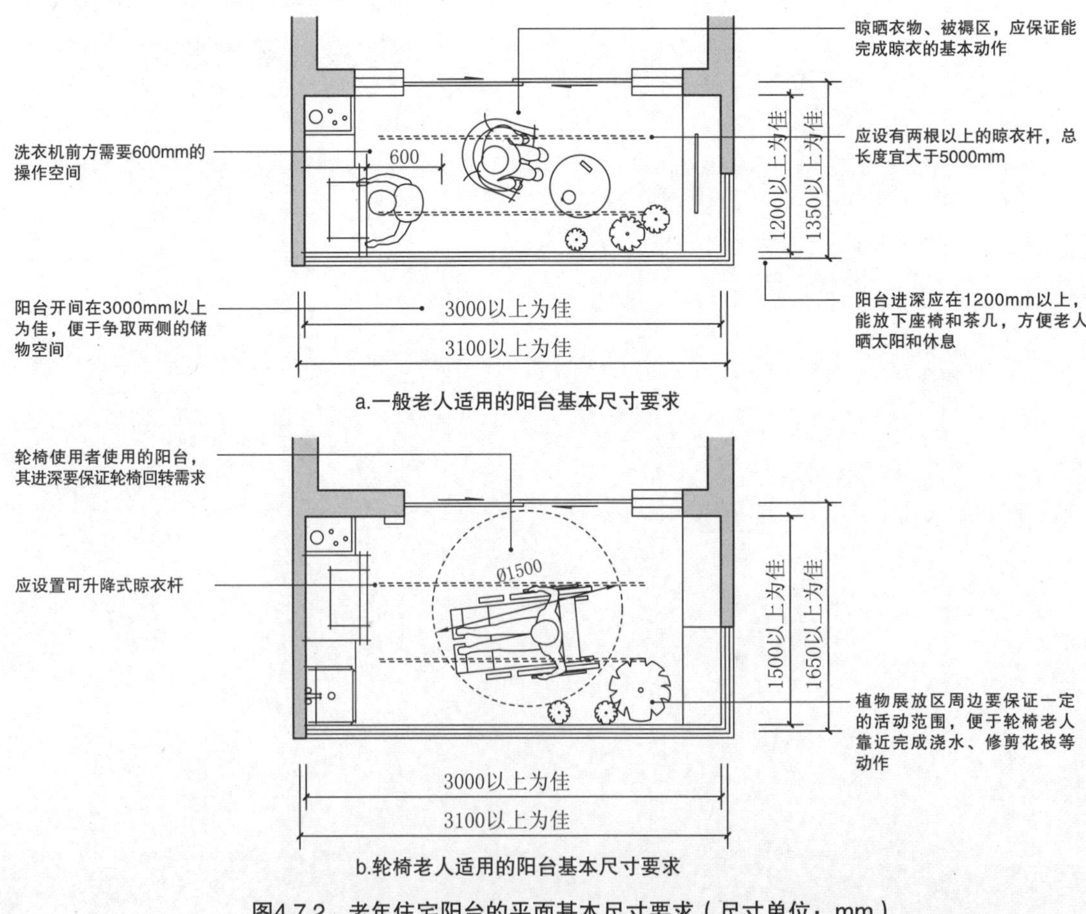

晾晒衣物、被褥区，应保证能完成晾衣的基本动作
洗衣机前方需要600mm的操作空间
600
应设有两根以上的晾衣杆，总长度宜大于5000mm
1200以上为佳
1350以上为佳
阳台开间在3000mm以上为佳，便于争取两侧的储物空间
3000以上为佳
3100以上为佳
阳台进深应在1200mm以上，能放下座椅和茶几，方便老人晒太阳和休息
a.一般老人适用的阳台基本尺寸要求
轮椅使用者使用的阳台，其进深要保证轮椅回转需求
应设置可升降式晾衣杆
Ø1500
1500以上为佳
1650以上为佳
植物展放区周边要保证一定的活动范围，便于轮椅老人靠近完成浇水、修剪花枝等动作
3000以上为佳
3100以上为佳
b.轮椅老人适用的阳台基本尺寸要求

图4.7.2 老年住宅阳台的平面基本尺寸要求（尺寸单位：mm）

2. 空间设计原则

阳台之所以在老人的日常生活中不可或缺，在于其不但为老人提供晒太阳、锻炼健身、休闲娱乐以及收存杂物的场所，更为老人培养个人爱好、展示自我、与外界沟通搭建了平台。

由于身心特征的变化和社会角色的转换，老年人外出的概率相对较低。但从保持身心健康的角度，他们又有与外界环境交流接触的需求。良好的阳台空间有助于加强老人对外界信息的摄入。对于延缓衰老、保持老人身心健康有着重要的意义。

阳台设计需要考虑以下一些问题：

[1] 合理划分阳台区域

住宅中的阳台通常可分为生活阳台和服务阳台。生活阳台通常为南向，空间较大，从利于老人生活角度考虑，宜具备以下各功能区域：

● 活动区

生活阳台要有相对集中的活动空间供老人晒太阳、锻炼身体及与他人交流。如有条件宜尽量设置至少两把座椅，老人可以与老伴或亲友相互交流（图 4.7.3）。座位的设置还要便于老人观察室外发生的事件、欣赏户外的景观等，住在一层的老人，甚至可以与窗外的行人进行视线、语言的交流。

● 洗涤、晾晒区

阳台要留出摆放洗衣机的空间，并应设置上下水，满足洗涤用水的需要，也有利于清扫阳台的地面。若阳台与起居室相连，要注意衣物的晾晒尽量不要影响到起居室的视野和光线。

Tips　生活阳台和服务阳台

根据主要功能的差别，阳台可分为生活阳台和服务阳台。

生活阳台一般设于阳光充沛的南向，作为住宅室内与外界环境的过渡空间。阳台向内可对其他住宅功能空间做重要的补充，例如在其他室内空间不便安排的洗衣晾晒、杂物储藏等功能；向外则促进老人与周围环境进行交流。

服务阳台往往设于北向背阴处，可存放食品等，多与厨房或餐厅相连接。服务阳台的设置须考虑地理气候的差异。北方寒冷地区冬季气温较低，服务阳台要封闭保温，阳台上一般不设管线，以免冻裂；南方地区的服务阳台多为开敞式，使用频率相对更高，面积可适当放大。

图4.7.3　阳台应有集中的活动空间，可考虑设置供老人休闲的座椅

图4.7.4 阳台可设置植物展放区

图4.7.5 洗衣机旁应配设洗涤池和操作台面

Tips 手洗与机洗相结合

老年人的洗衣方式与年轻人有所不同，据调查，大部分的老年人会选择手洗与机洗相结合的方式来洗衣。因此在老年住宅中，除了洗衣机外，还应在附近设置可用于手洗的手盆。

手盆高度应当设为750mm左右，手盆下方600mm以下最好留空，使轮椅老人可以将腿插入，或方便老人坐姿洗衣；要避免下水管道对轮椅老人的阻挡，下水管尽量不要在手盆正下方，应将其贴近墙面或采用从侧面排出的形式。轮椅老人操作需要较大空间，手盆的位置不要紧贴墙角。

在洗衣机与手盆附近设置操作台，可以供老年人放置泡衣服的盆，还可以用于待洗衣服的挑选与检查。操作台的宽度不宜小于400mm，以保证常用规格洗衣盆的稳固放置。

● 植物展放区

老人大多喜爱种植花草，应在阳台留出摆放花盆、花架的空间（图4.7.4）。由于花木对光照的需要，大多数花木都会放置在近窗的位置，可为其设置专门的搁置台，并提供上下水以便就近浇灌花木。

● 杂物存放区

在很多家庭中，阳台往往承担着存放各类杂物、旧物的功能，例如五金工具、废报纸、过季的鞋等。因此应设置一定的储藏空间，便于老人归类放置各类物品。

[2] 集中布置洗涤、晾衣区

● 洗衣机宜设置于生活阳台

老年住宅中宜将洗衣、晾衣的动作集中在一处完成。洗晾衣位置的分离，会使老人多次、反复地走动，并可能使房间内的地面被沾湿，导致老人滑倒。对于行动不便的老人则更为不利。以往的住宅设计中，通常将洗衣机设置于卫生间或服务阳台，但晾衣必须走到生活阳台。如能将洗衣机的位置移至生活阳台，就可省去搬动衣物的步骤。在设计时，要注意配置上下水管线和带有防水保护的电源。洗衣机旁应配设洗涤池，便于老人清洗小件衣物（图 4.7.5）。

● 洗衣机附近应设操作台面

洗衣机附近要有一定的操作台面供老人放置物品、分拣衣物，而不必因需将物品、洗衣盆放在地上，而导致老人反复、深度弯腰造成疲劳。

[3] 设置分类储藏空间

老人由于一生的积攒，以及敝帚自珍的天性，家中杂物、旧物、闲置物品往往比一般人更多。住宅室内储藏空间不足时，许多老人习惯将杂物堆放在阳台。阳台堆放杂物容易影响到阳台内正常的活动空间，并增加老人发生磕绊的危险。如果在阳台对储藏空间进行了有效的设计，可解决老人部分物品的储藏问题，避免因随意堆放而使阳台空间杂乱、拥挤。

● 阳台杂物须分类存放

阳台储藏的物品种类繁杂，所需的储藏空间形式也不尽相同。其中有一些物品需要钉挂、倚靠（如扫帚），有一些需要摆放（如废纸盒、鞋盒）。因此在设计时，应对阳台的物品进行分类储藏，做到洁污分离，使空间得到有效的利用。

调研发现，阳台中储存的物品大致可分为以下几类（表 4.7.1）：

阳台常见杂物分类 表4.7.1

生活阳台常见杂物	植栽工具类 小铲、喷水壶、花盆等 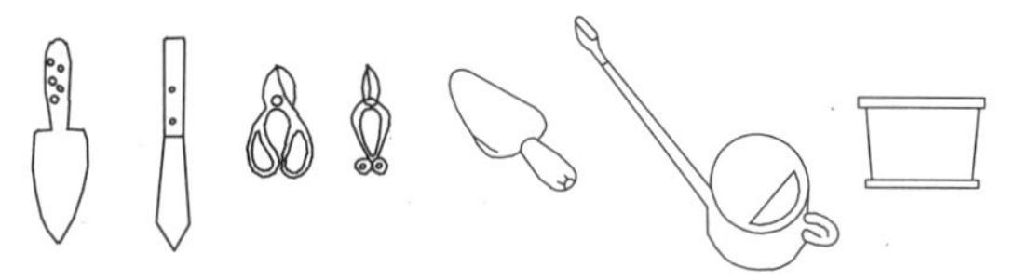	兴趣爱好类 钓鱼用具、剑、球拍等 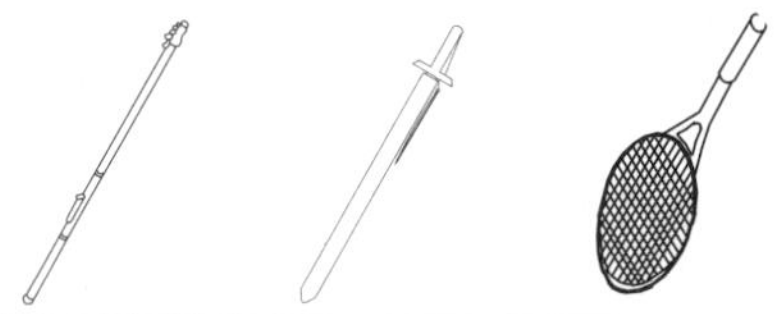	
生活阳台服务阳台共有杂物	清洁用品类 笤帚、墩布、簸箕、抹布、吸尘器等 	洗涤用品类 洗衣粉、水盆、晾衣架等 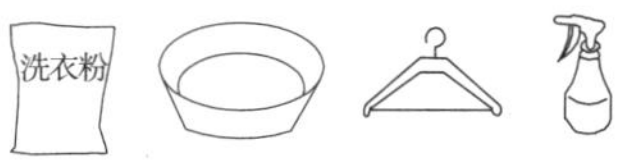	杂物类 换季鞋、旧家具、五金工具、折叠凳等 
服务阳台常见杂物	食品类 米面、饮料、干货、不放入冰箱的蔬菜等 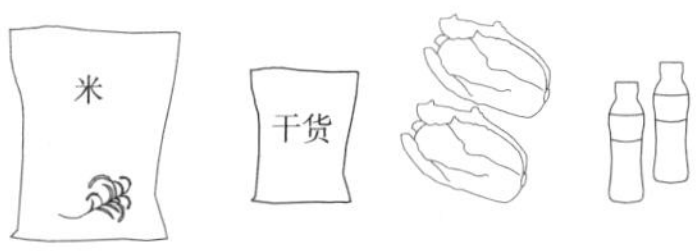	废品类 废纸盒、塑料袋、空瓶等 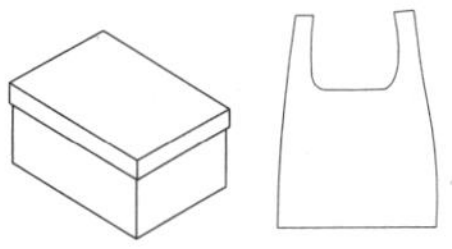	设备类 燃气热水器、煤气表 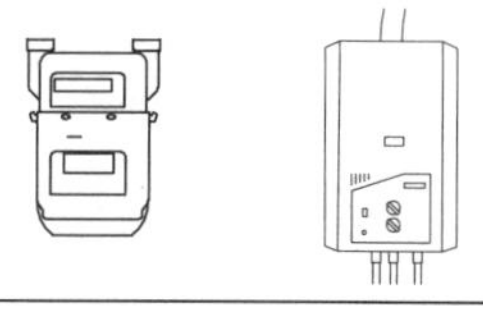

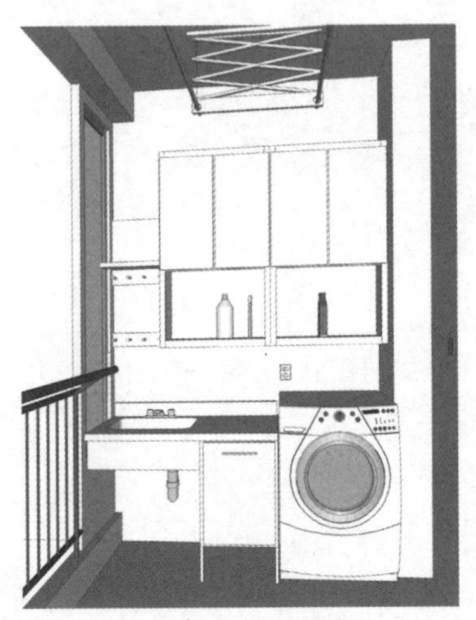

图4.7.6　阳台宜设计一定的实墙面便于设置储物柜等

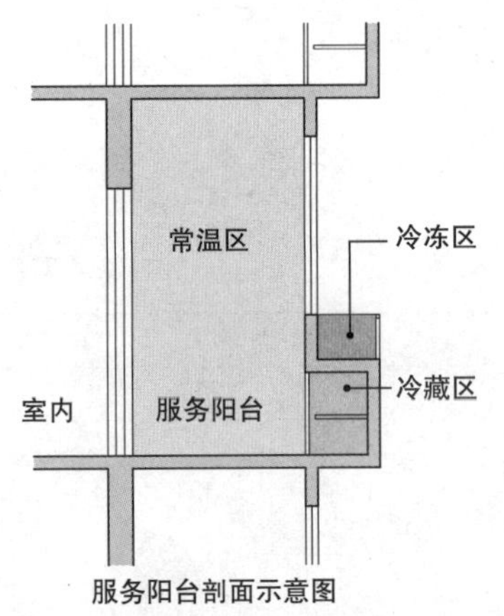
冷冻区
常温区
冷藏区
室内
服务阳台
服务阳台剖面示意图

图4.7.7　北方地区将服务阳台划分成不同温度区域，用以储藏各类食品

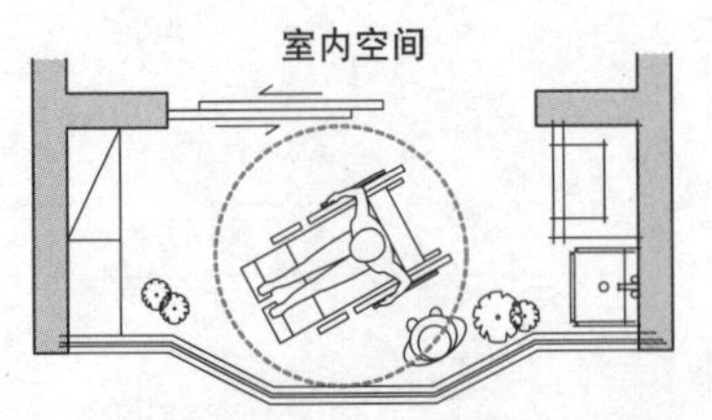
室内空间

图4.7.8　阳台空间局部放大，满足轮椅转圈

● 阳台宜有实墙面便于储物置物

在满足采光需求的情况下，阳台最好设计一些实墙面，便于钉挂吊柜、倚靠储物柜，或在墙面设置挂小物的挂钩（图 4.7.6）。另外，服务阳台中还可能布置煤气表、燃气热水器、中央空调主机等设备，也需要设置承重实墙面以方便设备倚挂。

须注意储藏污物品的空间要与晾晒衣物等清洁度要求较高的空间有效分隔，防止相互浸染。

● 服务阳台可划分成不同温度区域

服务阳台是理想的食品储藏空间。老人喜欢储存粮食等食品，如果遇到便宜的价格可能会一次性购买很多。而服务阳台通常朝北，避开了阳光直射，较为阴凉，有利于存放食品。北方地区到了冬季，服务阳台空间温度较低，成为天然的冰箱。过年会置办大量年货及蔬果，当冰箱存储不下时，往往会放到服务阳台中。

因此在设计时，如能将服务阳台划分成不同的温度区，如常温区、冷藏区、冷冻区，迎合老人利用自然条件进行储藏的需求，便于老人分类和拿取，也能起到充分利用空间和节能的作用（图 4.7.7）。

[4] 巧妙控制阳台进深

● 阳台进深宜满足轮椅的进出及回转需求

老年住宅的阳台以进深较大的方形阳台为宜，并应当比普通住宅阳台的面积稍大。除满足种植花草、活动健身、洗晾衣物、放置杂物等多种活动的需求外，还要考虑到轮椅的回转空间。因此，阳台进深需要适当加大。

● 阳台进深不足时可局部放大

如果阳台不能做到大进深，可以考虑局部扩大的方法，既能节省一定的面积，也能保证轮椅转圈（图 4.7.8）。

● 利用房间与阳台形成空间回路

利用住宅内其他房间与阳台形成空间回路也可以间接解决阳台进深狭窄的问题。生活阳台通常与卧室、起居室等房间相连通。如条件允许，建议用阳台连接两个房间，使卧室－阳台－起居室形成空间回路，解决轮椅回转空间不够或轮椅和人交错行走相互干扰的问题（图4.7.9）。利用阳台门的开启空间完成轮椅转圈也是简单可行的办法（图4.7.10）。

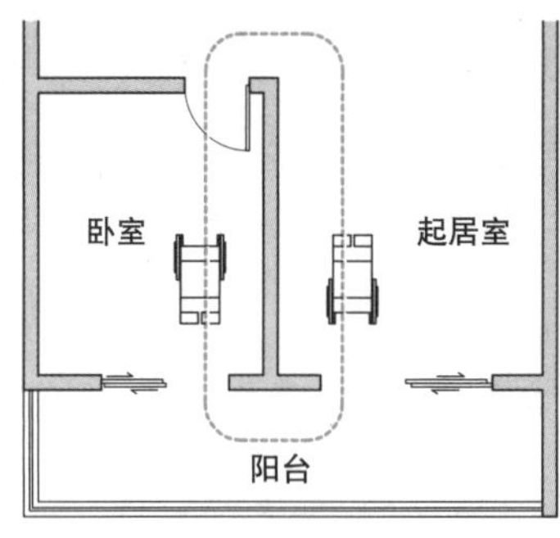
卧室
起居室
阳台

图4.7.9　利用阳台形成空间回路

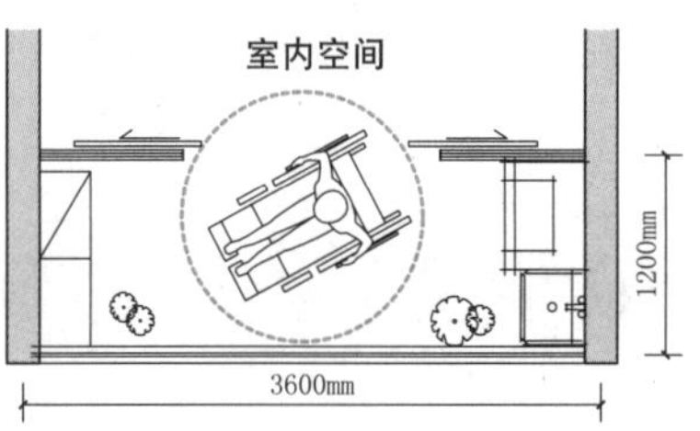
室内空间
1200mm
3600mm

图4.7.10　利用阳台门开启后的空间达到轮椅回转的要求

[5] 消除与室内地面的高差

● 注意消除土建与装修阶段产生的高差

通常情况下，阳台与室内地面之间会存在小高差。在老年住宅中，应尽量消除或减小这类高差，以防老人出入时不慎绊倒。

阳台与室内地面产生高差有以下两种原因：第一种是在土建阶段，阳台没有封闭的时候，要避免雨水流向室内，阳台地平通常比室内地平略低，会在交接处形成坎。第二种是在装修阶段，由于室内地面与阳台地面的材质不同，可能会在交接处形成高差。在设计时，应尽量事先考虑周到，也可采取一定措施加以找坡抹平。

● 注意消除阳台门槛形成的高差

有时由于阳台采用了推拉门，门框也会导致地面上形成高坎。在为老年人设计时，应注意对门框附近进行一定处理，使高差在15mm以下，以便轮椅可以顺利通过（图4.7.11）。

a.阳台侧加架空木格栅消除高差

b.阳台侧用排水篦子消除高差

图4.7.11　消除阳台与室内地面高差的方法

[6] 注意阳台的保温、遮阳及防潲雨问题

Tips　利用镜子增大视域

在阳台端头约1200mm高度处设置横长镜面（此为老人坐于轮椅上的视平线高度）。供使用轮椅的老人在阳台一侧进行操作时，能够从镜中观察到身后的情况，对于轮椅的退行及回转操作都有好处。

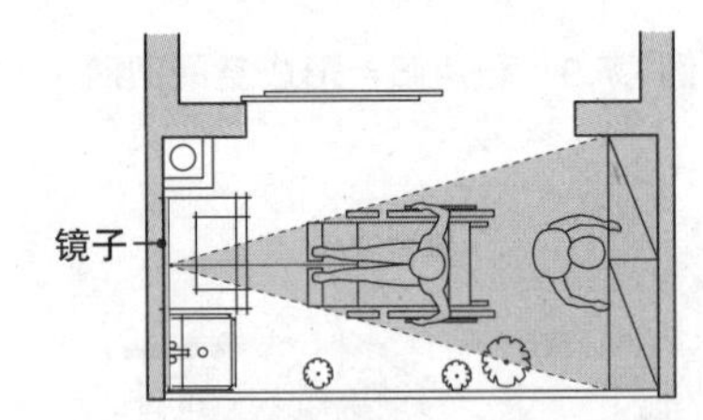
镜子

阳台空间局促时，可在一端加设镜子，便于轮椅老人观察身后状况

● 提高阳台自身的保温性

一般阳台不设置暖气等采暖设施。在寒冷地区，采用凹阳台和半凹阳台有利于住宅阳台的保温和节能。阳台自身的外窗也应增强密闭性，降低导热性，例如采用双层中空玻璃等。

● 保留阳台隔断门调节室温

阳台与相邻空间之间应设置密闭性能优良的玻璃隔断门，以便调节阳台过冷或过热的空气。以往一些住宅在装修时，常会为了扩大室内空间而将阳台玻璃门拆除。但在老年住宅中，建议保留此隔断门，既能加强调节室温的功能，又能防灰尘、防潲雨、调节通风量（图4.7.12）。

● 采取必要的遮阳、防潲雨措施

东西向房间外的阳台可以起到隔热、防晒的作用，以免射入的光线过于强烈而对老人造成侵扰。阳台上再采用窗帘等遮阳措施，就能使房间内的环境较为舒适。

阳台还需注意潲雨问题。封闭式阳台应做好阳台窗的防渗水措施。开敞式阳台应防止下雨时雨水倒流至房间内，须注意做好阳台的找坡及排水措施。阳台与室内地面的交界处可设置排水篦子，既能防止暴雨、台风来临时雨水流入室内导致地板浸水变形，也有利于阳台与室内地面找平（参见图 4.7.11b）。

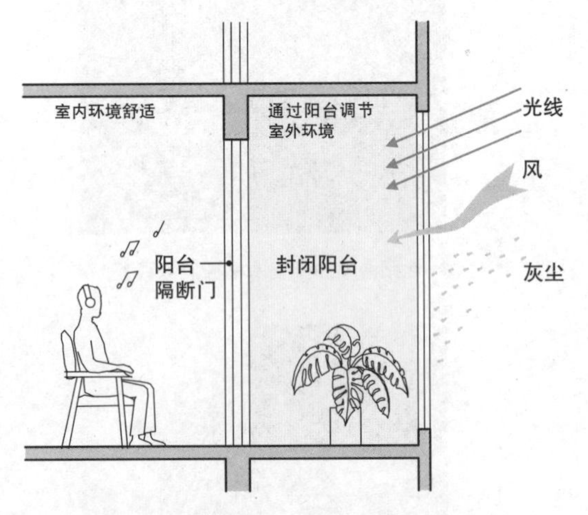
室内环境舒适
通过阳台调节室外环境
光线
风
阳台隔断门
封闭阳台
灰尘

图4.7.12　保留阳台隔断门，加强阳台调节室温的功能

3. 常用家具及设施设备布置要点

[1] 坐具

● 坐具两侧应有扶手

老年人一般喜欢在阳台上摆放摇椅或躺椅类的坐具，方便坐在阳台晒太阳、打盹。坐具的两侧应有扶手，防止老年人在半睡眠或睡眠状态下翻转身体时从椅上跌落，并且在起立时可以帮助老人支撑身体。而在落坐时，双侧扶手有助于老年人保持身体平衡。

● 坐具旁应设置小桌或侧几

老人在晒太阳的同时可能会看书报、听广播，因此可在坐具旁应设置小桌或侧几，以便老人有可以放置水杯、药品、收音机、书报以及老花镜等常用物品的台面，保证老人不必起身即可方便的取放（图4.7.13）。阳台上最好配有电源插座，便于老人使用小件电器。

图4.7.13　阳台上布置坐具和小桌及电源插座

[2] 洗衣、晾衣设备

对于老人来讲，洗衣、晾衣是一项比较繁重的体力劳动。应避免老人反复的弯腰、仰身，减小劳动强度。

● 洗衣机的操作高度应方便老人使用

洗衣机的操作高度要避免老年人在使用时深度弯腰。滚筒式洗衣机宜选择开口位置较高的机型（图 4.7.14）。上翻盖式洗衣机开口的高度较高，对于坐轮椅的老人查看及取放衣物时有一定的困难，因而不适合坐轮椅的老人使用。

图4.7.14　老人使用的滚筒洗衣机宜选择开口位置较高的机型

● 洗衣机的位置应便于轮椅老人接近

为方便坐轮椅老人的使用，洗衣机的位置最好距墙角有一定的距离，以便轮椅靠近。

图4.7.15　升降式晾衣杆适合老人使用

图4.7.16　在阳台端部加设晾衣杆晾晒小衣物

图4.7.17　阳台内增设低位横杆，方便晾晒被褥等

● 晾衣杆的安装尺寸

阳台晾衣杆的横杆宜有两根以上，间距应大于 600mm，总长度应超过 5m，以便挂晾更多的衣物。

● 晾衣杆宜采用升降式

阳台的主要晾衣杆最好为升降式（图 4.7.15）。升降式晾衣杆既可在老人晾晒衣物时将其降至合适的高度，又可在晾挂衣物后将其上升，避免衣物遮挡光线，同时保证了老人动作的舒适安全性，防止老人勉强向上够挂衣物时跌倒或抻拉受伤。晾衣杆摇柄的安装高度距地不应超过 1200mm，以便兼顾坐轮椅的老人使用。

另外在阳台两端可增设较低的固定晾衣杆，方便老人平时挂晒小件衣物，既不影响居室的视线又使阳光能更多的照射进房间（图 4.7.16）。晾衣杆的高度应当不超过老年人手臂轻松斜抬的高度，通常为 1500 ~ 1800mm。

● 考虑大件被服用品的晾晒

老人的被褥应该经常晾晒，消毒杀菌。考虑到被褥和床单体量大且重，可在阳台中部高度设置结实的专门晾晒被褥的横杆，方便老人自行操作（图 4.7.17）。

[3] 储物家具

● 可利用角落设置杂物储藏柜、架

阳台通常还会存放一些不宜放在室内其他房间的杂物，可以利用一些不引人注意的畸零角落，特别是在阳台的西立面，可以通过设置墙垛、墙面以固定储物柜、架等，也可减少西晒。

● 宜为洗衣、晾衣设置置物场所

老年人洗晾衣用品的存放，不仅包括洗涤用品、衣架，而且还有用于泡衣与晾衣的塑料盆、桶。由于这些物品使用频繁，宜就近设置储物空间，保证取放便利，避免随意放在地上造成绊脚而跌倒。除了洗晾衣用品以外，最好还要在洗晾衣区域设置待洗衣物的暂存处。

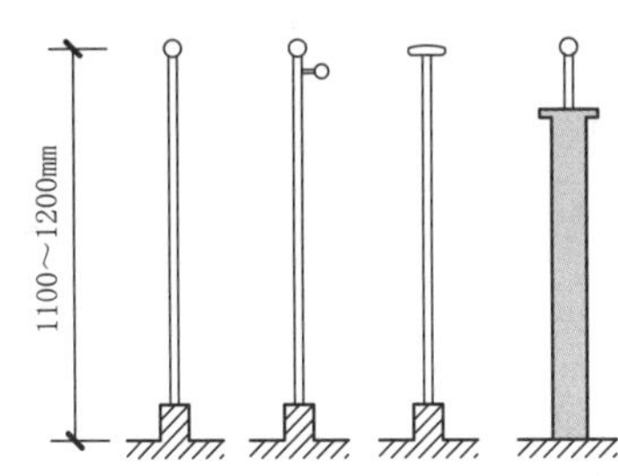

1100～1200mm

图4.7.18 阳台栏杆的常见形式

[4] 阳台护栏

封闭式阳台为了获得良好的光线和视野，往往会采用落地玻璃窗。此时有必要在玻璃内侧设置护栏，一方面可以避免老人产生恐高感，另一方面也能防止轮椅误撞阳台玻璃。

对于开敞式阳台，阳台护栏不宜采用实体栏板，而应选择部分透空、透光的栏杆形式，保证通风良好，也便于老人坐姿时获得良好的视野（图 4.7.18）。须注意在阳台栏杆底部应设有一定高度的护板，防止物品掉落（图 4.7.19）。

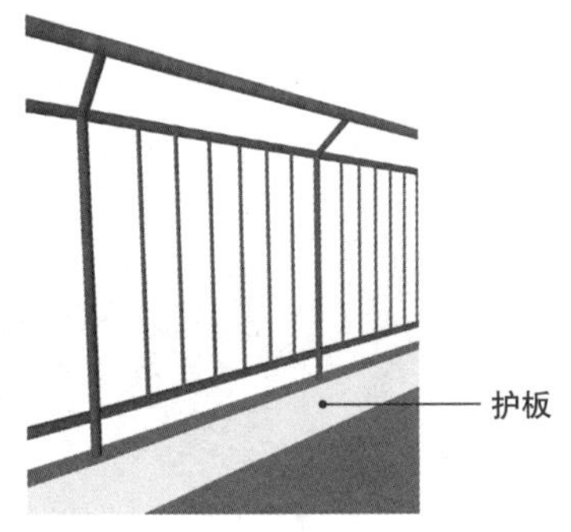

护板

图4.7.19 开敞阳台的栏杆下应设护板

● 阳台栏杆的高度和形式

阳台护栏的常见高度为 1100 ~ 1200mm。阳台栏杆须结实、坚固，栏杆与周围墙体、地面的连接处应加固。

在保证坚固、安全的基础上，阳台栏杆不宜过粗、过密，否则会影响光线的透过和视线的穿透，也会对窗玻璃的清洁带来不便。

阳台栏杆还应防雨、防锈、易擦拭。栏杆供撑扶倚靠的横杆部分应选择触感温润的材质，并可以做成扁平的形式，提高扶靠时的舒适度。

● 阳台栏杆可兼做晾晒架

阳台护栏的高度及牢固程度适于兼作晾晒架用（图 4.7.20）。在设置时，注意护栏与墙面或窗玻璃之间留出适当空档，以便搭晾小物、被褥，也便于清洁。

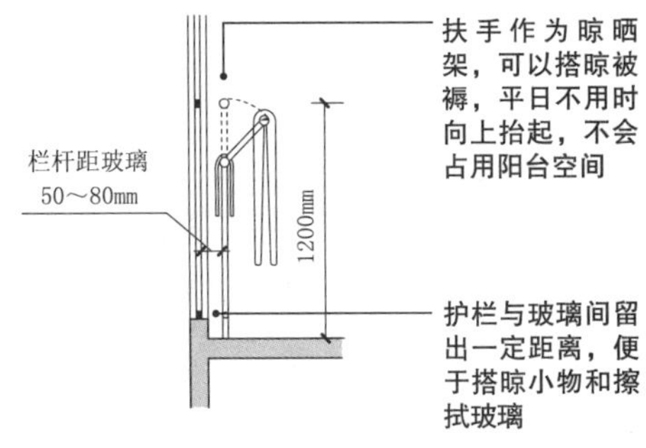

扶手作为晾晒架，可以搭晾被褥，平日不用时向上抬起，不会占用阳台空间
栏杆距玻璃
50～80mm
1200mm
护栏与玻璃间留出一定距离，便于搭晾小物和擦拭玻璃

图4.7.20 阳台栏杆扶手可兼做晾晒架

4. 典型平面布局示例

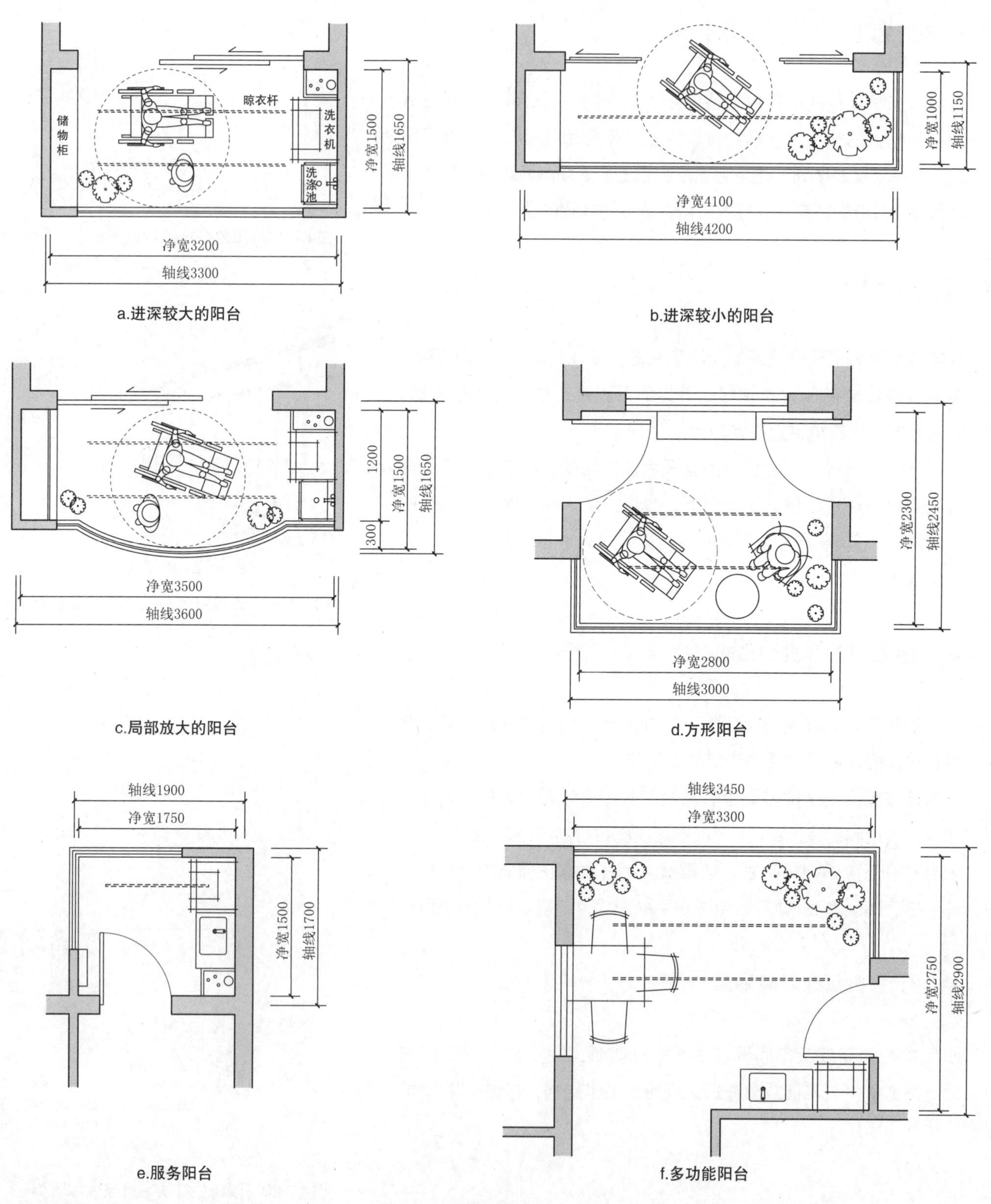

储物柜
晾衣杆
洗衣机
洗涤池
净宽1500
轴线1650
净宽3200
轴线3300
a.进深较大的阳台
净宽1000
轴线1150
净宽4100
轴线4200
b.进深较小的阳台
1200
300
净宽1500
轴线1650
净宽3500
轴线3600
c.局部放大的阳台
净宽2300
轴线2450
净宽2800
轴线3000
d.方形阳台
轴线1900
净宽1750
净宽1500
轴线1700
e.服务阳台
轴线3450
净宽3300
净宽2750
轴线2900
f.多功能阳台

图4.7.21 老年住宅阳台示例图（尺寸单位：mm）

5. 设计要点总结

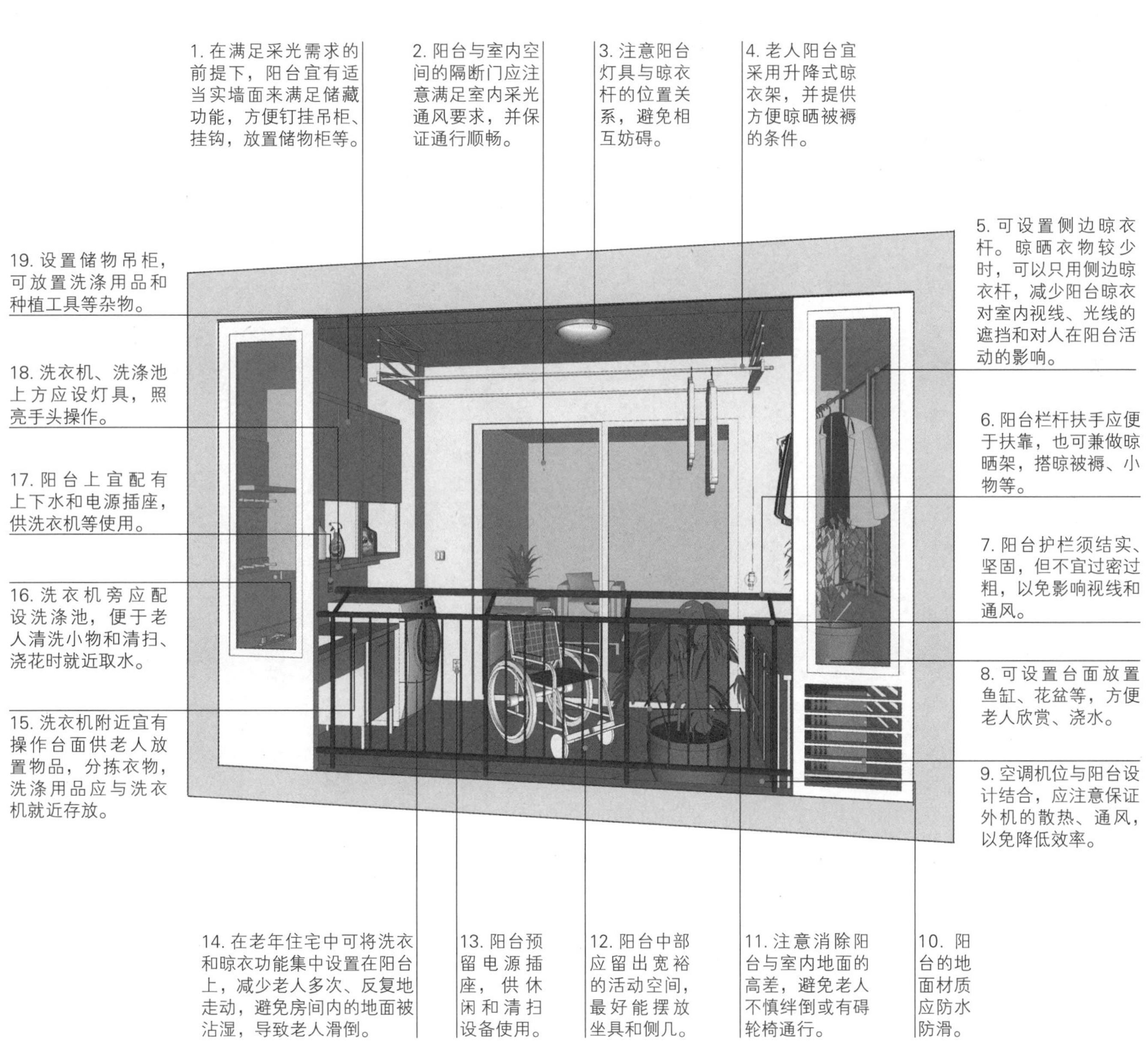

1. 在满足采光需求的前提下，阳台宜有适当实墙面来满足储藏功能，方便钉挂吊柜、挂钩，放置储物柜等。
2. 阳台与室内空间的隔断门应注意满足室内采光通风要求，并保证通行顺畅。
3. 注意阳台灯具与晾衣杆的位置关系，避免相互妨碍。
4. 老人阳台宜采用升降式晾衣架，并提供方便晾晒被褥的条件。
5. 可设置侧边晾衣杆。晾晒衣物较少时，可以只用侧边晾衣杆，减少阳台晾衣对室内视线、光线的遮挡和对人在阳台活动的影响。
6. 阳台栏杆扶手应便于扶靠，也可兼做晾晒架，搭晾被褥、小物等。
7. 阳台护栏须结实、坚固，但不宜过密过粗，以免影响视线和通风。
8. 可设置台面放置鱼缸、花盆等，方便老人欣赏、浇水。
9. 空调机位与阳台设计结合，应注意保证外机的散热、通风，以免降低效率。
10. 阳台的地面材质应防水防滑。
11. 注意消除阳台与室内地面的高差，避免老人不慎绊倒或有碍轮椅通行。
12. 阳台中部应留出宽裕的活动空间，最好能摆放坐具和侧几。
13. 阳台预留电源插座，供休闲和清扫设备使用。
14. 在老年住宅中可将洗衣和晾衣功能集中设置在阳台上，减少老人多次、反复地走动，避免房间内的地面被沾湿，导致老人滑倒。
15. 洗衣机附近宜有操作台面供老人放置物品，分拣衣物，洗涤用品应与洗衣机就近存放。
16. 洗衣机旁应配设洗涤池，便于老人清洗小物和清扫、浇花时就近取水。
17. 阳台上宜配有上下水和电源插座，供洗衣机等使用。
18. 洗衣机、洗涤池上方应设灯具，照亮手头操作。
19. 设置储物吊柜，可放置洗涤用品和种植工具等杂物。

图4.7.22 老年住宅阳台的设计要点总结

4.8 多功能间[1]

1. 功能分区与基本尺寸要求
2. 空间设计原则
3. 常用家具布置要点
4. 典型平面布局示例
5. 设计要点总结

❶ 多功能间在本文中被定义为可作为书房、兴趣室、健身房、客卧等多种用途的，面积比一般房间略小的房间或隔断间。

1. 功能分区与基本尺寸要求

[1] 功能分区和基本要点

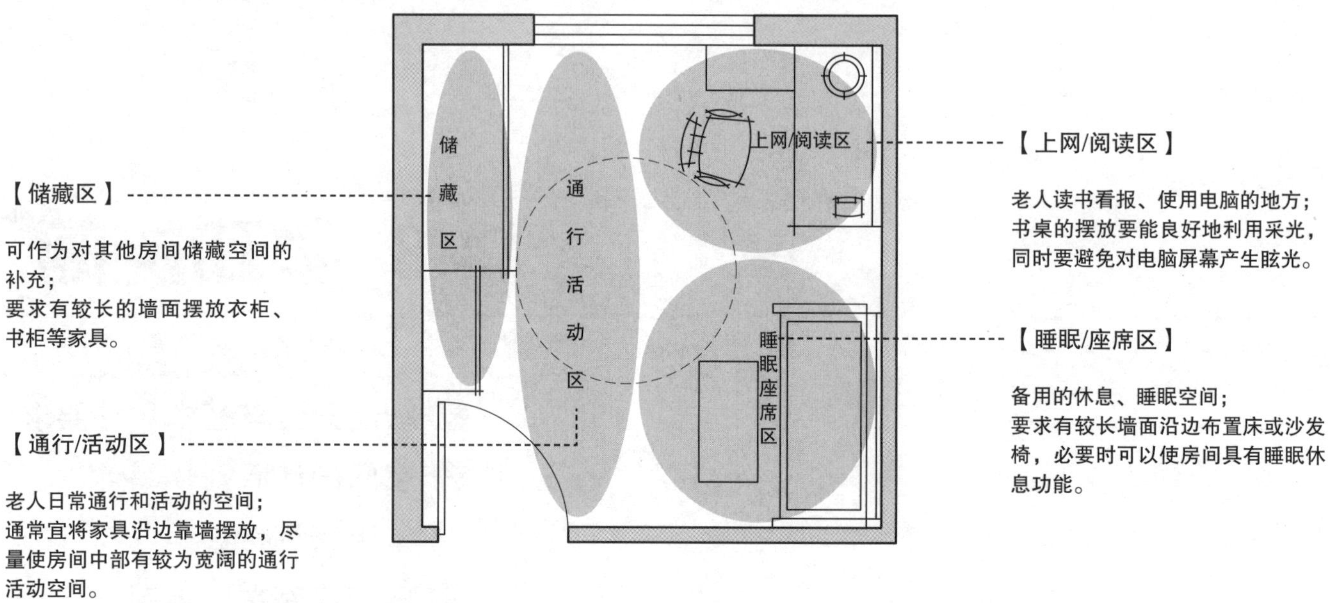
储藏区
通行活动区
上网/阅读区
睡眠座席区
【储藏区】
可作为对其他房间储藏空间的补充；
要求有较长的墙面摆放衣柜、书柜等家具。
【通行/活动区】
老人日常通行和活动的空间；
通常宜将家具沿边靠墙摆放，尽量使房间中部有较为宽阔的通行活动空间。
【上网/阅读区】
老人读书看报、使用电脑的地方；
书桌的摆放要能良好地利用采光，同时要避免对电脑屏幕产生眩光。
【睡眠/座席区】
备用的休息、睡眠空间；
要求有较长墙面沿边布置床或沙发椅，必要时可以使房间具有睡眠休息功能。

图4.8.1 老年住宅多功能间的功能分区和基本要点

[2] 平面基本尺寸要求

留出不小于900mm的通行、活动空间

留出一侧墙垛大于1000mm，以便摆放单人床

Ø1500　1500　300　900　1000　2000　净宽3500　轴线3650　净宽2200　轴线2400

a.一般老人适用的多功能间基本尺寸要求

房间里要留有直径1500mm的轮椅转圈空间

1200　Ø1500　600　300　1500　500　1900　净宽3400　轴线3600　净宽2600　轴线2800

b.轮椅老人适用的多功能间基本尺寸要求

图4.8.2 老年住宅多功能间的平面基本尺寸要求（尺寸单位：mm）

2. 空间设计原则

老年住宅中除了卧室外，能再有一间备用房间是很有必要的。这个房间作为多功能间，可以在不过多增加住宅总面积的前提下，满足多种使用要求，提升住宅的适应性。

在老年人身体状况较好的阶段，多功能间可作为书房、兴趣室、棋牌室、健身房、休闲室等，也可以作为客卧，供子女、亲友临时住宿。当老年人身体出现失能状况，逐渐需要他人照料时，多功能间可作为护理人员的卧室或老人的康复训练室。因此，多功能间往往要能按照不同需求改换家具类型及布局。

根据这样的特点，多功能间的设计宜遵循以下原则：

[1] 实现功能的可变性

● 多功能间的适宜尺寸

在中小套型户型设计中，因受套型总面积、总开间的限制，多功能间的开间一般不会过大。但至少要保证有一面墙的长度可以放下一张单人床或沙发床。因此，考虑家具的摆放因素，多功能间的开间最好不小于 2100mm，面积大约为 5 ~ 10m^2。如果房间过小，也会因难以合理使用而导致空间的浪费。

● 采用灵活的隔断形式

多功能间与其他房间的分隔宜采用灵活、可变的轻质隔墙，通过隔断的不同处理实现功能的转换，增强空间的适应性。例如根据老人的需要，可将多功能间隔成小卧室供子女来探望时居住，或作为保姆间（图 4.8.3）；也可以采用较为开放的隔断形式，将其作为书房或娱乐室；还可将隔断拆除，使多功能间与起居室、主卧室等相邻空间连通为一个大空间（图 4.8.4）。

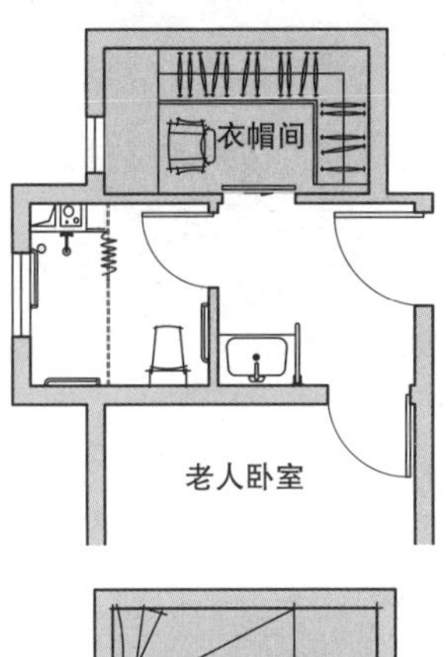
衣帽间
老人卧室

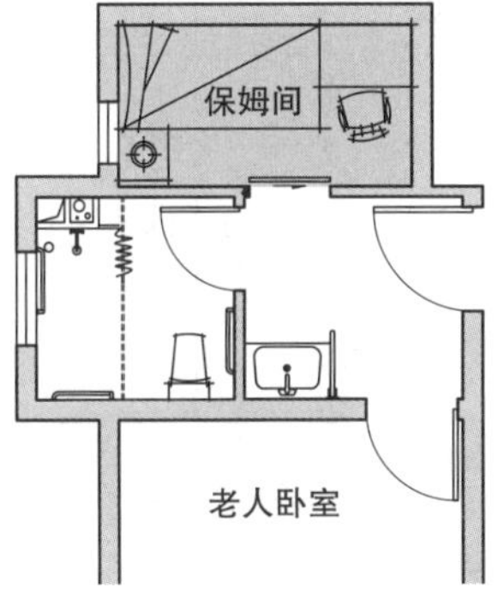
保姆间
老人卧室

图4.8.3 老人卧室内的多功能间既可作为衣帽间，又可在必要时改为保姆间

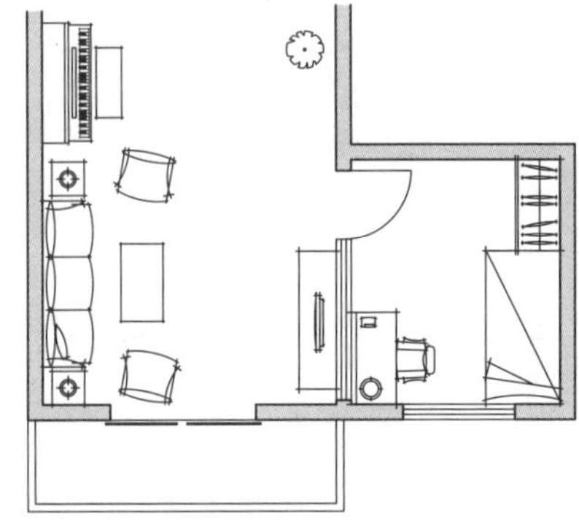

a.多功能间与起居室隔开，作为独立的卧室或书房使用

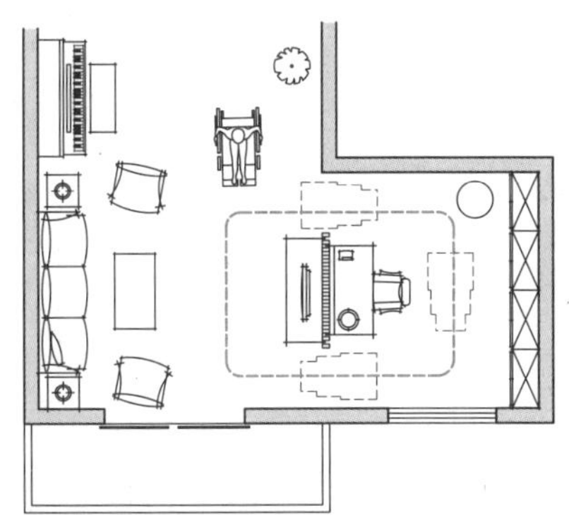

b.多功能间与起居室连通后，形成回游动线，仍可作为开敞式书房使用

图4.8.4 根据使用需要，调整多功能间与起居室的空间关系

● 为其他空间借光

在进深较大的套型中，可以将多功能间的墙作成玻璃式通透隔断，使光线能够射入套型深处不易获得采光的部分，既达到了借光的目的又利于老人相互了解、照应（图 4.8.5）。

图4.8.5　利用多功能间为走廊借光

[2] 提高空间的利用率

● 尽量留出完整墙面

多功能间设计时要尽量争取保留完整墙面，注意门窗的开设位置，以便满足家具的不同摆放要求，提高空间的利用率（图 4.8.6）。

● 预留多处插座接口

多功能间宜多设置一些插座和弱电接口，以满足日后改变房间功能时，家具及设备变换位置的需要。不能因为多功能间的面积小，就减少接口的数量，造成实际使用时的不便。

插座接口的位置应考虑多种家具摆放时的情况。

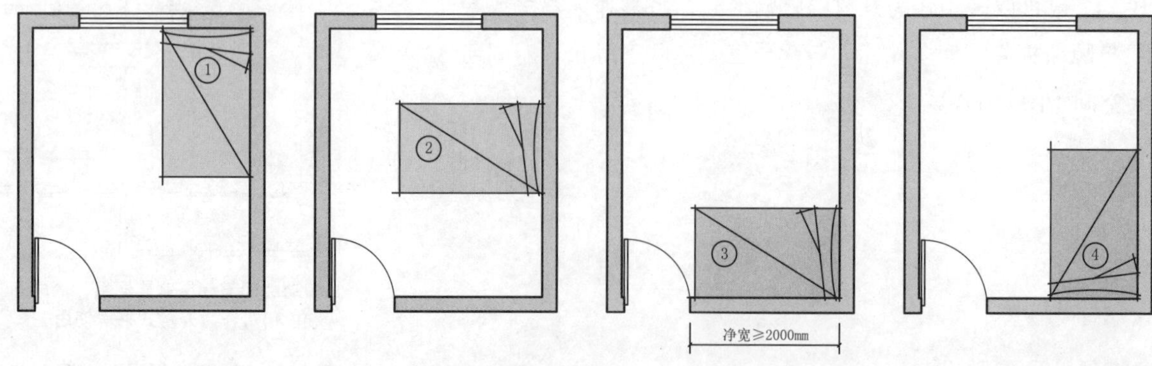

净宽≥2000mm

图4.8.6　留出完整墙面，能够实现床的四种摆放方式

3. 常用家具布置要点

[1] 床、沙发床

多功能间的空间有限，在布置床时，宜尽量靠墙沿边摆放，为室内留出足够的通行空间。在空间有限的情况下，还可以选择沙发床的形式（图 4.8.7）。平时就作为沙发使用，节省出活动空间；有亲友、子孙前来探望需要留宿时，可将沙发变床，满足睡眠功能。

[2] 书桌

书桌宜靠近外窗布置，以获得良好的采光条件，便于老人阅读、书写；需注意电脑屏幕的摆放位置，防止产生眩光。书桌的摆放还应注意与窗的开启扇的关系，避免起坐时与内开窗扇冲突（图 4.8.8）。

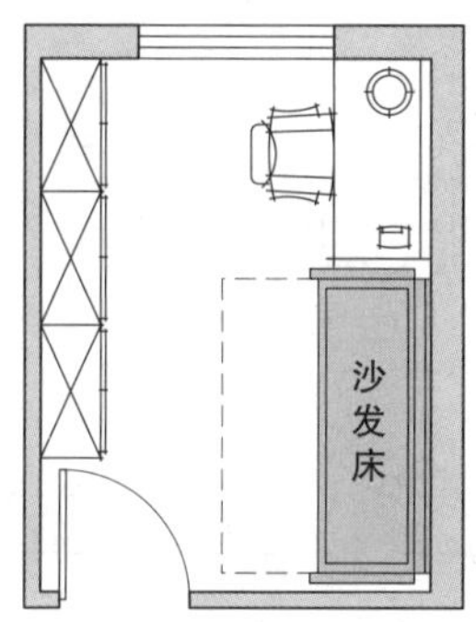
沙发床

图4.8.7　书房内设置沙发床，节省出空间，有人留宿时也可变床

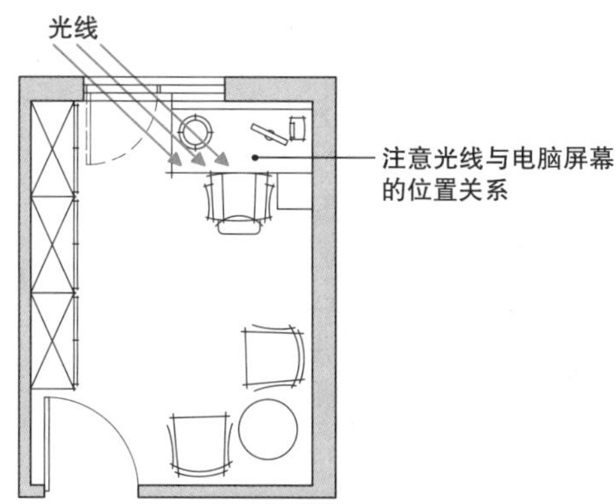
光线
注意光线与电脑屏幕的位置关系

图4.8.8　书桌的摆放位置应留出开启窗扇的位置，并注意防止光线对电脑屏幕造成眩光

4. 典型平面布局示例

书
柜
3350
2700
a.多功能间作为书房
3350
2700
b.多功能间作为卧室
3350
2700
c.多功能间作为棋牌室
3350
2700
d.多功能间作为娱乐室
3350
2700
e.多功能间作为健身房
3350
2700
f.多功能间作为画室
3000
2100
g.多功能间作为保姆间
3600
2400
h.多功能间作为家务间
3600
沙发床
2800
i.多功能间作为客房

图4.8.9 老年住宅多功能间示例图（尺寸单位：mm）

5. 设计要点总结

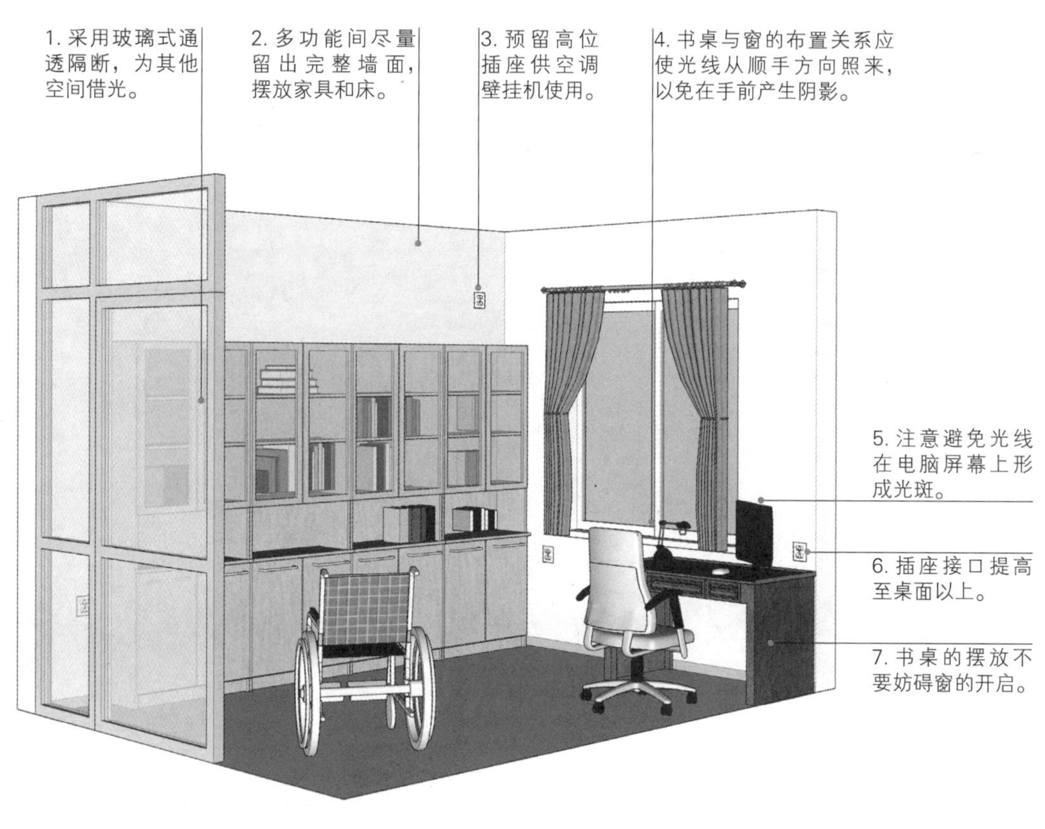
1. 采用玻璃式通透隔断，为其他空间借光。
2. 多功能间尽量留出完整墙面，摆放家具和床。
3. 预留高位插座供空调壁挂机使用。
4. 书桌与窗的布置关系应使光线从顺手方向照来，以免在手前产生阴影。
5. 注意避免光线在电脑屏幕上形成光斑。
6. 插座接口提高至桌面以上。
7. 书桌的摆放不要妨碍窗的开启。

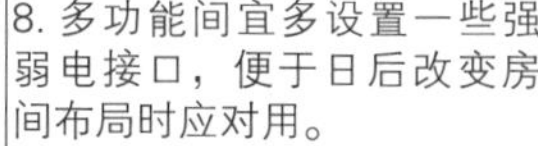
8. 多功能间宜多设置一些强弱电接口，便于日后改变房间布局时应对用。

9. 多功能间空间有限，在布置床时，宜尽量靠墙摆放，或选择沙发床的形式，为室内留出足够的活动空间。

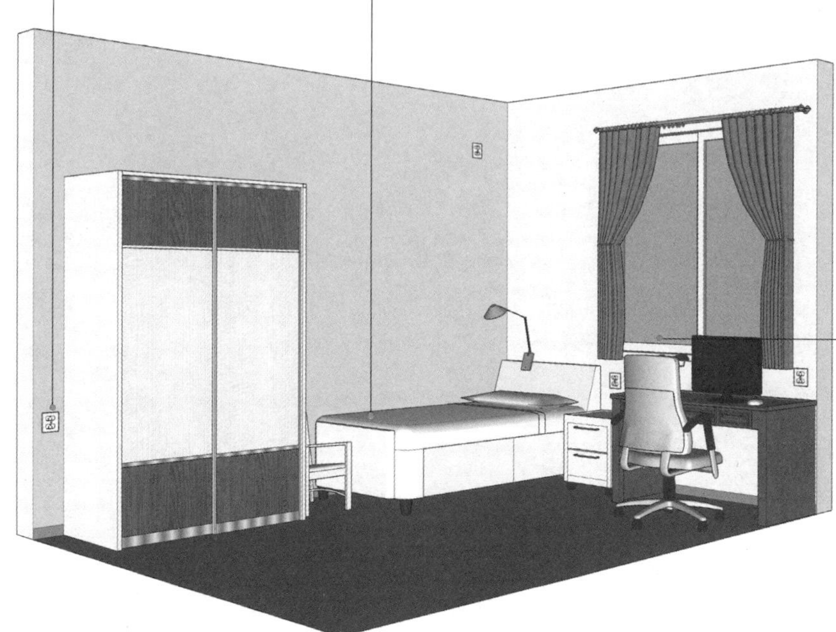
10. 注意考虑老人开关窗扇的方便性。

图4.8.10　老年住宅多功能间的设计要点总结

4.9 走道、过厅

1. 功能分区与基本尺寸要求
2. 空间设计原则
3. 常用家具布置要点
4. 典型平面布局示例
5. 设计要点总结

1. 功能分区与基本尺寸要求

[1] 功能分区和基本要点

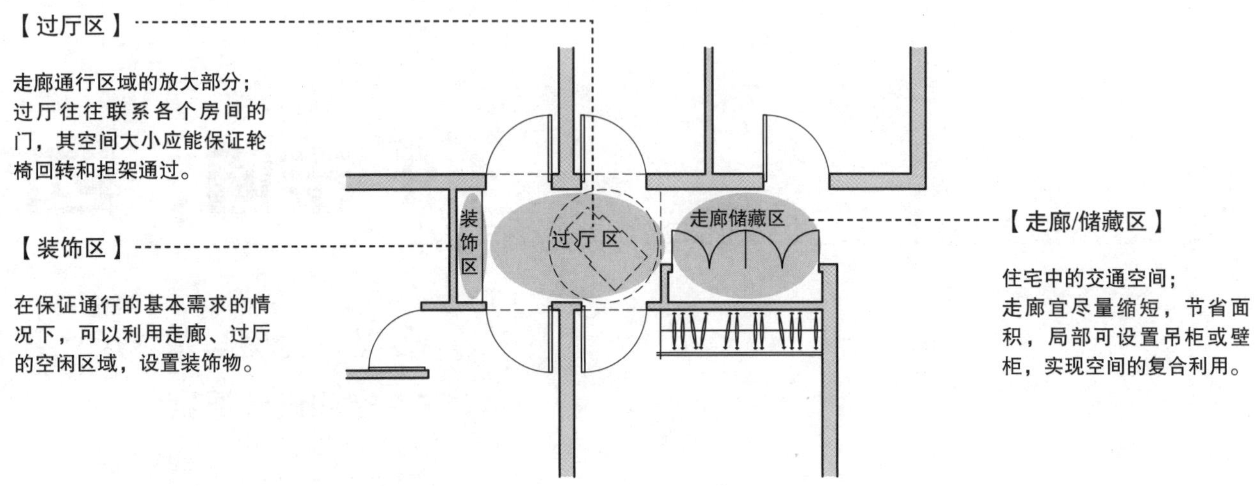

【过厅区】
走廊通行区域的放大部分；过厅往往联系各个房间的门，其空间大小应能保证轮椅回转和担架通过。
【装饰区】
在保证通行的基本需求的情况下，可以利用走廊、过厅的空闲区域，设置装饰物。
装饰区
过厅区
走廊储藏区
【走廊/储藏区】
住宅中的交通空间；走廊宜尽量缩短，节省面积，局部可设置吊柜或壁柜，实现空间的复合利用。

图4.9.1 老年住宅走廊、过厅的功能分区和基本要点

[2] 平面基本尺寸要求

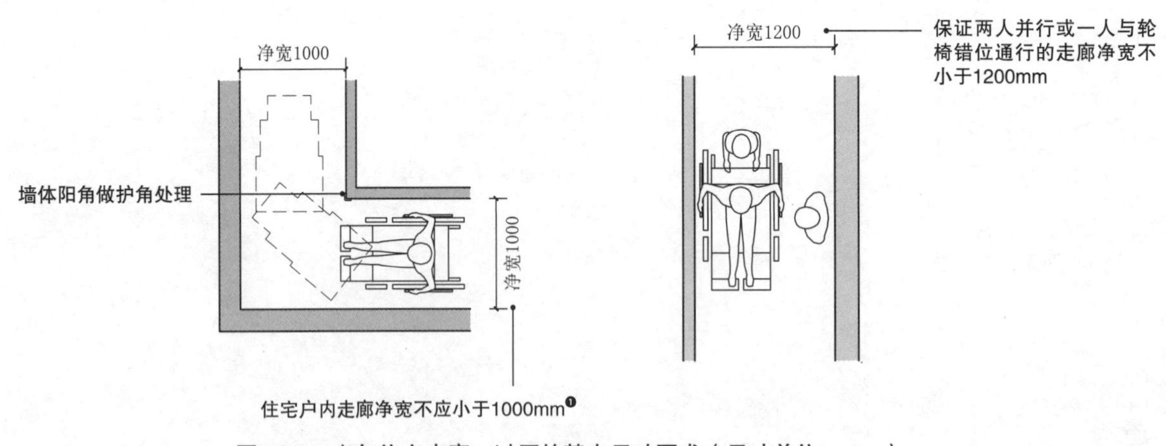

净宽1000
墙体阳角做护角处理
净宽1000
住宅户内走廊净宽不应小于1000mm❶
净宽1200
保证两人并行或一人与轮椅错位通行的走廊净宽不小于1200mm

图4.9.2 老年住宅走廊、过厅的基本尺寸要求（尺寸单位：mm）

❶ 参见《老年人居住建筑设计规范》GB 50340-2016 第6.6.1条。

2. 空间设计原则

走廊、过厅作为连接各个功能房间的过渡空间十分重要且不可或缺。在老年住宅中，走廊、过厅也是无障碍通行设计的重点。走廊的功能不只是单一的通行功能，可以通过合理地设计，使走廊空间的利用率更高、使用更便利。

老年住宅的走廊、过厅设计应满足以下几项原则：

[1] 节约走廊面积

在老年住宅设计中，走廊不宜狭窄和曲折，否则易造成轮椅和担架通行不便。通常户内走廊的净宽宜为 1000 ~ 1200mm。但为了方便轮椅回转和节约面积，可将走廊做一些宽度变化。例如在房门集中处将走廊局部扩大，方便轮椅转圈选择方向而不必将走廊宽度整体加大（图 4.9.3）。

应尽可能缩短走廊的长度，这样不仅可以获得更好的空间效果，还可以避免浪费面积。过长的走廊也不利于获得均匀的采光，容易形成采光死角。

[2] 保障通行安全

老年住宅中的走廊不应设台阶及高差，地面宜选用平整、无过大凹凸的材质。如果走廊、过厅的地面与其他房间门的交接处有材质变化，应注意平滑衔接，避免产生高差。

走廊、过厅的主要功能是通行，应为老人设置连续的扶手或兼具撑扶作用的家具，高度在 850 ~ 900mm。对暂不需要使用扶手的老人，应在走廊两侧墙壁预留设置扶手的空间，预埋扶手固定件。

走廊要保证良好的亮度环境，尽量利用门和透光隔断墙，使走廊获得间接采光。

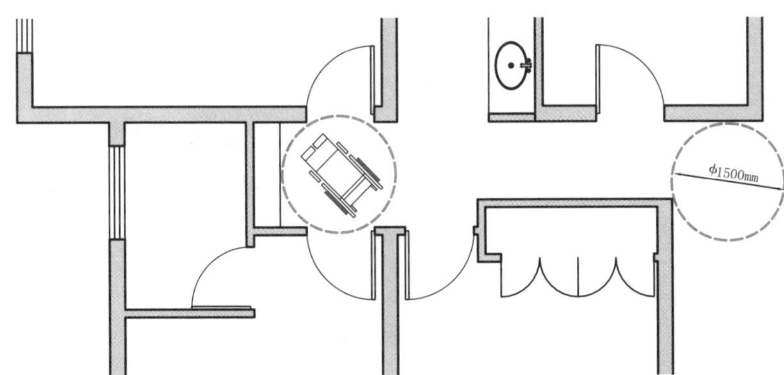
φ1500mm

图4.9.3 利用房间门的开设位置，在走廊端部形成轮椅转圈的空间

[3] 灵活利用走廊两侧空间

有条件时，可设置较为宽裕的走廊，当老人身体健康可自立行走时，可在走廊两侧墙面安排易于拆除或可移动的储物壁柜、家具，使走廊的一部分成为储藏功能（图 4.9.4）；当老人需要坐轮椅时，可拆除壁柜或移走家具，便于轮椅通过。

[4] 保证走廊可改造性

走廊两侧的墙面不宜都为承重墙，最好有一面为隔墙，易于改造。在必要时，也可将走廊空间开敞化，纳入其他房间，扩大使用面积，实现空间的复合利用（图 4.9.5）。

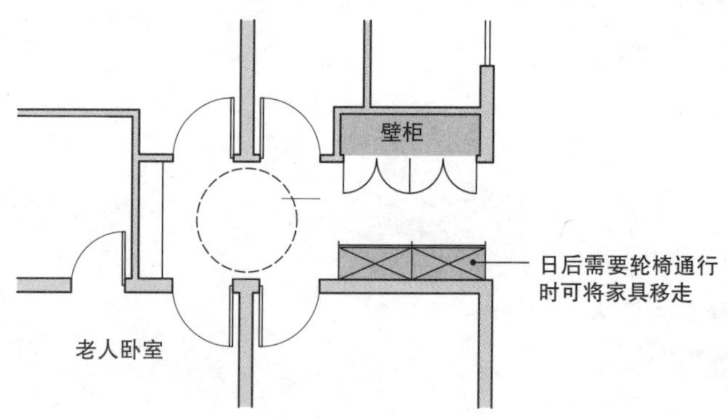
壁柜
日后需要轮椅通行
时可将家具移走
老人卧室

图4.9.4　设置开向走廊的壁柜和储物家具提高走廊利用率

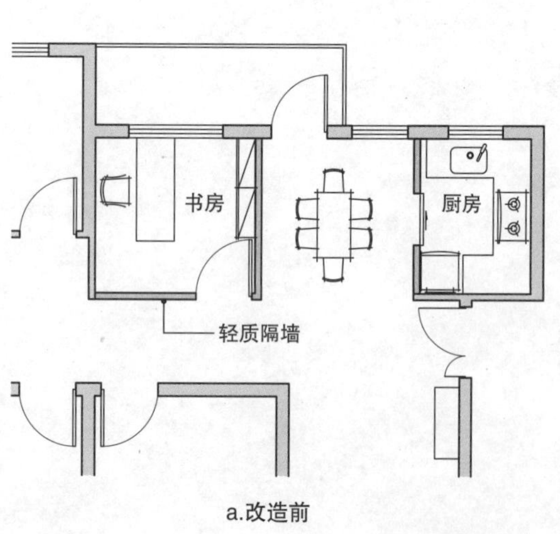
书房
厨房
轻质隔墙

a.改造前

将书房打开，走廊空间纳入餐厅，增加西厨使餐厅扩大开敞，留出宽裕的轮椅活动空间

餐厅
西厨
厨房
Ø1500mm

b.改造后

图4.9.5　将走廊一面设为隔墙，以便需要时进行改造

3. 常用家具布置要点

[1] 储藏柜、壁柜

设在走廊中的储藏柜可考虑在 850 ~ 900mm 高度处设置台面供老人撑扶，起到替代扶手的作用。柜深度视具体空间尺寸而定，通常不宜过大，以 300 ~ 400mm 为宜，去除柜深后过道的宽度应保证正常通行所需。柜门的宽度应考虑开启时不影响取放物品的操作和通行。

壁柜、储藏柜的柜体及拉手均不能有尖锐的凸出物，以免老人在行走中不慎磕碰或刮挂。

[2] 扶手

较长的走廊中应设置扶手，尤其是老人夜间去卫生间需经过的走廊，应在必要处设置扶手，或预埋扶手固定件，以便在需要时安装（图 4.9.6）。

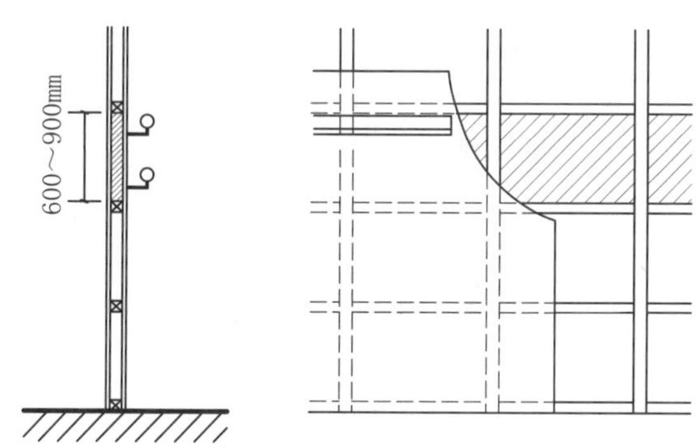
600~900mm

a.墙壁内龙骨间安装加强板材，以便安装扶手

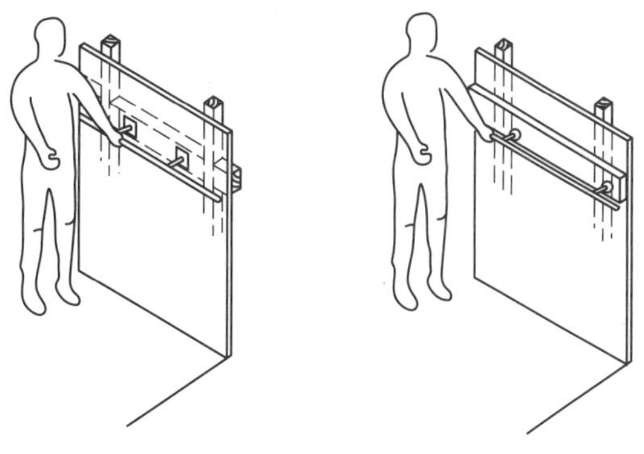

b.墙壁内预埋扶手固定架

图4.9.6　在走廊墙面内预埋固定件，便于日后加设扶手

4. 典型平面布局示例

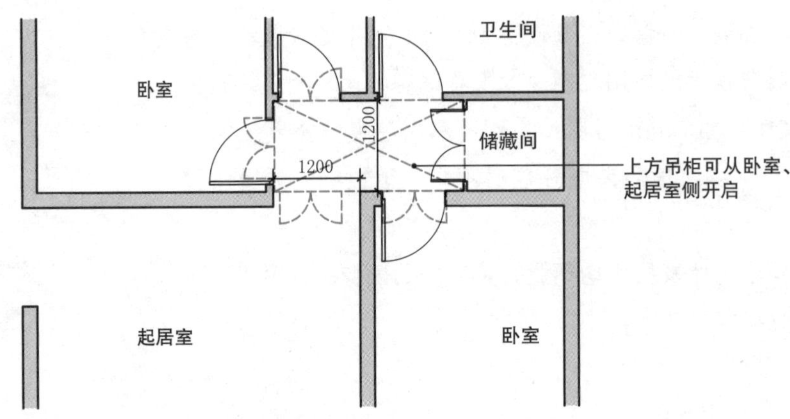

卫生间
卧室
1200
储藏间
1200
上方吊柜可从卧室、
起居室侧开启
起居室
卧室

图4.9.7　带有储藏间和吊柜的走廊示例图（尺寸单位：mm）

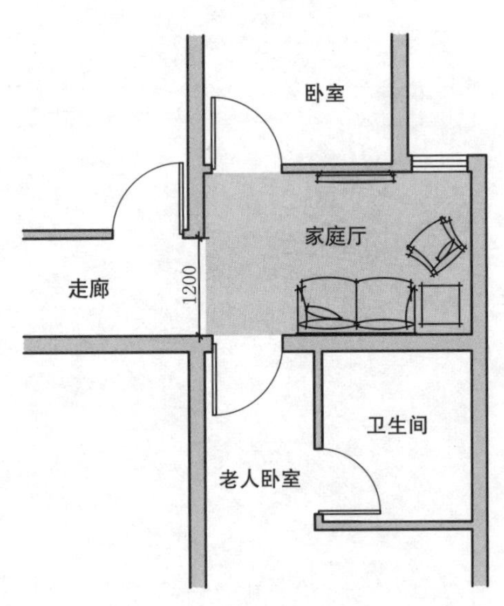

卧室
家庭厅
走廊
1200
卫生间
老人卧室

a.走廊端部放大作为家庭厅

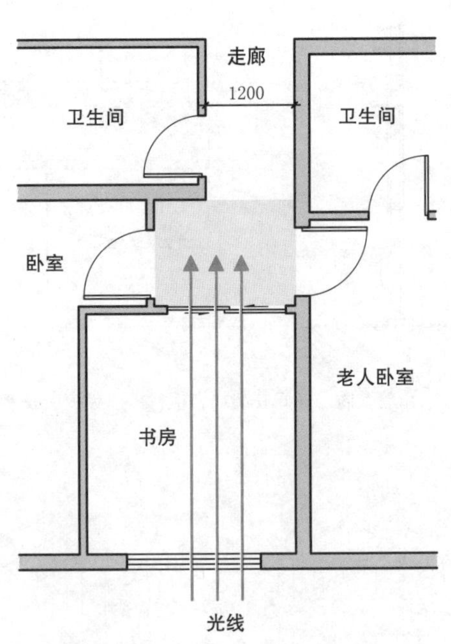

走廊
1200
卫生间
卫生间
卧室
老人卧室
书房
光线

b.走廊端部书房采用玻璃门使走廊空间明亮

图4.9.8　走廊端部开敞化、明亮化示例图（尺寸单位：mm）

5. 设计要点总结

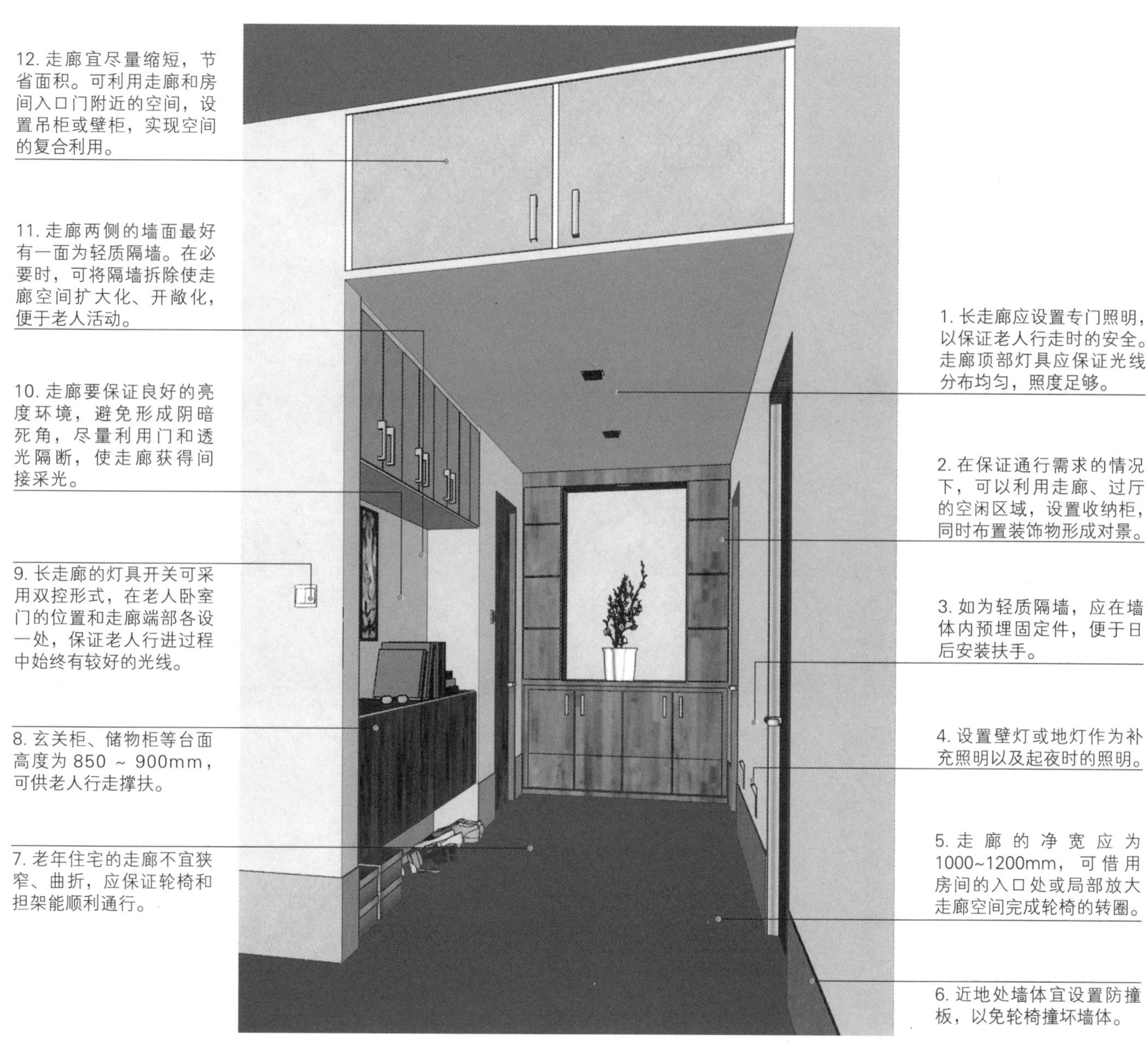

12. 走廊宜尽量缩短，节省面积。可利用走廊和房间入口门附近的空间，设置吊柜或壁柜，实现空间的复合利用。
11. 走廊两侧的墙面最好有一面为轻质隔墙。在必要时，可将隔墙拆除使走廊空间扩大化、开敞化，便于老人活动。
10. 走廊要保证良好的亮度环境，避免形成阴暗死角，尽量利用门和透光隔断，使走廊获得间接采光。
9. 长走廊的灯具开关可采用双控形式，在老人卧室门的位置和走廊端部各设一处，保证老人行进过程中始终有较好的光线。
8. 玄关柜、储物柜等台面高度为850 ~ 900mm，可供老人行走撑扶。
7. 老年住宅的走廊不宜狭窄、曲折，应保证轮椅和担架能顺利通行。
1. 长走廊应设置专门照明，以保证老人行走时的安全。走廊顶部灯具应保证光线分布均匀，照度足够。
2. 在保证通行需求的情况下，可以利用走廊、过厅的空闲区域，设置收纳柜，同时布置装饰物形成对景。
3. 如为轻质隔墙，应在墙体内预埋固定件，便于日后安装扶手。
4. 设置壁灯或地灯作为补充照明以及起夜时的照明。
5. 走廊的净宽应为1000~1200mm，可借用房间的入口处或局部放大走廊空间完成轮椅的转圈。
6. 近地处墙体宜设置防撞板，以免轮椅撞坏墙体。

图4.9.9　老年住宅走廊、过厅的设计要点总结

第5章 老年住宅套型组合设计

本书第 4 章探讨了老年住宅套内各空间的功能与使用要求，对尺度与空间形态、家具与设备布局等进行了深入细致的解析。但老年住宅套型设计是一项系统性的工作，不仅要求套内各空间设计符合老年人的身体特征和生活需求，亦应重视其各空间之间的组合关系，从套型整体上进行优化、平衡，提高老年住宅的居住品质。

本章从安全性、实用性、健康性和灵活性的基本原则出发，重点探讨老年住宅套型方位、朝向、配置等总体布局因素，以及套内各空间的位置关系和组合关系，以更好地满足老年人的生活需要。

5.1 安全性设计

安全性是老年住宅设计的基本保障，老年人居住安全感的下降来自于心理老化与生理老化两方面的共同影响。因此，套型设计的安全性原则不仅要针对老年人生理状况，减少环境障碍，避免不安全因素的出现；而且要针对老年人心理状况，合理组织空间关系，方便护理照料，改善老年人的孤独感与危机感。老年套型设计应着重考虑从以下几个方面满足安全性的原则：

[1] 规划布局通达便利

在居住区规划中，老年住宅楼栋或单元应布置在对外交通、购物、休闲等活动均快捷、便利的位置（图 5.1.1）。一方面可方便老年人外出活动；另一方面，在发生紧急情况时，也便于救护车到达和医护人员及时对老人实施救助。

老年住宅宜采用多层住宅建筑形式或布置在高层住宅建筑的低层部分，以便老年人在紧急情况下能够较为迅速地安全疏散。

[2] 空间形式减少高差

(1) 实现无障碍入户

老年住宅建筑的公共交通部分，如单元出入口、门厅、楼电梯、公共走廊等空间的尺寸、形式、坡度和地面处理均应满足无障碍设计要求，方便老人和轮椅使用者的要求。

老人日托中心
小区出入口
幼儿园
小区出入口
老少户可设置在住宅楼栋的边角单元，其形式一般为：
①同一户型中设置的老人居室
②同一楼层中相邻或相近的两套住宅；
③同一单元内上下层相邻的两套住宅。
老人专用户型设置在住宅楼栋首层，便于进行无障碍设计，可提供底层花园。
老人日托中心可为社区内的老人提供日间照料等服务。
老年公寓可租赁也可出售；老年公寓底层为综合服务设施。包括医疗、娱乐、康复等项目，方便老人就近医疗，可以为几个社区共用一个。

图5.1.1　老年住宅楼栋和套型的布置位置

(2) 选择平层套型

针对老年人肢体力量衰退、行动能力下降的生理特点，老年住宅宜选用平层套型，以减少老年人上下楼层的体力消耗，亦可避免其在上述活动中出现摔倒和受伤等危险。对于别墅类住宅、复式住宅或错层式住宅，宜将老人卧室、起居室、餐厅、厨房和卫生间等主要生活空间布置在同一层，减少老人上下楼的频率。

(3) 消除地面高差

住宅户内不同空间因为结构作法的差异或地面铺装材料的不同，会在地面交接处出现高差。同时，由于清洁和防水等原因，卫生间入口、厨房入口和阳台入口等部位一般也会形成一定高差（图 5.1.2）。在以前一些老式住宅中，多采用蹲便器，为了便于铺设管道，需将卫生间地面抬高十厘米以上。地面存在高差不仅影响户内通行的顺畅，亦存在很大的安全隐患。较小的高差不易被老年人察觉，容易出现磕绊、摔伤等意外事故；高差超过 15mm 时，则会对行动不便和使用轮椅的老年人形成通行障碍。

因此，应尽量消除户内各空间交接处的高差。例如：不同铺装材料施工时可通过调整厚度进行找平，避免高差的产生；卫生间、厨房和阳台等处的过门石或地面压条，可通过对其进行抹圆角或八字脚等方法处理好过渡关系。此外，针对户内高差有变化的部位，还应通过明显的色彩变化等方式提示老年人注意。

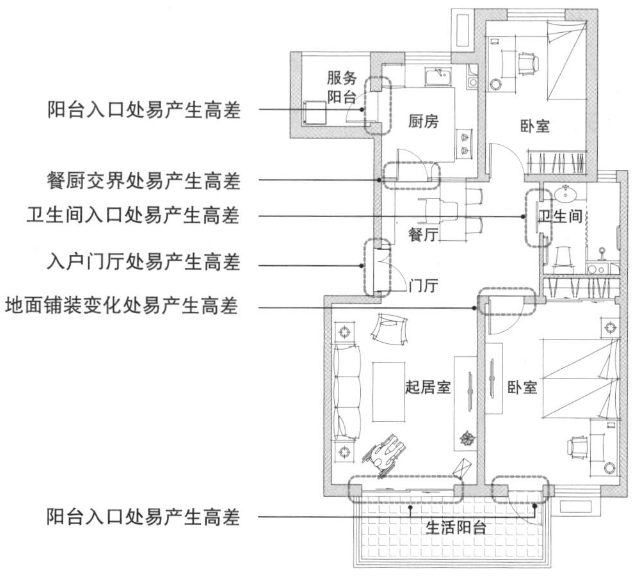
阳台入口处易产生高差
餐厨交界处易产生高差
卫生间入口处易产生高差
入户门厅处易产生高差
地面铺装变化处易产生高差
阳台入口处易产生高差
服务阳台
厨房
卧室
卫生间
餐厅
门厅
起居室
卧室
生活阳台

图5.1.2　住宅户内地面易产生高差的位置

[3] 交通空间保持顺畅

老年人视力衰退，对障碍物的识别能力与反应速度均有所下降。因此，住宅内外的交通空间应尽量保持顺畅，避免过于曲折复杂的交通路线给老年人通行带来障碍。同时户内走道两侧的家具和墙体上要避免出现形体锐利的突出物和挂件，以免老年人被其钩到或挂到，造成身体伤害。此外，还应注意地面上低矮物品如脚凳、箱子等的位置，避免摆放在交通路线上绊倒老人。

[4] 重点空间动线回游

“回游动线”是指住宅内各空间之间形成可以回环往复的动线。在老年住宅套型设计中，通过对各室之间的开口数量和位置进行巧妙调整,可形成丰富的“回游动线”。“回游动线”不仅有助于丰富室内空间，还为老年人提供了户内空间联系的多路线选择，同时对改善户内通风采光，增进视线、声音联系具有重要意义。

● 缩短交通距离

“回游动线”可方便老年人自由选择到达各空间的路线，有利于缩短老年人在各室之间的行走距离，降低老年人发生意外的概率。对于使用轮椅的老人，可以利用“回游动线”作为转向空间，方便地通行。

● 便于紧急救助

当老年人在住宅某个空间内发生意外，并且挡住空间入口时，救助人员可以通过“回游动线”上的另一个入口进入该空间进行救援。

● 加强视线联系

通过墙上的洞口可以使身处不同房间的家庭成员之间实现视线的联系，了解对方的行为和需求。例如，护理人员在厨房、起居室活动室，也可以照看到卧室的老人。

● 促进声音通达

由于“回游动线”的开口，使得相邻房间的声音可以被相互听到，若老人在房间中有特殊声响，家人可以及时发现并给予帮助。

● 利于通风采光

墙面增加的开口有利于多方向射入光线，使室内接收到的光照总量增加，更为有效地利用了自然采光。同时，也使室内自然通风更加顺畅，有利于空气的清洁更新，祛味除湿。

老年住宅户内的“回游动线”一般应该设置在重点空间之间，如：起居室和卧室之间，起居室、卧室和阳台之间，起居室、卧室、书房和阳台之间、卧室与卫生间之间和户内交通空间等（图 5.1.3）。

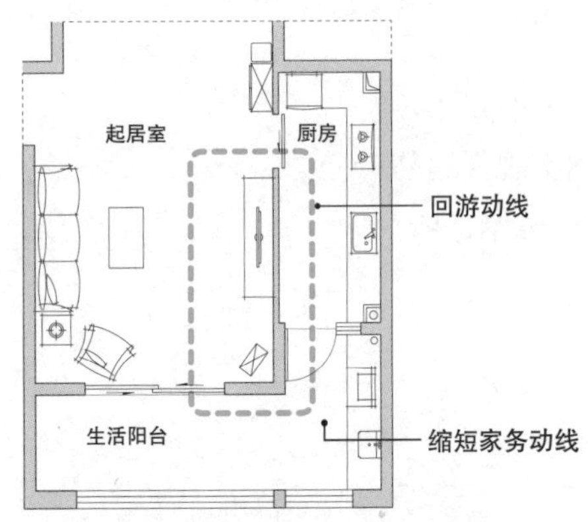
起居室
厨房
回游动线
生活阳台
缩短家务动线

a.起居室、厨房与阳台之间

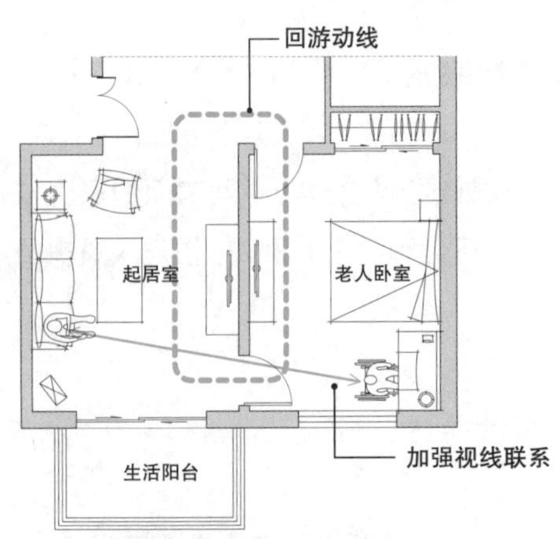
回游动线
起居室
老人卧室
生活阳台
加强视线联系

b.老人卧室与起居室之间

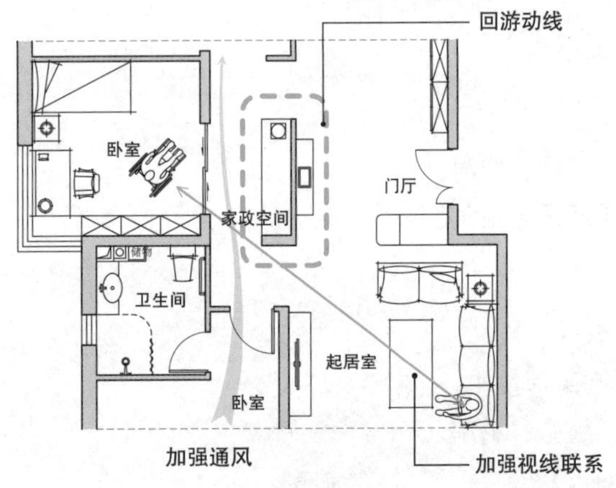
回游动线
卧室
门厅
家政空间
卫生间
起居室
卧室
加强通风
加强视线联系

c.走廊空间

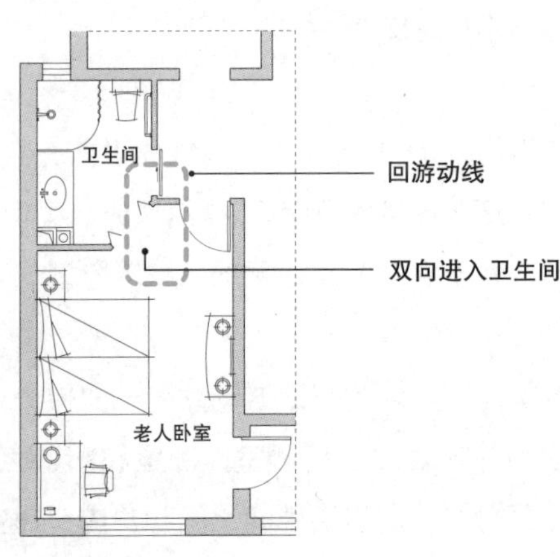
卫生间
回游动线
双向进入卫生间
老人卧室

d.老人卧室与卫生间之间

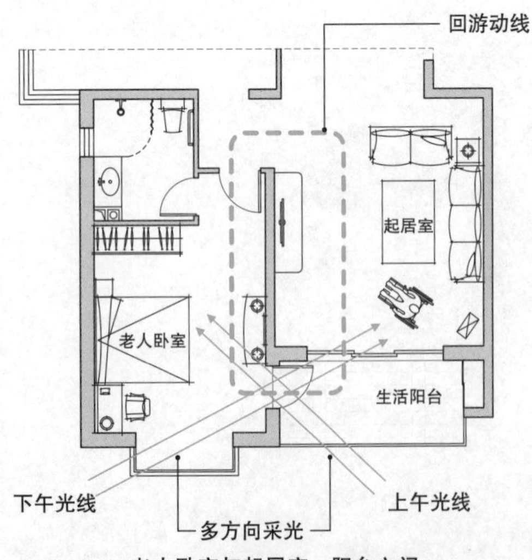
回游动线
起居室
老人卧室
生活阳台
下午光线
上午光线
多方向采光

e.老人卧室与起居室、阳台之间

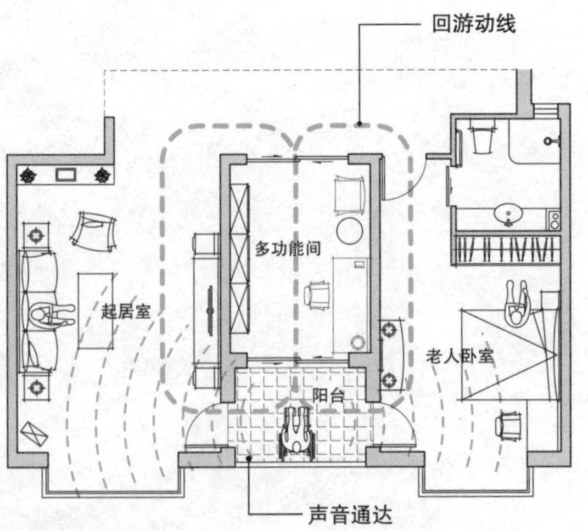
回游动线
多功能间
起居室
老人卧室
阳台
声音通达

f.阳台与相邻其他空间之间

图5.1.3 老年住宅中设置“回游动线”的常见位置及作用

[5] 视线、声音加强联系

造成老年人心理安全感低的一个重要原因在于担心突然发病或摔倒时无法自救，或者呼救时因为别人听不到、看不见而无法得到及时救助。因此，在老年住宅设计中除了在重点空间（如卧室和卫生间）安装呼叫器之外，亦可通过针对性的户内空间设计增强视线和声音的联系，使老年人的状况与呼救能够顺畅地传达给别人。

为了方便老年人与家人或护理人员之间的相互照应，老年住宅户内主要生活区如起居室、餐厅等空间宜采用开敞式设计，使视线和声音能够直接通达。

对于不能完全开敞的空间，如厨房和阳台等可以通过设置门洞、窗洞和镜子等手段，加强各空间视线和声音上的沟通，方便家人和护理人员在做其他事情的同时照看老人（图 5.1.4，图 5.1.5）。

对于私密性要求较高、不宜视线贯通的空间，如：卧室和卫生间等，可在门上局部安装半透明玻璃或透光不透影隔断，方便其他空间的人了解老人情况，及时接收到老年人的求助信号。

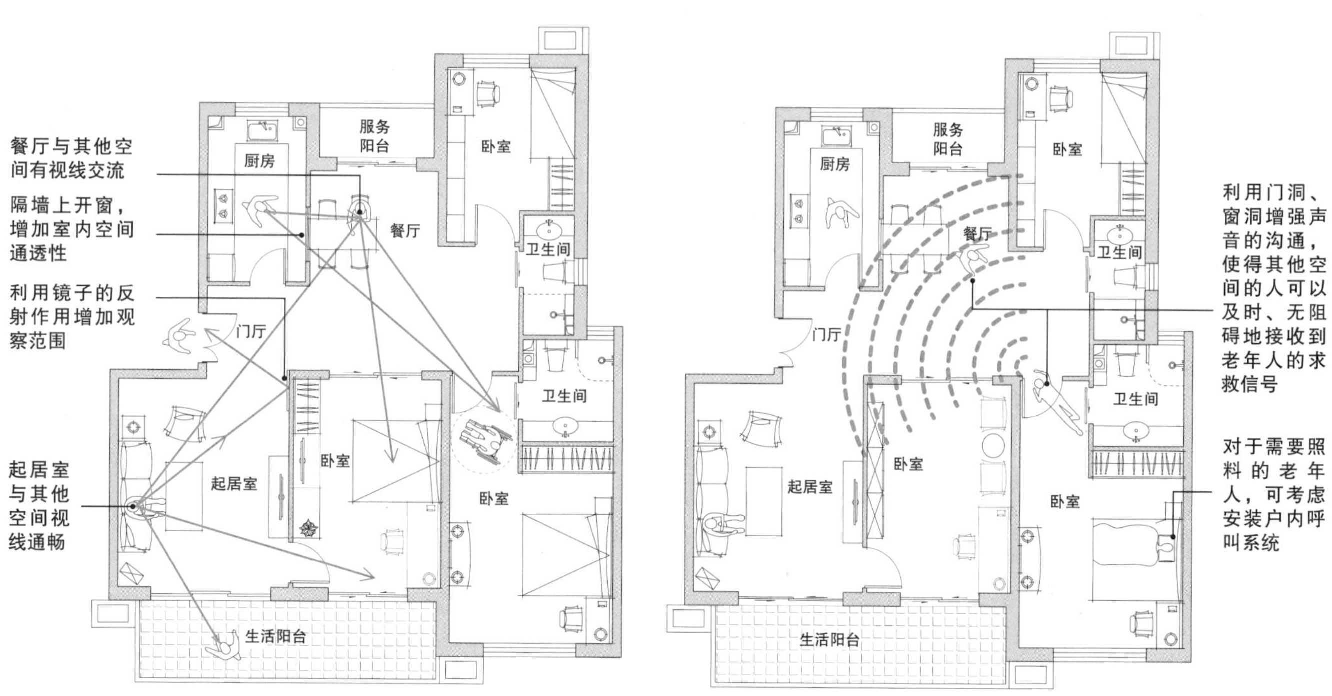
餐厅与其他空间有视线交流
隔墙上开窗，增加室内空间通透性
利用镜子的反射作用增加观察范围
起居室与其他空间视线通畅
服务阳台
厨房
卧室
餐厅
卫生间
门厅
起居室
卧室
卫生间
卧室
生活阳台
服务阳台
厨房
卧室
餐厅
卫生间
门厅
卫生间
起居室
卧室
卧室
生活阳台
利用门洞、窗洞增强声音的沟通，使得其他空间的人可以及时、无阻碍地接收到老年人的求救信号
对于需要照料的老年人，可考虑安装户内呼叫系统

图5.1.4 老年住宅中利用房间洞口及镜子的反射加强视线联系，便于老人与家人或护理人员之间的相互联系

图5.1.5 利用房间洞口保持声音的穿透，以便在老人发生意外而呼救时，可以得到及时救助

5.2 实用性设计

老年住宅设计不必盲目追求大而奢华，而应着重体现实用和方便的特点。老年人每日居家生活时间较长，日常生活规律性较强，伴随着其生理机能的衰退，日常起居和家务劳动的负担日益凸显。因此，住宅套型应针对老人生活方式的特殊性进行实用性设计，即通过合理安排空间布局，提高有限面积的使用效率，优化日常行为动线。老年套型实用性原则的涵盖面很广泛，应着重考虑从以下几个方面进行设计：

[1] 合理配置空间尺度

结合对中国国情和对老年人居住意愿的调查研究，使用面积在 40 ~ 70m^2 左右的中等规模套型比较符合老人的居住需要，受到老年家庭的普遍欢迎。针对上述规模的住宅，如何在方便老年人使用的前提下，做到充分利用空间，提高使用效率显得非常关键。

(1) 按需分配各室面积

通过本书第 4 章对老年住宅各室空间的分析研究，得到以下一些结论：与普通住宅相比，老年住宅各室空间的面宽和面积均具有一定的特殊性，重点空间呈现出“四大一小”的特点，即：卧室大、厨房大、卫生间大、交通空间大、起居室相对较小。

具体来说，老年人由于分床睡的情况较为多见，卧室空间进深需要增加；而厨房和卫生间等功能空间的相对放大可以增加活动空间，使护理人员和轮椅方便进入；交通空间应适当放宽或对关键的交通节点局部放大，便于轮椅转圈和担架转弯；起居室不必过大，以保证老人看电视有合理的视距即可，餐厅、起居室也可以连通以节约空间。

因此，老年住宅的厨卫空间可比普通住宅增加 1 ~ 2m^2，卧室进深、面积也应适当加大。但不一定要增大套型整体面积，而可将起居空间节约出的面积匀给厨卫、卧室、走廊，使套型各空间的面积分配更为合理。

(2) 提高空间使用效率

单纯地扩大各室空间尺寸有可能带来住宅使用面积不够经济的弊端。为了有效地提高老年住宅空间的使用效率，设计中可通过一些巧妙的空间重叠处理，如借用公共交通空间，延展各室实用空间范围等技巧来满足老人使用的需要。例如：当卫生间内空间不足时，可通过安装折叠门或门帘，利用外部走廊进行轮椅回转（图 5.2.1）；当住宅走廊较宽裕时，可在两侧摆放储物家具，使通行空间与储藏空间可以复合利用。

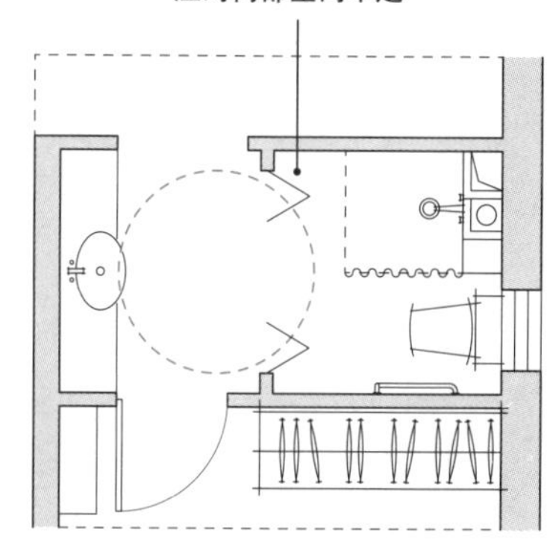
卫生间安装折叠门或门帘，
利用外部走廊进行轮椅回转
应对内部空间不足

图5.2.1　卫生间与走廊空间的复合利用

(3) 整体协调功能、面积

老年住宅套型的适宜面积规模是由必要的功能空间及其所需面积推算而来的，面积过大或者过小都会影响到老年人居住的舒适性。套型过大不仅带来过长的户内交通路线，也增加了家务劳动的负担；套型过小则难以满足老年人生活，特别是轮椅老人在户内通行与活动的需求。下表中提供了中等规模老年住宅套型中各功能空间的参考面积（表 5.2.1）。

老年住宅的功能配置与适宜面积　　表5.2.1

房间名称	参考面积（室内使用面积）	备注
①门厅	2～4m²	
②起居室、餐厅合用	15～25m²	
③独立起居室	12～20m²	
④独立餐厅	6～9m²	
⑤老人卧室		
单床卧室	9～12m²	
双床卧室	12～18m²	
⑥厨房		
一般厨房	4～6m²	
轮椅可进入厨房	4.5～6.5m²	
⑦卫生间		
四件套卫生间	6～7m²	包含坐便器、洗手盆、淋浴设施及浴缸
三件套卫生间	4～5m²	包含坐便器、洗手盆及淋浴设施
半卫生间	2.5～3m²	包含坐便器及洗手盆
⑧阳台		
生活阳台	4～8m²	考虑轮椅可进入
服务阳台	2～3m²	
⑨多功能间	5～10m²	可兼做保姆间

[2] 集中组织功能流线

(1) 公共活动区居中布置

起居室和餐厅是老年人日常生活的主要区域，应居中设置，卧室、厨房和卫生间等空间则围绕其分布，这样有利于形成最短交通路线，节省老年人体力（图 5.2.2）。

(2) 老人生活区相对集中

对于老少同堂的多室住宅或别墅等大型住宅来说，老年人主要生活区域应相对集中布置，如老人卧室和老人卫生间邻近布置，老人用的厨房、餐厅、起居室等，也应集中紧凑布置。这样可方便采暖和制冷设备集中设置在这一区域，有效地减少能源消耗。

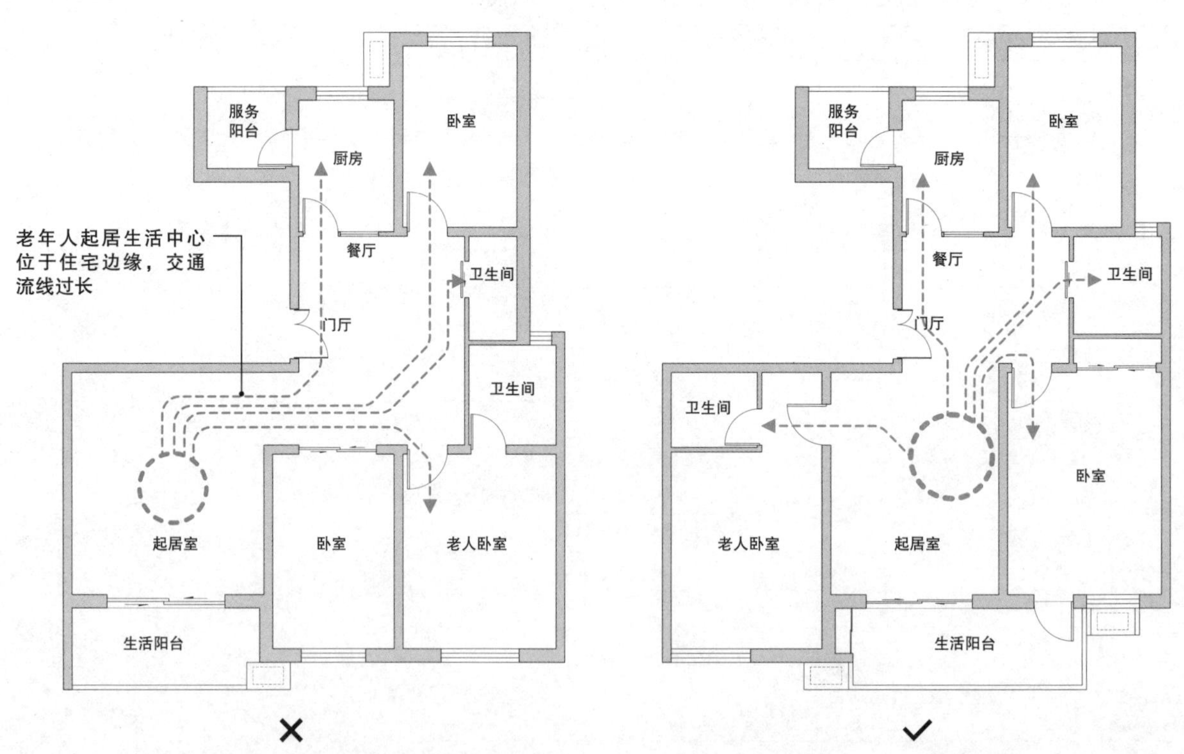

服务阳台
厨房
卧室
老年人起居生活中心位于住宅边缘，交通流线过长
餐厅
卫生间
门厅
卫生间
起居室
卧室
老人卧室
生活阳台
×
服务阳台
厨房
卧室
餐厅
卫生间
门厅
卫生间
卧室
老人卧室
起居室
生活阳台
✓

a.起居室偏离置于套型一侧，到其他空间的交通流线较长　　b.起居室、餐厅位于套型中部，使到达其他空间的交通流线较短

图5.2.2　老年住宅宜将公共活动区域居中布置，以缩短交通路线

[3] 适当安排空间组合

住宅户内各室的空间组合关系对于提高居住的舒适度具有重要的作用，各室的位置应以生活流程为依据进行布置，以提高生活效率并保障老年人的安全性。

(1) 餐厅、厨房就近组合

老年住宅中餐厅和厨房宜就近设置，既可减短老年人的行走路线，又可以减少老年人在端递热饭菜时发生意外烫伤的情况发生（图 5.2.3）。

对于轮椅老人而言，因为要用双手推轮椅，所以端递热饭菜非常困难。厨房设计中，宜采用 U 型操作台。例如在厨房内靠餐厅一侧设置一定宽度（350mm 左右）的台面，方便老年人将温度较高的食物暂时放置在此台面上。同时，将餐桌的短边倚靠餐厅与厨房间的隔墙放置，并在隔墙上开设窗洞。厨房台面、餐桌宜和隔墙上所开窗的窗台同高，使老年人可以将在厨房内做完的饭菜直接从此窗口推到餐桌上，免除其在两个空间端送食物的穿梭之苦。

此外，老年住宅还可以考虑采用开敞式厨房或将餐桌布置在厨房内，缩短就餐时端送餐具的动线。

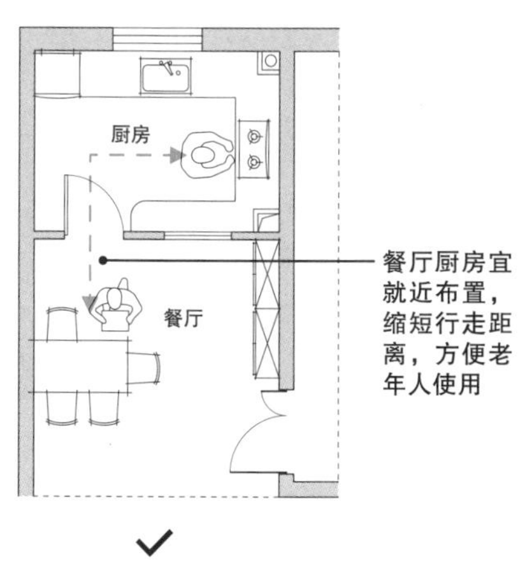
厨房
餐厅
餐厅厨房宜就近布置，缩短行走距离，方便老年人使用
✓

a.餐厅与厨房相邻，交通动线短

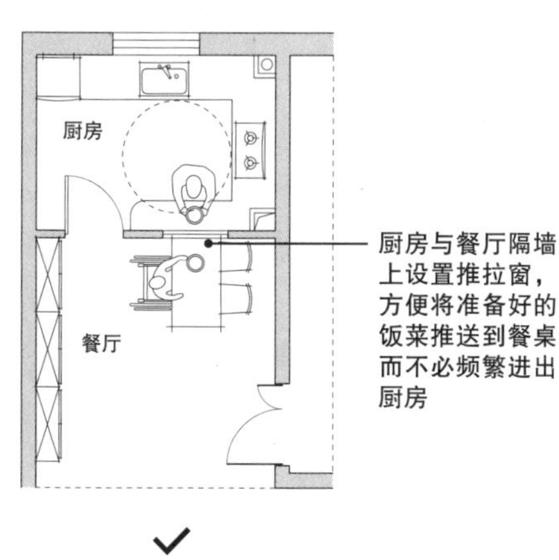
厨房
餐厅
厨房与餐厅隔墙上设置推拉窗，方便将准备好的饭菜推送到餐桌而不必频繁进出厨房
✓

b.餐厅与厨房相连，护理人员可将饭菜通过窗洞口推送到老人餐桌

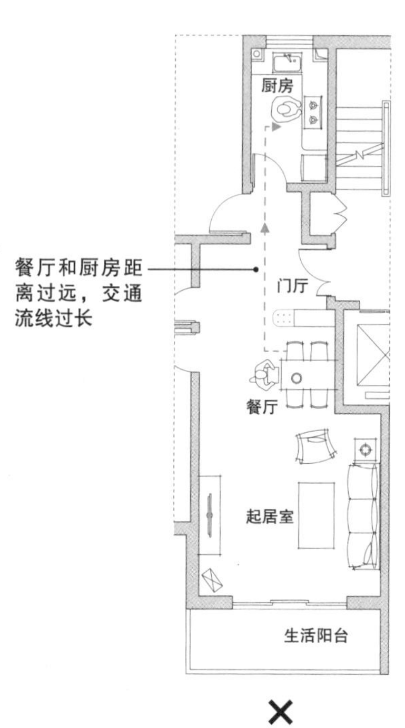
厨房
餐厅和厨房距离过远，交通流线过长
门厅
餐厅
起居室
生活阳台
✕

c.餐厅与厨房距离过远，交通动线长

图5.2.3　老年住宅的餐厅与厨房宜就近设置

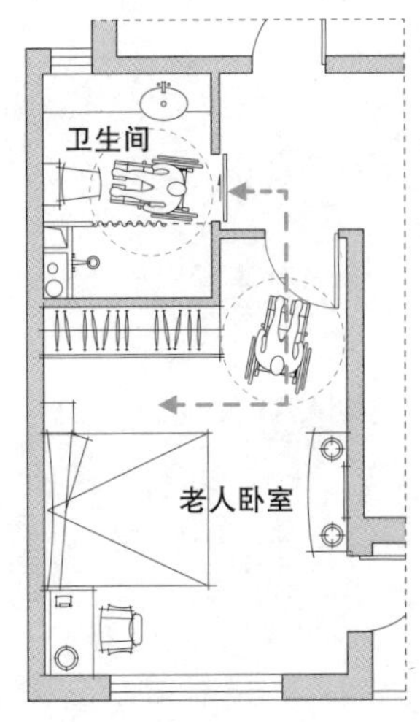
卫生间
老人卧室
a.老人卧室与公共卫生间邻近布置

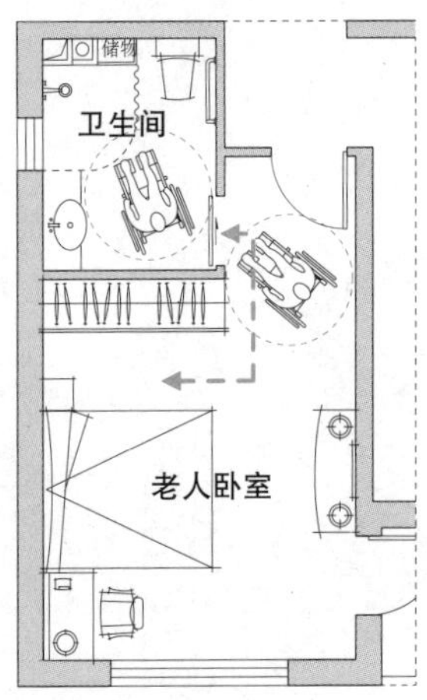
储物
卫生间
老人卧室
b.老人卧室单独配设卫生间

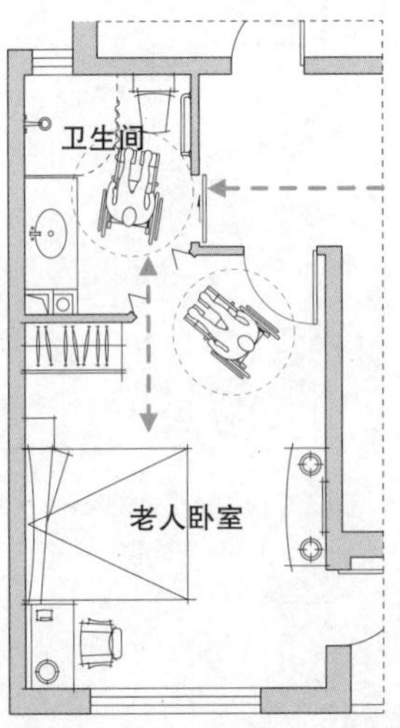
卫生间
老人卧室
c.老人卧室与其他空间共用卫生间

图5.2.4 老人卧室卫生间与卧室靠近的几种方式

(2) 卫生间、卧室靠近设置

对于小套型老年住宅而言，如果只设有一个卫生间，则宜紧邻卧室设置，方便老人就近使用（图 5.2.4a）。当套型中设有两个或两个以上卫生间时，应为老年人卧室配设独立卫生间，避免老年人晚上起夜时穿过其他空间而产生不便（图 5.2.4b）。

特殊情况下，还可考虑采用共用卫生间的形式，即：卫生间开设两个入口，一个通向老年人卧室，另一个通向户内公共空间，老人从两个入口均方便进入使用（图 5.2.4c）。

(3) 起居室、餐厅邻近连通

在老年住宅设计中，餐厅与起居室就近组合设置也可以方便老年人的使用。首先，部分老年人喜欢在就餐时看电视，餐厅就近起居室设置能使正在吃饭的人听到或是看到电视里播放的内容。其次，如果两位老年人或是老年人与家人不能在同一时间就餐，饭后在起居室活动的老年人可以和正在就餐的家人进行交谈，有利于增加交流机会，消除老年人的孤单感。另外，对于需要照料的老年人，餐厅和起居室组合设计可保证老年人无论是在就餐过程中还是在起居室休息时，均可以处在家人的视野中，便于家人及时对其给予帮助（图 5.2.5）。

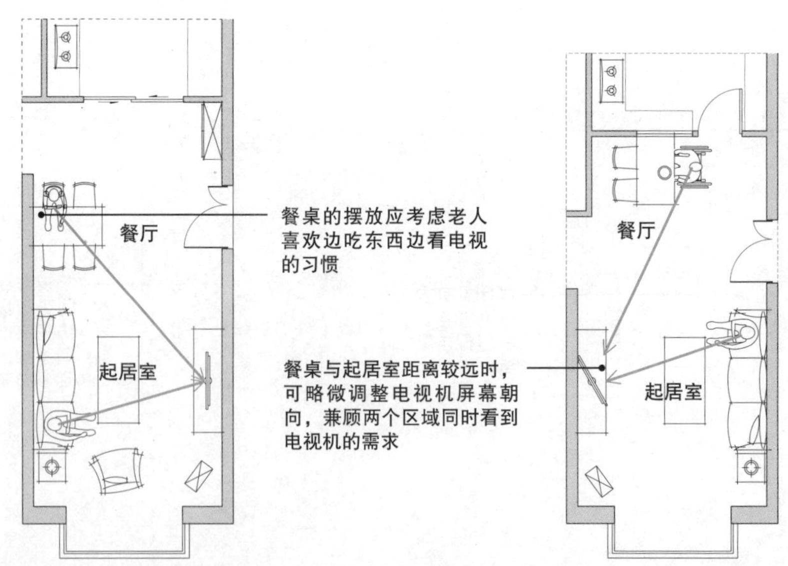
餐厅
起居室
餐桌的摆放应考虑老人喜欢边吃东西边看电视的习惯
餐桌与起居室距离较远时，可略微调整电视机屏幕朝向，兼顾两个区域同时看到电视机的需求
餐厅
起居室

图5.2.5 餐厅与起居室邻近布置可方便在两个空间共看电视，并可便于老人与家人相互了解

(4) 起居室、阳台相邻布置

老年住宅适宜采用起居室与阳台组合的形式。阳台为老年人提供观景、休闲、晒太阳及种花养草的场所，并承担着将居室空间延伸的功能，阳台与起居室的组合较之与其他空间的组合能更好地发挥阳台在住宅中的景观作用，并增强起居室的多功能性。

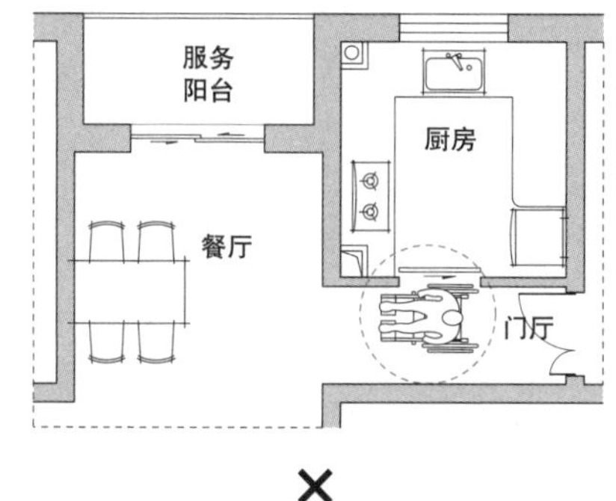

服务
阳台
厨房
餐厅
门厅
×

图5.2.6 门厅空间过窄，并与进出厨房的流线冲突，不适合老人使用

[4] 考虑轮椅通行空间

部分老年人由于生病或身体虚弱等原因导致行走困难，需要借助扶手或利用轮椅行走；同时，一旦老年人发生急病，紧急救护时担架也需要在户内通过和转弯，上述活动对于住宅户内空间的形状和尺寸要求较高，也是老年住宅套型设计的难点之一。

(1) 主要交通流线应放大尺寸

考虑到安装扶手的需要，同时为了保障轮椅在住宅中通行的顺畅性，老年住宅户内交通空间需比普通住宅宽一些，门洞的宽度也需要相应增加，以方便轮椅通行以及急救时担架的出入（图 5.2.6）。

(2) 重点部位保证轮椅回转

由于空间有限，轮椅在户内交通的难点是转向困难，为了方便轮椅转向、便于乘坐轮椅的老年人开启房门，并兼顾护理人员推行轮椅的需要，住宅中的重点空间及门的内外侧，如：入户门外的公共空间、门厅、过厅、各室门内外侧和阳台等处，均需要预留轮椅回转空间，保证乘坐轮椅的老人能方便地选择行进方向，自立开关门扇（图 5.2.7）。

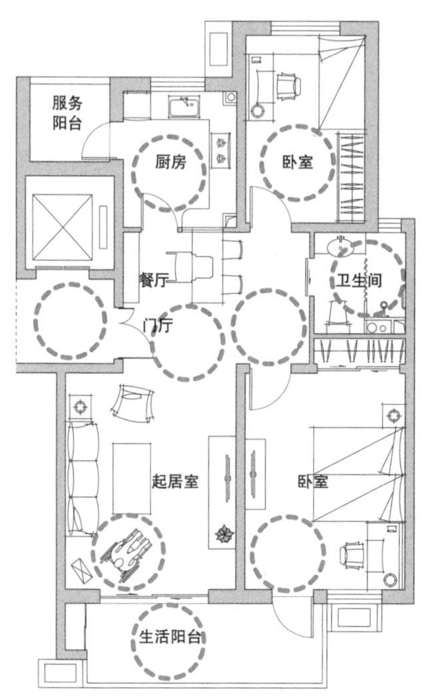

服务
阳台
厨房
卧室
餐厅
卫生间
门厅
起居室
卧室
生活阳台

图5.2.7 老年住宅户内需要保证轮椅回转的空间

(3) 过渡空间采用开敞设计

为了方便轮椅通行，老年住宅户内的过渡空间，如门厅和过厅等可以采用开敞式设计，扩展空间活动范围，避免行进和视线障碍。例如：门厅可与起居或餐厅结合使用，形成开敞式门厅，不仅可以方便老年人进出换鞋、穿脱外衣、放置助行器、轮椅或者暂放手中物品，还可以有效地整合使用面积，便于轮椅老人自行完成开关门等动作（图5.2.8）；此外，开敞式门厅还可以增加视线的通透性，方便老年人观察到住宅入口处的动静，增强其心理安全感。

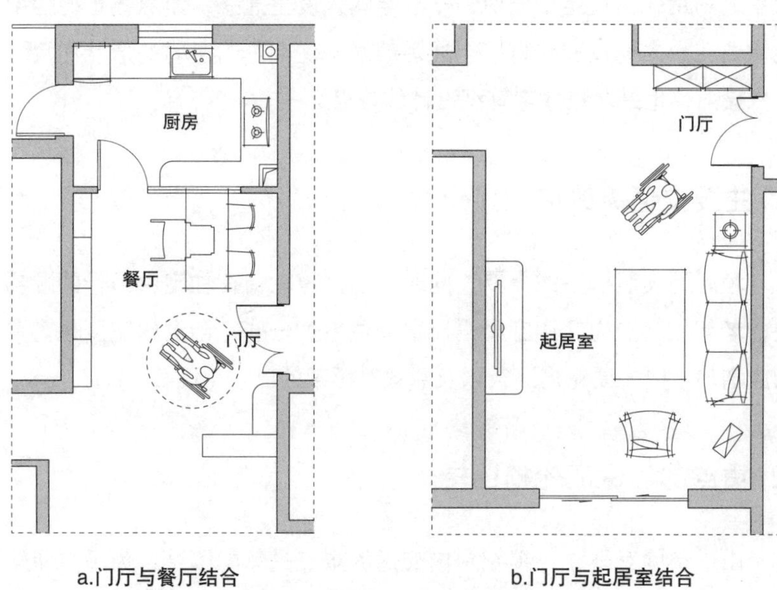
厨房
餐厅
门厅
门厅
起居室

a.门厅与餐厅结合　　b.门厅与起居室结合

图5.2.8　老年住宅门厅与其他空间结合的几种形式

5.3 健康性设计

健康性是老年住宅设计的重要目标之一，老年人生理机能衰退，特别是免疫系统退化，设计良好的居住环境有利于改善老年人身体状况，提升其心理满意度，使老年人保持身心健康。老年住宅健康性原则的重点是为老年人创造阳光充足、通风流畅、景色优美的居住环境，主要设计手法如下：

[1] 优化空间朝向

(1) 楼栋选择日照充足的地段

老年人居家生活时间长，特别是白天在家的时间长，对于阳光的要求较高。在住宅区规划中，宜将老年住宅布置在日照条件好的区位，在住宅单元内宜选择有南向开窗的位置设置老年住宅套型。

(2) 套型以南向为主

中国老年人对于住宅朝向非常重视，户内主要生活空间能否直接获得日照是住宅品质好坏的重要指标。在中国各主要城市中，南向被普遍认定为最佳朝向，其余依次为：东南向、西南向、东向、西向。

(3) 卧室、起居室争取好朝向

中国老年人居住意愿的调研结果显示：住宅各室相比，卧室是被老年人首选为应该朝阳的空间，其余依次为：起居室、次卧室（或书房）、餐厅等。总体说来，卧室和起居室是老年人在家中使用频率最高、时间最长的居住空间，也是老年住宅中面积最大的两个空间，如果卧室和起居室朝阳布置，就可以保证老年人在日常生活中尽可能多地获得日照。因此，当住宅朝阳面宽只能布置一个房间时，宜设置主卧；当住宅朝阳面宽可以布置两个房间时，宜将主卧和起居室并设；当住宅朝阳面宽可以布置三个房间时，可以增加次卧室或书房。老年住宅朝阳房间适宜配置如下表所示（表 5.3.1）。

老年住宅朝阳房间数目与房间优先顺序　　表5.3.1

朝阳房间数目	房间优先顺序
一间朝阳	老人卧室
二间朝阳	老人卧室、起居室
三间朝阳	老人卧室、起居室、次卧（或书房）
三间以上朝阳	在上述功能外还可增加餐厅或健身房等

(4) 东西向做遮阳处理

在老年住宅朝向优化的同时，防晒、遮阳处理同样不可忽视，中国大部分地区住宅西向房间会受到西晒的影响，夏季室内很热。因此，对于老年住宅西向房间和部分东向房间应该采取有效的遮阳手段，如：加遮阳板、遮阳罩或挂遮阳百叶和窗帘等，在争取健康日照的同时避免夏季室内温度过高。

[2] 保证通风顺畅

(1) 优选通风条件良好的位置

老年人对于冷热变化适应性较差，住宅内如果长时间采用空调制冷容易引发感冒等疾病。与之相比，自然通风有利于住宅室内空气流通，保持室内空气的清新、干燥，自然通风对老年人来说是比较健康的方式。因此，住宅区规划设计中应尽可能将老年住宅布置在主导风向，使室内可以获得良好的通风条件。

(2) 采用南北通透的套型

在中国大部分地区，主导风向均偏南北向，因此老年住宅宜选择南北通透的套型，以争取自然通风。从居住的舒适性角度考虑，板式住宅的通风条件优于塔式住宅。

卧室 卧室 厨房
餐厅 门厅
卫生间
卫生间
卧室 起居室
卧室
生活阳台
风 风 风

×

a.套型虽为南北通透，但门窗洞口开设方式影响了通风的顺畅

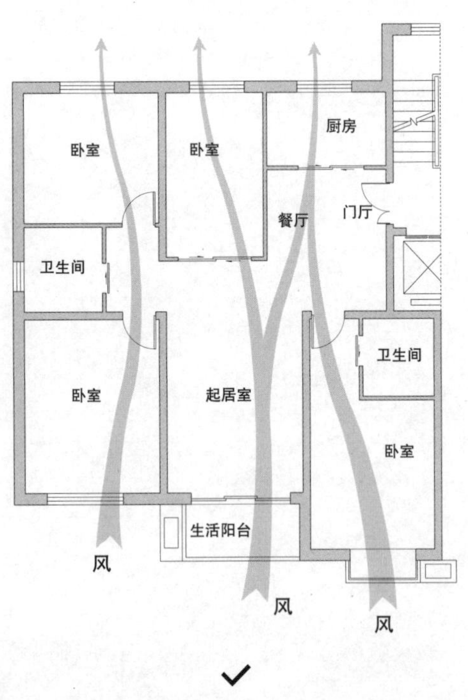
卧室
卧室
厨房
餐厅
门厅
卫生间
卫生间
卧室
起居室
卧室
生活阳台
风
风
风

✓

b.改变门窗洞口的位置，使得通风流线畅通

图5.3.2 同一套型不同门洞开启位置的通风效果对比图

(3) 改善单朝向套型的通风条件

塔式住宅中的纯南或中间套型一般通风条件较差，设计中应合理安排户门的位置，利用入户门开启通风口后与楼栋公共交通部分的门窗之间形成风路，就可以较好地解决户内的通风问题（图 5.3.1）。同时，借助公共楼梯间和电梯井的“拔风”作用也可一定程度地改善住宅户内的风环境。

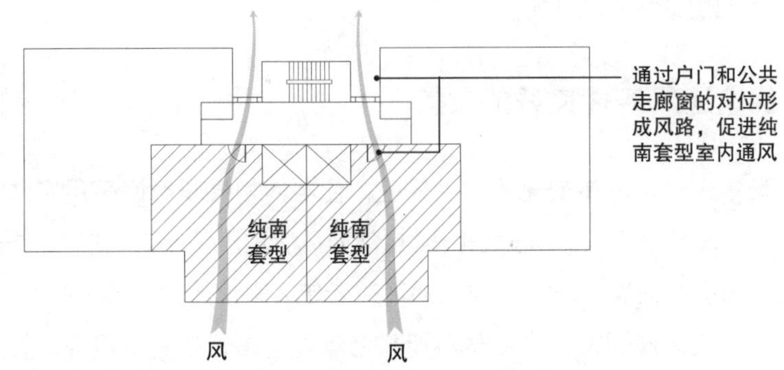
通过户门和公共走廊窗的对位形成风路，促进纯南套型室内通风
纯南套型
纯南套型
风
风

图5.3.1 纯南套型借助公共空间可形成风路，改善通风条件

(4) 使门窗洞口形成顺畅风路

老年住宅套型设计时应认真组织各室门窗的位置和大小，合理安排自然风流线，保证通风顺畅。老年人起居和卧室对通风性能要求较高，应重点关注其风环境设计。户内主要通风流线宜结合起居室、餐厅等开放空间布置，尽量保证主要生活区域通风良好（图 5.3.2）。

(5) 引入空中花园优化室内环境

在老年住宅中引入空中花园不仅可以为其提供绿化和休闲的场所，空中花园的位置如果恰当，亦可帮助改善室内通风条件，优化室内风环境（图 5.3.3）。

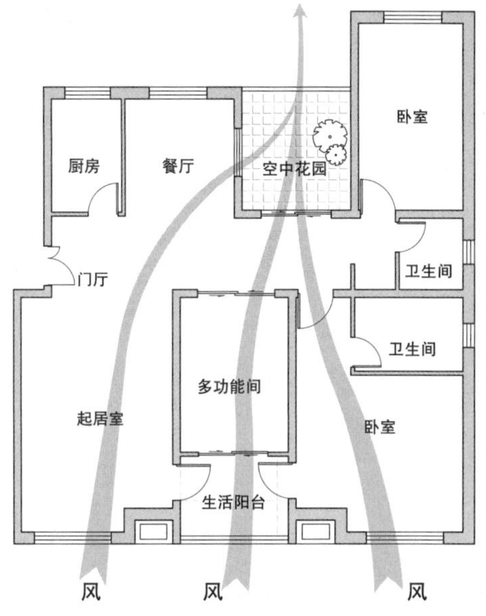

卧室
厨房
餐厅
空中花园
门厅
卫生间
卫生间
多功能间
起居室
卧室
生活阳台
风
风
风

图5.3.3 在老年住宅中引入空中花园，帮助改善室内通风条件

(6) 对角布置门窗扩大风流面积

住宅各室门窗开启扇之间的连线宜沿房间对角线布置，使风流穿过室内的面积达到最大化，气流分布达到更为均匀，避免因门窗布置过近使室内大部分空间得不到风流而产生空气不良的弊端（图 5.3.4）。

[3] 发挥景观效应

(1) 选择景观条件好的位置

住宅内外美好的自然和人文景观对于老年人保持心理健康非常重要，老年人常常将凭窗眺望室外环境和他人活动作为与外界沟通的方式之一。老年住宅宜布置在住宅区内风景优美、临近居民活动场所的位置，并面向主要绿化和活动场地开窗，方便老年人欣赏室外的美景、观望他人的活动。

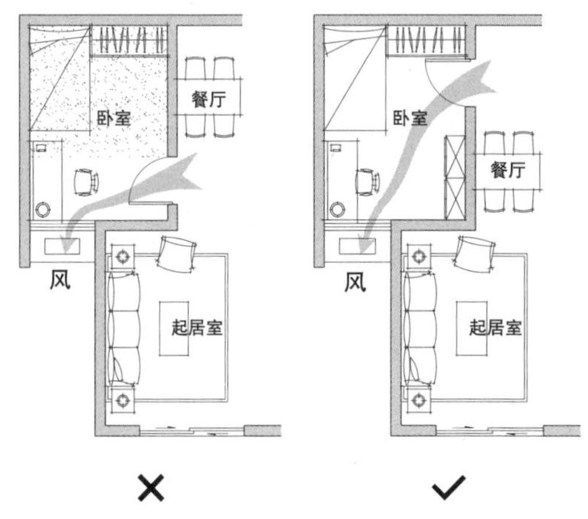

卧室
餐厅
风
起居室
×
卧室
餐厅
风
起居室
✓

图5.3.4 同一房间因门、窗开启位置不同对通风效果影响的比较

(2) 利用阳台创造户内景观

很多老年人喜欢在家中利用阳台等空间种花和养宠物，形成户内优美的绿色景观和视觉中心。因此，住宅设计中阳台和户内花园可结合老年住宅主要生活区域布置，方便老年人随时看到赏心悦目的户内景观。

5.4 灵活性设计

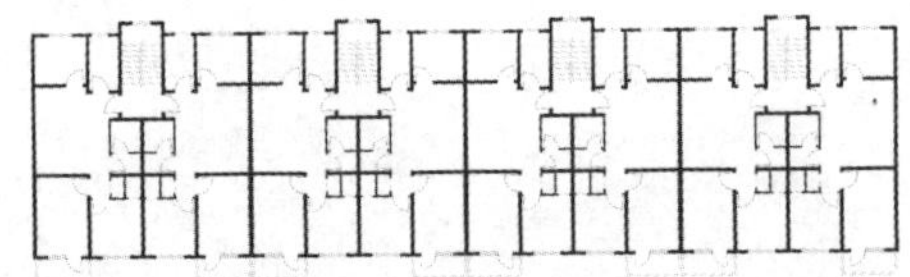

a.承重墙结构难以对房间配置进行灵活改造

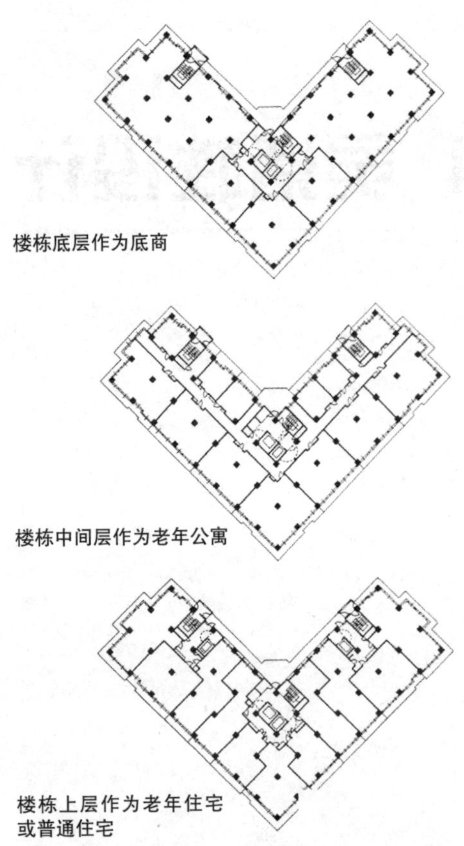
楼栋底层作为底商
楼栋中间层作为老年公寓
楼栋上层作为老年住宅
或普通住宅

b.框架结构能为楼栋平面配置调整提供较大自由度

图5.4.1　不同结构住宅的改造难易程度比较

老年人的身体状况随着年龄的增长不断变化，生理机能衰退逐渐加重，一般会经历从健康自理到半自理、再到不能自理和长期卧床等不同阶段。为了适应老年人不同阶段的身体特征，满足老年人不同阶段对于居住环境需求的变化，住宅设计应该注重灵活性的原则，即：在住宅设计时预留一定的空间灵活度，以便在日后的使用中根据老年人身心需求的变化进行改造。

[1] 采用框架结构增加自由度

条件许可时，老年住宅应采取大跨度结构或框架结构，空间采用开敞式设计，为楼栋平面配置和套型空间调整提供较大的自由度（图 5.4.1）。例如：同一楼栋不同层作不同功能使用；调整住宅套内房间数量，增加子女卧室或保姆间；改变各室范围，为无障碍通行提供条件等。注意管井位置的设置不要影响日后改造。

[2] 利用轻质隔墙便于空间调整

老年住宅部分重点空间采用轻质隔墙进行分割，可方便日后对隔墙进行拆除或移位等改造，调整空间满足老年人生活需求的变化。一般来说，通常会在住宅以下几处重点空间设置轻质隔墙：

(1) 设于卧室与卫生间之间

老年人卧室与卫生间之间宜采用轻质隔墙，以便当老年人需要使用轮椅或他人护理时，可以对隔墙进行拆改，调整卫生间的面积以及出入口的位置（图 5.4.2）。

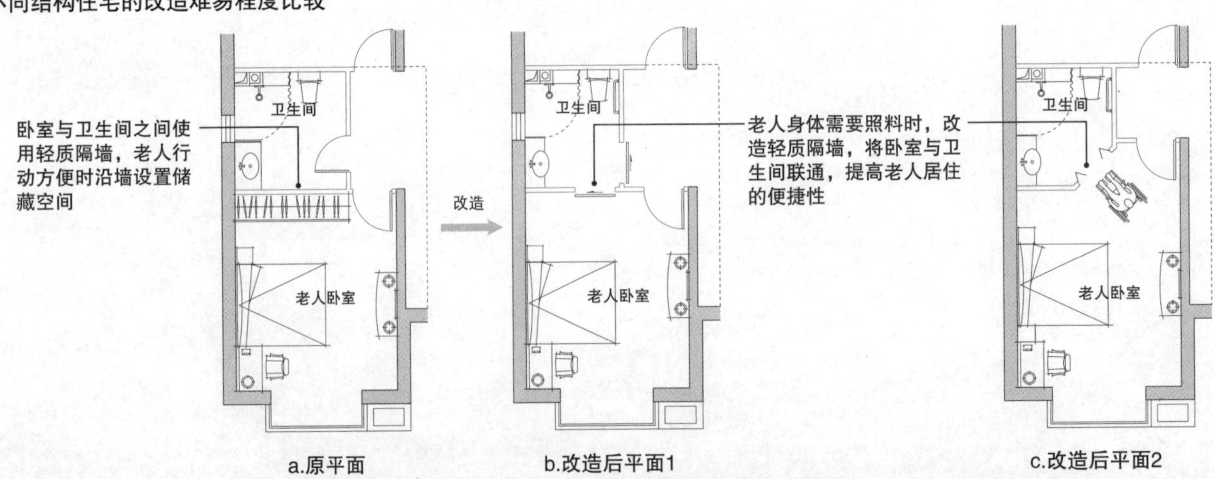
卧室与卫生间之间使
用轻质隔墙，老人行
动方便时沿墙设置储
藏空间
卫生间
老人卧室
改造
卫生间
老人卧室
老人身体需要照料时，改
造轻质隔墙，将卧室与卫
生间联通，提高老人居住
的便捷性
卫生间
老人卧室

a.原平面　　b.改造后平面1　　c.改造后平面2

图5.4.2　老人卧室与卫生间之间设置轻质隔墙，便于拆改进行空间调整

(2) 设于卧室与起居室之间

老年人卧室和起居室之间采用轻质隔墙可方便地根据需要调整二者的面积配比。当老年人可以自由行走时，卧室空间需要的面积相对比较小，起居的面宽和面积相对要大一些；当老年人行走困难或者需要使用轮椅时，卧室空间需要相对加大，这时可以通过调节隔墙的位置来进行改造。当然，卧室和起居室之间采用轻质隔墙还有利于通过增加洞口，形成“回游动线”，方便行走和视线交流（图 5.4.3）。

(3) 设于厨房与餐厅之间

老年住宅厨房和餐厅之间宜设置轻质隔墙。可根据老年人的实际需要，选择采用封闭式厨房或在隔墙上增加传递窗口；此外，还可通过调整隔墙位置，将厨房改为半开敞或开敞的形式，减少通行障碍，方便老人出入厨房，就近用餐（图 5.4.4）。

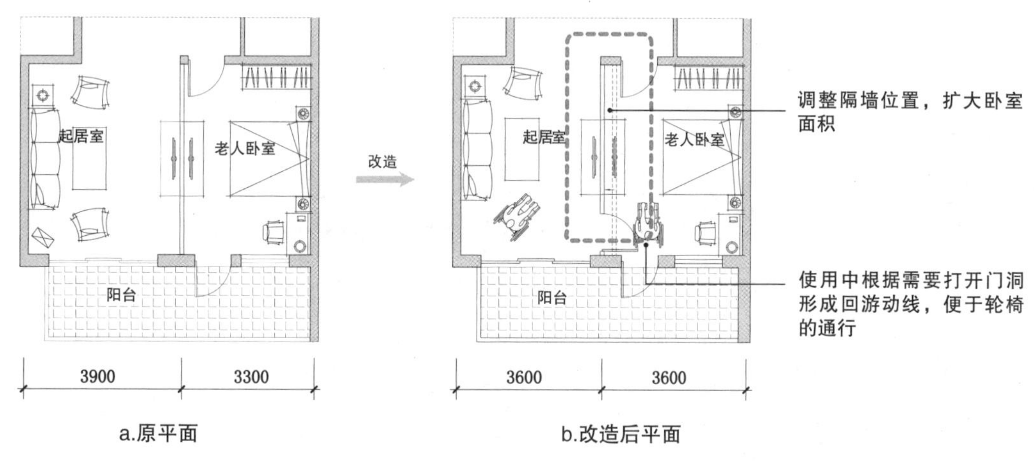
起居室
老人卧室
阳台
3900
3300
改造
起居室
老人卧室
阳台
3600
3600
调整隔墙位置，扩大卧室面积
使用中根据需要打开门洞形成回游动线，便于轮椅的通行
a.原平面
b.改造后平面

图5.4.3 老人卧室与起居室之间设置轻质隔墙，便于根据需要调整二者的面积配比

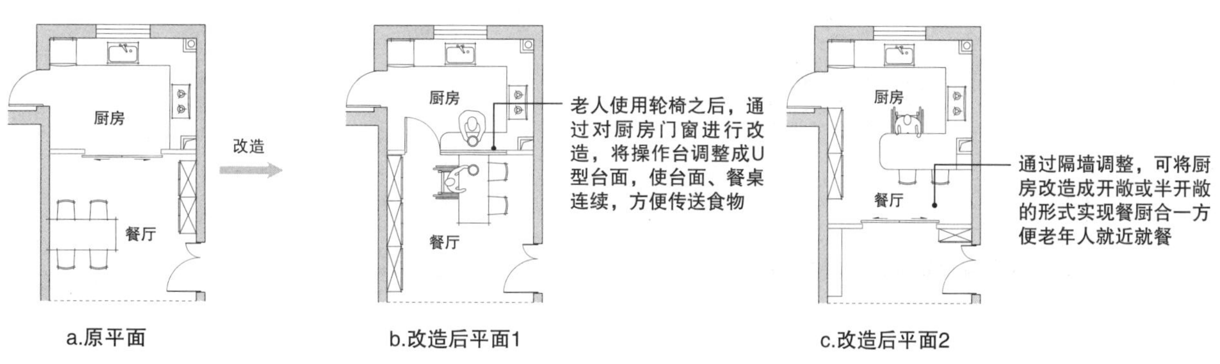
厨房
餐厅
改造
厨房
餐厅
老人使用轮椅之后，通过对厨房门窗进行改造，将操作台调整成U型台面，使台面、餐桌连续，方便传送食物
厨房
餐厅
通过隔墙调整，可将厨房改造成开敞或半开敞的形式实现餐厨合一方便老年人就近就餐
a.原平面
b.改造后平面1
c.改造后平面2

图5.4.4 厨房与餐厅之间设置轻质隔墙，必要时可将厨房开敞化，实现餐厨合一

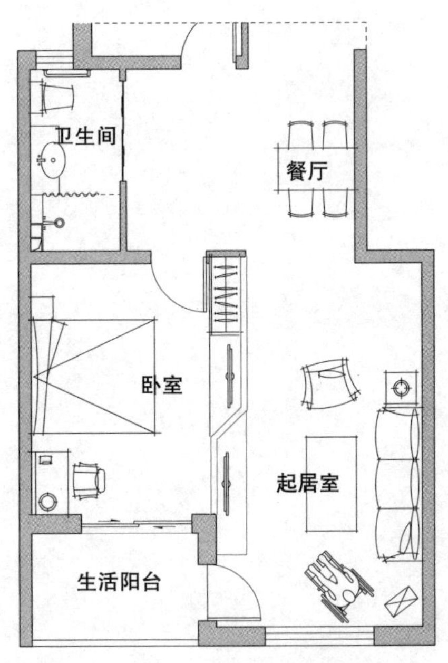
卫生间
餐厅
卧室
起居室
生活阳台

图5.4.5 卧室与起居室之间设置“S”形隔墙，解决各室的面宽需要

(4) 采用“S”形隔墙调整面宽

对于小套型、面宽较窄的老年住宅，采用“S”形的隔墙可以自如地划分空间，解决各室的面宽需要（图 5.4.5）。

[3] 预留门窗洞口提供改造可能

对于老年住宅室内的承重隔墙，可在重点部位预留门窗洞口，为增加“回游动线”、开设传递窗口提供可能（图 5.4.6）。

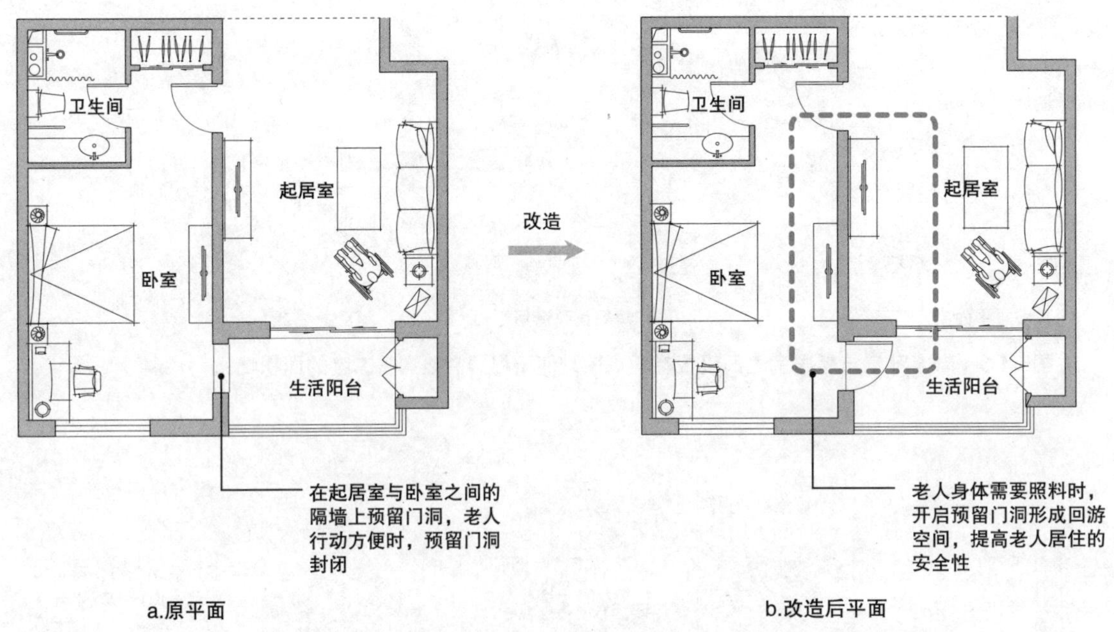
卫生间
起居室
卧室
生活阳台
改造
卫生间
起居室
卧室
生活阳台
在起居室与卧室之间的隔墙上预留门洞，老人行动方便时，预留门洞封闭
老人身体需要照料时，开启预留门洞形成回游空间，提高老人居住的安全性
a.原平面
b.改造后平面

图5.4.6 卧室与起居室、阳台之间的隔墙上预留门洞，以便日后改造形成“回游动线”

[4] 设计弹性空间方便室内更新

老年住宅套型设计时，可为日后的空间调整预设一定的弹性空间，以便将来空间需要改造时加以利用。住宅的弹性空间的主要部位包含：壁柜、储藏室、更衣室、多功能间和阳台等。

(1) 释放储藏空间用于轮椅通行

在老年人处于健康自理状态时，弹性空间可作为储藏室或壁柜；当老年人处于半自理或需要使用轮椅时，将弹性空间释放，可以转化为通行空间。例如：门厅和过厅内的壁柜空间释放后可扩大门厅范围，方便轮椅回转（图 5.4.7）；走廊里的壁柜释放后可增加走廊的宽度，方便轮椅通行。

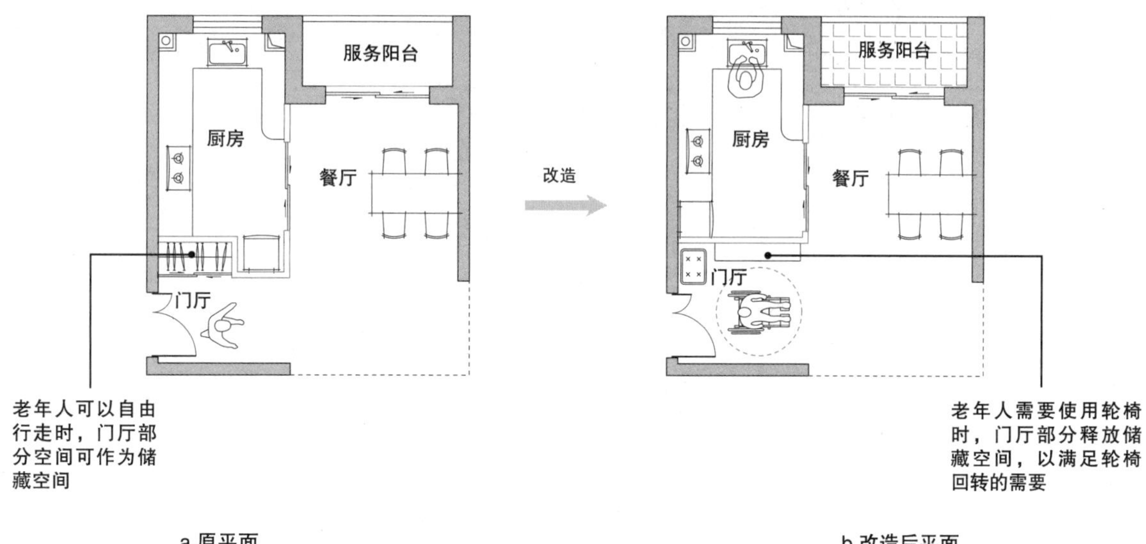
服务阳台
厨房
餐厅
门厅
改造
服务阳台
厨房
餐厅
门厅
老年人可以自由行走时，门厅部分空间可作为储藏空间
老年人需要使用轮椅时，门厅部分释放储藏空间，以满足轮椅回转的需要
a.原平面
b.改造后平面

图5.4.7　门厅的壁柜空间释放后，可方便轮椅回转

(2) 打开储藏室形成“回游动线”

通过巧妙的设计将储藏室打开为开放式，在保留一定储藏面积的基础上，既可以扩大门厅或过厅的范围，还可以形成室内新的“回游动线”（图 5.4.8）。

(3) 调整更衣室布置扩大室内空间

对于设有步入式更衣室的老年人卧室，可通过更衣室布局的调整，扩大卧室空间，方便轮椅进出卫生间（图 5.4.9）。

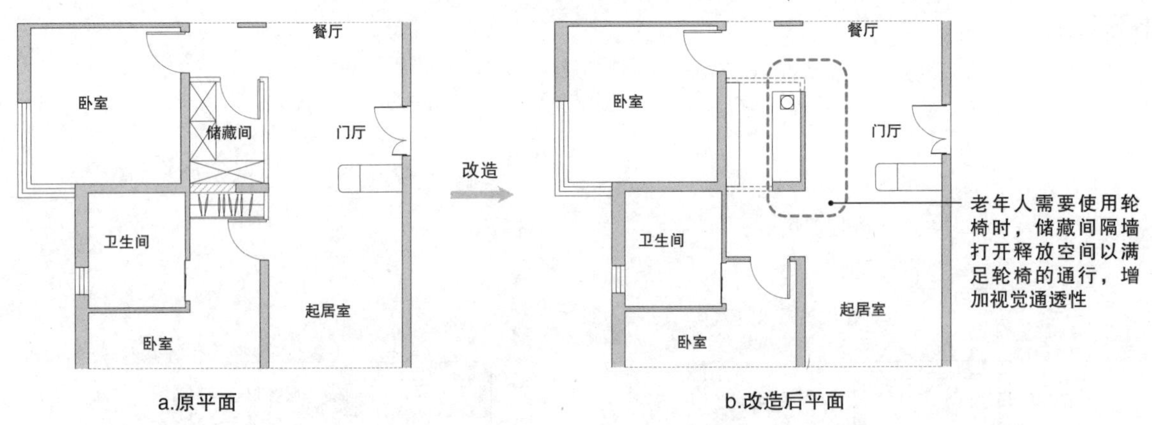

餐厅
卧室
储藏间
门厅
卫生间
起居室
卧室
改造
餐厅
卧室
门厅
卫生间
起居室
卧室
老年人需要使用轮椅时，储藏间隔墙打开释放空间以满足轮椅的通行，增加视觉通透性
a.原平面
b.改造后平面

图5.4.8 储藏间可在必要时调整为开敞式，提高通透性和便捷性

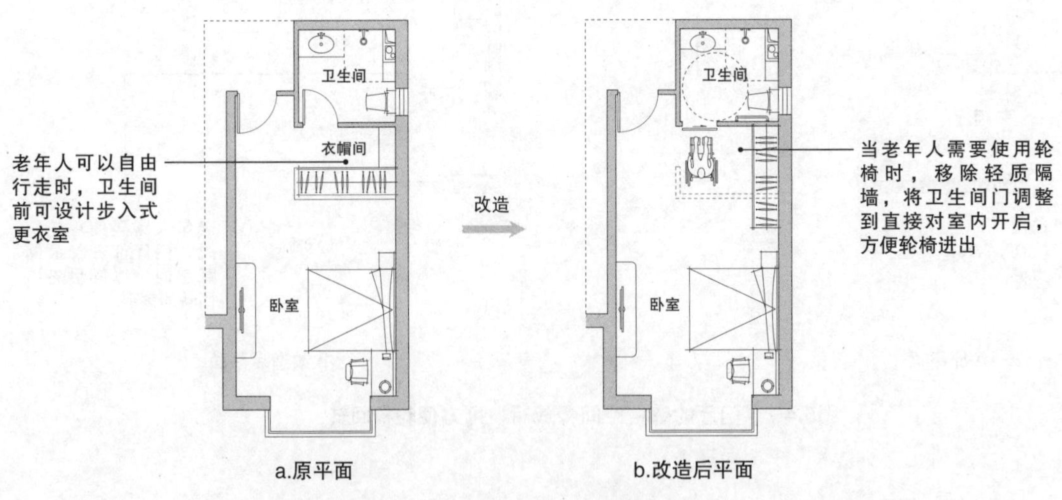

卫生间
衣帽间
老年人可以自由行走时，卫生间前可设计步入式更衣室
卧室
改造
卫生间
当老年人需要使用轮椅时，移除轻质隔墙，将卫生间门调整到直接对室内开启，方便轮椅进出
卧室
a.原平面
b.改造后平面

图5.4.9 步入式更衣室变开敞，方便轮椅进出卫生间

[5] 集中布置管线方便空间改造

厨房和卫生间内管线较多，且不便移位，其位置不当会影响日后的空间改造。因此，在老年住宅设计时，不仅应考虑管线与设备位置就近布置的需要，还应尽量将管线相对集中并沿外墙或承重墙布置，避免对套型改造造成干扰（图 5.4.10）。

老年住宅套型设计具有综合性和前瞻性的特点，只有从老年人的特殊需要出发，通过认真分析，做好各项设计原则的相互协调和优化取舍，方可实现住宅的适老性和可变性的目标。

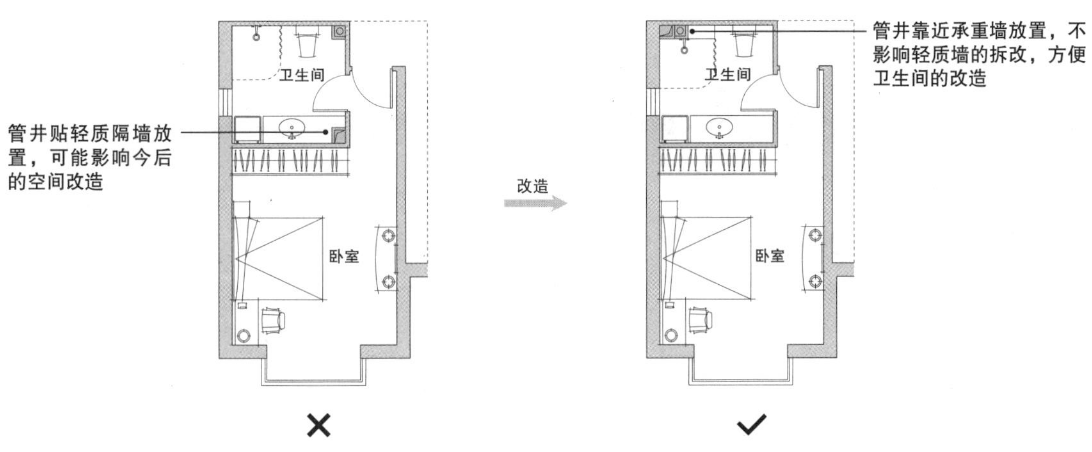
管井贴轻质隔墙放置，可能影响今后的空间改造
卫生间
卧室
改造
卫生间
卧室
管井靠近承重墙放置，不影响轻质墙的拆改，方便卫生间的改造
✕
✓

图5.4.10　卫生间管线集中布置在承重墙一侧，避免影响日后的套型改造

5.5 老年住宅典型套型平面解析

[1] 套型设计示例1

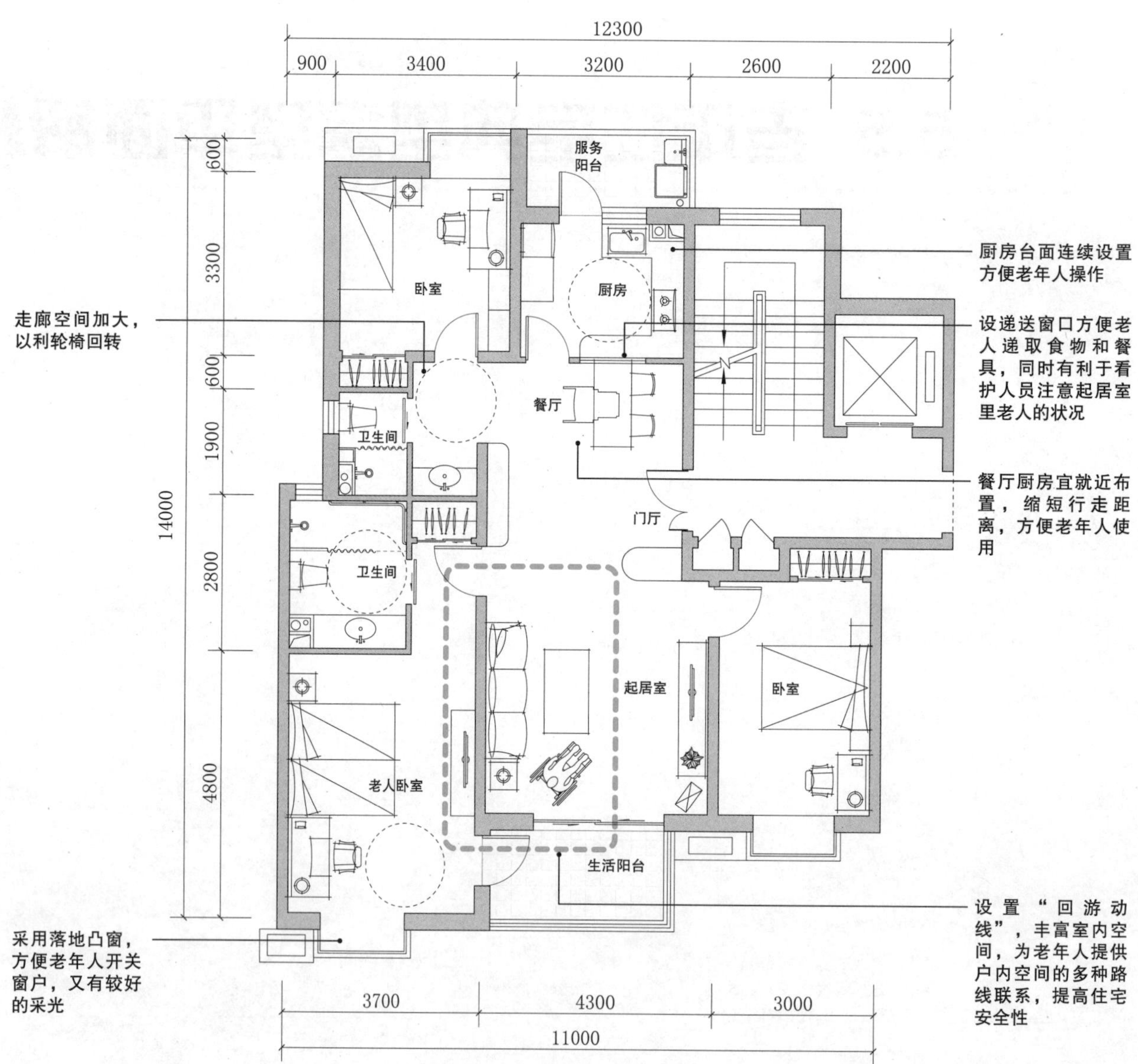
12300
900
3400
3200
2600
2200
600
3300
600
1900
14000
2800
4800
服务
阳台
卧室
厨房
餐厅
卫生间
门厅
起居室
老人卧室
生活阳台
走廊空间加大，
以利轮椅回转
厨房台面连续设置
方便老年人操作
设递送窗口方便老人递取食物和餐具，同时有利于看护人员注意起居室里老人的状况
餐厅厨房宜就近布置，缩短行走距离，方便老年人使用
设置“回游动线”，丰富室内空间，为老年人提供户内空间的多种路线联系，提高住宅安全性
采用落地凸窗，方便老年人开关窗户，又有较好的采光
3700
4300
3000
11000

图5.5.1 老年住宅套型设计示例1（尺寸单位：mm）

[2] 套型设计示例2

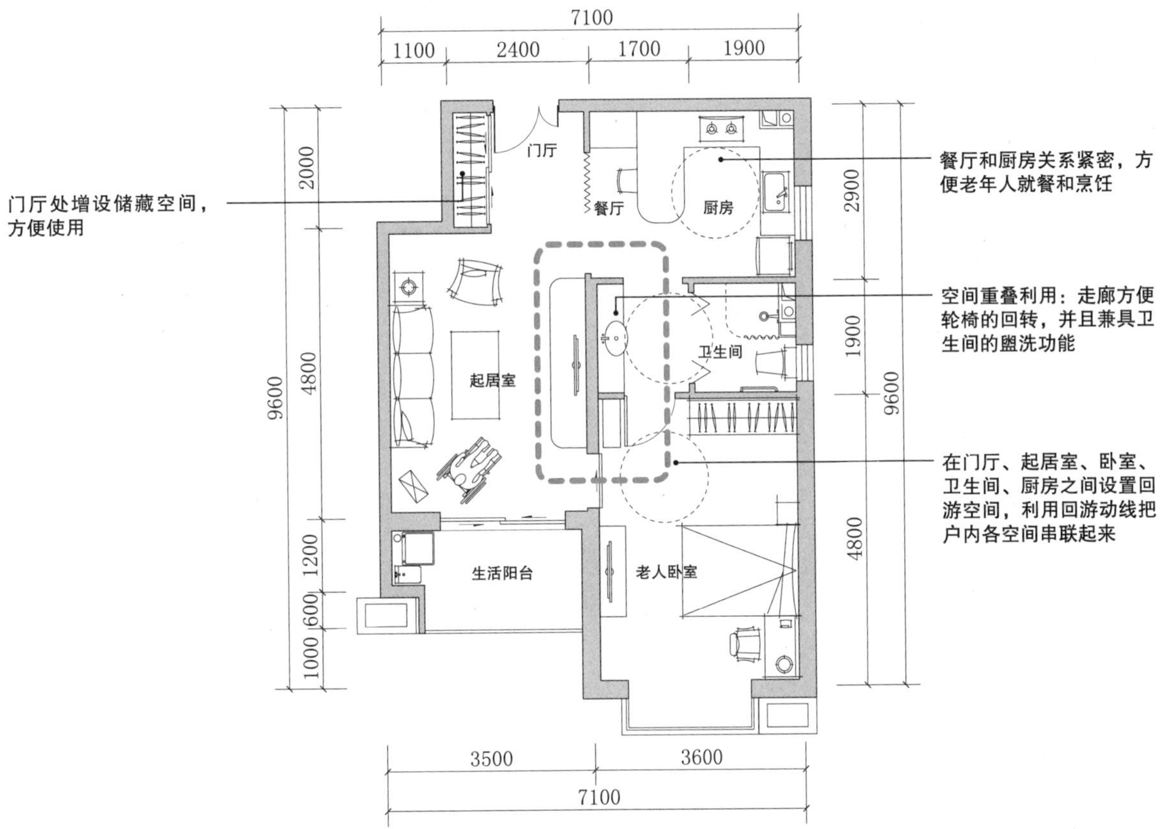

7100
1100
2400
1700
1900
门厅
餐厅
厨房
起居室
卫生间
生活阳台
老人卧室
2000
4800
1200
600
1000
9600
2900
1900
4800
9600
3500
3600
7100
门厅处增设储藏空间，方便使用
餐厅和厨房关系紧密，方便老年人就餐和烹饪
空间重叠利用：走廊方便轮椅的回转，并且兼具卫生间的盥洗功能
在门厅、起居室、卧室、卫生间、厨房之间设置回游空间，利用回游动线把户内各空间串联起来

图5.5.2 老年住宅套型设计示例2（尺寸单位：mm）

[3] 套型设计示例3

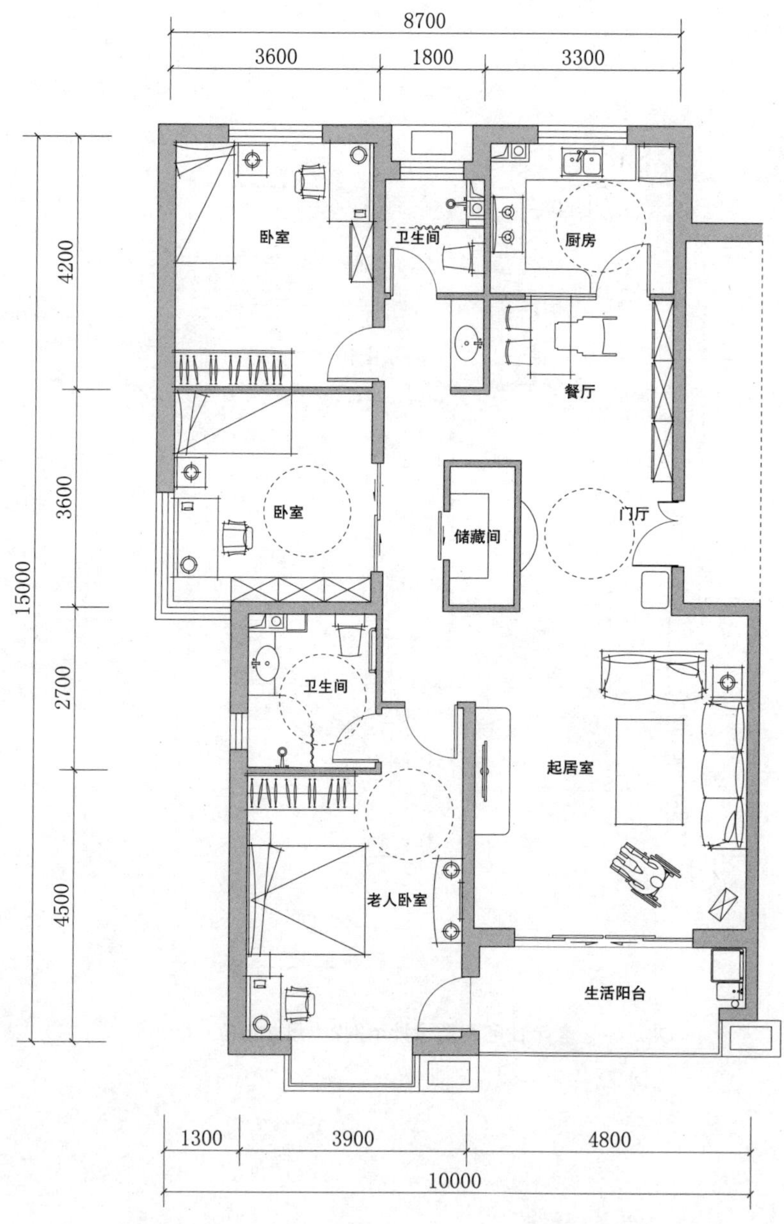

8700
3600
1800
3300
4200
3600
15000
2700
4500
卧室
卫生间
厨房
餐厅
卧室
储藏间
门厅
卫生间
起居室
老人卧室
生活阳台
1300
3900
4800
10000

图5.5.3 老年住宅套型设计示例3（尺寸单位：mm）

[4] 套型设计示例4

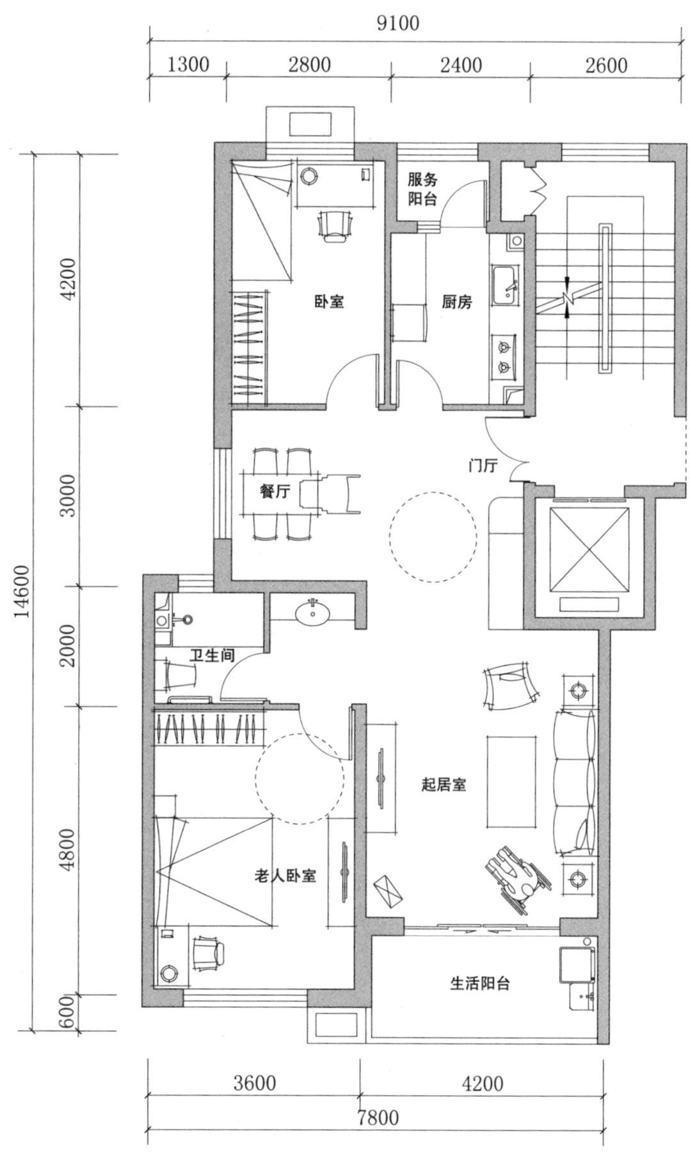
9100
1300
2800
2400
2600
服务
阳台
卧室
厨房
门厅
餐厅
卫生间
起居室
老人卧室
生活阳台
4200
3000
2000
4800
600
14600
3600
4200
7800

图5.5.4　老年住宅套型设计示例4（尺寸单位：mm）

第6章 老年住宅室内设计

本书大部分内容是从建筑设计的角度对老年住宅建筑的设计要素进行了阐述，侧重于建筑空间的安排。然而最终想要满足老人入住之后生活的安全、便利等方面的需求，还需要由室内装修来落实。所以，室内装修是实现老年住宅建筑不可或缺的一个环节。

室内设计与建筑设计应是上下承接、相交渗透的有机互动关系，决不可简单地将其看做两个分立的阶段。对于老年住宅建筑而言，更需要二者高度协作才能够达成人性化设计的初衷，确保老年人群的高品质生活。

建筑设计作为室内设计的基础，通常决定空间的基本性质，并统领水、暖、电、结构等各个相关专业，应事先为室内装修预留一定的条件，例如满足日后空间改造、无障碍通行以及加设扶手等需求。

室内设计则以建筑设计为依托，作为其延续深化和再创造，常能够进一步完善建筑设计的意图，并弥补建筑设计的不足。例如对建筑原本不适合老年人使用的部分，可通过室内设计加以弥补和改进，使居室功能不仅能够满足老年人日常的生活需要，同时也考虑到老年人的心理诉求，使其晚年生活仍能保证较高的品质。以往建筑设计与室内设计常常是脱节的，容易出现建筑建成后不符合实际使用需求的情况，只好在室内装修时进行拆改，不但难以从根本上解决问题，而且会产生大量的浪费和安全隐患。

近几年这种情况已得到重视并有所改进。在建筑设计阶段即有意识地组织室内设计人员参与意见，到了建筑结构施工阶段及精装修样板间设计阶段，室内设计方仍可以提出必要的修改意见，使二者的交叉渗透更加深入，令建筑最后的完成度更高。目前国家倡导住宅建设消灭毛坯房，进行精装修，这对于老年住宅来说是尤其必要的。

本章将从老年住宅室内装修的硬装、软装、家具选择等方面，详细讲解装修中的细节处理。最后，对老年住宅室内收纳设计进行统一说明。

6.1 老年住宅室内设计的特殊性

[1] 因身心条件变化而对内装产生特殊要求

(1) 老年人对安全便利的要求高于美观要求

对于年轻人而言，也许会将美观或经济等要求作为住宅内装时的首要考虑因素。而对于老年人来说，安全环保是第一位的，所以老年住宅内装的几个关键因素的先后排序通常如下：

①安全；②便利；③经济；④美观。

(2) 老年人对室内装修材料的特殊要求

刺激性强的油漆、胶粘剂容易引发老年人呼吸系统的疾病，同类装修材料应尽量选择添加剂少的天然材料，例如天然的纸质壁纸透气性和环保性优于化纤材质，更有利于老年人的健康；

老年人怕冷畏寒，对内装材料更倾向于明快的色调和温暖的触感；

老年人视力下降，对色彩明暗的辨别能力逐渐衰退，住宅中的楼梯、地面高差等部位，须通过内装加强色彩对比度来提示；

老年人体力衰退，应减少清理打扫等家务负担。选择室内装修材料时表面质感不宜过于粗糙，以免积灰藏垢难以清洁。

[2] 考虑设施设备专用性和通用性的平衡

老年人居住空间中常需要设置扶手等辅助性设施设备，以保障老年人活动时安全便利。

应注意这些设施设备不要与住宅中必要家具的摆放相冲突，并应协调老人专用和与家人通用之间的平衡，避免因专门考虑老人的需求而造成其他人使用不便。

(1) 扶手可由家具替代

在住宅中可为腿脚不便的老年人设置一些扶手，为其提供可撑扶的条件。但住宅空间往往有限，大量设置扶手有可能影响家具的摆放。

针对这种情况可详细了解老人日常活动时需要撑扶的位置，因地制宜进行设置。部分扶手的功能可由家具或其他设施设备替代。如书桌、窗台等可兼有撑扶功能（图 6.1.1），浴室浴巾杆可兼作扶手等。应注意扶手的替代物必须具备相当的稳固性，避免老人在用力撑扶或拉拽时发生危险。

图6.1.1　床旁边的台面可以兼做扶手

(2) 台面高度宜兼顾不同使用者

厨房的操作台面与卫生间盥洗台面的高度，通常需要考虑老年人和家人的共用问题。根据我国人口平均身高，常规厨房操作台面的高度为 800~850mm；卫生间盥洗台面的高度为 750~850mm。有些家庭中老年人已处于长期卧床阶段，厨房和卫生间的主要使用者是家人或护理人员时，设备采用常规尺寸即可；而有些老人可以正常走动或乘坐轮椅活动，会与家人合用这些设备，就要考虑台面高度对大家的均适性，采取折中的高度。当然如能做成可升降式台面最为理想。

(3) 家电设备应方便共用

卫生间的浴霸如果考虑老年人与其他家人共用，宜选择光暖和风暖两用的款型。老年人通常怕风，在洗浴时适合采用浴霸上的烤灯取暖；低幼儿童则不耐受过强的光线，洗浴时可关掉烤灯，选用风暖。这样只要一款加热设备就可以同时适用于不同年龄阶段的家人。

此外微波炉、冰箱等不宜设置得过高，以便站立的老人和乘坐轮椅的老人都能舒适地使用。

6.2 老年住宅室内基础装修要点

Tips　玻璃类易碎材质应慎用

玻璃类材质因其自重较大，又是易碎物品，一旦出现掉落等意外，对老人容易造成较大的安全威胁。如有局部使用玻璃材质，应做安全防护。例如玻璃本身经过钢化，或安装在人体不易碰撞到的地方。人经常通过的地方，玻璃下沿由地面提高350mm，以避免轮椅踏板碰撞。
镜面类材质使用时，应注意避免老人误解，在无意识中撞上。例如有时无边框的镜面容易被老人误认为是门窗洞口，可在镜面上距地1200~1500mm位置上，贴上提醒用的标志，或镜面外加边框，以使与洞口有别。

×

图6.2.1　居室的吊顶使用镜面材质时，容易对灯光或阳光产生强烈的反射，使老人感到不适

住宅室内装修一般可分为基础硬装和后期软装。前者主要是从整体空间的角度，对顶、墙、地三大界面进行表面处理；后者则深化到室内家具及陈设等层面。老年住宅的室内装修设计，宜根据老年人的身心特点对这两个部分加以综合考虑。本节主要探讨老年住宅室内基础装修要点。

住宅中各生活空间如起居室、卧室、书房、餐厅等，对顶、墙、地三大界面的处理要求基本一致；而厨房和卫生间属于用水较多的空间，阳台和门厅则是室内外过渡性空间，其各个界面的材质选用及造型处理有一些特殊要求。各空间具体要求详见下文。

[1] 材质

(1) 顶面

● 提高安全性和反光系数

住宅室内顶面材质以自重小、反光度高且反光柔和、便于施工、吸声耐污为宜。避免易碎、易脱落的材质给老人带来安全隐患。

● 卧室顶面避免使用光亮材料

老人在卧室仰卧休息时会看到顶面，因此不宜采用反光强烈的材质如镜面（图6.2.1）。其他生活空间如起居、餐厅通常也以漫反射材质为宜，使空间效果宁静柔和。

常用材质：石膏板、乳胶漆类涂料等。

● 厨房、卫生间顶面材质应防潮、耐污

厨房、卫生间顶面须防水防潮，防止凝露滴水；耐污易擦拭，避免积垢，滋生细菌；要求材质自重较轻，发生意外掉落时不致对老人造成较大伤害。

常用材质：金属板（不锈钢板、铝合金板、镀锌钢板等）、PVC板以及防水涂料等。

(2) 墙面

● 墙面材质应耐脏可擦拭

老年人换鞋、进出门及上下台阶时，为保持身体平衡常需撑扶着墙面，所以像墙体阳角，门边、台阶侧墙等关键部位，应使老年人能够放心地用手撑扶，不必担心墙面被弄脏。可采用防污壁纸、易擦拭的防水乳胶漆等材料，或用木质材料做门套、护角、护墙。

● 卧室、起居室墙面材质应舒适宜人

卧室、起居室等生活空间的墙面应反光柔和，无眩光；手感温润，无冷硬感。

墙面常用材质有乳胶漆、壁纸（布）、木质材料等。各类材质选用时应注意产品质量及性能符合老年人的要求，例如可选用透气性较好的以天然材质为主的壁纸，而不宜选用化纤材质的壁纸；墙面怕磕碰的位置可局部使用安全材料制作的护角，床头、床边的墙面可使用软包，既温馨又可防止老人不慎碰撞。

● 厨卫、阳台墙面材质主要考虑卫生性

厨卫及阳台空间墙面有防水防潮、耐污易洁、避免眩光的要求。常用材质有石材、瓷砖等。

厨房墙面容易积油垢，墙面材质的拼缝不宜过多，尤其是炉灶附近，应以较大片的耐高温、易擦拭的材料为佳，如大片面砖、整片不锈钢板等为好（图 6.2.2）。有时卫生间、阳台墙面为了追求某种视觉效果，采用肌理起伏明显的材质，但容易挂灰积垢，又有剐蹭的危险，对老人不适用。

有些卫生间、厨房墙面选用凸出过多或锐利的装饰腰线，容易造成老人意外磕碰，尤其是对于乘坐轮椅的老人，腰线高度正好在老人头部位置，更加危险。

✕

a.烹饪区墙面砖尺寸小拼缝多，容易积油垢

✓

b.烹饪区墙面采用大片面砖或不锈钢板，便于擦拭清洁

图6.2.2 厨房烹饪区墙面材质的优劣比较

(3) 地面

×

图6.2.3　地面材质反光刺眼，使老人感到不适

● 地面材质应使老年人安全舒适

起居室、卧室等生活空间地面通常要求做到以下几点：

- 脚感温暖，使老人感觉舒适；
- 硬度适中，使老人行走不累；
- 防滑防涩，确保日常活动的安全；
- 易清洁打扫，减轻老人家务负担。

● 地面材质应避免产生眩光

地面材质过于光洁，容易产生反射眩光，对老人视觉有影响。例如常用于起居空间的光面全瓷玻化地砖，具有表面致密，便于清洁打理，观感整洁光亮的特点，但却可能使老人心理上产生“怕滑，不敢走”的担忧，地面某些角度在光照下会产生刺眼的反射眩光，可能带来安全隐患（图 6.2.3）。

×

a.地毯铺设不平，容易绊倒老人

×

b.局部铺设小块地毯或脚垫时，容易卷边和移位,使老人跌倒

图6.2.4　地毯铺设的常见错误

● 老年住宅内慎用地毯

有些人喜欢地毯温暖柔软的脚感，将其用于居室生活区的地面。但在老年人的生活空间中需要慎用。

在老年住宅中，不宜选择过厚过软的地毯，以免老人行走时感觉脚下不踏实；在厚而软的地毯上驱动轮椅比较吃力，所以也不利于乘坐轮椅的老人使用。

比较厚的地毯还影响家具摆放的稳定性，尤其是局部铺设地毯，有时家具的底座一部分落在地毯上，一部分落在地毯外，高低不平，会造成安全隐患。

铺设地毯特别是局部铺设小块地毯或脚垫时，应使地毯与地面贴合紧密，避免局部鼓起（图 6.2.4a）、卷边和轻易移位（图 6.2.4b）使老人绊倒。

在潮湿地区由于空气湿度大，地毯容易受潮而滋生尘螨等，不利于居室卫生，应避免使用。

● **起居室、卧室的地面材质应有弹性耐磨损**

起居室、卧室的地面材质应有适当的弹性，老人不慎跌倒后不至于造成大的伤害。适宜的材质有软木地板、弹性卷材、实木地板、复合实木地板等。

考虑到一些老人有乘坐轮椅的需求，起居室和卧室地面材质还应抗压耐磨，可选用地面砖、强化复合地板等材质。

有些老年住宅采用地面辐射采暖以提高居住舒适度，应注意选择耐热性和导热功效好的铺地材质，如地热专用地板等。

● **厨、卫、阳台地面材质的选择要点**

由于厨房、卫生间用水较多，地面应选用质地致密、防水防潮、耐污易洁的材料如石材、地砖等。对老年人而言，尤其应保证即使地面沾水后仍能有效防滑。

厨房地面材料重在防污，应避免选用表面纹理凹凸过大的砖材，以免容易积垢。

卫生间考虑找坡排水的要求，地面单片材料尺寸不宜过大，以300~400mm见方为宜。但也不宜采用马赛克类勾缝过多、不易清洁的材质（图6.2.5）。

阳台地面材质不宜过于光亮，避免有强烈的反光。

×

图6.2.5　小面积、拼缝多的马赛克类地砖不易清洁打扫

[2] 色彩图案

(1) 顶面

● **建议选用白色调顶面色彩**

住宅顶面色彩通常不宜过重，避免使老人感到压抑。浅色调的顶面还有一个重要功能是可对顶灯光线以及自然光照进行漫反射，增加居室空间的亮度。对于光线反射效率最高的白色可作为常规选择。

● 不宜选择复杂的顶面图案

有些住宅内装时会在顶部贴壁纸或做石膏花饰，对于老人而言，不宜选择过于繁杂的花色装饰，以免带来混乱和不安定感。

(2) 墙面

● 应选择高明度低纯度的墙面色彩

墙面在室内所占比例较大，色彩选择应慎重。在老年人居室中，墙面以高明度的浅色调为佳。浅色调墙面反光度较高，有助于保证室内的亮度，为老年人的活动提供方便。另外，浅色调的墙面作为门扇、家具的背景，容易衬托出家具轮廓，便于老人辨识，防止误撞。

老年人多数好静，墙面色彩应以营造柔和宁静的空间气氛为主，通常不宜选用纯度过高的色彩。

● 应避免墙面图案引起老人误解或不适感

下列为图案选择中的常见错误：

– 具有视幻效果的墙面图案，例如条格、螺旋线、三维立体图案等，可引起老人视错觉，误以为图案变形或流动，而产生不安定感；

– 过于细碎或色彩反差过大的图案，会使老人感到烦躁；

– 图底关系不明晰的图案，容易被视力欠佳的老人误认为是蚊虫或污渍。

×

图6.2.6　地面材质纹理容易使老人眼晕或引起错视，使老人不敢走

(3) 地面

● 应避免地面色彩及图案引起老人错视

地面材质的色彩纯度和对比度均不宜过大，以免对老人形成强烈的视觉刺激；尤其是不宜选择一些有立体感或流动感的纹理，避免使老人误认为地面有高差或眼晕而不敢行走（图 6.2.6）。

[3] 造型

(1) 顶面

● 应减少不必要的吊顶造型

老人通常喜欢顶部高敞的感觉，住宅中应尽量保证空间有适宜的高度，减少不必要的吊顶。如果顶部必须遮掩管线、风口或者暗藏灯具等，也最好只做局部吊顶，以免使空间显得压抑。

● 空调风口勿朝向老人长时活动区域

当室内采用中央空调系统时，顶面设计应重点考虑空调出风口的位置，出风方向避免直吹老人长时间坐、卧的区域，如卧室中出风口应避免直接朝向床头（图 6.2.7）。

✕

a.卧室中的空调出风口，朝向床铺的位置，影响老人健康

b.空调出风口，朝向卧室走道，避免直吹床铺

图6.2.7　空调出风口位置的优劣比较

(2) 墙面

● 应避免墙面有尖锐突出造型

在老年住宅中，墙面以及老人走动必经的转角处，尽量不要有尖锐突出的造型，以免老人不慎刮擦或磕碰。例如床头靠背造型过于坚硬锐利，存在安全隐患。

● 可在常经过的墙体阳角处设置护角

老人经常路过的墙体阳角处往往因为老人经常手扶而弄脏，或因搬运家具时撞到而损坏墙体，宜设置护角。护角应为圆角或钝角，以避免老人误撞到护角时受伤（图 6.2.8 ）。

图6.2.8　在老人经常路过的墙体阳角处设置了圆形的护角，并在护角的上下边缘做了圆滑处理

a.在距地350mm以下墙面设置防撞板，可防止轮椅脚踏板撞坏墙体

b.餐厅处护墙板加高到餐桌面以上，使餐桌周围墙面保持清洁

图6.2.9 墙体设置防护板的常见形式

图6.2.10 门厅和起居室地面材质不同，交接处需保持平整

图6.2.11 室内踏步边缘设置提示条，便于老年人辨识

● 宜在墙体近地处设置防护板

在可能使用轮椅的住宅中，距地 350mm 高度以下墙面宜设置防撞板，主要考虑避免轮椅脚踏板的冲撞损坏墙体（图 6.2.9a）。

餐厅等处墙面常会被蹭脏，可以设置防污的护墙板或油漆墙裙，以保持墙面清洁（图 6.2.9b）。

(3) 地面

● 应保证地面材质变换时完成面持平

地面材质变换时，收口处宜尽量保持平整，避免高差。

例如许多住宅的门厅与起居室空间是相互连通的，门厅地面有防污要求，通常可选用地砖，而起居室则可能选用强化地板，二者厚度有别，铺装方法不同，铺装之后通常会有高差。常见的处理方法有：门厅地面局部除去一定厚度的面层再铺设地砖，或提高起居室强化地板的铺装高度，使二者最终的完成面持平（图 6.2.10）。

● 慎用一步高差的地台、踏步

一些家庭为追求居室空间的变化，在装修时喜欢做 1~2 步高差的地台，然而较矮的地台及 1~2 级的踏步，往往因人视野向前时忽略脚下，易致使老人绊倒或踏空，在老年住宅中需慎用这种做法。

如果居室地面已经做了这样的造型并不易进行改造，可使用对比鲜明的色调将其与地面区分开，或者用色带提示踏步的边沿和地台的轮廓，以提醒老年人注意（图 6.2.11）。

6.3 老年住宅室内软装设计要点

所谓软装，是指基础装修完毕之后，对室内空间的二度陈设与布置。主要内容涉及饰物与家具，如窗帘、布艺（沙发套、床品）、装饰工艺品、绿植花卉及各类家具等。软装对人在住宅室内视、听、触等方面的感觉有重要影响，对居室氛围的营造起着关键的作用。

一般住宅中的软装设计通常注重对居室的装饰效果，但针对老年住宅室内的软装设计更应考虑老年人的身心特点，将安全、方便、舒适放在首位。

下面以对老年人日常生活影响较大的窗帘、家具以及绿植为例，从如何契合老年人生活特点的角度总结出一些选用及布置原则，希望对老年住宅室内整体软装设计有所启示。

图6.3.1 浅色调的密实窗帘遮阳效果好，可在炎热季节降低室内温度

[1] 窗帘

老年人对窗帘功能的要求与其他年龄段人员略有不同。首先老年人对私密、美观的要求相对减弱，而对实用的要求增强；其次老年人的身体调节功能衰退，对窗帘的使用要求更强调其对身体功能的补充。

(1) 可利用窗帘对光线及温度进行调节

密实的窗帘在炎热季节的遮阳隔热效果十分突出。在北京地区调研中得知，夏季在南向阳台与起居室之间的门洞口处，采用密实的窗帘遮阳，可使室内空间的温度比阳台降低5℃左右（图6.3.1）。

图6.3.2 利用半透光的纱帘对射入室内的光线进行调节

而半透光的纱帘则可用于对射入室内的光线强度进行调节。例如老年人读书看报时对过强的光线容易感觉刺眼、眩晕；而室内光照亮度过低时，又会影响老年人视物判断的准确性。采用透光性较好的纱帘，可以使室内得到柔和的光线，又能保证一定的照度（图6.3.2），满足老年人对采光的需求。

(2) 可利用窗帘对风进行调节

图6.3.3 厚实的布帘可以对进入室内的风进行调节

寒冷季节中，厚而密实的窗帘可有效挡风（图6.3.3），避免老人受到窗子附近缝隙风和冷辐射的侵扰，窗帘的幅面宜大于窗边界以防侧边透风。

温暖季节时，窗帘的主要作用是软化夜间直吹向身体的风，同时又能保证居室内空气的流通，所以宜选择有一定透气性的天然材质来制作窗帘，如棉质、麻质等。

(3) 可随季节变换更替窗帘

在不同季节，室内环境对通风和采光的要求有所不同。

可随季节变化更换窗帘，以便利用窗帘对风和光进行适当调节。

也可以选择色调浅亮而又质地密实的面料，利用一幅窗帘可满足四季的不同要求。浅色调的窗帘有利于反射阳光，在人的心理上产生清爽的感觉，适用于夏季遮阳隔热，密实的质地则可以满足冬季挡风的要求。

(4) 应避免窗帘质地、色彩、图案引起老人错视

一些织纹细密又半透光的纱帘，由于光的衍射现象，会产生晃眼的条纹或光环状衍射图像，容易使老年人产生眩晕感；

色彩过于鲜艳耀眼的窗帘，容易使患有高血压等疾病的老年人感到不适；

有些带有细小点状图案的窗帘，容易被老年人误认为上面有蝇虫或污渍等。

选择窗帘面料时应结合考虑上述情况。

Tips　光的衍射

光离开直线路径绕到障碍物阴影里去的现象叫光的衍射。衍射时产生的明暗条纹或光环叫衍射图样。

当障碍物或孔的尺寸比波长小，或者跟波长差不多时，光就会产生明显衍射。

(5) 应使窗帘开闭操作顺滑省力

在日常使用中，老人更多关注的是窗帘开闭操作的简便省力：

窗帘材质不要过于厚重，幅面不应过大，以免老人拉动窗帘时费力；

窗帘轨或窗帘杆应顺滑，其材质选择应保证在拉动窗帘时不会发出过大的声音；

如有条件，大幅的窗帘宜设置电动或机械式窗帘开合装置。

[2] 家具

(1) 应使老人常用家具便于搬动

老年人常根据季节的变换而改变部分家具的摆放位置。例如第四章中提到过老年人喜欢随季节不同而变换床的摆放位置，以便在寒冷季节时晒到太阳，而到了炎热季节又避免被太阳直射。床摆放位置的变动，同时也影响到其他家具的布置，如床头柜、写字台等。所以常用家具应便于搬动，以提高老年人居室的可适性。

图6.3.4 台面类家具有利于摆放物品，方便老人看到，还兼有撑扶作用

(2) 可利用部分家具兼做扶手

由于体力减弱，老年人日常活动、行走常需要有扶靠的地方。住宅内空间相对有限，不可能随处设置扶手，可考虑利用常用的家具、设备兼起撑扶作用。因而家具灵便化的同时应注意家具的稳固性，避免受力时意外倾倒，对老人造成伤害。

(3) 宜多设置台面类家具

台面类家具（如书桌、低柜）通常可摆放在坐具、卧具的侧边，有利于摆放物品，方便老人拿取，还常在老人站起、坐下时起到撑扶作用（图 6.3.4）。

×

图6.3.5 造型尖锐，凸出较多的柜门把手，容易造成老人被碰伤、刮伤

(4) 应重视家具细部设计

随着劳动能力的下降，老人不喜欢难于清扫的东西。因此家具物品的造型，线脚，要选择简单，易擦拭的形式。

考虑老人生理特点，座椅、床铺的高度应保证老人坐下和起身时省力；坐垫需要一定的硬度，使老人起坐时能借上力。

家具及五金件不宜有尖锐突起的造型，以免老人不慎磕碰、刮伤（图 6.3.5）。

储物类家具的深度及高度详见本章第四节收纳设计。

[3] 绿植花卉

绿植和花卉比起一般的装饰工艺品更富有生气和活力，更能使室内环境充满情趣。选择适当的植物品种，除了起到美化室内环境的作用，还可以净化室内空气，舒缓老人情绪，并让老人在养护这些有生命力的植物时体会到自身的价值，对于老年人身心健康大有益处。

×

图6.3.6 吊兰类植物摆放位置过高，容易掉落，存在安全隐患

(1) 应使植物摆放位置无安全隐患

植物摆放位置应便于浇水、修剪等养护活动；

吊兰类植物的摆放位置不宜过高，以防碰头、倾倒或掉落（图6.3.6）；

体型较小的植栽最好不要摆放在较低的位置或暗处，避免老人脚下不注意而被绊倒；

一些带刺的植物尽量摆放在远离老人行走经过处，以防不慎刺伤。

(2) 注意植物对老年人健康的影响

一些植物的气味、花粉或寄生虫会引发过敏性哮喘，有此类病灶的老年人应慎选；植物在夜间会释放二氧化碳，应避免在卧室过多摆放植物。

(3) 应考虑植栽的养护便利性

宜选择便于养护，容易成活的植物，使老人在轻松无负担的状态下享受种植的乐趣。植栽的体型及花盆不宜过大、过重，以免老人在搬动时抻拉受伤。

图6.3.7　老年人习惯把常穿衣物、钟表、日历等挂在容易看到的地方

图6.3.8　墙面设置了挂画线，方便老人展示一些书画、照片等

[4] 其他

(1) 应在照明开关面板周边做防污处理

照明开关面板周边可加设防护垫，防止开关周边墙面受污，还可使之与墙面有色彩反差，便于老人从远处看到。不同用途的开关面板可以选用不同色彩和花型的防护垫，易于老人辨别。

(2) 宜为老年人在墙面挂物预留条件

调研发现，老年人有往墙上钉挂物品的习惯（图 6.3.7）。例如，在门背后挂常用外衣、包袋；在墙面挂钟表、日历、家庭照片、获奖证书等。物品挂在墙面上，容易被看到，可免老人遗忘；一些有纪念意义的照片等可给予老人一些心理上的鼓励。因此应该为老年人提供能在墙面挂物的便利条件。

墙面挂物首先应保证安全、牢固；宜在墙面可能挂置物品的位置，预先设置挂画线、木质板材等方便老人钉挂（图 6.3.8）；对于非承重墙也应在可能挂置物品的位置预先做好预埋加固处理。

6.4 老年住宅室内收纳设计要点

1. 老年人收纳行为的特点

收纳不仅仅有将物品收存起来的涵义，还应该考虑到物品使用的频率和状态。对老年人而言更是如此，物品既要收存得当，使住宅内显得干净整洁，又要便于老年人在需要使用时能看到和拿到，记忆起存放的位置。

[1] 老年住宅收纳物品的特殊性

老年人在身体状况、生活习惯和思想观念方面与其他年龄段的人有一定差别，日常生活中也有一些特殊的物品。在做老年住宅的室内设计时，应仔细考虑这些物品的使用频率、使用状态和适宜的收纳形式，设计出相应的收纳空间或家具。

通过调研观察发现，老年住宅中的特殊物品可大致分为如下几类（表 6.4.1）：

老年住宅中的物品分类 **表6.4.1**

生活日用品	助行用具	食品、药品
老花镜、放大镜、助听器、暖手宝、夜壶、体重秤等	手杖、折叠式凳子拐杖、折叠旅游拐杖、助行器、购物小推车、轮椅等	粮油米面、常用药品、营养保健品等
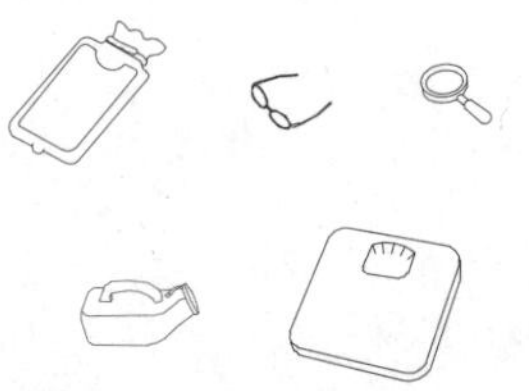	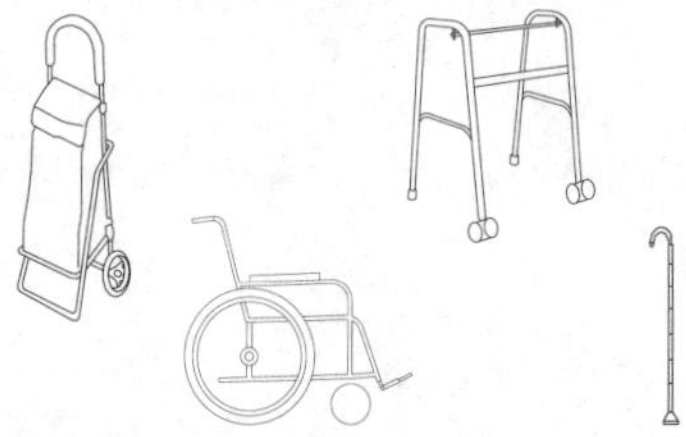	 保健品 米
护理保健用品	**娱乐健身用品**	**闲置杂物**
足浴盆、氧气瓶、保健枕、血压计、血糖检测仪、按摩锤、刮痧用品、拔罐器、洗澡椅、按摩拖鞋等	球拍、宝剑、跳舞扇、门球用具、钓鱼用具、练功服等	过期杂志报纸、闲置炊具、过季被褥、旧家具、旧电器等
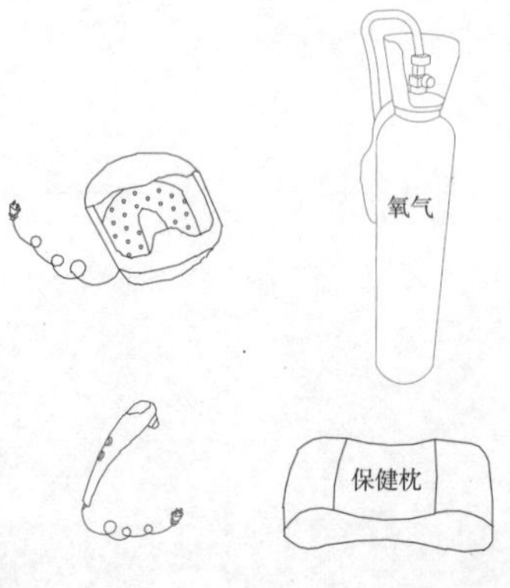 氧气 保健枕	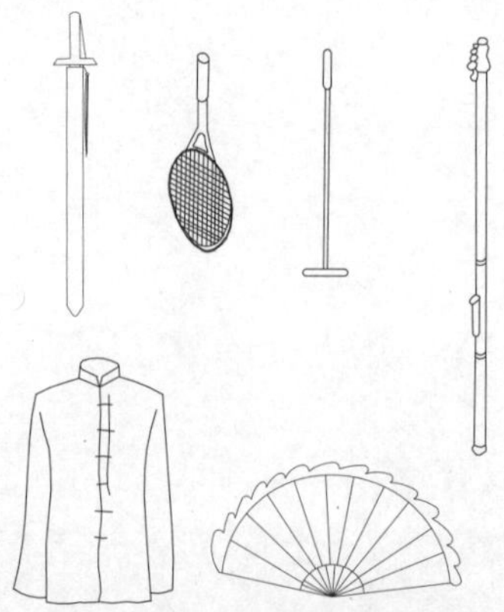	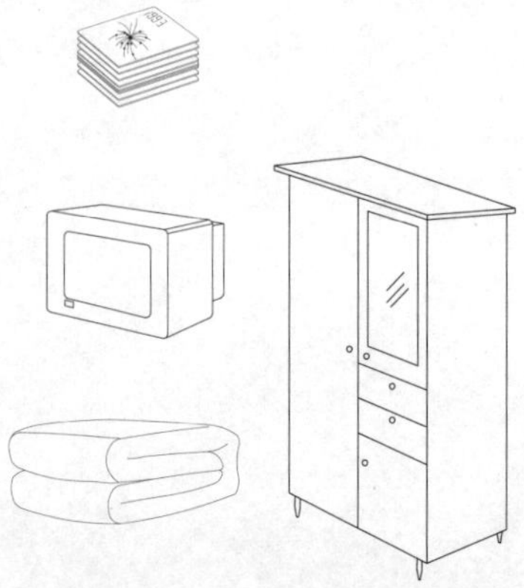

[2] 老年人收纳物品的心理、行为特点

● 将常用物品存放在表面/容易拿取的地方

将一些常用物品放在随手可及的地方，可以对老人起到提醒的作用。

许多老年人随着记忆力的衰退，往往喜欢将常用物品存放在容易看到和取放的位置，以方便寻找和随手取用。例如，把使用频率较高的药品摆放在茶几、床头柜的台面上；将躺在床上时经常用到的收音机摆放在枕边等（图 6.4.1）。如果将这些物品收纳到抽屉或柜子里，老人就很可能遗忘其位置，不容易找到。

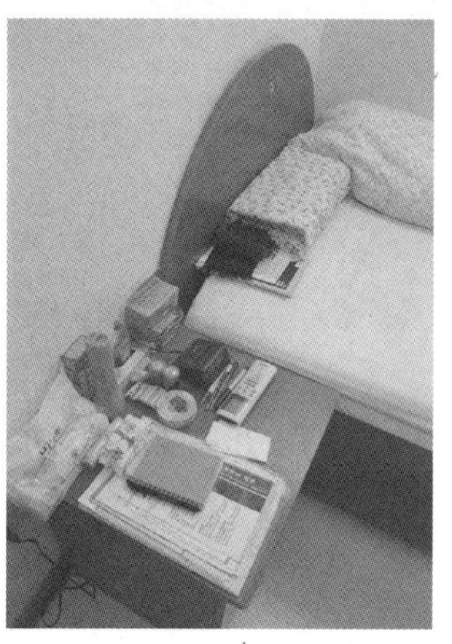

图6.4.1 老人常把药品、收音机、书籍等摆放在床头柜台面上，以方便随手取用

● 会储备较多的药品和生活必需品

多数老人习惯在家里常备各种药品，以备日常服用及应急之需。

许多老人为了减少请人帮忙搬运物品的次数和出于传统上较强的危机意识，喜欢在家中储备较多的食品，特别是米、面、油等较重、可长期慢慢食用，不易搬运的食品，碰到便宜的时候往往会一次性购买很多。多数中国老人出于节约的习惯，不会为自己购置过多的用品，但有时会储备一些肉类、干果类食品以便子孙探望或全家聚餐时共同享用（图 6.4.2）。

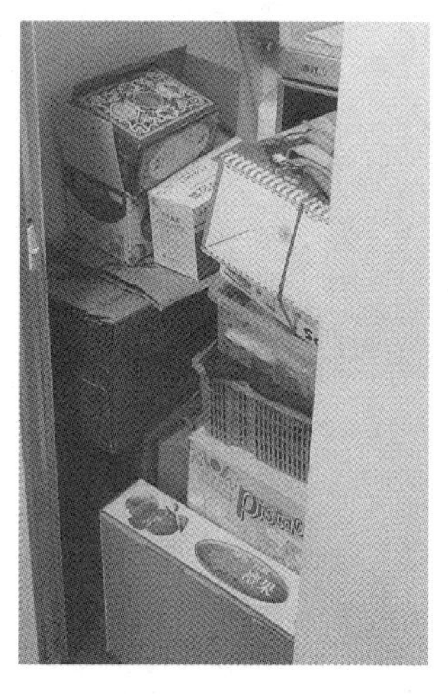

图6.4.2 老年人会储存较多食品和生活必需品

● 常保留很多旧物和闲置物品

出于敝帚自珍的天性，许多老人往往不舍得扔掉旧物，加之经过一生的积累，家中常常拥有大量的闲置物品。

有些老人不但不舍得扔掉自己的东西，还会保存一些儿女淘汰的家具、电器、衣物等（图 6.4.3）。如果没有足够的储藏空间，家中就会堆积很多杂物，使房间变得混乱。

此外子女、亲友探望老人时通常会带来一些营养保健品或生活必需品。如果没有适当的储存空间，老人就会随处存放或塞到角落。时间久了容易忘记，导致营养品过期变质。

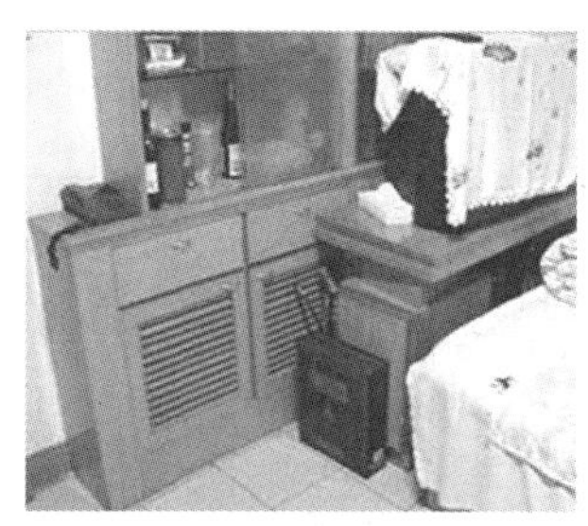

图6.4.3 老年人常保留许多旧物和闲置物品

图6.4.4 老年人愿意展示子女儿孙的照片、早年获得的奖励、礼物、纪念品等

● 愿意展示有纪念意义的东西

老人愿意将一些具有纪念意义的小物件摆放与展示出来，比如儿孙亲友的照片、早年获得的奖励、朋友赠送的礼物、各种纪念品等（图 6.4.4）。

老人爱怀旧，会经常翻看一些有纪念意义的旧物，重温过去的时光。针对老人的特点，在进行收纳设计时应注意满足其展示的特定需求。

2. 老年住宅室内收纳设计

[1] 老年住宅中常见的收纳空间形式

(1) 开敞式收纳空间

开敞式的收纳方式（包含台面置物）是为老年人所喜好，并且大量采用的一种收纳方式。其优点是取放物品方便，适用于常用物品的存放。对于记忆力衰退的老年人，开敞式收纳便于他们找寻物品（图6.4.5a）。但缺点是整理不当时会显得杂乱，且容易积灰尘。

图6.4.5a　开敞式储藏

(2) 封闭式收纳空间

● 柜式收纳空间

相对于开敞式收纳，柜式收纳美观性较好，又可以阻隔灰尘，适用于存放不常用的、对洁净要求较高的物品，如被褥、衣物等。柜式收纳也更适合对整洁度有一定要求的房间（图 6.4.5b）。

因为有柜门，柜式收纳的便利性不如开敞式，在选择柜门的形式时，须注意避免对轮椅老人的使用造成障碍。

图6.4.5b　柜式储藏

● 抽屉式收纳空间

抽屉式收纳适用于小型物品的分类存放，可以避免小物品的散落或相互遮挡，便于物品的找寻和拿取，适合老年人使用（图 6.4.5c）。

老年人使用的抽屉容量不宜太大，因为较多的小物品放置在一起会更不方便寻找，而且较大、较深的抽屉放置过多物品会较重，抽拉时需要较大的力度和动作幅度，不适合老人使用。

抽屉的数量不宜过多，其中存放的物品应当相对固定，可利用抽屉分类存放物品，并分别在抽屉上标上标签，以避免老人忘记。

抽屉的轨道要轻滑，拉手要便于把握。

图6.4.5c　抽屉式储藏

图6.4.5d　步入式储藏间

(3) 独立步入式储藏间

独立步入式储藏间的优点在于既有开敞式收纳空间的便利性，又具有封闭式收纳空间的防尘功能，且不影响室内环境整洁，适用于贮存较大型的物品，或需长期存放的有防尘要求的物品（图 6.4.5d）。

当前大部分老年人居住的住宅中没有储藏间，但根据调查，多数老年人认为设置储藏间很有必要。

独立的步入式储藏间虽然优点很多，但储藏量与面积比是不经济的。如需要考虑轮椅老人的使用，在其内部还要提供必要的轮椅活动空间，更会损失较多的使用空间。所以对于经济型的老年住宅，可以用壁柜来代替储藏间。

[2] 老年住宅收纳空间设计原则

(1) 保证足够的储物收纳空间

- **老年住宅收纳空间应多于一般住宅**

综上所述，为存放大量的物品，以及安全便利地查找和取用存物，老年住宅的收纳空间面积通常比一般住宅多 10%~20%。

- **小户型老年住宅尤应提高空间使用率**

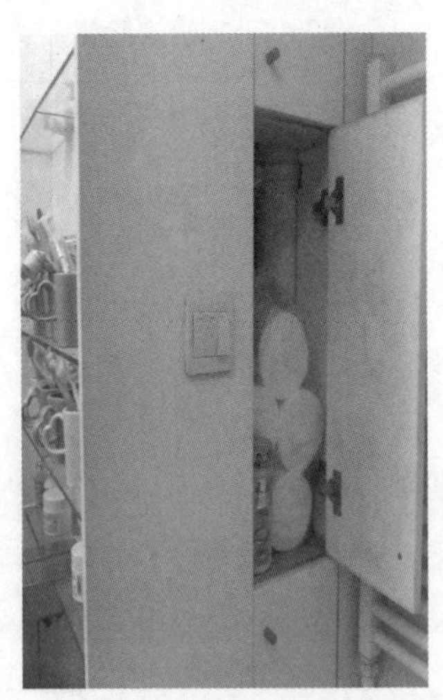

图6.4.6　利用管井的间隙和角落存放小型物品

对于部分户型较小的老年住宅，更需要精心考虑如何在有限的空间内收存数量不菲的物品。小户型的收纳设计关键是提高空间使用效率，分散设置收纳和利用角落空间是很好的方法。

小户型中一般较难安排集中的步入式储藏间，通常可将收纳功能与设备、家具相结合，分散设置于各个房间中；还可因地制宜利用房间中方便老人靠近的零碎角落，巧妙设计成收纳空间，例如，将窗台板下的空档做成储物柜、利用管道间的空隙存放杂物、洗涤用品等（图 6.4.6）。

● 可利用吊柜存放闲置物品增加储量

虽然一般情况下高柜和吊柜不适合老人使用，但是在老人有人照料或有服务人员定期帮忙的情况下，老年住宅中可以适当地设置部分高柜、吊柜，存放一些平时很少拿取的闲置物品，以增加储藏量。

(2) 确保老年人收纳行为的安全

收纳空间的设计应确保老年人收纳行为的安全。主要可以从收纳空间尺寸是否合理、收纳家具的材质和选用的配件是否安全，以及配件的安装是否牢固等方面考虑。

● 合理设计收纳尺寸

以老年人体工学研究数据为依据，合理设计收纳的尺寸，可以减少老年人收纳物品时的潜在危险。

老人常用物品应收纳于最安全舒适并便于找到的位置。高部和较低的收纳位置则存在一定的安全隐患，应加以防范。

站立老人拿取存放在较低位置的物品时，会有一定程度的弯腰动作，应给予可扶持的条件，例如设置半高的台面供老人撑扶。而针对轮椅老人，则不宜将常用物品收纳于 300mm 高度以下的位置，以免低处的收纳空间深处看不见、够不着，如果勉强去拿取物品，容易造成轮椅倾翻。

高部位置不适于存放较重的物品。老年人手臂力量较弱，上举重物不仅吃力，而且有受伤的危险，尤其是当坐轮椅老人从侧面取放物品时，只能用单臂上举，其危险性更大。宜将较重的物品安排在较低的位置存放。

● 消除收纳安全隐患

储物家具的柜门应避免使用易碎的玻璃等材质，以免老人不慎碰撞发生危险；家具上拉手等凸出物应避免有尖锐的棱角，以免刮伤、划伤老人。

收纳搁板的安装应稳定、牢固。特别是一些活动搁板，既要便于老年人根据需要调节搁板位置，又不能使其轻易移位和倾翻，以免掉落砸伤老人。

高部吊柜的位置应避免使老人碰头。

● 避免收纳空间死角

储物家具的角部空间应慎重处理，避免出现乘坐轮椅的老人难以接近的“死角”。比如角部空间过深，轮椅老人够不到深处的物品；或者角部空间局促，轮椅回转空间不足，如果勉强使用，易造成轮椅老人拉伤、扭伤或向前倾倒的危险。

可以利用一些可动式收纳家具解决上述问题，例如采用滑动格板，抽屉、拉篮或可移动的挂衣架等形式，通过储藏空间的外移，使一些原本难以取放物品的位置更接近使用者而得以有效利用。而且对于较低位置处的贮存空间，还具有可以避免视线遮挡，避免过度弯腰的优点。

Tips　巧用活动收纳装置

老年人储存空间可适当采用活动的收纳装置，如可移动的挂衣架（图a）、下拉式吊柜、拉篮等形式（图b），弥补固定隔板的一些缺憾。

对于使用轮椅的老人，高于600mm的拉篮，抽屉，可以在不影响下部空间利用的同时，做到从正面取放物品，方便安全（图c）。

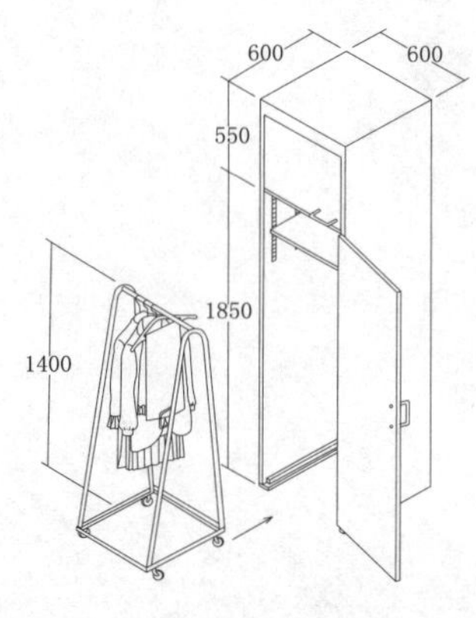
600
600
550
1850
1400

a.可移动的挂衣架

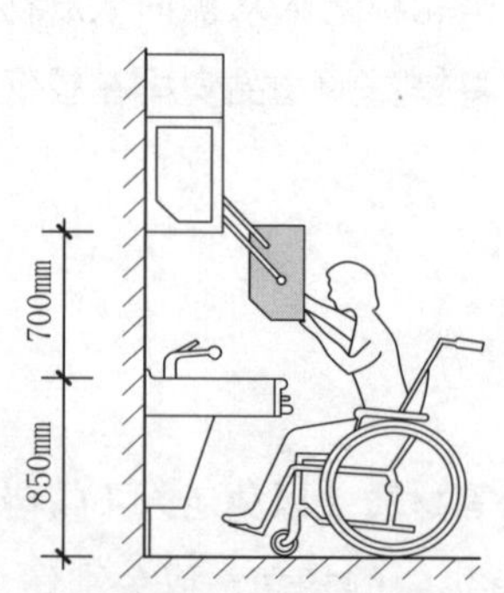
700mm
850mm

b.下拉式吊柜方便拿取高处的物品

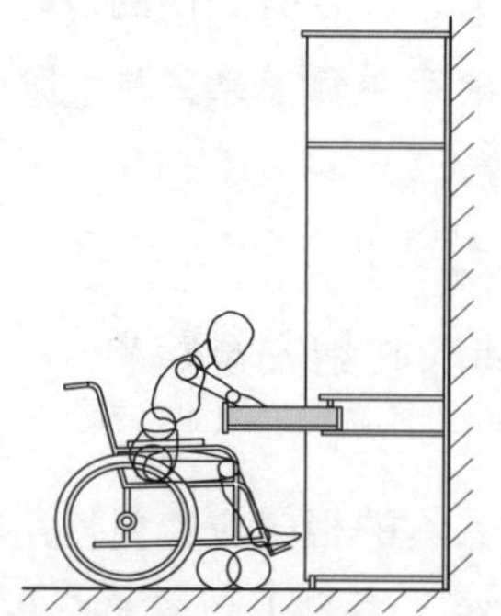

c.活动的抽屉可在不影响下部空间的同时从正面取物

(3) 确保收纳行为便利

由于生理机能的衰退，老年人的储物活动往往会遇到各种障碍。例如取物操作空间较为狭小，轮椅回转不方便；储藏空间靠近墙角布置，轮椅不易接近；老人肢体活动不便，难以灵活自如地取放物品等等。因此在设计老年住宅的收纳空间时，要考虑便于老人取放使用，具体可以注意以下几方面：

● 保证足够的取物操作空间

储物家具前方应有宽敞的活动空间，使老人能够顺利地进入或靠近储物空间，方便地取放物品。

对于行动自如的老年人，取物操作空间与普通人的要求基本相同；但是对于使用轮椅的老人，则需要相对较大的活动空间。

● 保证物品能够被看到

对于视线平视高度以上的部分，不宜将搁板设置得过密，也要避免物品的前后重叠放置，以免放置在高部和深部的物品被遮挡，不便取放和寻找（图 6.4.7）。

抽屉一般用于存放零碎小物，应考虑乘坐轮椅的老人视线高度较低，抽屉上沿通常不宜高于 1200mm。

● 常用物品应收纳于最方便拿取的位置

宜将物品根据使用频率分区收纳，常用物品收纳于老年人取放物品舒适高度范围内。注意站立老人与轮椅老人收纳动作的范围有所不同（图 6.4.8）。

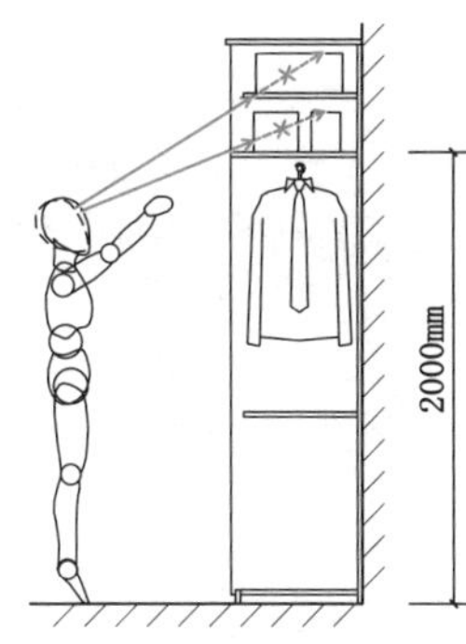
2000mm

图6.4.7 高部搁板设置过密、物品前后遮挡，不便于老人拿取或查找物品

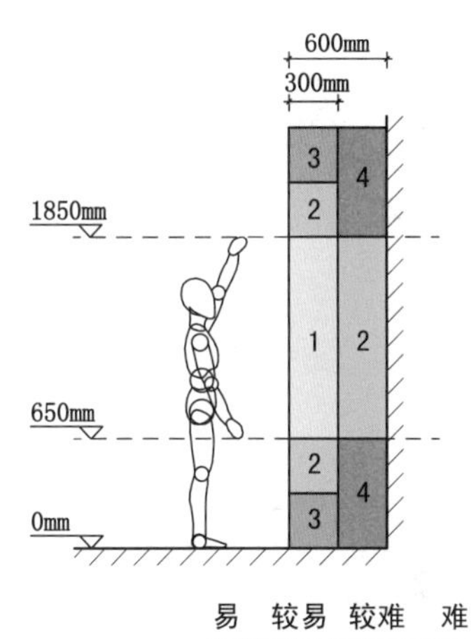
600mm
300mm
1850mm
650mm
0mm
3
2
4
1
2
2
3
4
易 较易 较难 难
取放难易程度 1 2 3 4

a.站立老人收纳适宜范围

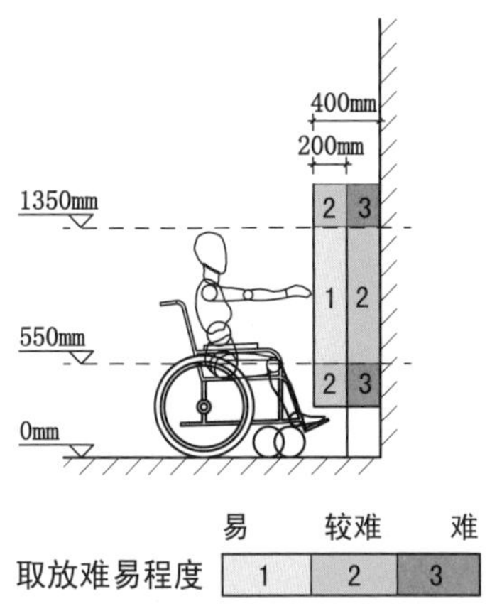
400mm
200mm
1350mm
550mm
0mm
2 3
1 2
2 3
易 较难 难
取放难易程度 1 2 3

b.轮椅老人收纳适宜范围

图6.4.8 站立老人与轮椅老人收纳动作的范围

图6.4.9 储藏空间采用软质遮挡物，方便老人使用

● 储藏柜下部可使轮椅插入

将储物家具下方局部留空以使轮椅插入，老人能够靠近收纳空间，便于取放物品。

● 正确选择收纳空间的遮挡物

出于防尘或者美观的需求，一般储物柜会设置柜门，设置不当时会妨碍到老人，特别是乘坐轮椅者的使用。这个问题可以采用以下一些方法来解决：

– 采用软质遮挡物

类似于窗帘式的拉帘，既可防尘、遮挡视线以及方便地拉启，又不受身体活动的限制，便于轮椅靠近，适合老年人采用（图 6.4.9）。

– 尽量用推拉门或折叠推拉门

推拉门可以用作储物柜的柜门，也可以作步入式储藏间的门。相对于平开门，推拉门不会占用过多的储藏空间，提高了空间的使用效率，并且开启方便，对轮椅老人的使用不构成障碍。

步入式储藏间采用推拉门或折叠推拉门时，要考虑地面轨道对轮椅通行的阻碍，最好将轨道嵌入地面内以保证地面无高差。

为防止轮椅脚踏板的碰撞，柜门距地 350mm 以下部分应加防撞板。

– 采用较窄的平开式柜门

乘坐轮椅的老人在开关平开式柜门时需要反复地前后移动轮椅，使用不便，通常柜门宽度不宜过大。

储物柜前的取物空间较为狭窄时，例如储物柜摆放在过道一侧的情况，使用轮椅的老人通常是侧身取放物品，单扇柜门的宽度一般不宜超过 300mm。

储物柜前方空间如果较为宽敞，坐轮椅的老人可以从正面开启柜门。通常柜门宽度不宜超过 400mm，以保证坐轮椅的老人在拉开柜门时手臂操作范围不致过大。

[3] 老年住宅主要收纳家具设计示例

(1) 门厅鞋衣柜收纳示例

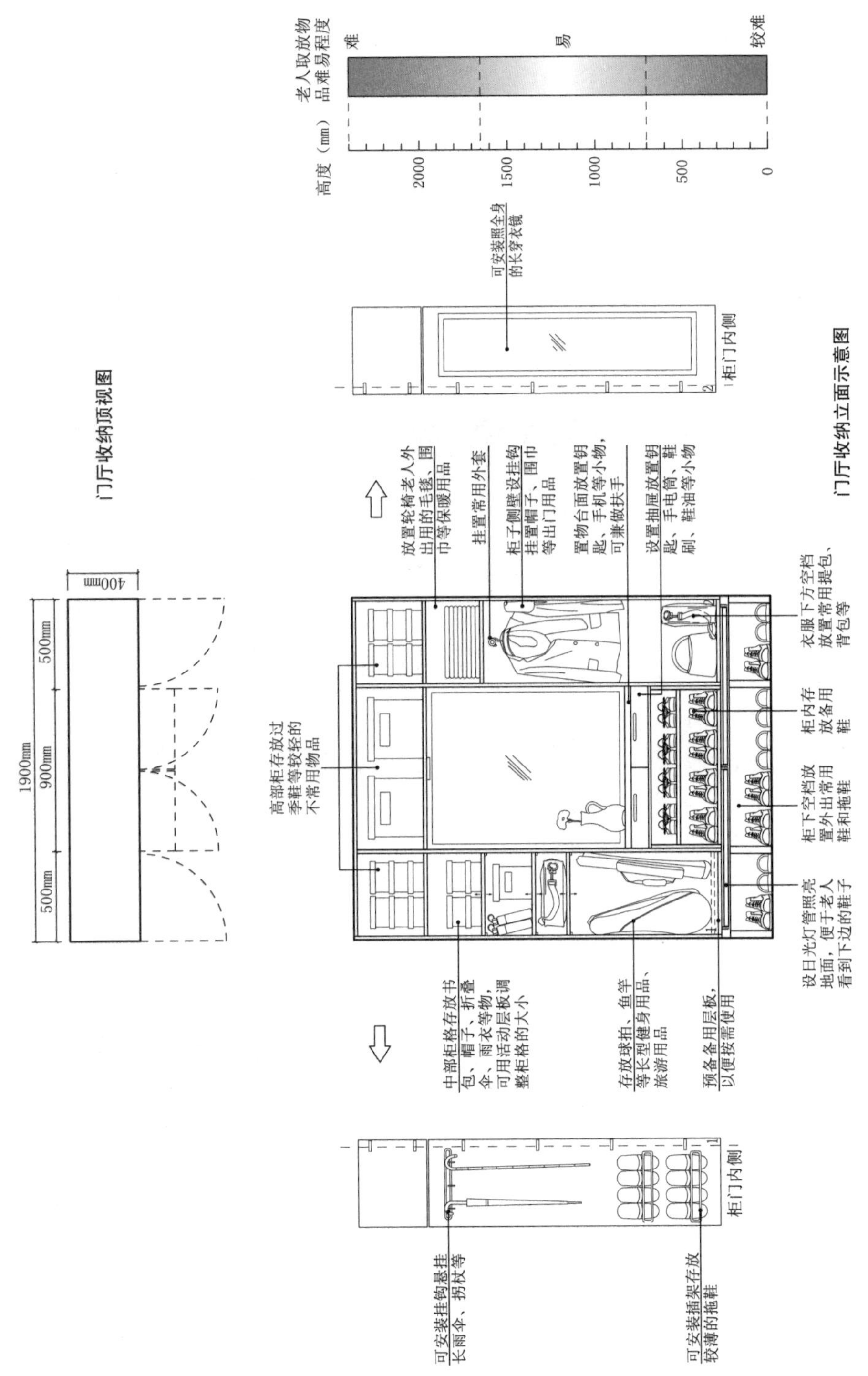

门厅收纳顶视图
400mm
500mm
1900mm
900mm
500mm
高度（mm）
2000
1500
1000
500
0
老人取放物品难易程度
难
易
较难
可安装照全身的长穿衣镜
柜门内侧
放置轮椅老人外出用的毛毯、围巾等保暖用品
挂置常用外套
柜子侧壁设挂钩挂置帽子、围巾等出门用品
置物台面放置钥匙、手机等小物，可兼做扶手
设置抽屉放置钥匙、手电筒、鞋刷、鞋油等小物
门厅收纳立面示意图
高部柜存放过季鞋等较轻的不常用物品
衣服下方空档放置常用提包、背包等
柜内存放备用鞋
柜下空档放置外出常用鞋和拖鞋
设日光灯管照亮地面，便于老人看到下边的鞋子
中部柜格存放书包、帽子、折叠伞、雨衣等物，可用活动层板调整柜格的大小
存放球拍、鱼竿等长型健身用品、旅游用品
预备备用层板，以便按需使用
柜门内侧
可安装挂钩悬挂长雨伞、拐杖等
可安装插架存放较薄的拖鞋

图6.4.10 老年住宅门厅鞋衣柜收纳示例图

(2) 老人卧室衣柜收纳示例

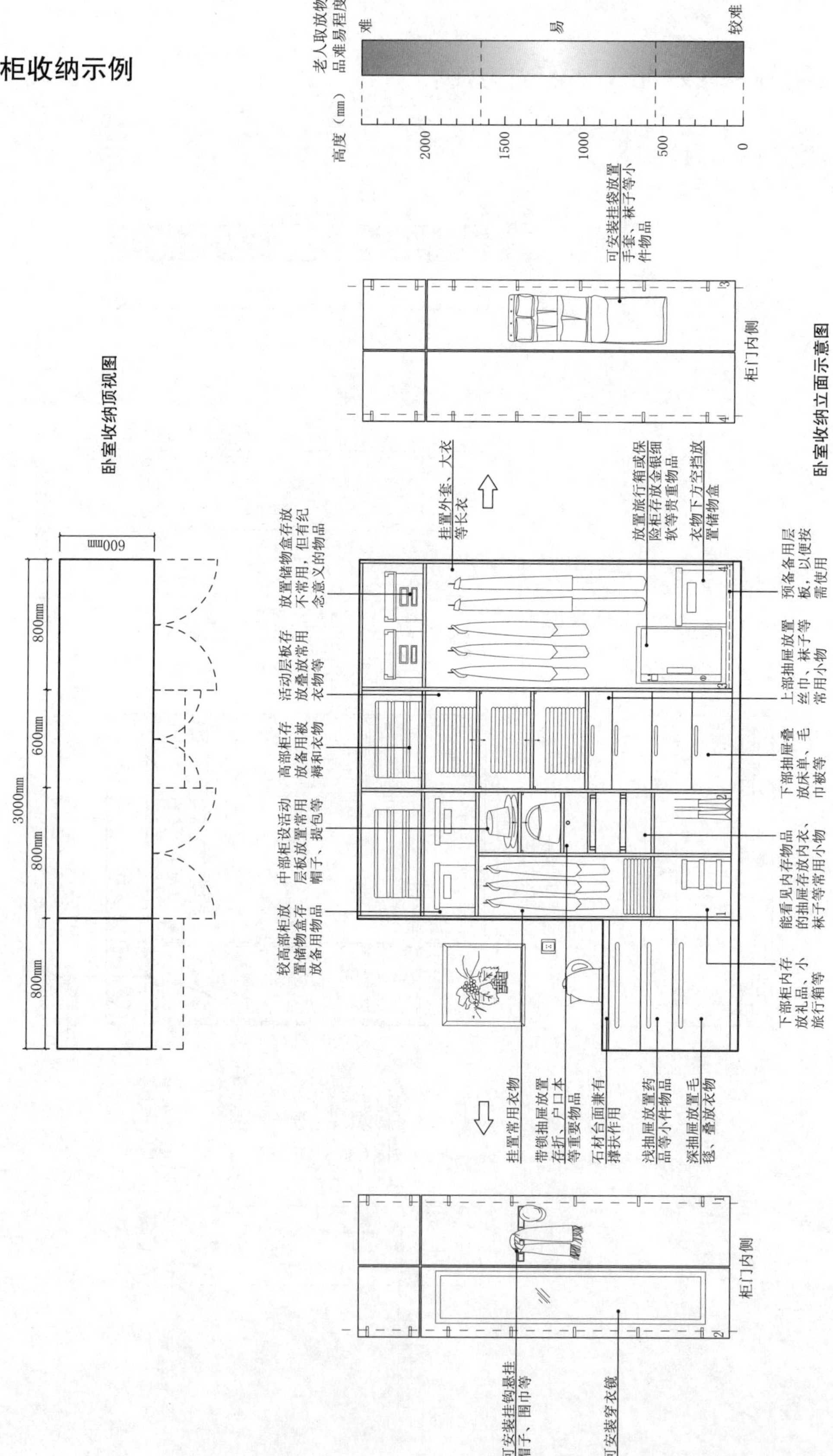

3000mm
800mm
800mm
600mm
800mm
600mm
卧室收纳顶视图
较高部柜放置储物盒存放备用物品
中部柜设活动层板放置常用帽子、提包等
高部柜存放备用被褥和衣物
活动层板存放叠放常用衣物等
放置储物盒存放不常用，但有纪念意义的物品
可安装挂钩悬挂帽子、围巾等
可安装穿衣镜
挂置常用衣物
带锁抽屉放置存折、户口本等重要物品
石材台面兼有撑扶作用
浅抽屉放置药品等小件物品
深抽屉放置毛毯、叠放衣物
挂置外套、大衣等长衣
放置旅行箱或保险柜存放金银细软等贵重物品
衣物下方空挡放置储物盒
可安装挂袋放置手套、袜子等小件物品
柜门内侧
柜门内侧
下部柜内存放礼品、小旅行箱等
能看见内存物品的抽屉存放内衣、袜子等常用小物
下部抽屉叠放床单、毛巾被等
上部抽屉放置丝巾、袜子等常用小物
预备备用层板，以便按需使用
卧室收纳立面示意图
高度（mm）
老人取放物品难易程度
2000
1500
1000
500
0
难
易
较难

图6.4.11　老年住宅卧室衣柜收纳示例图

(3) 厨房橱柜收纳示例

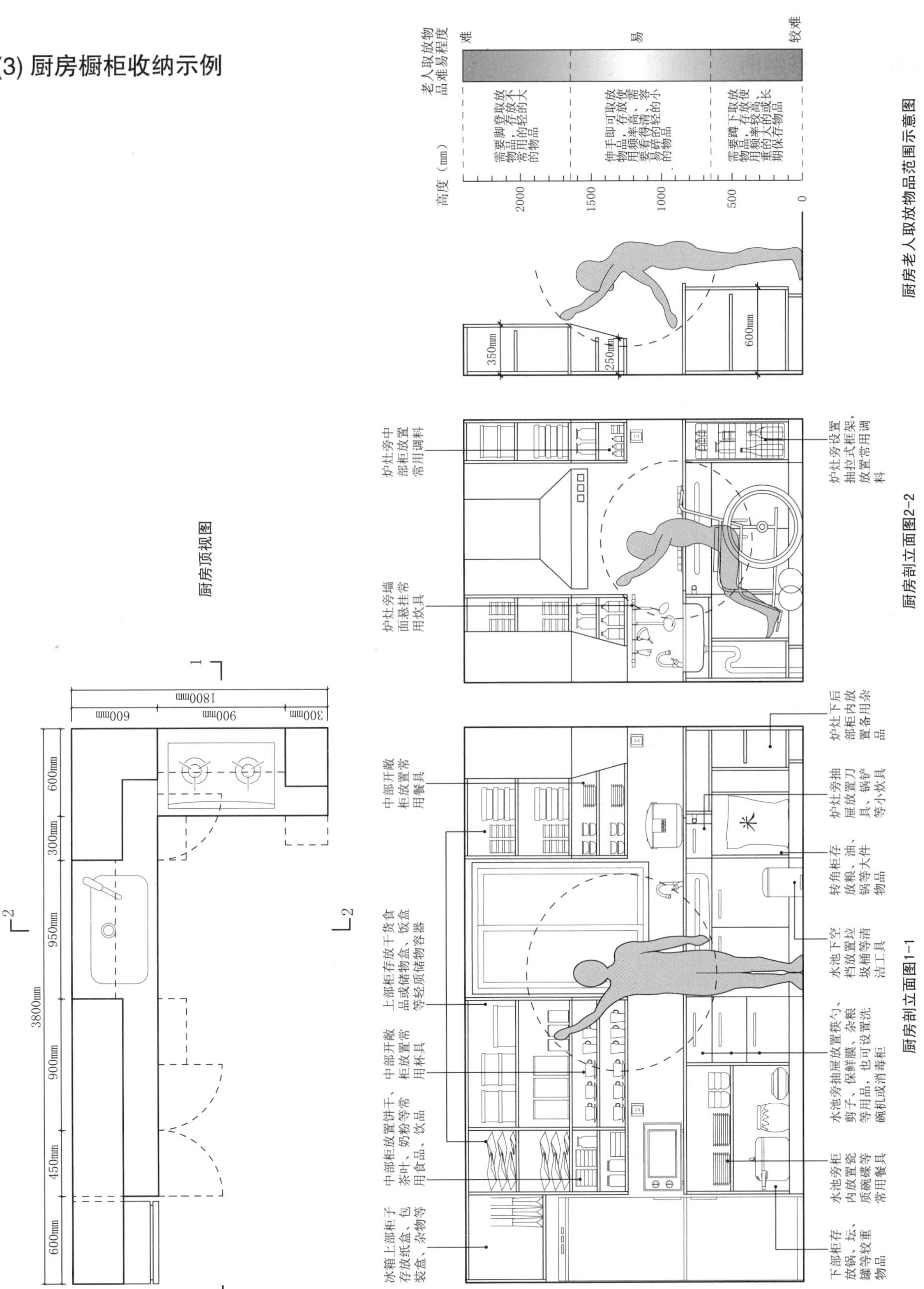
厨房顶视图
1800mm
600mm
900mm
300mm
3800mm
600mm
300mm
950mm
900mm
450mm
600mm
冰箱上部柜子存放纸盒、包装盒、杂物等
中部柜放置饼干、茶叶、奶粉等常用食品、饮品
中部开敞柜放置常用杯具
上部柜存放干货食品或储物盒、饭盒等轻质储物容器
中部开敞柜放置常用餐具
下部柜存放锅、坛、罐等较重物品
水池旁柜内放置瓷质碗碟等常用餐具
水池旁抽屉放置筷勺、剪子、保鲜膜、杂粮等用品，也可设置洗碗机或消毒柜
水池下空档放置垃圾桶等清洁工具
转角柜存放粮、油、锅等大件物品
炉灶旁抽屉放置刀具、锅铲等小炊具
炉灶下后部柜内放置备用杂品
米
厨房剖立面图1-1
炉灶旁中部柜放置常用调料
炉灶旁墙面悬挂常用炊具
炉灶旁设置抽拉式框架，放置常用调料
厨房剖立面图2-2
350mm
250mm
600mm
高度（mm）
2000
1500
1000
500
0
需要脚登取放物品，存放不常用的轻的大的物品
伸手即可取放物品，存放使用频率高、需要看得清、容易碎的轻的小的物品
需要蹲下取放物品，存放使用频率较高、重的大的或长期保存物品
老人取放物品难易程度
难
易
较难
厨房老人取放物品范围示意图

图6.4.12 老年住宅厨房橱柜收纳示例图

(4) 卫生间储物柜收纳示例

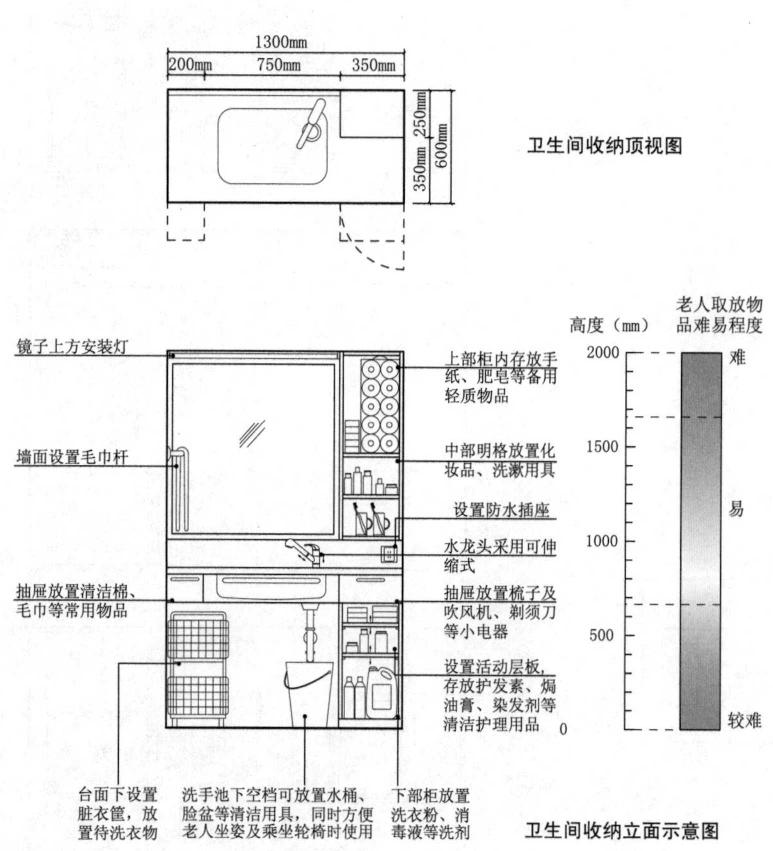

1300mm
200mm
750mm
350mm
250mm
350mm
600mm
卫生间收纳顶视图
镜子上方安装灯
墙面设置毛巾杆
抽屉放置清洁棉、毛巾等常用物品
上部柜内存放手纸、肥皂等备用轻质物品
中部明格放置化妆品、洗漱用具
设置防水插座
水龙头采用可伸缩式
抽屉放置梳子及吹风机、剃须刀等小电器
设置活动层板，存放护发素、焗油膏、染发剂等清洁护理用品
台面下设置脏衣篮，放置待洗衣物
洗手池下空档可放置水桶、脸盆等清洁用具，同时方便老人坐姿及乘坐轮椅时使用
下部柜放置洗衣粉、消毒液等洗剂
高度（mm）
老人取放物品难易程度
2000
1500
1000
500
0
难
易
较难
卫生间收纳立面示意图

图6.4.13 老年住宅卫生间储物柜收纳示例图

第7章 老年住宅套型设计案例

本章精选了18个老年住宅套型设计案例，以供参考和借鉴。内容分为两部分：一部分为套型改造案例，是在实际调研的基础上对已有住宅套型进行的改造设计；另一部分为设计实践案例，选自本书作者近期所做的老年建筑实际项目。

7.1 老年住宅套型改造案例

本章案例选自周燕珉教授开设的《住宅精细化设计》[1]课程中老年居住建筑设计部分的作业。作业要求学生调研老人实际居住状况，亲自测绘住宅套型平面图，将其进行改造，以更加适应老年人生活。本部分挑选出 8 份作业作为代表，其设计者大多是具有 10 年左右工作经验的工硕班学生。他们在 16 周课时学习的基础上，与教师反复讨论与推敲，对套型做了深化设计，并对设计原则进行了提炼与说明。

这些套型改造案例具有以下基本特点：

①设计基于实际调研。设计者对于老人居住现状及空间需求的调研是套型改造的第一手资料。部分设计者的调研对象是自己的家和自己的父母，对家庭状况和老人需求有更加直接和真切的感受。因此，改造中除了考虑无障碍设计要求，还考虑了老人与家庭成员的关系及其精神文化层面的需求。例如老人与家人的交流团聚、需要护理人员的居家照料、需要学习、娱乐及自立生活等。

②住户基本为独立生活的单身老人或老年夫妇，居住人口较少，套型均为中小套型。

③考虑老人日后可能需要护理和乘坐轮椅的空间需求。虽然多数老人目前较为健康，但老人的身体状况可能随时发生变化，住宅改造要求尽量满足老人各种身体状况下的使用需求。

④基本保证不挪动原套型的承重结构和管线位置，以使方案具有可实现性。

⑤部分案例是针对毛坯房住宅进行的专为老人的装修设计。

⑥部分案例针对卫生间、厨房、电梯等空间进行了精细化设计。

[1] 该课程于2009年和2012年连续两次被评为清华大学研究生精品课程。自2016年起，该课程的“老年居住建筑版块”已开设网络公开课程。详见清华大学学堂在线（www.xuetangx.com）：适老居住空间与环境设计。2017年，该课程获评“国家精品在线开放课程”。

案例1　护理老人套型改造

● 套内建筑面积83m^2

● 住户基本情况

居住者是一对高龄老人夫妇。其中一方腿脚不便，常年使用轮椅，而子女不在身旁，需要护理人员居家照料。老人还希望扩大主卧室以便分床休息和分区活动。

● 原套型状况

该套型为北方板楼两室户，南北通透，起居室和主卧室朝南，较为宽敞。但厨房、门厅和公共卫生间较狭小，对于乘坐轮椅的老人使用，以及护理人员照料老人都十分不便（图 7.1.1）。通过调研还发现，对于一对老人夫妇的使用，两个卫生间略显多余，可以取消一个。

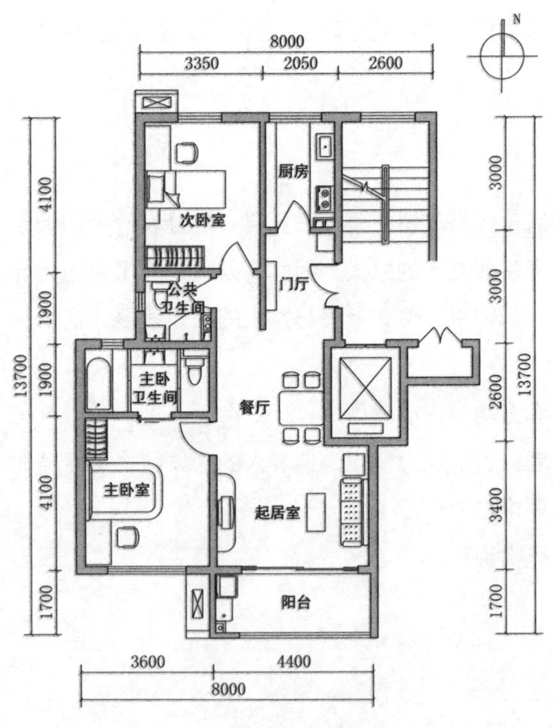

N
8000
3350
2050
2600
厨房
次卧室
公共卫生间
门厅
主卧卫生间
餐厅
主卧室
起居室
阳台
4100
1900
1900
4100
1700
13700
3000
3000
2600
3400
1700
13700
3600
4400
8000

图7.1.1　改造案例1原平面图

● 改造要点

1. 取消主卧室卫生间，多出的面积并入主卧室以增加其进深，并使其南北通透，形成良好的对流通风。
2. 次卧缩小为多功能间，供护理人员居住。多出的面积扩大厨房和公共卫生间，满足乘坐轮椅老人和护理人员进入的需求。
3. 取消门厅对面的隔墙，扩大入口空间，形成交通节点，增强与各空间的联系。
4. 对轮椅回转空间进行认真考虑，并体现在户内各空间改造上（图 7.1.3），方便乘坐轮椅老人自主独立地生活。
5. 对厨房和卫生间进行了精细化设计（图 7.1.4，图 7.1.5），于细节处提高老人居住的舒适度。

● 设计者　吴吉明

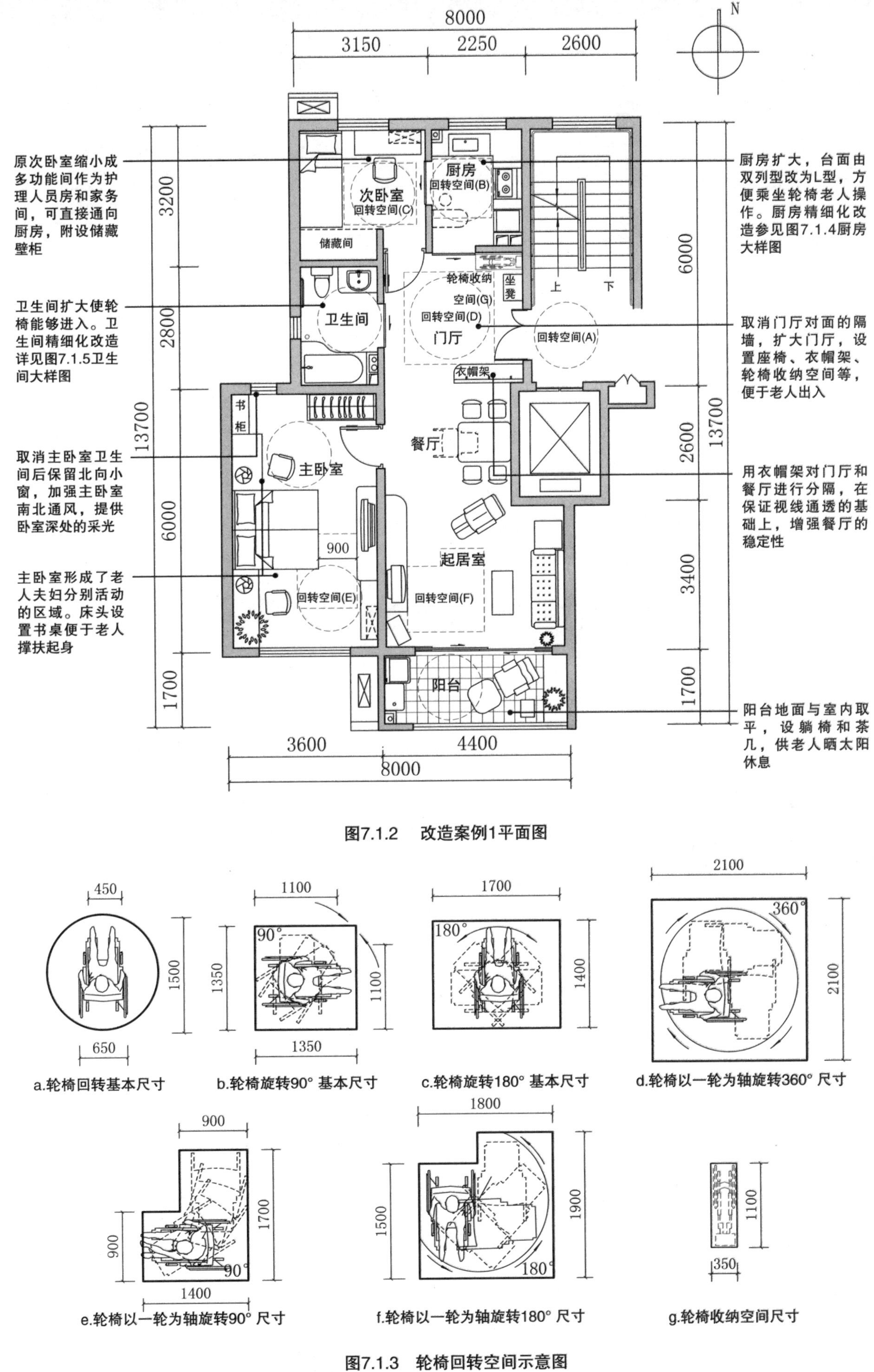

8000
3150
2250
2600
N
原次卧室缩小成多功能间作为护理人员房和家务间，可直接通向厨房，附设储藏壁柜
卫生间扩大使轮椅能够进入。卫生间精细化改造详见图7.1.5卫生间大样图
取消主卧室卫生间后保留北向小窗，加强主卧室南北通风，提供卧室深处的采光
主卧室形成了老人夫妇分别活动的区域。床头设置书桌便于老人撑扶起身
厨房扩大，台面由双列型改为L型，方便乘坐轮椅老人操作。厨房精细化改造参见图7.1.4厨房大样图
取消门厅对面的隔墙，扩大门厅，设置座椅、衣帽架、轮椅收纳空间等，便于老人出入
用衣帽架对门厅和餐厅进行分隔，在保证视线通透的基础上，增强餐厅的稳定性
阳台地面与室内取平，设躺椅和茶几，供老人晒太阳休息
次卧室
回转空间(C)
储藏间
厨房
回转空间(B)
轮椅收纳
空间(G)
回转空间(D)
门厅
坐凳
回转空间(A)
上
下
卫生间
衣帽架
书柜
主卧室
餐厅
900
起居室
回转空间(E)
回转空间(F)
阳台
3200
2800
13700
6000
1700
6000
2600
3400
3600
4400

图7.1.2　改造案例1平面图

450
1500
650
a.轮椅回转基本尺寸
1100
90°
1350
1100
1350
b.轮椅旋转90° 基本尺寸
1700
180°
1400
c.轮椅旋转180° 基本尺寸
2100
360°
2100
d.轮椅以一轮为轴旋转360° 尺寸
900
1700
900
90°
1400
e.轮椅以一轮为轴旋转90° 尺寸
1800
1500
1900
180°
f.轮椅以一轮为轴旋转180° 尺寸
1100
350
g.轮椅收纳空间尺寸

图7.1.3　轮椅回转空间示意图

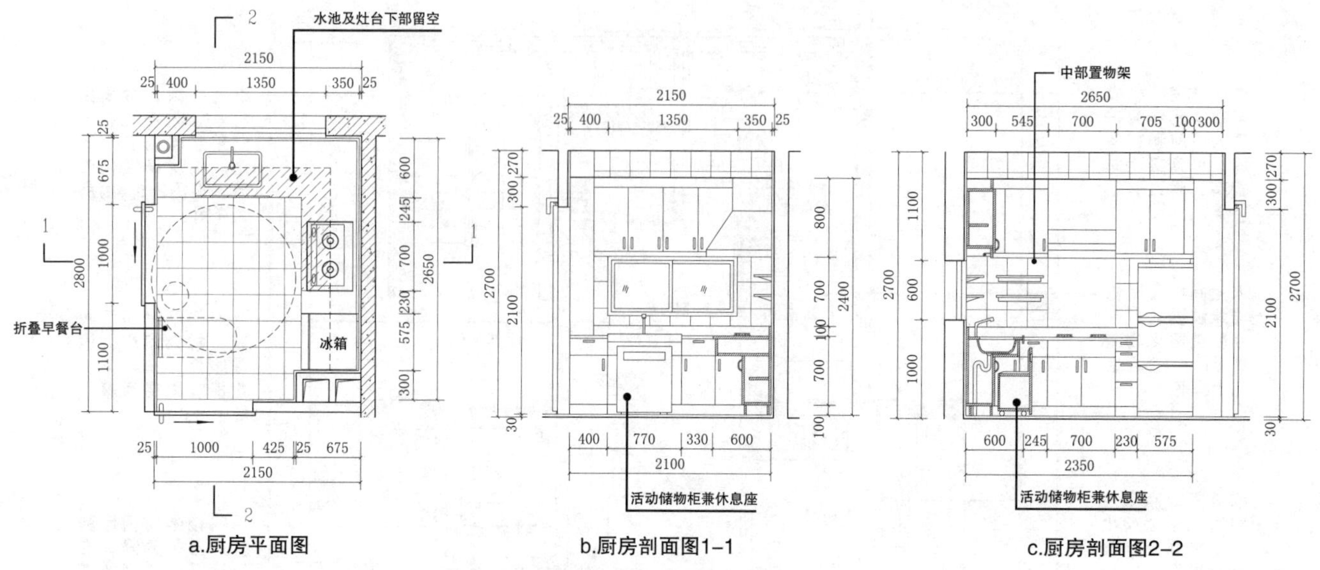
水池及灶台下部留空
折叠早餐台
冰箱
活动储物柜兼休息座
中部置物架
活动储物柜兼休息座

a.厨房平面图　b.厨房剖面图1-1　c.厨房剖面图2-2

图7.1.4　厨房大样图

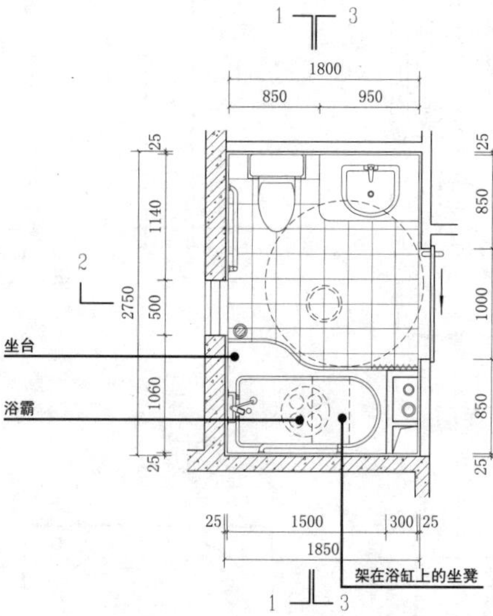

坐台

浴霸

架在浴缸上的坐凳

a.卫生间平面图

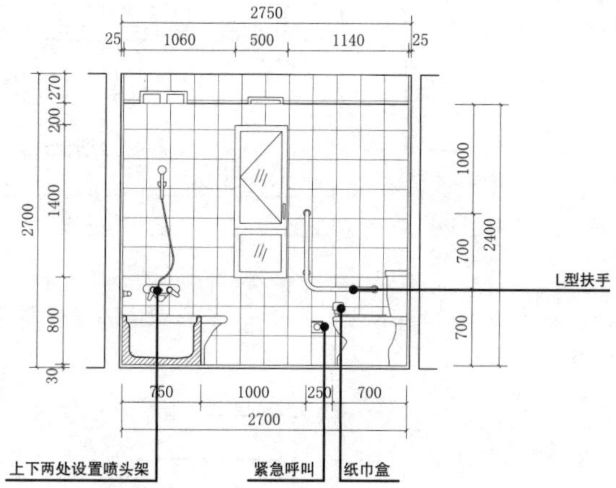

L型扶手

上下两处设置喷头架

紧急呼叫

纸巾盒

b.卫生间剖面图1-1

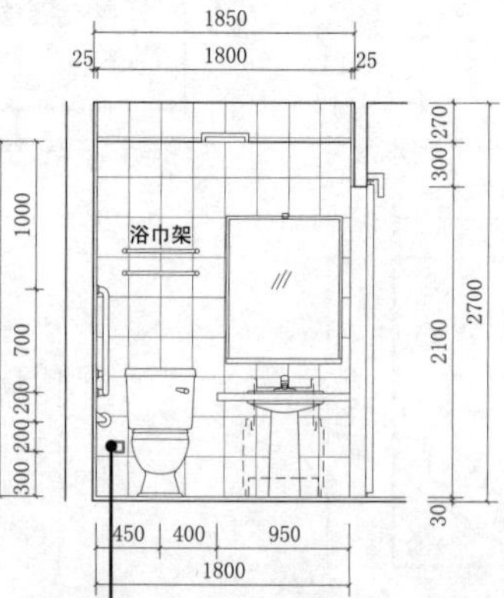

浴巾架

安全电源

c.卫生间剖面图2-2

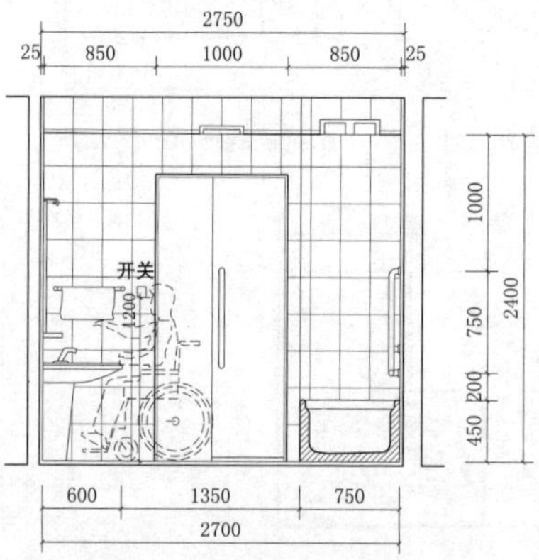

开关

d.卫生间剖面图3-3

图7.1.5　卫生间大样图

案例2　老人与第三代子女合住套型改造

● 套内建筑面积95m²

● 住户基本情况

该户为新购的两室两厅两卫毛坯房住宅，将由一对生活能够自理的老年夫妇与一位孙子女居住。老年夫妇希望进行装修改造以适应老年生活。

入口设正常使用按钮和轮椅使用按钮

中部设置低位按钮

两侧设扶手

深度满足担架使用

入口对面设镜子方便轮椅倒退出门

图7.1.6　轮椅及担架使用电梯布置图

● 改造要点

1. 注意无障碍要求（图 7.1.6），考虑将来轮椅通行和回转的可能，取消厨房、卫生间及阳台等处的高差。
2. 考虑储藏功能，增加储藏室和餐厅、阳台的储物柜。
3. 加强人性化设计，如在门厅附近增设镜子、扶手、防撞板，卫生间增设扶手等。

● 设计者 责放

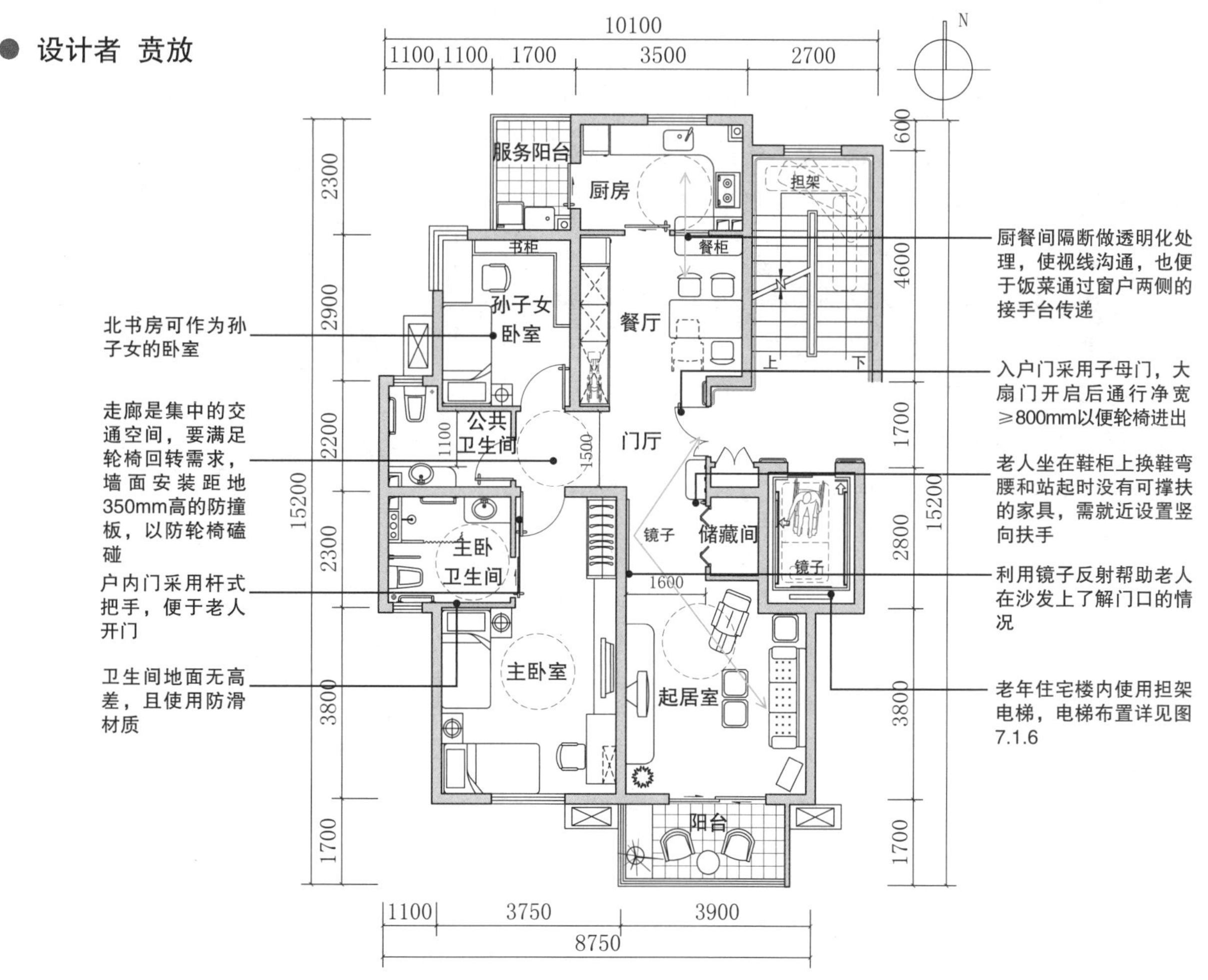

10100
1100 1100 1700 3500 2700
N
服务阳台
厨房
担架
书柜
餐柜
孙子女卧室
餐厅
公共卫生间
门厅
主卧卫生间
储藏间
镜子
主卧室
起居室
阳台
上
下
1100
1500
1600
2300
2900
2200
2300
3800
1700
15200
600
4600
1700
2800
3800
1700
15200
1100 3750 3900
8750
北书房可作为孙子女的卧室
走廊是集中的交通空间，要满足轮椅回转需求，墙面安装距地350mm高的防撞板，以防轮椅磕碰
户内门采用杆式把手，便于老人开门
卫生间地面无高差，且使用防滑材质
厨餐间隔断做透明化处理，使视线沟通，也便于饭菜通过窗户两侧的接手台传递
入户门采用子母门，大扇门开启后通行净宽≥800mm以便轮椅进出
老人坐在鞋柜上换鞋弯腰和站起时没有可撑扶的家具，需就近设置竖向扶手
利用镜子反射帮助老人在沙发上了解门口的情况
老年住宅楼内使用担架电梯，电梯布置详见图7.1.6

图7.1.7　改造案例2平面图

案例3　老人与子女合住套型改造

- 套内建筑面积 83m²

- 住户基本情况

该套型居住的是一对老年夫妇及其一位未婚子女。老年夫妇中有一方不具备生活自理能力，子女常时在身旁照料。

- 原套型状况

该套型为 20 世纪 90 年代住宅，内部空间较封闭，中部的门厅、餐厅、卫生间分隔零碎、空间狭小，连接各空间的走廊曲折、黑暗，导致通风采光差、视线不通透，不利于老年人生活（图 7.1.8）。

- 改造要点

1. 取消门厅与餐厅、起居室之间的隔墙，打通餐厅与起居室之间的施工洞，使套型中部开敞、连通，加强采光通风和视线通透。这不仅利于老人身心健康，也便于子女照顾。
2. 形成门厅、餐厅、起居室之间的洄游动线，保证门洞和垭口宽度≥ 1100mm，便于老人活动。
3. 将服务阳台并入厨房，将洗衣空间并入卫生间，扩大厨卫面积，方便乘坐轮椅老人使用。
4. 将厨房、卫生间、次卧室的平开门改为推拉门，方便轮椅通行。

- 设计者　孙丹荣

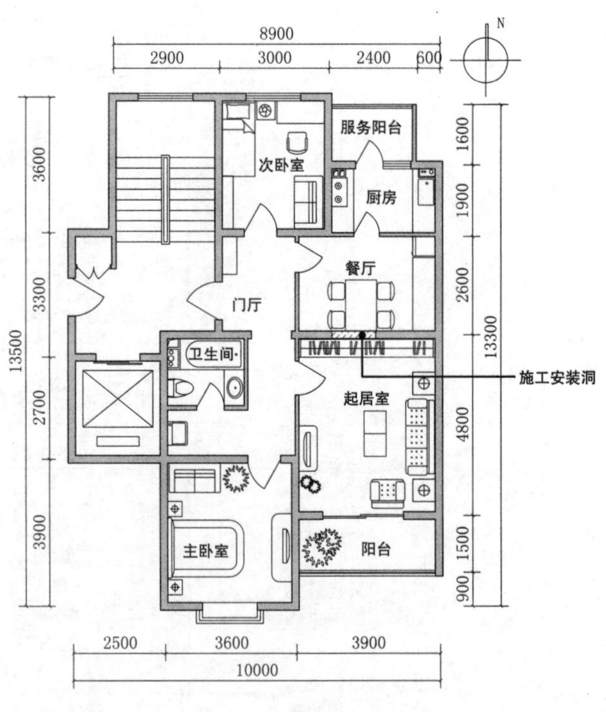

8900
2900
3000
2400
600
N
服务阳台
次卧室
厨房
餐厅
门厅
卫生间
起居室
施工安装洞
主卧室
阳台
3600
3300
2700
3900
13500
1600
1900
2600
4800
1500
900
13300
2500
3600
3900
10000

图7.1.8　改造案例3原平面图

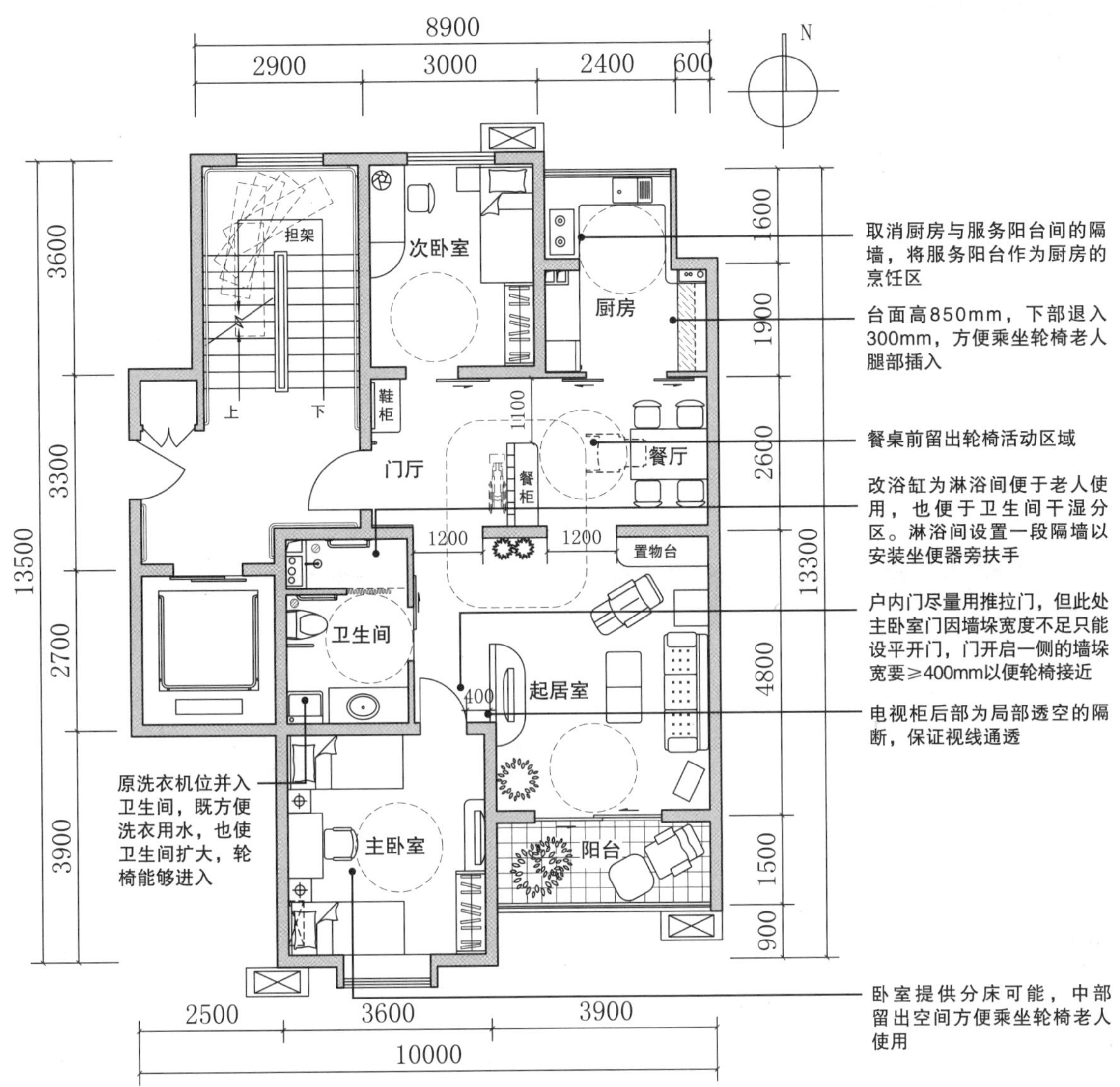
8900
2900
3000
2400
600
N
13500
3600
3300
2700
3900
1600
1900
2600
13300
4800
1500
900
担架
次卧室
厨房
鞋柜
上
下
门厅
1100
餐柜
餐厅
1200
1200
置物台
卫生间
起居室
400
主卧室
阳台
2500
3600
3900
10000
取消厨房与服务阳台间的隔墙，将服务阳台作为厨房的烹饪区
台面高850mm，下部退入300mm，方便乘坐轮椅老人腿部插入
餐桌前留出轮椅活动区域
改浴缸为淋浴间便于老人使用，也便于卫生间干湿分区。淋浴间设置一段隔墙以安装坐便器旁扶手
户内门尽量用推拉门，但此处主卧室门因墙垛宽度不足只能设平开门，门开启一侧的墙垛宽要≥400mm以便轮椅接近
电视柜后部为局部透空的隔断，保证视线通透
原洗衣机位并入卫生间，既方便洗衣用水，也使卫生间扩大，轮椅能够进入
卧室提供分床可能，中部留出空间方便乘坐轮椅老人使用

图7.1.9　改造案例3平面图

案例4　老年夫妇居住套型改造

● **套内建筑面积98m²**

● **住户基本情况**

居住者为 63 ~ 65 岁老年夫妇。双方身体健康，10 年内使用轮椅的概率较低。老人的兴趣爱好很多，如喜欢下棋、弹琴、晒太阳、玩电脑游戏、睡地台大炕等；子女与老人居住在同一单元，常来照看，全家经常聚会。

● **改造要点**

1. 充分考虑老年夫妇的休闲爱好和生活现状，改造中将原空间整合，功能划分为五个区域——聚会餐饮空间、精神娱乐空间、起居室待客空间、休息照料空间和卫浴空间。
2. 进行门洞和透明隔断的改造，利于房间内视线通透，形成了五条主要联系视线：
   ① 餐厅与门厅的联系视线。
   ② 盥洗室与门厅的联系视线。
   ③ 卫浴空间与起居室的联系视线。
   ④ 主卧室与门厅的联系视线。
   ⑤ 主卧室与多功能间的联系视线。

● **设计者　刘晓鸥**

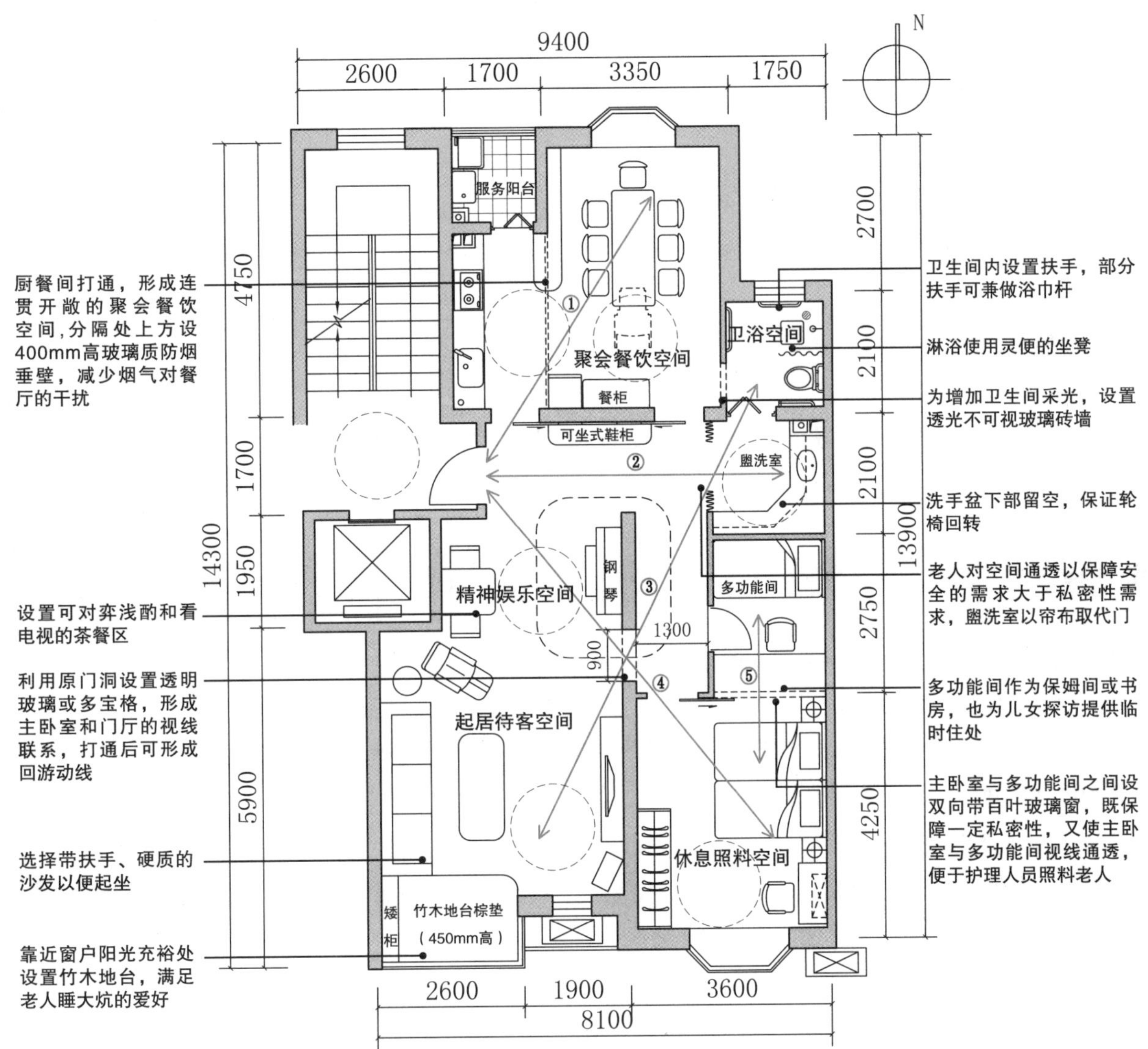
9400
2600
1700
3350
1750
N
服务阳台
聚会餐饮空间
餐柜
可坐式鞋柜
卫浴空间
盥洗室
精神娱乐空间
钢琴
多功能间
1300
900
起居待客空间
休息照料空间
矮柜
竹木地台棕垫
（450mm高）
2600
1900
3600
8100
4750
1700
1950
14300
5900
2700
2100
2100
13900
2750
4250
厨餐间打通，形成连贯开敞的聚会餐饮空间，分隔处上方设400mm高玻璃质防烟垂壁，减少烟气对餐厅的干扰
设置可对弈浅酌和看电视的茶餐区
利用原门洞设置透明玻璃或多宝格，形成主卧室和门厅的视线联系，打通后可形成回游动线
选择带扶手、硬质的沙发以便起坐
靠近窗户阳光充裕处设置竹木地台，满足老人睡大炕的爱好
卫生间内设置扶手，部分扶手可兼做浴巾杆
淋浴使用灵便的坐凳
为增加卫生间采光，设置透光不可视玻璃砖墙
洗手盆下部留空，保证轮椅回转
老人对空间通透以保障安全的需求大于私密性需求，盥洗室以帘布取代门
多功能间作为保姆间或书房，也为儿女探访提供临时住处
主卧室与多功能间之间设双向带百叶玻璃窗，既保障一定私密性，又使主卧室与多功能间视线通透，便于护理人员照料老人

图7.1.10　改造案例4平面图

案例5　首层带庭院老人居住套型改造

● 套内建筑面积 80m^2

● 住户基本情况

该套型居住的是一对健康老年夫妇。他们居于首层拥有自己的庭院，喜欢走到户外，接触自然；也喜欢宽敞的厨房和家务间，愿意自己劳动满足生活所需。儿女居住较近，节假日会来看望老人，全家聚餐。

● 原套型状况

该套型南北通透，通风采光良好，位于楼栋首层，设有南向庭院，适于老年人居住。但套型中部分隔零碎，门厅、餐厅采光不足，走廊曲折、狭窄，不利于老人通行（图 7.1.11）。

● 改造要点

1. 垫高庭院地面，缩小室内与庭院间的高差，设置适宜的坡道，方便老人出入庭院。
2. 取消次卧与门厅之间的隔墙，将次卧改为餐厅，使餐厅与门厅空间相融合，便于家庭聚餐（图 7.1.13）。
3. 将服务阳台并入室内，与厨房、餐厅连通，形成连贯便捷的家务操作空间。
4. 形成门厅、餐厅、厨房之间的回游动线，各空间开敞连贯，采光均匀，通风良好，便于老人活动。
5. 取消套型中部的储藏柜，消除走廊，使空间开敞，增强各空间联系。
6. 次卧门和储藏柜取消后，卫生间隔墙外移，扩大面积，满足老人将来可能乘坐轮椅的空间使用需求。
7. 该案例不仅对户内空间进行了改造，而且对楼栋单元入户空间的不合理处进行了修改。

● 设计者 刘红霞

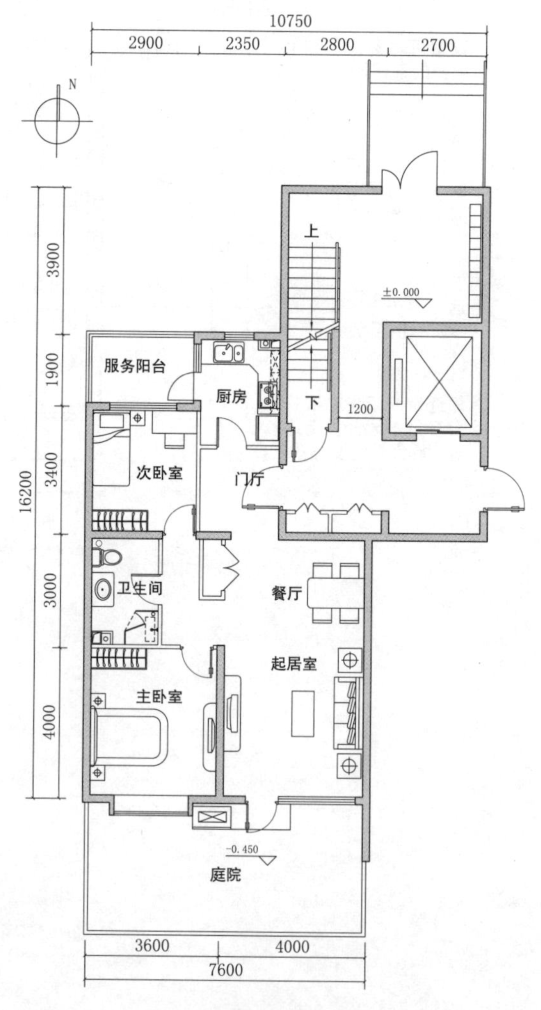
10750
2900
2350
2800
2700
N
上
±0.000
3900
1900
3400
16200
3000
4000
服务阳台
厨房
下
1200
次卧室
门厅
卫生间
餐厅
起居室
主卧室
-0.450
庭院
3600
4000
7600

图7.1.11　改造案例5原平面图

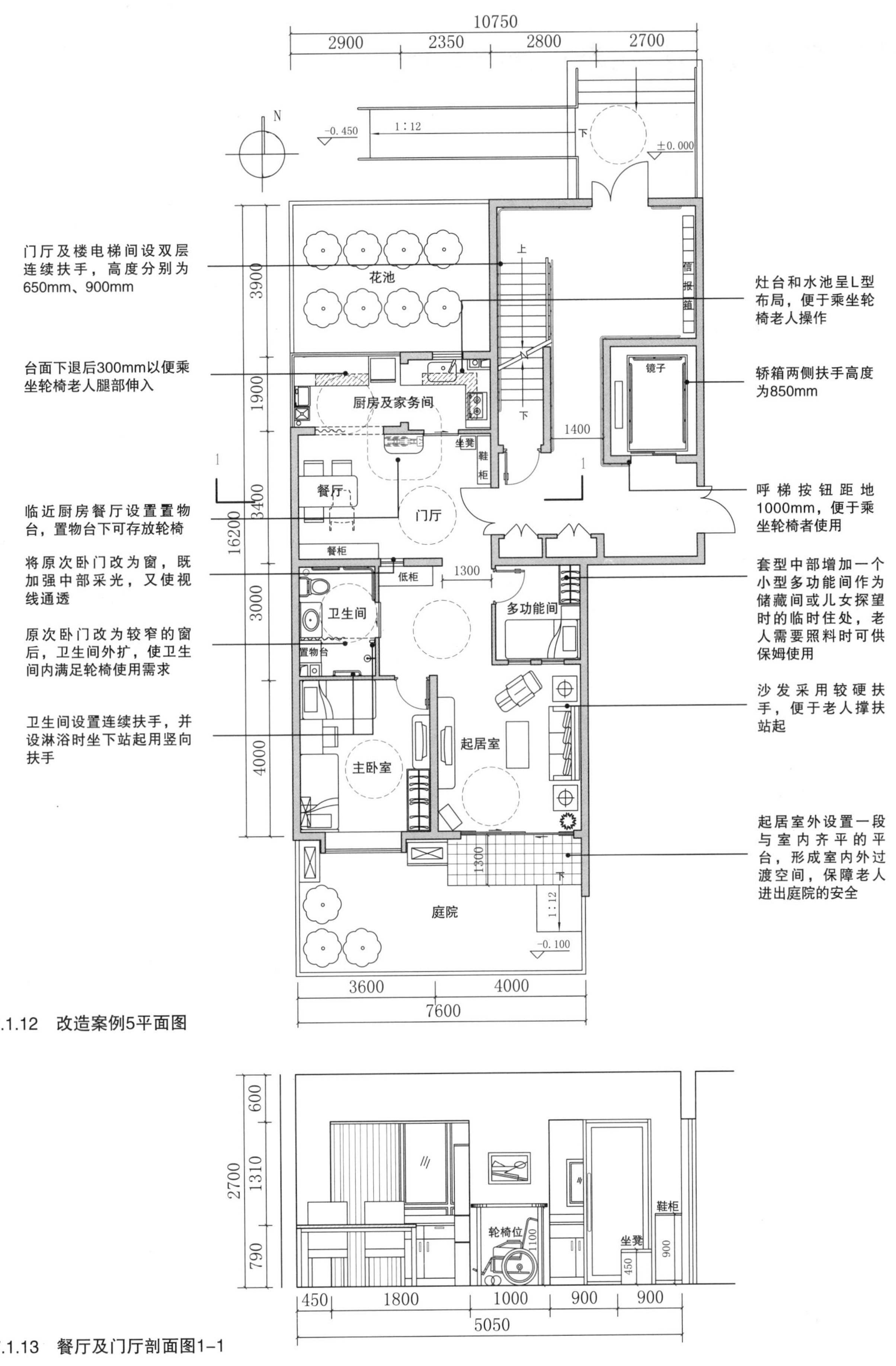

10750
2900
2350
2800
2700
N
-0.450
1：12
下
±0.000
门厅及楼电梯间设双层连续扶手，高度分别为650mm、900mm
花池
上
信报箱
灶台和水池呈L型布局，便于乘坐轮椅老人操作
台面下退后300mm以便乘坐轮椅老人腿部伸入
厨房及家务间
镜子
轿箱两侧扶手高度为850mm
下
1400
坐凳
鞋柜
餐厅
门厅
呼梯按钮距地1000mm，便于乘坐轮椅者使用
临近厨房餐厅设置置物台，置物台下可存放轮椅
餐柜
将原次卧门改为窗，既加强中部采光，又使视线通透
低柜
1300
套型中部增加一个小型多功能间作为储藏间或儿女探望时的临时住处，老人需要照料时可供保姆使用
卫生间
多功能间
原次卧门改为较窄的窗后，卫生间外扩，使卫生间内满足轮椅使用需求
置物台
沙发采用较硬扶手，便于老人撑扶站起
卫生间设置连续扶手，并设淋浴时坐下站起用竖向扶手
起居室
主卧室
3900
1900
3400
16200
3000
4000
起居室外设置一段与室内齐平的平台，形成室内外过渡空间，保障老人进出庭院的安全
1300
下
1：12
庭院
-0.100
3600
4000
7600

图7.1.12　改造案例5平面图

600
2700
1310
790
轮椅位
1100
鞋柜
坐凳
450
900
450
1800
1000
900
900
5050

图7.1.13　餐厅及门厅剖面图1-1

案例6　20世纪80年代老式套型改造

● 套内建筑面积 61m²

● 住户基本情况

该套型居住的是一位生活能够自理的独居老人。他希望厨房和储藏空间能够大一些，以满足烹饪和储藏的需求。子女居住在附近，常来看望老人，家中需要较正式的餐厅和子女临时居住的地方。

● 原套型状况

房屋为 20 世纪 80 年代老住宅，存在门厅、卫生间、厨房等空间面积较小，无餐厅，储藏空间不足、中部采光差等问题。且房屋为砖混结构，空间可改动性较差（图 7.1.14）。

● 改造要点

厨房与次卧室之间的隔墙是唯一可变的隔墙。将此隔墙向次卧方向移动，扩大厨房，改次卧为餐厅和储藏间。并营造厨餐间的回游动线，增强室内通达性。注重门、窗、扶手、地面等处细节设计，以尽量满足老年人的使用需求。

● 设计者　龚鸣

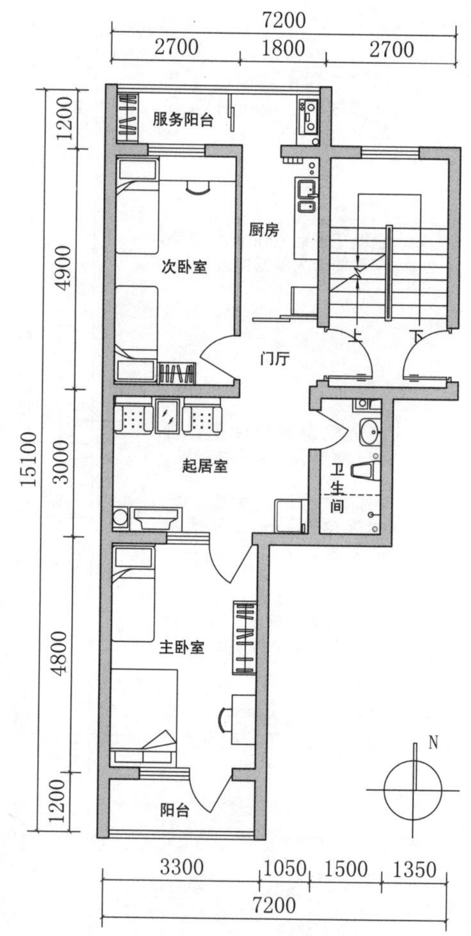
7200
2700
1800
2700
1200
4900
3000
4800
1200
15100
服务阳台
厨房
次卧室
门厅
上
下
起居室
卫生间
主卧室
阳台
N
3300
1050
1500
1350
7200

图7.1.14　改造案例6原平面图

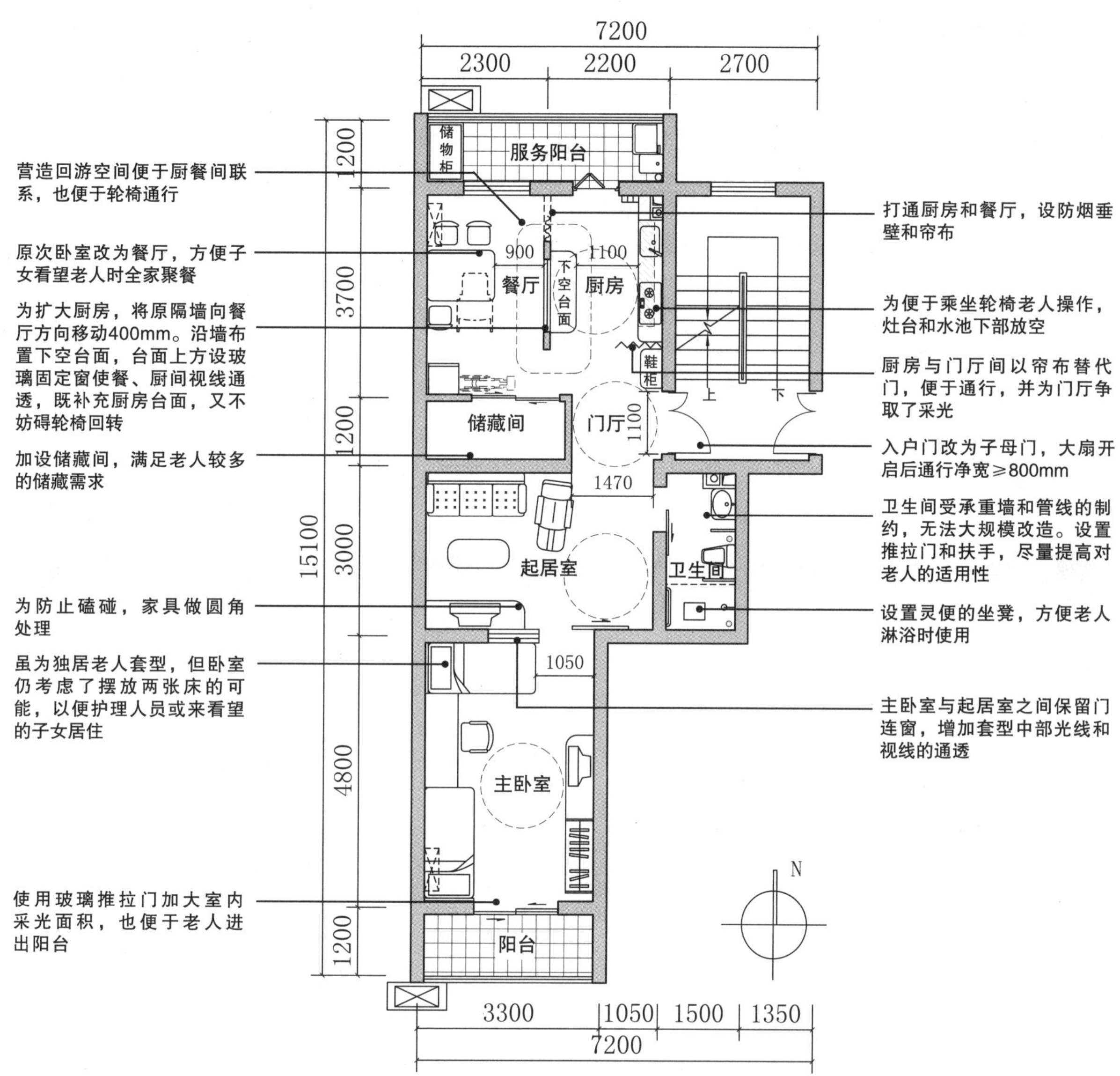

7200
2300
2200
2700
储物柜
服务阳台
营造回游空间便于厨餐间联系，也便于轮椅通行
打通厨房和餐厅，设防烟垂壁和帘布
原次卧室改为餐厅，方便子女看望老人时全家聚餐
900
1100
餐厅
下空台面
厨房
为便于乘坐轮椅老人操作，灶台和水池下部放空
为扩大厨房，将原隔墙向餐厅方向移动400mm。沿墙布置下空台面，台面上方设玻璃固定窗使餐、厨间视线通透，既补充厨房台面，又不妨碍轮椅回转
鞋柜
厨房与门厅间以帘布替代门，便于通行，并为门厅争取了采光
上
下
储藏间
门厅
1100
入户门改为子母门，大扇开启后通行净宽≥800mm
加设储藏间，满足老人较多的储藏需求
1470
卫生间受承重墙和管线的制约，无法大规模改造。设置推拉门和扶手，尽量提高对老人的适用性
起居室
卫生间
为防止磕碰，家具做圆角处理
设置灵便的坐凳，方便老人淋浴时使用
1050
虽为独居老人套型，但卧室仍考虑了摆放两张床的可能，以便护理人员或来看望的子女居住
主卧室与起居室之间保留门连窗，增加套型中部光线和视线的通透
主卧室
N
使用玻璃推拉门加大室内采光面积，也便于老人进出阳台
阳台
1200
3700
1200
3000
15100
4800
1200
3300
1050
1500
1350
7200

图7.1.15　改造案例6平面图

案例7　独居老人居住套型改造

● 套内建筑面积77m²

● 住户基本情况

该套型（图 7.1.16）居住的是一位年近 80 岁的独居女性老人。她希望独立自主地生活，喜欢自己洗衣服、自己做饭。老人略显洁癖，不喜欢家具太多以影响她清洁卫生。她喜欢忙完家务后在阳光下休息。

老人腿脚已有些不便，不久后可能会乘坐轮椅。中部走廊狭窄曲折，卫生间较小，目前不能满足轮椅的使用需求。

● 改造要点

1. 缩小次卧室，扩大中部交通空间，消除狭窄曲折的走廊，方便各空间联系。
2. 缩小主卧室，扩大卫生间。卫生间增设淋浴间，做到干湿分区。
3. 卫生间直接向主卧室开门，形成回游空间，便于老人夜间如厕。

● 设计者　段威

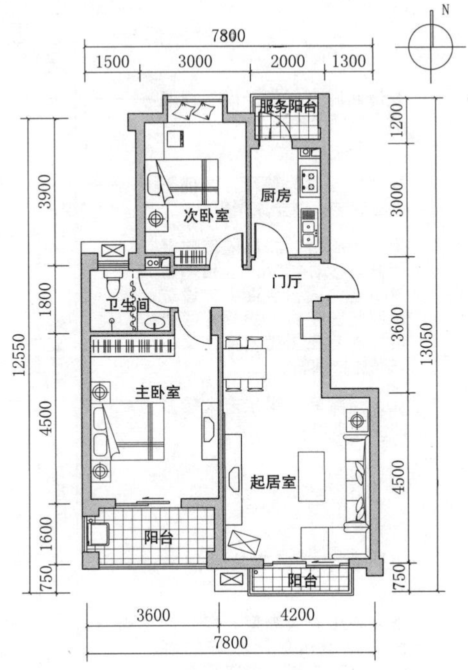

N
7800
1500
3000
2000
1300
服务阳台
次卧室
厨房
门厅
卫生间
主卧室
起居室
阳台
阳台
3900
1800
4500
1600
750
12550
1200
3000
3600
4500
750
13050
3600
4200
7800

图7.1.16　改造案例7原平面图

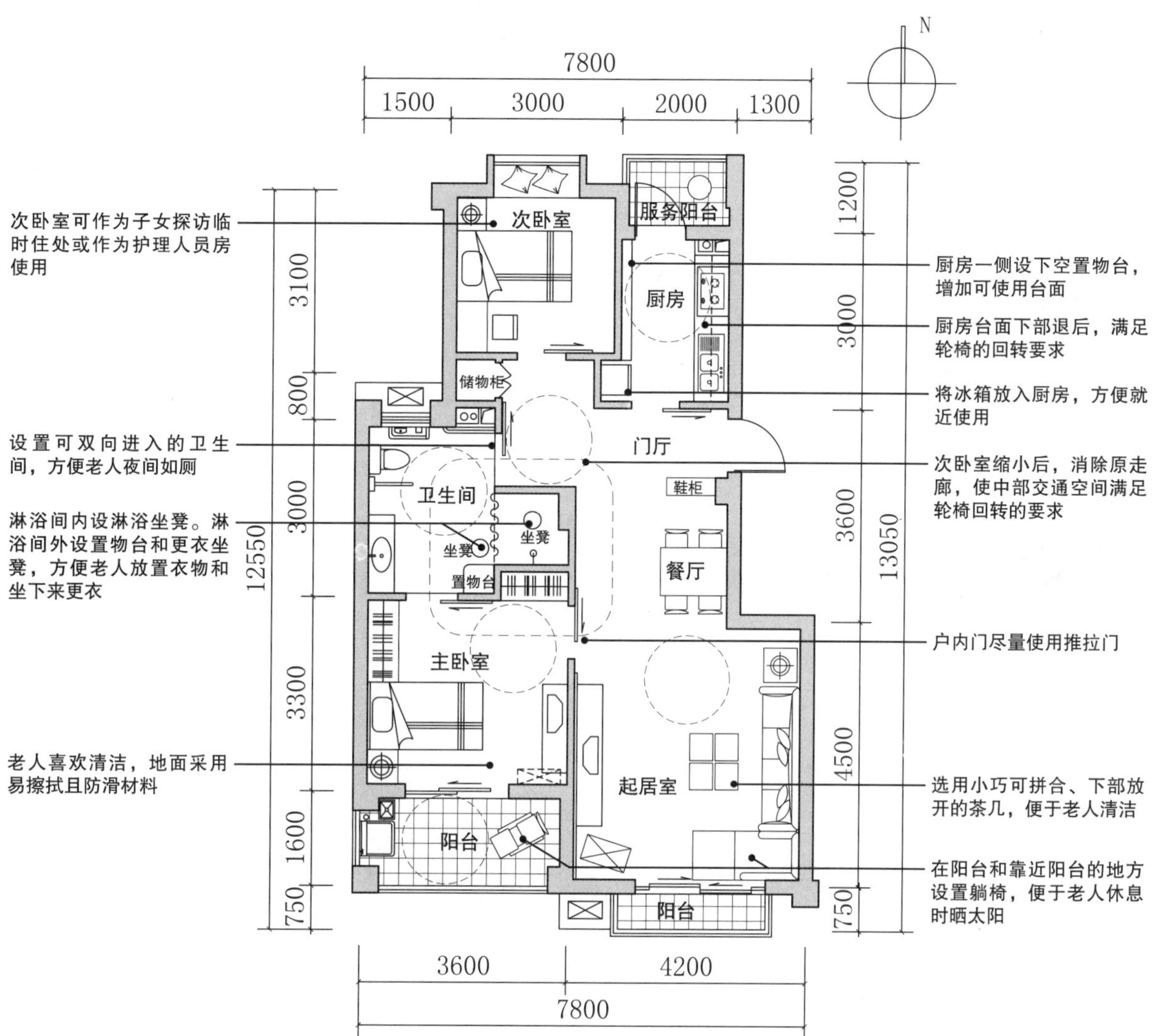
N
7800
1500
3000
2000
1300
1200
3000
3600
13050
4500
750
3100
800
3000
12550
3300
1600
750
次卧室
服务阳台
厨房
储物柜
门厅
鞋柜
卫生间
坐凳
坐凳
置物台
餐厅
主卧室
起居室
阳台
阳台
3600
4200
7800
次卧室可作为子女探访临时住处或作为护理人员房使用
设置可双向进入的卫生间，方便老人夜间如厕
淋浴间内设淋浴坐凳。淋浴间外设置物台和更衣坐凳，方便老人放置衣物和坐下来更衣
老人喜欢清洁，地面采用易擦拭且防滑材料
厨房一侧设下空置物台，增加可使用台面
厨房台面下部退后，满足轮椅的回转要求
将冰箱放入厨房，方便就近使用
次卧室缩小后，消除原走廊，使中部交通空间满足轮椅回转的要求
户内门尽量使用推拉门
选用小巧可拼合、下部放开的茶几，便于老人清洁
在阳台和靠近阳台的地方设置躺椅，便于老人休息时晒太阳

图7.1.17　改造案例7平面图

案例8 双南卧窄面宽老人居住套型改造

● 套内建筑面积84m²

● 住户基本情况

该套型为一对独立生活的老年夫妇使用。双方生活习惯和身体状况存在差异，需要分房休息。

● 改造要点

两间南卧均作为老人卧室，满足老人分房休息的需求。将北向阳台打通，形成起居室与厨房间的回游动线，增强室内空间通达性。餐厅与起居室连通，形成开敞灵活的空间。

● 设计者 王璞

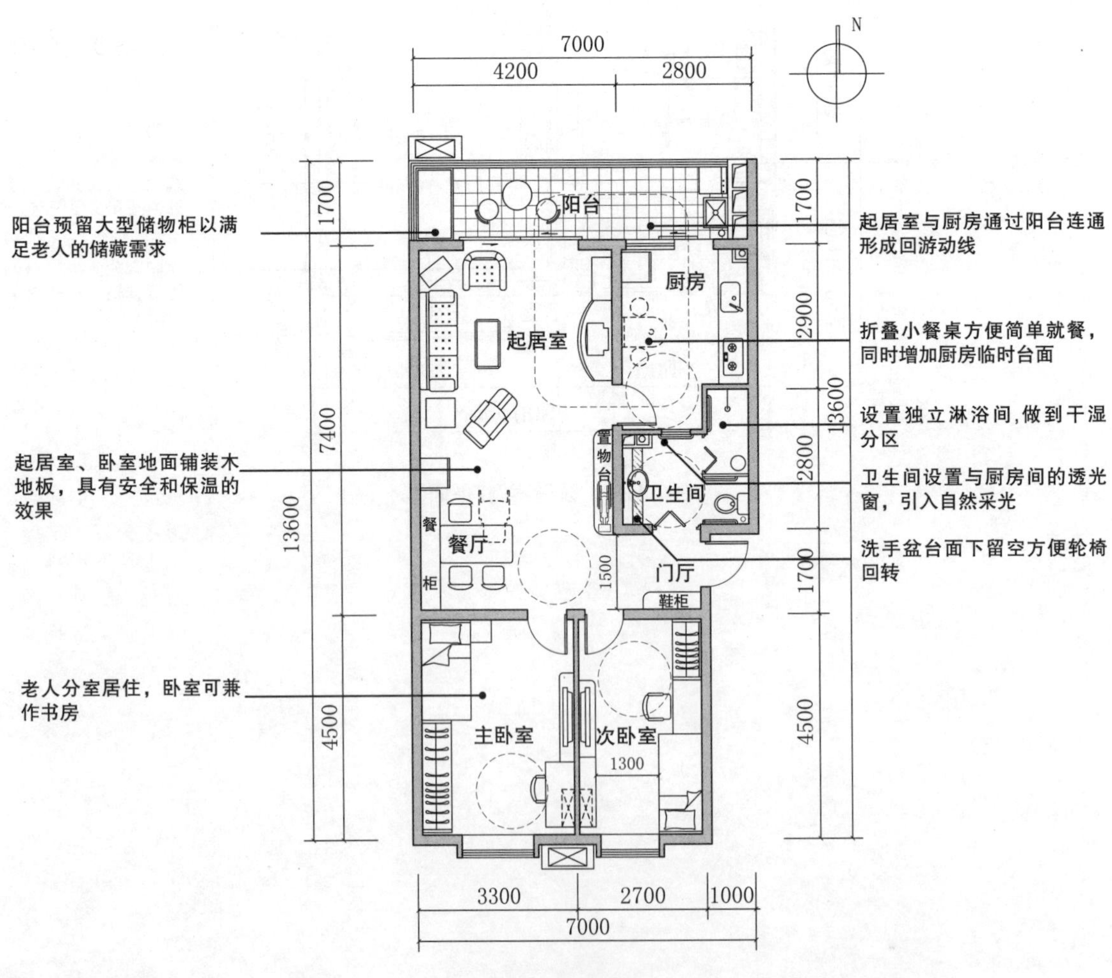

7000
4200
2800
N
阳台
厨房
起居室
置物台
卫生间
餐厅
餐柜
门厅
鞋柜
主卧室
次卧室
1300
1500
1700
7400
13600
4500
2900
2800
3300
2700
1000
阳台预留大型储物柜以满足老人的储藏需求
起居室、卧室地面铺装木地板，具有安全和保温的效果
老人分室居住，卧室可兼作书房
起居室与厨房通过阳台连通形成回游动线
折叠小餐桌方便简单就餐，同时增加厨房临时台面
设置独立淋浴间，做到干湿分区
卫生间设置与厨房间的透光窗，引入自然采光
洗手盆台面下留空方便轮椅回转

图7.1.18 改造案例8平面图

7.2 老年住宅设计实践案例

这部分案例选自周燕珉居住建筑设计研究工作室近期所做的老年建筑实际项目中的典型套型。

这些设计案例为不同地区的实际项目，各地状况及老人对住宅的使用需求不同，因此在设计前均进行了细致的调研工作。根据调研结果，设计者确定出套型的面积、适用对象、设计要点等事项。

因为各地情况不同，所以设计出的套型可能带有一定特殊性，不完全具有普适性。在此列出以丰富套型类别，提供参考。这些套型包括一室户、纯南户和公寓零室户等。部分设计案例已付诸实践。

案例1　大面宽小进深套型设计

● 套内建筑面积100m^2

● 设计适用对象

适合以两位老人为核心的家庭居住，同时考虑两位老人照看孙辈的情况。

● 设计要点

1. 力争做出适用于中低层和小高层住宅的普适性套型。
2. 以较大面宽和较小进深提高户内采光和通风效率，满足老年人的生理、心理需求。
3. 将外轮廓线规整化，以利于北方住宅的节能保温。
4. 注意结构对齐，减少承重墙，便于日后改造，使户内空间灵活可变（图 7.2.2，图 7.2.3）。

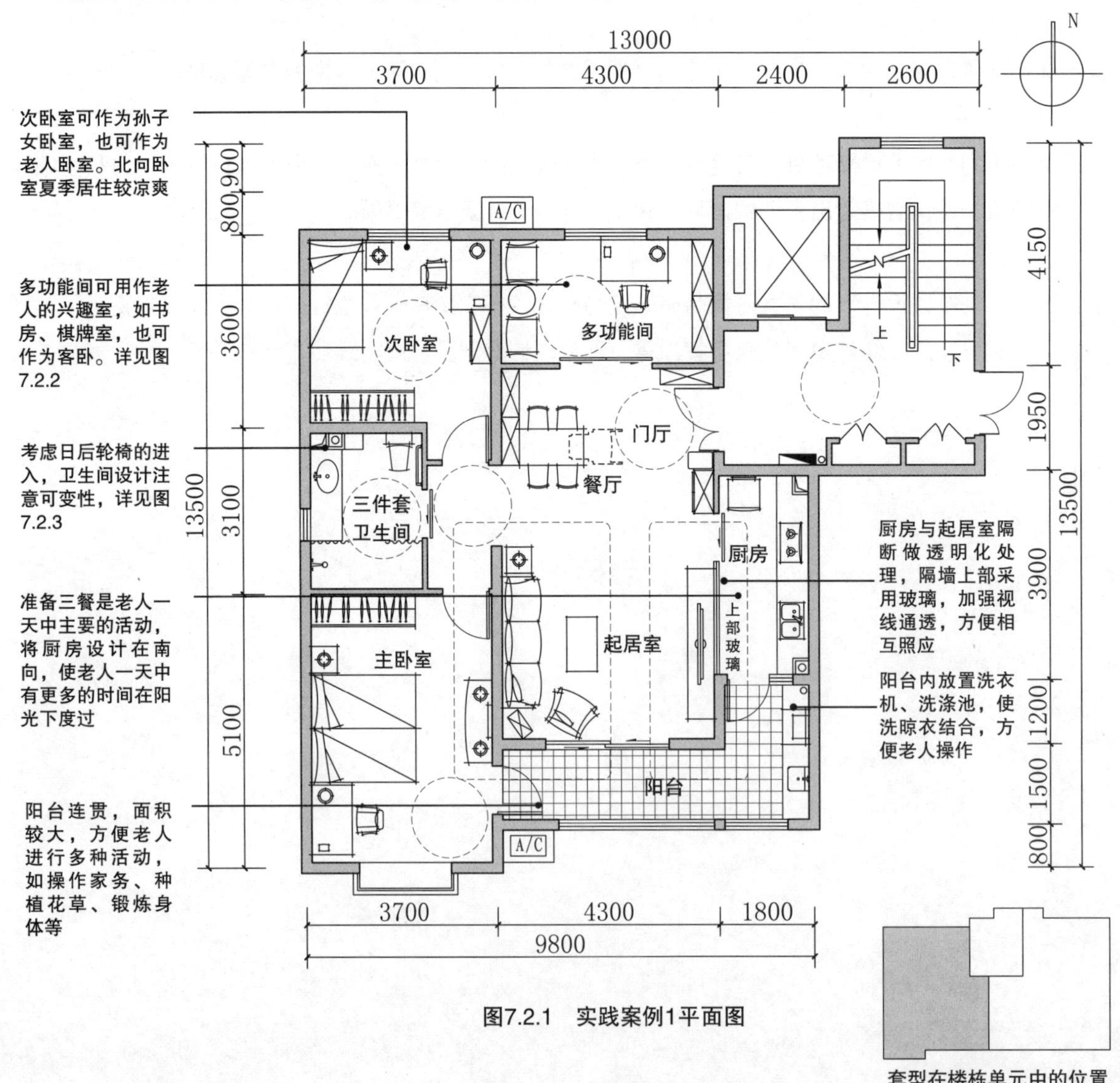

13000
3700
4300
2400
2600
N
次卧室可作为孙子女卧室，也可作为老人卧室。北向卧室夏季居住较凉爽
多功能间可用作老人的兴趣室，如书房、棋牌室，也可作为客卧。详见图7.2.2
考虑日后轮椅的进入，卫生间设计注意可变性，详见图7.2.3
准备三餐是老人一天中主要的活动，将厨房设计在南向，使老人一天中有更多的时间在阳光下度过
阳台连贯，面积较大，方便老人进行多种活动，如操作家务、种植花草、锻炼身体等
厨房与起居室隔断做透明化处理，隔墙上部采用玻璃，加强视线通透，方便相互照应
阳台内放置洗衣机、洗涤池，使洗晾衣结合，方便老人操作
A/C
次卧室
多功能间
门厅
餐厅
三件套卫生间
厨房
上部玻璃
起居室
主卧室
阳台
上
下
800
900
3600
3100
5100
13500
4150
1950
3900
1200
1500
800
3700
4300
1800
9800
套型在楼栋单元中的位置

图7.2.1　实践案例1平面图

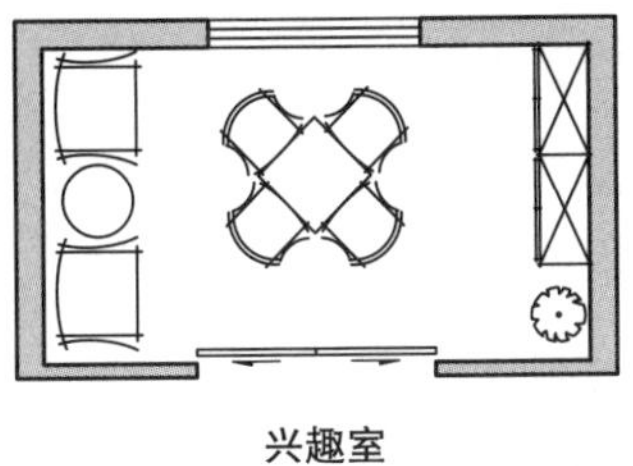

兴趣室

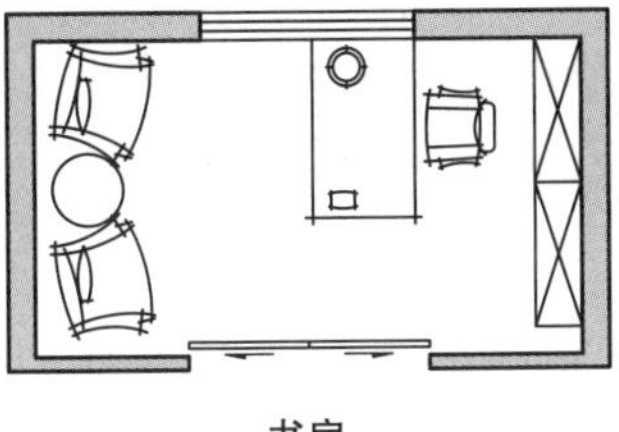

书房

儿童卧室(客卧)

图7.2.2　多功能间灵活布置图

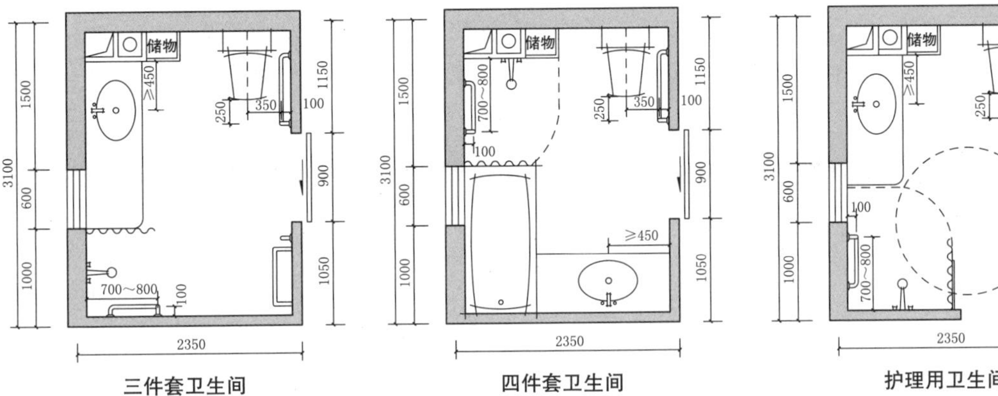

储物
≥450
250
350
100
1150
1500
3100
600
900
1000
1050
700~800
≥450

三件套卫生间　　四件套卫生间　　护理用卫生间

图7.2.3　卫生间灵活布置及尺寸图

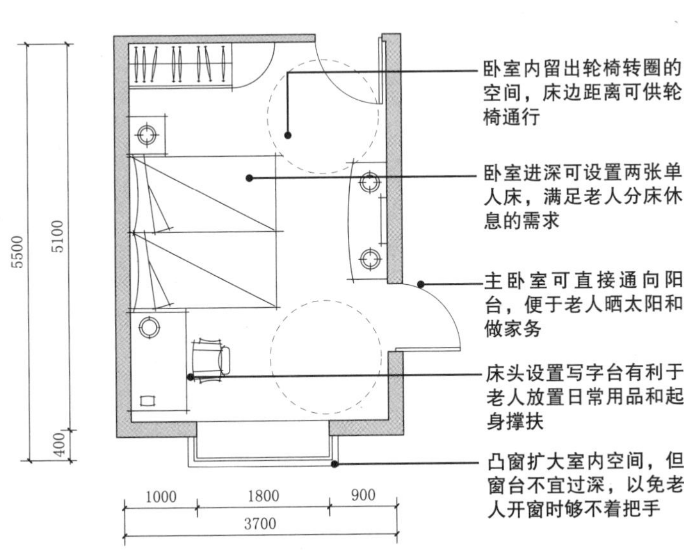

卧室内留出轮椅转圈的空间，床边距离可供轮椅通行
卧室进深可设置两张单人床，满足老人分床休息的需求
主卧室可直接通向阳台，便于老人晒太阳和做家务
床头设置写字台有利于老人放置日常用品和起身撑扶
凸窗扩大室内空间，但窗台不宜过深，以免老人开窗时够不着把手
5500
5100
400
1000
1800
900
3700

图7.2.4　主卧室设计细节示意图

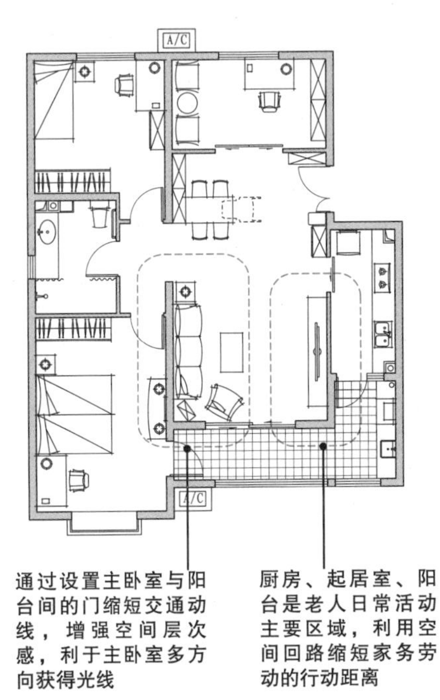

A/C
A/C
通过设置主卧室与阳台间的门缩短交通动线，增强空间层次感，利于主卧室多方向获得光线
厨房、起居室、阳台是老人日常活动主要区域，利用空间回路缩短家务劳动的行动距离

图7.2.5　回游动线示意图

案例2　三代同堂家庭套型设计

● 套内建筑面积 114m^2

● 设计适用对象

该套型针对老人与子女、孙子女一起居住的三代同堂家庭而设计。该套型既适合以子女为中心的家庭，也适合以老人为中心的家庭，空间形式便于老少间相互辅助、相互关照。

● 设计要点

1. 南向设置两间卧室，分别就近布置卫生间，形成双主卧概念，方便两代人共同居住。
2. 餐起空间设于中部，两厅连通，便于家庭成员团聚。餐起公共空间将两套卧室隔开，方便老少二代保持各自的独立性和私密性。
3. 考虑家庭成员的变化，尽量使室内空间具有灵活改变的可能，如服务阳台和半卫生间均可改造为其他房间。

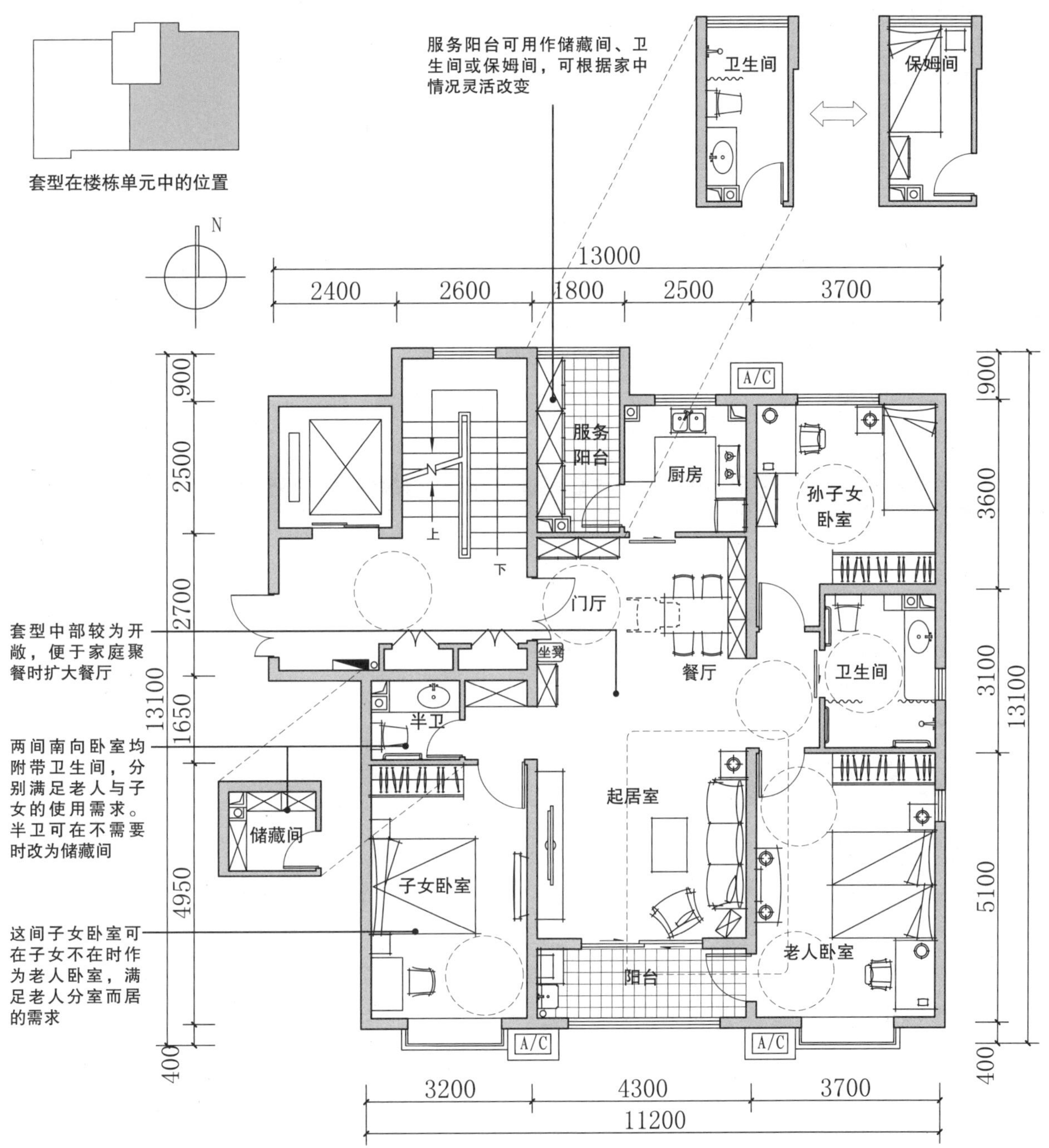
套型在楼栋单元中的位置
服务阳台可用作储藏间、卫生间或保姆间，可根据家中情况灵活改变
卫生间
保姆间
N
13000
2400
2600
1800
2500
3700
900
2500
2700
1650
4950
400
13100
3600
3100
5100
A/C
服务阳台
厨房
孙子女卧室
上
下
门厅
餐厅
卫生间
坐凳
半卫
起居室
储藏间
子女卧室
老人卧室
阳台
套型中部较为开敞，便于家庭聚餐时扩大餐厅
两间南向卧室均附带卫生间，分别满足老人与子女的使用需求。半卫可在不需要时改为储藏间
这间子女卧室可在子女不在时作为老人卧室，满足老人分室而居的需求
3200
4300
11200

图7.2.6　实践案例2平面图

案例3　纯南一室户套型设计

- **套内建筑面积65m²**

- **设计适用对象**

该套型适合行动不便的单身老人或老年夫妇使用，并考虑阶段性护理人员的居住需求。

- **设计要点**

1. 纯南户经常是一梯三户或一梯四户板楼的中间套型，或外廊式公寓套型。为保证老年人使用的舒适性，设计中注意争取较大南向面宽和较小进深，使起居室、卧室、厨房采光充足。
2. 服务阳台与起居室阳台连通，在较小的套型中形成连贯便捷的动线，对老人洗晾衣、种植花卉、晒太阳等均有益处。
3. 设置较大的储藏间，必要时可改为保姆间，满足不同阶段老人对储藏或照料的需求。

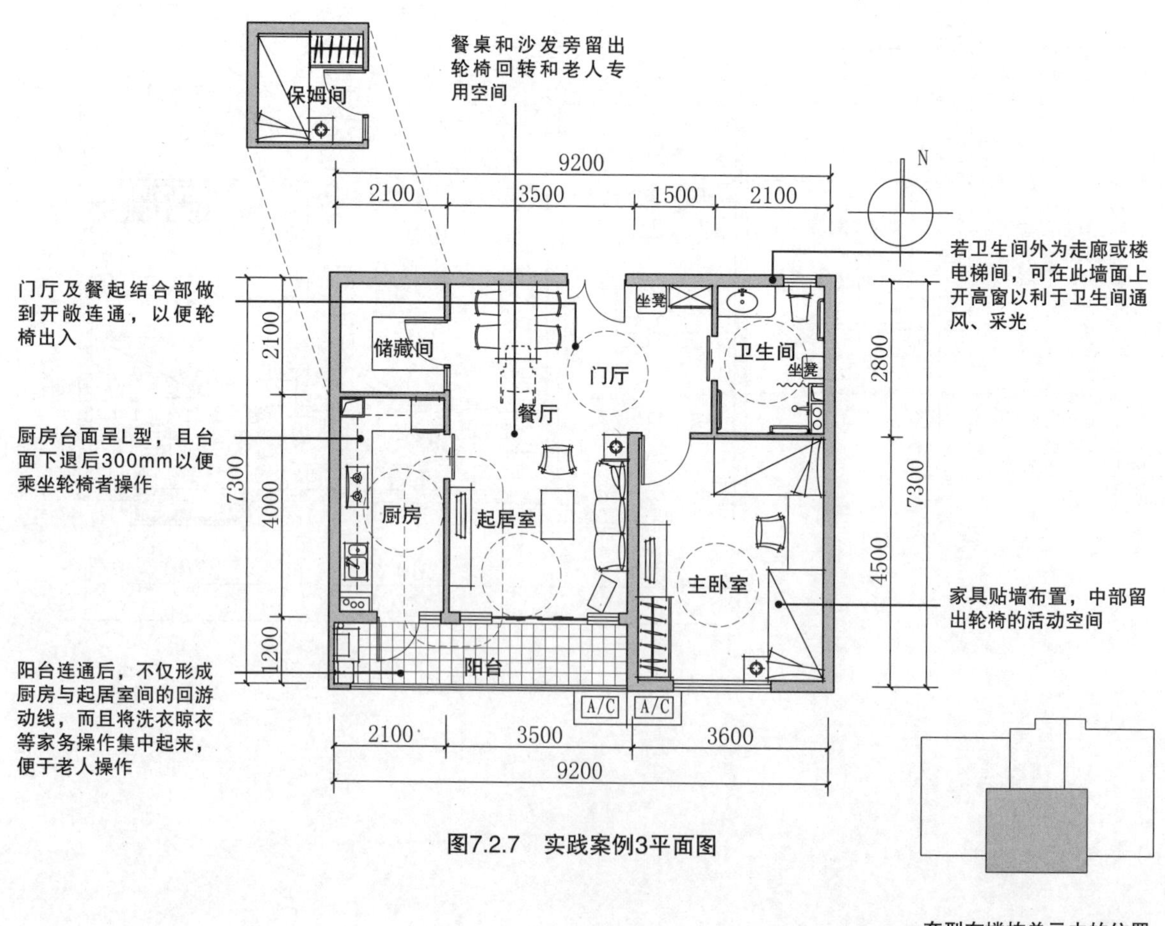

保姆间
餐桌和沙发旁留出轮椅回转和老人专用空间
9200
2100
3500
1500
2100
N
若卫生间外为走廊或楼电梯间，可在此墙面上开高窗以利于卫生间通风、采光
门厅及餐起结合部做到开敞连通，以便轮椅出入
坐凳
储藏间
门厅
卫生间
坐凳
餐厅
2100
2800
厨房台面呈L型，且台面下退后300mm以便乘坐轮椅者操作
7300
4000
厨房
起居室
主卧室
7300
4500
家具贴墙布置，中部留出轮椅的活动空间
1200
阳台
阳台连通后，不仅形成厨房与起居室间的回游动线，而且将洗衣晾衣等家务操作集中起来，便于老人操作
A/C
A/C
2100
3500
3600
9200

图7.2.7　实践案例3平面图

套型在楼栋单元中的位置

案例4　外廊式端单元套型设计

● 套内建筑面积71m^2

● 设计适用对象

该套型适用于一方健康、一方需乘坐轮椅，因生活习惯、身体状况上的差异需要分房居住的老年夫妇。

● 设计要点

1. 该套型位于外廊式公寓的端部，三面采光，南北设置双阳台，做到明厨明卫。
2. 老年夫妇分南北两间卧室居住。卧室空间大小、家具布置满足老人各自生活的基本需求。南向主卧室较大，保证轮椅回转的空间需求，适合乘坐轮椅的老人居住。两卧室之间设置卫生间，方便两位老人共用。
3. 厨房、餐厅、起居室形成开敞、连贯的空间，中部交通空间放开，消除走廊，使老人在室内的动线更加便捷。

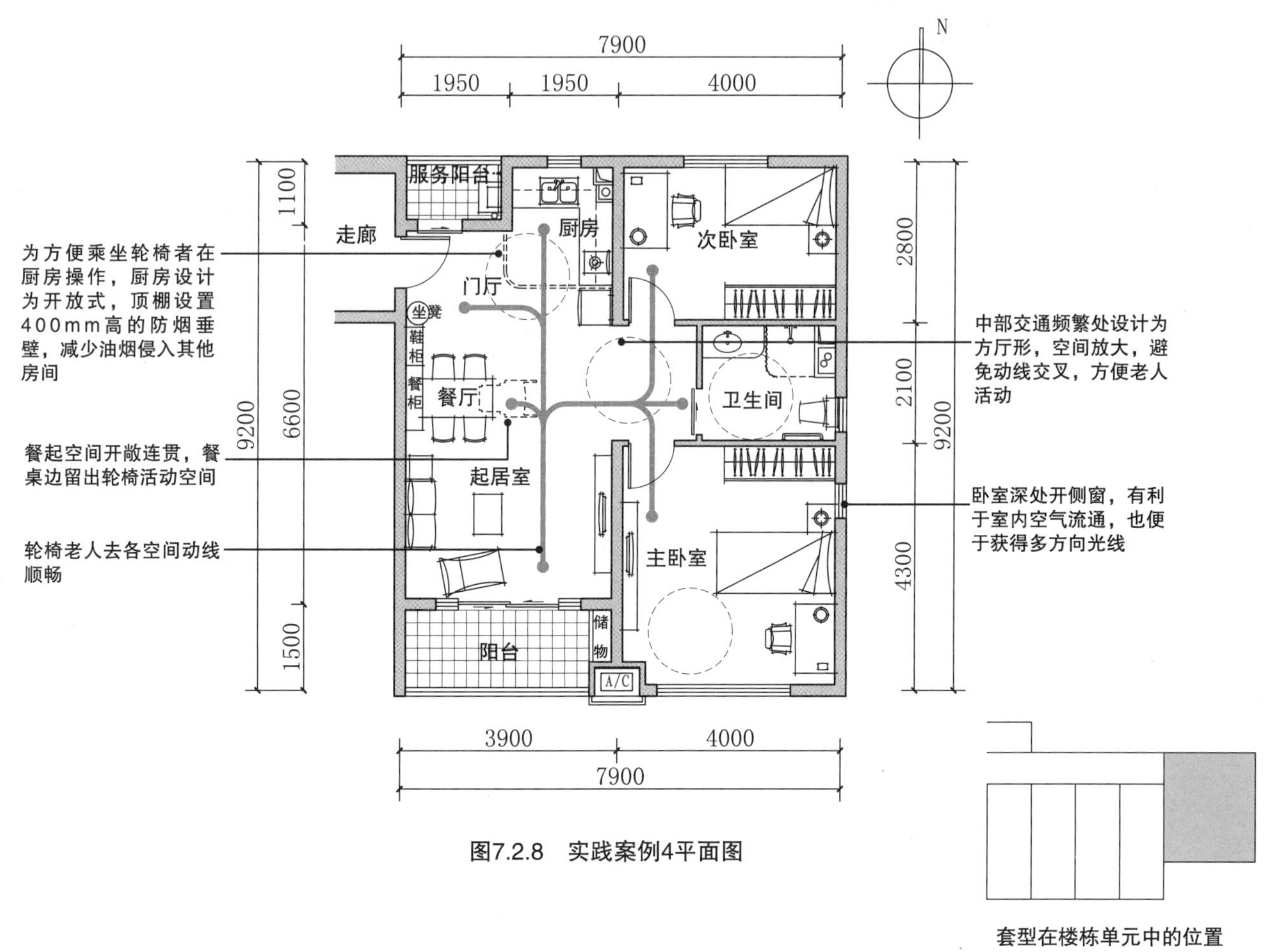
7900
1950
1950
4000
N
服务阳台
走廊
厨房
次卧室
门厅
坐凳
鞋柜
餐柜
餐厅
卫生间
起居室
主卧室
阳台
储物
A/C
1100
6600
9200
1500
2800
2100
9200
4300
3900
4000
7900
为方便乘坐轮椅者在厨房操作，厨房设计为开放式，顶棚设置400mm高的防烟垂壁，减少油烟侵入其他房间
餐起空间开敞连贯，餐桌边留出轮椅活动空间
轮椅老人去各空间动线顺畅
中部交通频繁处设计为方厅形，空间放大，避免动线交叉，方便老人活动
卧室深处开侧窗，有利于室内空气流通，也便于获得多方向光线
套型在楼栋单元中的位置

图7.2.8　实践案例4平面图

案例5　外廊式零室户套型设计

● 套内建筑面积$35m^2$

● 设计适用对象

该设计为外廊式老年公寓零室户套型，适合健康老人居住，可以是单身或夫妇。

● 设计要点

该套型设计力争在小面积中做到功能齐备，使健康老人能独立自主地生活。例如提供独立小厨房，满足烧水煮饭的日常需求；套型中部设置餐起区，使老人有较大的活动空间；阳台设置储物柜和休闲空间，以及洗衣机和洗涤池，满足洗晾衣等家务操作的需要。

为满足单身老人和老人夫妇的不同需求，套型可灵活地分为A、B两种。

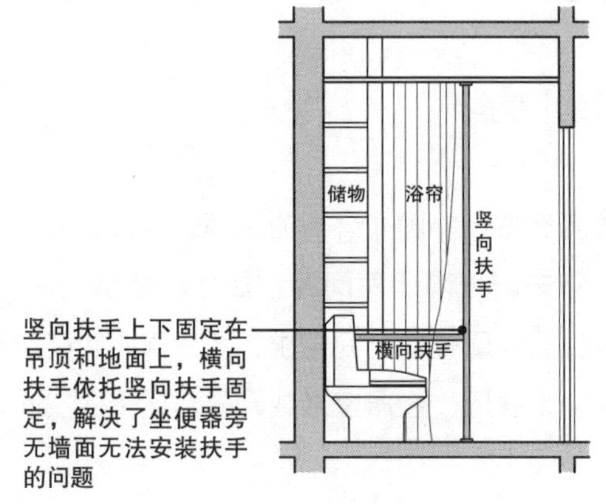

储物
浴帘
竖向扶手
横向扶手
竖向扶手上下固定在吊顶和地面上，横向扶手依托竖向扶手固定，解决了坐便器旁无墙面无法安装扶手的问题

图7.2.9　实践案例5剖面图1-1

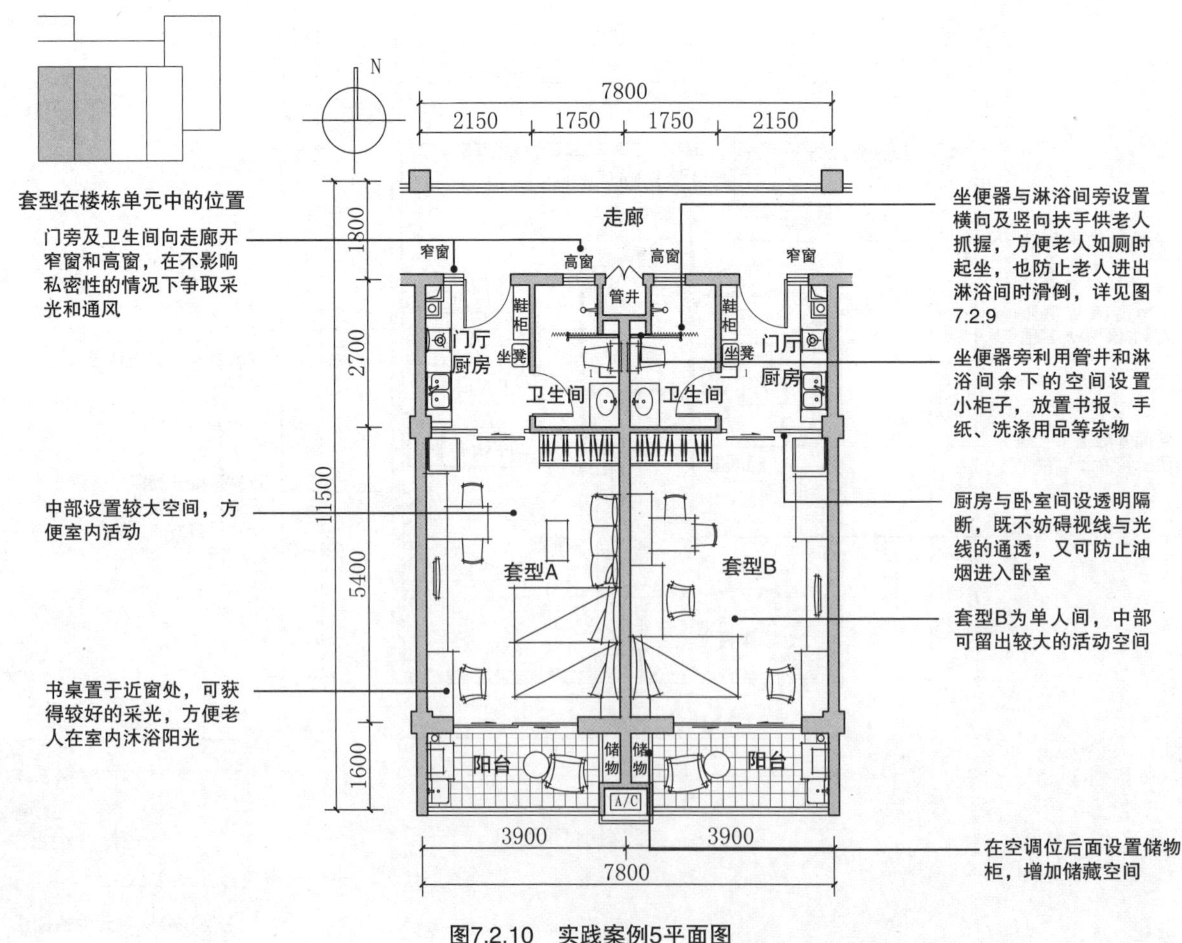

套型在楼栋单元中的位置
N
7800
2150
1750
1750
2150
走廊
1800
2700
11500
5400
1600
窄窗
高窗
高窗
窄窗
管井
鞋柜
门厅
厨房
坐凳
卫生间
卫生间
套型A
套型B
阳台
储物
储物
阳台
A/C
3900
3900
7800
门旁及卫生间向走廊开窄窗和高窗，在不影响私密性的情况下争取采光和通风
中部设置较大空间，方便室内活动
书桌置于近窗处，可获得较好的采光，方便老人在室内沐浴阳光
坐便器与淋浴间旁设置横向及竖向扶手供老人抓握，方便老人如厕时起坐，也防止老人进出淋浴间时滑倒，详见图7.2.9
坐便器旁利用管井和淋浴间余下的空间设置小柜子，放置书报、手纸、洗涤用品等杂物
厨房与卧室间设透明隔断，既不妨碍视线与光线的通透，又可防止油烟进入卧室
套型B为单人间，中部可留出较大的活动空间
在空调位后面设置储物柜，增加储藏空间

图7.2.10　实践案例5平面图

案例6 外廊式一室一厅套型设计1

● 套内建筑面积70m²

● 设计适用对象

该套型适合独立自主生活的健康老年夫妇居住。

● 设计要点

1. 该套型可由案例5的两套零室户合并形成，使老年公寓的套型可根据老人的不同需求灵活变化。
2. 设置独立厨卫、衣帽间、南向连通阳台和双向进入卫生间等，提高老人生活舒适度。

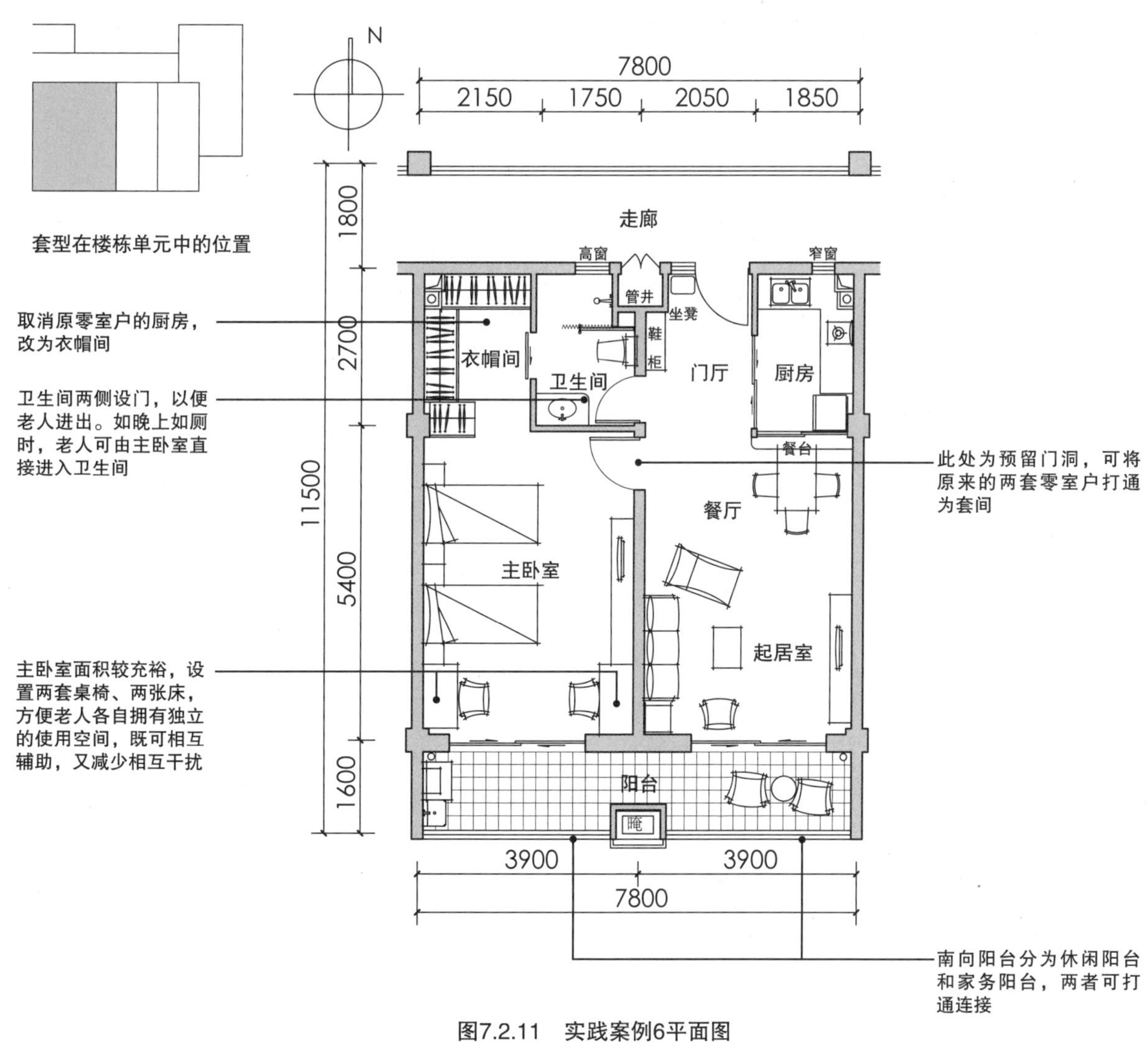

套型在楼栋单元中的位置
N
7800
2150
1750
2050
1850
走廊
高窗
窄窗
管井
坐凳
鞋
柜
衣帽间
卫生间
门厅
厨房
餐台
餐厅
主卧室
起居室
阳台
1800
2700
11500
5400
1600
3900
3900
7800
取消原零室户的厨房，改为衣帽间
卫生间两侧设门，以便老人进出。如晚上如厕时，老人可由主卧室直接进入卫生间
主卧室面积较充裕，设置两套桌椅、两张床，方便老人各自拥有独立的使用空间，既可相互辅助，又减少相互干扰
此处为预留门洞，可将原来的两套零室户打通为套间
南向阳台分为休闲阳台和家务阳台，两者可打通连接

图7.2.11 实践案例6平面图

案例7 外廊式一室一厅套型设计2

● 套内建筑面积68m²

● 设计适用对象

该套型适合健康的老年夫妇居住，同时考虑老人日后可能乘坐轮椅的空间需求。

● 设计要点

1. 设计双向进入的卫生间方便老人如厕，并形成回游动线，增强各空间联系。
2. 设置多类型壁柜和储藏间，加强储藏功能。
3. 厨房采用U型台面，方便老人操作。厨餐形成对面式布局，饭菜可通过厨餐间推拉窗递送，并形成良好的视线沟通。
4. 较大进深主卧室满足老人分床休息和分区活动的需求。

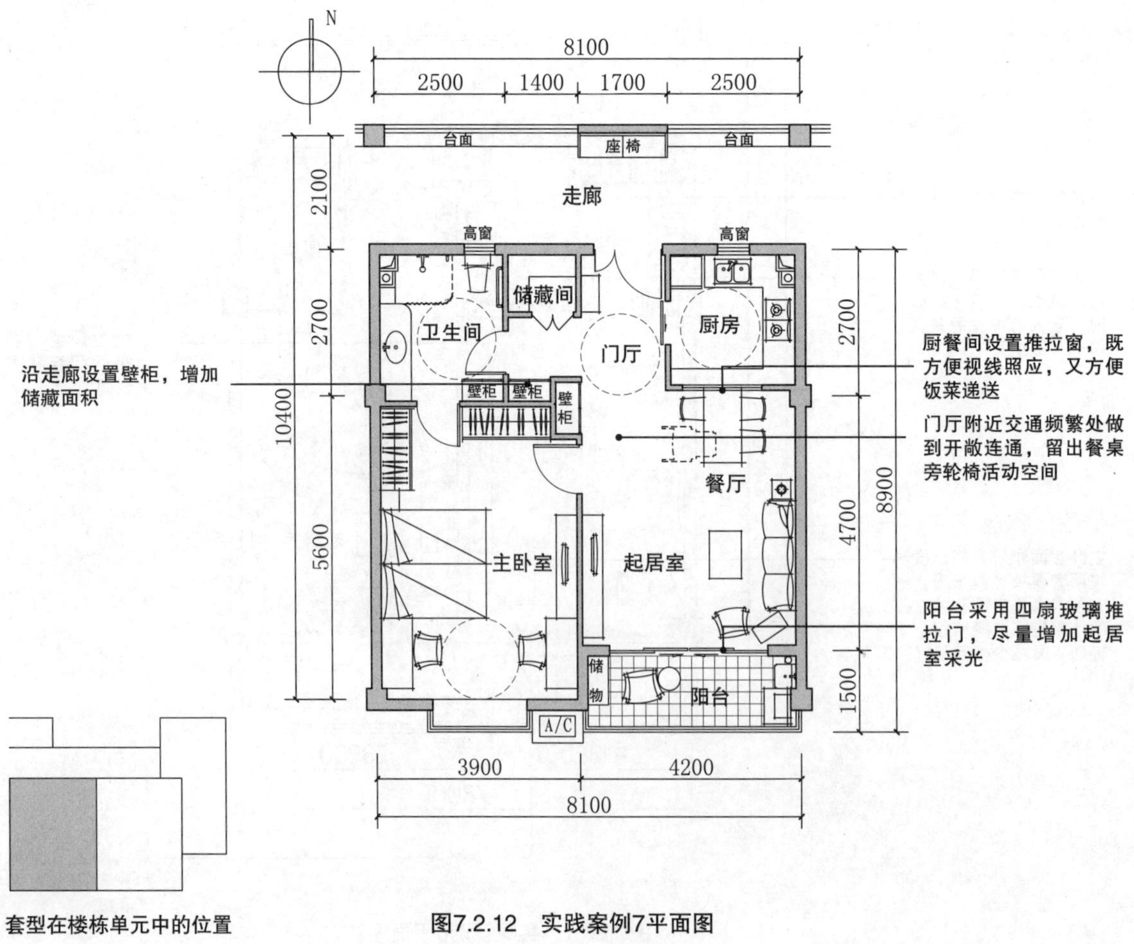
N
8100
2500
1400
1700
2500
台面
座椅
台面
走廊
2100
高窗
高窗
储藏间
卫生间
门厅
厨房
2700
2700
沿走廊设置壁柜，增加储藏面积
壁柜
壁柜
壁柜
10400
厨餐间设置推拉窗，既方便视线照应，又方便饭菜递送
门厅附近交通频繁处做到开敞连通，留出餐桌旁轮椅活动空间
餐厅
5600
4700
8900
主卧室
起居室
阳台采用四扇玻璃推拉门，尽量增加起居室采光
储物
阳台
1500
A/C
3900
4200
8100

套型在楼栋单元中的位置

图7.2.12 实践案例7平面图

案例8　可分可合式老少户套型设计

● 套内建筑面积144m^2

其中：两室户 76m^2，零室户 30m^2×2，内廊 8m^2。

● 设计适用对象

该套型适合多种家庭模式使用，尤其是对于典型 421 家庭等老人与子女合住、相互间又需要各自独立空间的家庭。

● 设计要点

1. 套型可分为三套：两室户 + 零室户 + 零室户，三者采用短内廊交通方式连接。随着家庭结构和人口的变动，可改变内廊中入户门的位置，实现套型的自由组合（图 7.2.14，图 7.2.15）。
2. 为老人房设计开敞式厨卫，并考虑老人卧床时的可持续照料，在顶棚装置吊行轨道，实现护理人员居家照料的可能（图 7.2.16，图 7.2.17）。

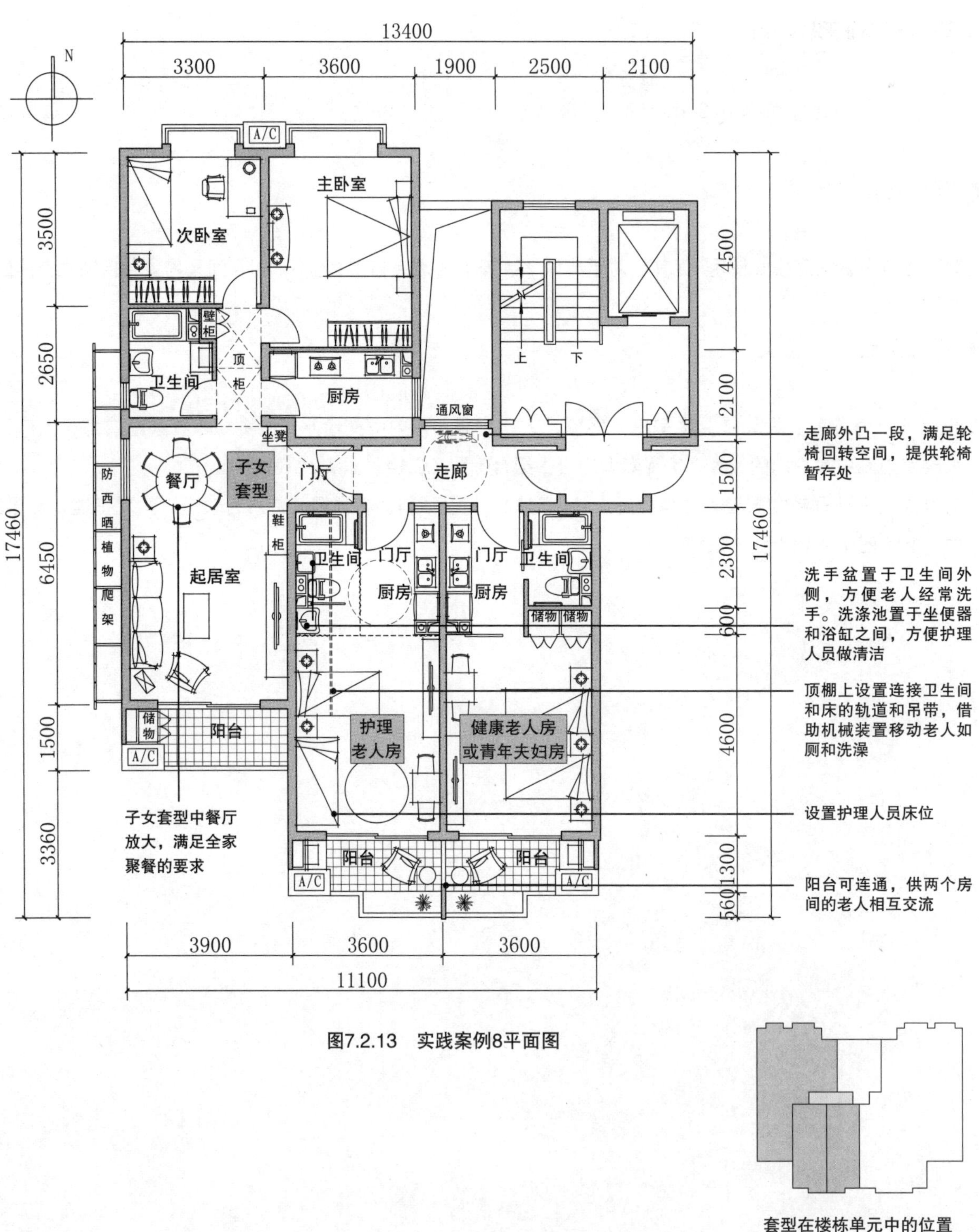
13400
3300
3600
1900
2500
2100
N
A/C
次卧室
主卧室
壁柜
顶柜
卫生间
厨房
通风窗
上
下
坐凳
子女套型
餐厅
门厅
走廊
防西晒植物爬架
鞋柜
起居室
卫生间
门厅
厨房
门厅
厨房
卫生间
储物
储物
储物
阳台
护理老人房
健康老人房或青年夫妇房
阳台
阳台
A/C
A/C
3500
2650
6450
1500
3360
17460
4500
2100
1500
2300
600
4600
1300
560
17460
3900
3600
3600
11100
走廊外凸一段，满足轮椅回转空间，提供轮椅暂存处
洗手盆置于卫生间外侧，方便老人经常洗手。洗涤池置于坐便器和浴缸之间，方便护理人员做清洁
顶棚上设置连接卫生间和床的轨道和吊带，借助机械装置移动老人如厕和洗澡
设置护理人员床位
阳台可连通，供两个房间的老人相互交流
子女套型中餐厅放大，满足全家聚餐的要求

图7.2.13 实践案例8平面图

套型在楼栋单元中的位置

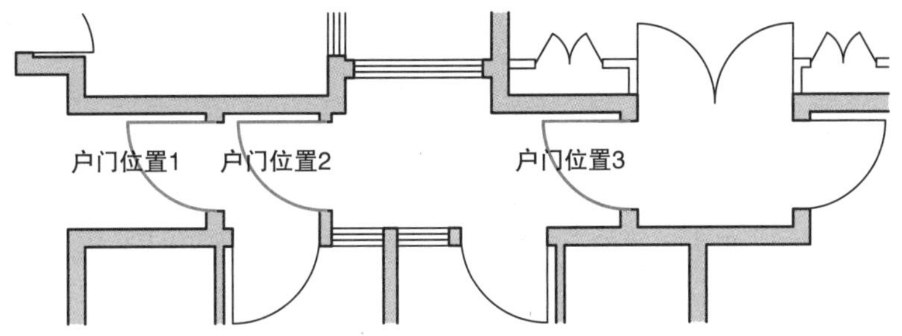
户门位置1
户门位置2
户门位置3

图7.2.14 入户门选择位置示意图

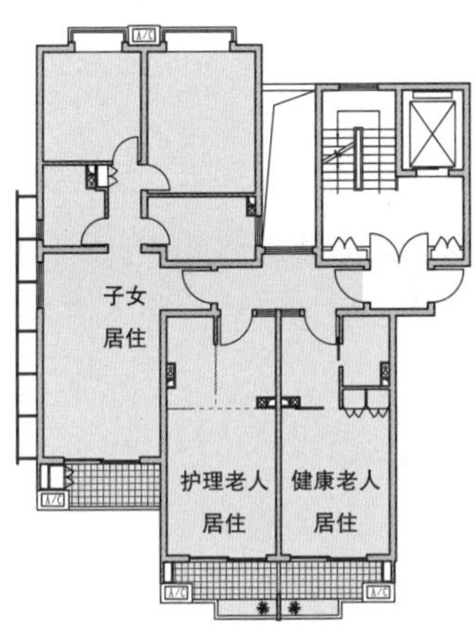
子女
居住
护理老人
居住
健康老人
居住

四室户

适合典型的4+2+1家庭模式，老少三代七口共享天伦之乐。老人房有独立的厨卫阳台使老人能够独立生活。老少代相邻，串门方便，便于互相照应。该套型也适合中年夫妇+新婚子女+一对老人等其他居住模式。

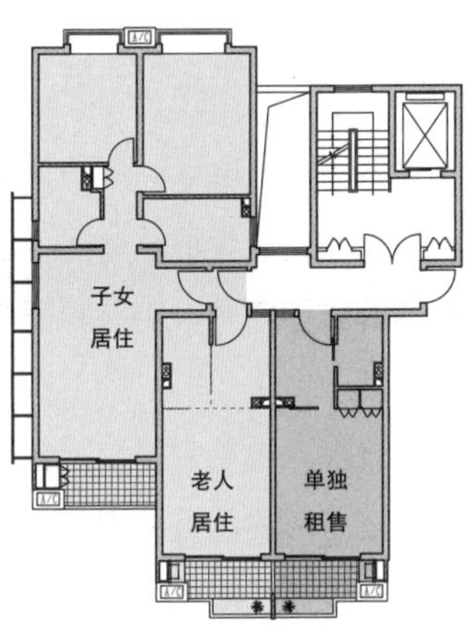
子女
居住
老人
居住
单独
租售

三室户+零室户

适合1～2位老人与子女合住的家庭模式。一个零室户被分出，单独出售或出租。居住对象可以是单身白领或新婚夫妇，也可以是单身老人或老年夫妇。

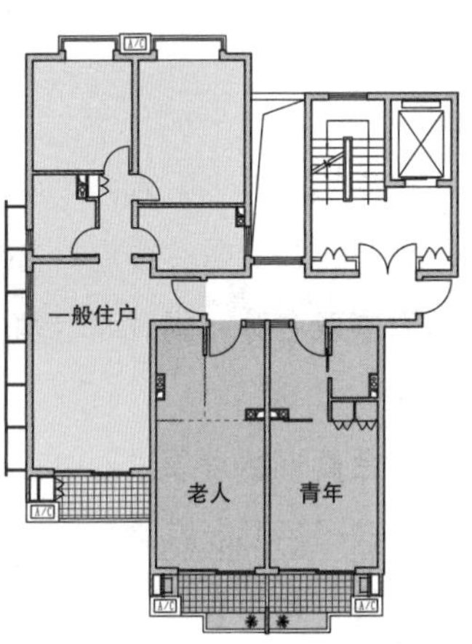
一般住户
老人
青年

两室户+零室户+零室户

适合灵活组合，两室户作为标准户型出售，零室户作为青年公寓或者老年公寓出售。三者间通过外廊联系，增加相互的联系。

图7.2.15 套型分合示意图

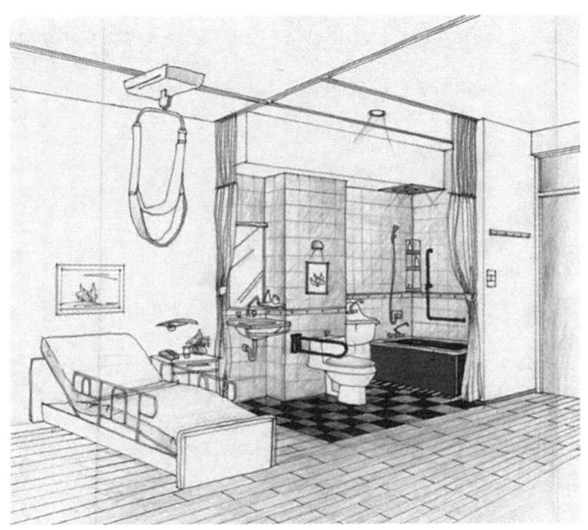

图7.2.16 卫生间透视图

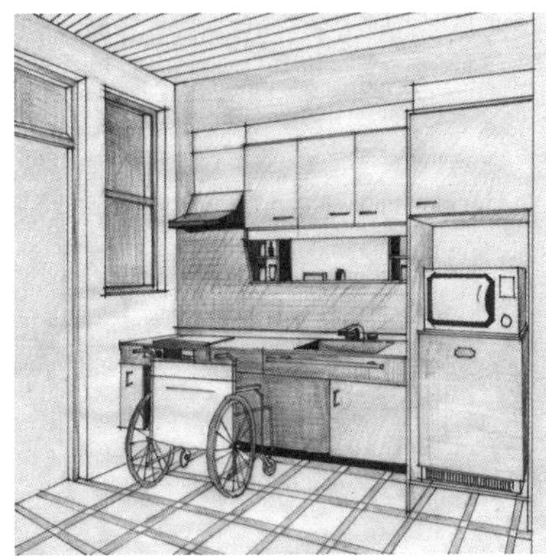

图7.2.17 厨房透视图

案例9　余房可出租的套型设计

● **套内建筑面积139m²**

● **设计适用对象**

该套型适合三代同堂家庭居住。老人可居住于南向独立的老人卧室，内配有卫生间。中年夫妇的主卧可与旁边的书房连通，形成主卧套间。当孙辈逐渐长大后，北向独立的次卧可为其提供安静、独立的学习空间。

● **设计要点**

1. 双主卧

双主卧一般是指在套内配置两个南向的带有卫生间的卧室套间。对于比较富裕的三代同堂家庭，除中年夫妇具有一定社会地位之外，其父母往往也具备较高的综合素质，同样会对居住品质有一定要求。因此，在三代同堂家庭住宅中，可以考虑设置双主卧，同时满足两代人较高的居住需求，更加利于提升各代人居住品质的均好性（图 7.2.18）。

2. 余房出租

在家庭长生命周期的发展过程中，住宅内的居住人数常会出现弹性变化。例如孩子长大后因学习、工作等原因离开家，老人照顾孩子后回老家等情况，家中的卧室可能会闲置。因此，本套型在设计之初就考虑到这一点，可以通过调整入户门的位置，将带有卫生间的闲置卧室单独出租，以提高住宅的使用率和经济效益（图 7.2.19）。

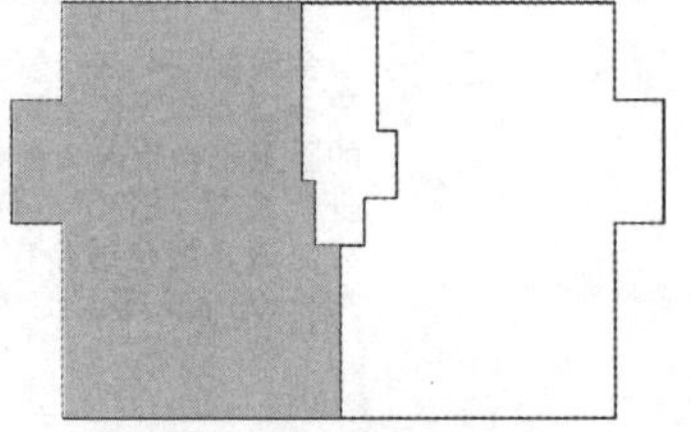

套型在楼栋单元中的位置

N
13300
1800
3400
3550
1750
2800
次卧室
厨房
卫生间
餐厅
A/C
阳台
起居室
门厅
卫生间
衣帽间
卫生间
书房
卧室套间2
老人卧室
卧室套间1
主卧室
阳台
3500
4200
14700
1950
4450
600
2250
2250
3200
14700
900
1400
4700
3900
3000
3200
10100
门厅朝向厨房、卫生间一侧设置通道，方便进门后直接通往厨卫
老人房内设有卫生间，方便老人夜间如厕，形成了除主卧室外的第二个卧室套间
老人房朝向阳台开门，形成套内回游动线，增强老人行动的便捷性。同时利于老人房多角度采光通风

图7.2.18　实践案例9平面图

N
13300
1800
3400
3550
1750
2800
次卧室
厨房
卫生间
餐厅
A/C
阳台
起居室
门厅
卫生间
衣帽间
卫生间
书房
主卧室
出租房
阳台
3500
4200
14700
1950
4450
600
2250
2250
1800
1400
14700
2300
4700
3900
3000
3200
10100
改变入户门的位置，使原来的老人房独立成套，可出租给青年人使用

图7.2.19　实践案例9余房出租改造平面图

案例10　廊式楼栋端头套型设计

● 套内建筑面积103m²

● 设计适用对象

该套型适用于需要分房居住的两位老人。套型位于廊式楼栋的端部，为比较典型的北方住宅。

● 设计要点

1. 南向双主卧

该套型南向设有两个卧室，从而为每位老人提供了相对独立且面积差异不大的居住空间。两个卧室各自都有邻近的卫生间，避免老人夜间如厕时相互干扰。北侧最小的卧室可以作为书房使用，或供子女前来探望时临时居住，也可作为保姆或护理人员的居室。

2. 家庭收纳空间

套型注重收纳空间的设计，除了每间卧室有各自的衣柜做收纳，在入户玄关处，提供了足够的空间可收纳鞋及其他杂物。另外在厨房入口一侧设有家庭公共的收纳柜，用于储藏一些家用备品。通常老人不喜欢扔掉东西，往往家中有较多的各类杂物。在户型设计中根据物品类型设计不同的位置存储不同的杂物，为老人提供更多的收纳空间，更加人性化。

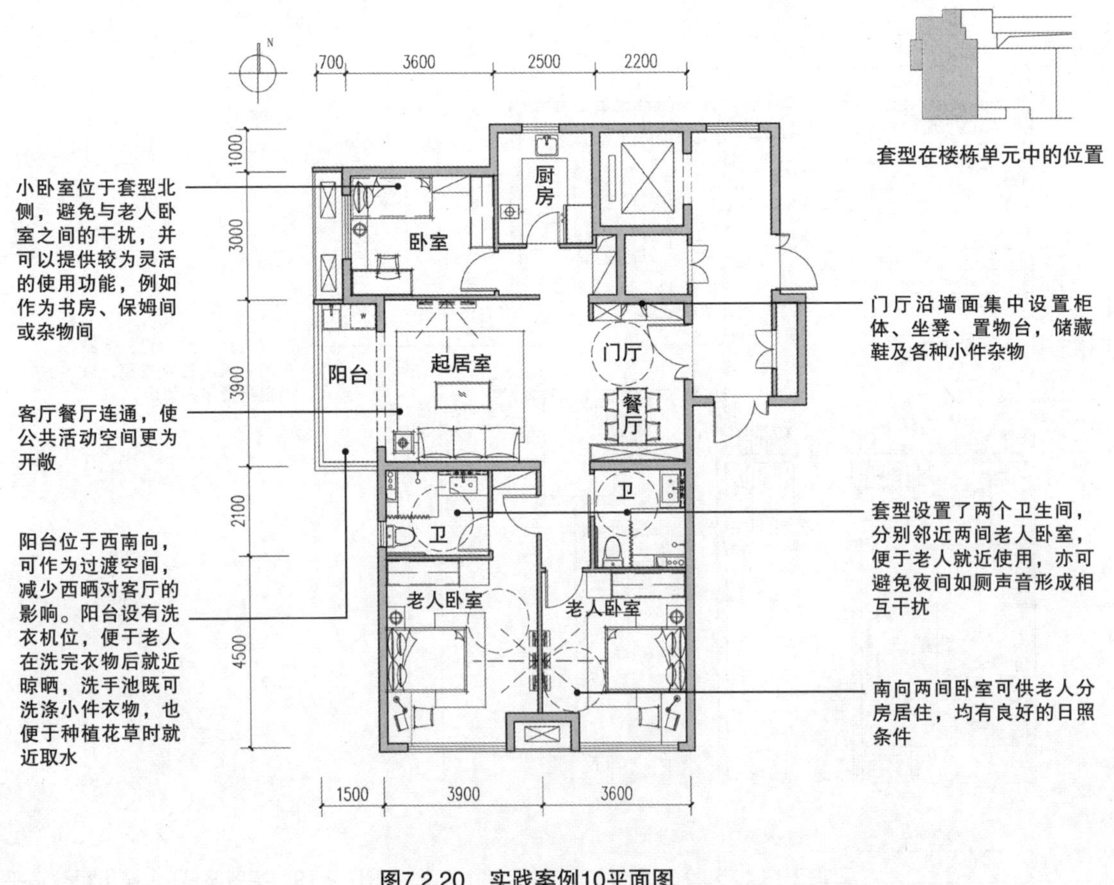

N
700
3600
2500
2200
1000
3000
3900
2100
4500
1500
3900
3600
厨房
卧室
起居室
阳台
门厅
餐厅
卫
卫
老人卧室
老人卧室
套型在楼栋单元中的位置
小卧室位于套型北侧，避免与老人卧室之间的干扰，并可以提供较为灵活的使用功能，例如作为书房、保姆间或杂物间
客厅餐厅连通，使公共活动空间更为开敞
阳台位于西南向，可作为过渡空间，减少西晒对客厅的影响。阳台设有洗衣机位，便于老人在洗完衣物后就近晾晒，洗手池既可洗涤小件衣物，也便于种植花草时就近取水
门厅沿墙面集中设置柜体、坐凳、置物台，储藏鞋及各种小件杂物
套型设置了两个卫生间，分别邻近两间老人卧室，便于老人就近使用，亦可避免夜间如厕声音形成相互干扰
南向两间卧室可供老人分房居住，均有良好的日照条件

图7.2.20　实践案例10平面图

参考文献

[1] 老年人居住建筑设计规范：GB 50340-2016 [S]. 北京：中国建筑工业出版社，2016.

[2] 无障碍设计规范：GB 50763-2012 [S]. 北京：中国建筑工业出版社，2012.

[3] 住宅设计规范：GB 50096-2011 [S]. 北京：中国建筑工业出版社，2011.

[4] 15J923-1, 老年人居住建筑[S].

[5] 党俊武著. 老龄社会引论[M]. 北京: 华龄出版社, 2004.

[6] 亚伯拉罕斯・彼得著. 沙悦译. 大英人体自查彩色图谱[M]. 北京: 团结出版社, 2005.

[7] 高宝真, 黄南翼著. 老龄社会住宅设计[M]. 北京: 中国建筑工业出版社, 2006.

[8] 周燕珉等著. 住宅精细化设计[M]. 北京: 中国建筑工业出版社, 2008.

[9] 周燕珉等著. 中小套型住宅设计[M]. 北京: 知识产权出版社, 2008.

[10] 张恺悌, 郭平主编. 中国人口老龄化与老年人状况蓝皮书[M]. 北京: 中国社会出版社, 2009.

[11] (日)高桥仪平著; 陶新中译. 无障碍建筑设计手册: 为老年人和残疾人设计建筑[M]. 北京: 中国建筑工业出版社, 2003.

[12] (英)赛尔温・戈德史密斯著; 董强, 郝晓赛译; 楚先锋校译. 普遍适用性设计[M]. 北京: 知识产权出版社, 中国水利水电出版社, 2003.

[13] 社团法人インテリア产业协会. 高龄者のための照明・色彩设计[M]. 东京: 产能大学出版部, 2000.

[14] ユニバーサルメディア一级建筑士事务所. SAvol.4 バリアフリー设计のCADデータ集[M]. 大阪: 有限会社ユニバーサルメディア, 2000.

[15] 东京商工会议所. 福祉住环境コーディネーター检定2级テキスト[M]. 东京: 东京商工会议所, 2000.

[16] 横浜市福祉局. 横浜市福祉のまちづくり条例施设整备マニュアル[S]. 横浜: ガリバー, 2001.

[17] 日比野正己, 梦设计. 团解居住バリア・フリー百科[M]. 东京: 株式会社ティビーエス・ブリタニカ, 2002.

[18] 国土交通省. 高龄者・身体障害者等の利用を配慮した建筑设计标准[S]. 人にやさしい建筑・住宅推进协议会. 2003.

相关阅读

[1] 建筑设计资料集（第三版）第2分册 居住. 北京：中国建筑工业出版社，2017.

[2] 日本财团法人高龄者住宅财团著. 博洛尼精装研究院等译. 老年住宅设计手册. 北京：中国建筑工业出版社，2011.

[3] 日本建筑学会编. 建筑设计资料集成——福利・医疗篇. 天津: 天津大学出版社, 2006.

[4] 邱铭章, 汤丽玉著. 失智症照护指南. 台北市: 原水文化, 2006.

[5] 大田仁史, 三好春树著. 郑涵壬译. 图解长期照护新百科. 台北市: 日月文化, 2006.

[6] (美)珀金斯等著; 李菁译, 老年居住建筑. 北京: 中国建筑工业出版社, 2008.

[7] 香港房屋协会编著. 香港住宅通用设计指南. 北京: 中国建筑工业出版社, 2009.

[8] 人にやさしい建筑・住宅推进协议会. 高龄社会の住まいと福祉データブック. 东京: 财团法人高龄者住宅财团, 1998.

[9] 児玉桂子. 高龄者居住环境の评价と计画. 东京: 中央法规出版株式会社, 1998.

[10] 福祉士养成讲座编集委员会. 老人福祉论. 东京: 中央法规出版株式会社, 2004.

[11] 社团法人シルバーサービス振兴会. 生活视点の高龄者施设新世代の空间デザイン[M]. 东京: 中央法规出版株式会社, 2005.

[12] 高龄者介护シルバー事业企画マニュアル最新版. 东京: エクスナルッジ, 2006.

[13] 内阁府. 高龄社会白皮书（平成18年版）. 东京: 株式会社ぎょうせい, 2006.

[14] Peterson M.J. The National Kitchen & Bath Association presents universal kitchen & bathroom planning: design that - adapts to people. New York: McGraw-Hill, 1998.

[15] Regnier V. Design for Assissted Living: guidelines for housing the physically and mentally frail. New York: John Wiley & Sons, 2002.

[16] RIBA Enterprises. Good Loo Design Guide. London: Centre for Accessible Environments, 2004.

[17] RIBA Enterprises. Designing for Accessibility. London: Centre for Accessible Environments, 2004.

[18] Facility Guidelines Institue. Guidelines for Design and Construction of Health Care Facilities. Washington DC: AIA, 2006.

[19] Grosbois L.P. HANDICAP ET CONSTRUCTION. Paris: Groupe Moniteur, 2008.